“十四五”时期国家重点出版物出版专项规划项目

● 6G 前沿技术丛书

6G 毫米波-亚太赫兹超大规模 MIMO 传输技术

高　镇　万子维　廖安文　毛杰宁 / 著

北京理工大学出版社
BEIJING INSTITUTE OF TECHNOLOGY PRESS

内 容 简 介

全书共分为 7 章，介绍了与毫米波/亚太赫兹超大规模 MIMO 传输技术。第 1 章为绪论，介绍了毫米波/亚太赫兹超大规模 MIMO 在 6G 研究中的现状；第 2 章介绍了宽带毫米波全维 MIMO 系统中基于多维阵列信号处理的闭环稀疏信道估计方案；第 3 章介绍了毫米波全维透镜天线阵列中基于压缩感知的导频设计与信道估计方案；第 4 章介绍了毫米波大规模 MIMO 的混合波束赋形设计；第 5 章介绍了毫米波 XL – MIMO 系统中基于压缩感知的联合活跃用户检测与信道估计方案；第 6 章介绍了空天地一体化网络中基于太赫兹 UM – MIMO 的信道估计与数据传输方案；第 7 章总结全书，并给出未来相关研究方向。

本书适用于学习毫米波/亚太赫兹超大规模 MIMO 技术的无线通信工程师和研究人员，也可作为研究生或高年级本科生专业选修课教材用书。

图书在版编目(CIP)数据

6G 毫米波 – 亚太赫兹超大规模 MIMO 传输技术 / 高镇等著. -- 北京：北京理工大学出版社，2023.10（2025.5 重印）
ISBN 978 – 7 – 5763 – 2943 – 8

Ⅰ. ①6… Ⅱ. ①高… Ⅲ. ①移动通信 – 通信系统 Ⅳ. ①TN929.5

中国国家版本馆 CIP 数据核字(2023)第 193186 号

责任编辑：王玲玲　　**文案编辑**：王玲玲
责任校对：刘亚男　　**责任印制**：李志强

出版发行 / 北京理工大学出版社有限责任公司
社　　址 / 北京市丰台区四合庄路 6 号
邮　　编 / 100070
电　　话 / (010) 68944439（学术售后服务热线）
网　　址 / http://www.bitpress.com.cn

版 印 次 / 2025 年 5 月第 1 版第 2 次印刷
印　　刷 / 廊坊市印艺阁数字科技有限公司
开　　本 / 710 mm × 1000 mm　1/16
印　　张 / 13
字　　数 / 220 千字
定　　价 / 76.00 元

图书出现印装质量问题，请拨打售后服务热线，负责调换

主要符号对照表

$\mathbb{C}$　全体复数集合

$\boldsymbol{a}$　列向量

$\boldsymbol{A}$　矩阵

$(\cdot)^*$　共轭运算

$(\cdot)^{\mathrm{T}}$　转置运算

$(\cdot)^{\mathrm{H}}$　共轭转置运算

$(\cdot)^{-1}$　方阵求逆运算

$(\cdot)^{\dagger}$　广义（伪）逆运算

$\mathrm{tr}(\cdot)$　方阵的迹（trace）

$\mathrm{rank}(\cdot)$　矩阵的秩

$|\cdot|$　取模运算

$\angle(\cdot)$　取辐角运算

$\lceil\cdot\rceil$　向上取整运算

$\lfloor\cdot\rfloor$　向下取整运算

$\|\boldsymbol{a}\|_0$　向量 $\boldsymbol{a}$ 的 ℓ_0 范数

$\|\boldsymbol{a}\|_1$　向量 $\boldsymbol{a}$ 的 ℓ_1 范数

$\|\boldsymbol{a}\|_2$　向量 $\boldsymbol{a}$ 的 ℓ_2 范数

$\|\boldsymbol{A}\|_F$　矩阵 $\boldsymbol{A}$ 的 Frobenius 范数

$|\mathrm{Q}|_c$　集合 Q 的基数

$\varnothing$　空集

$\otimes$　Kronecker 积运算符

$\odot$　Khatri – Rao 积运算符

$\circ$　Hadamard 积运算符（即点乘运算）

$\circledast$　线性卷积运算符

$\boldsymbol{I}_n$　大小为 $n \times n$ 的单位矩阵

$\boldsymbol{O}_{m \times n}$　大小为 $m \times n$ 的全零矩阵

$\mathbf{1}_n$	长为 n 的全 1 向量
$\mathbf{0}_n$	长为 n 的全 0 向量
$\mathrm{diag}(\boldsymbol{a})$	由向量 $\boldsymbol{a}$ 构成主对角元素的对角矩阵
$\mathrm{Bdiag}(\boldsymbol{A}_1 \cdots \boldsymbol{A}_n)$	由 $\boldsymbol{A}_1$，…，$\boldsymbol{A}_n$ 构成块对角项的块对角矩阵
$\mathrm{vdiag}(\boldsymbol{A})$	提取矩阵 $\boldsymbol{A}$ 的主对角元素构成列向量
$\mathbb{E}(\cdot)$	期望运算
$\mathcal{CN}(\boldsymbol{\mu}, \boldsymbol{\Sigma})$	均值为 $\boldsymbol{\mu}$、协方差矩阵为 $\boldsymbol{\Sigma}$ 的多维复高斯分布
$u(a,b)$	(a,b) 区间内的均匀分布
$\det(\cdot)$	行列式运算
$\mathrm{mod}(m,n)$	返回 m 除以 n 的余数
$\mathrm{mod}(Q,n)$	返回排序集合，其元素为 Q 中所有元素除以 n 的余数
$\mathrm{find}(\boldsymbol{a} \neq 0)$	返回向量 $\boldsymbol{a}$ 中非零元素所对应索引的集合
$\mathrm{vec}(\boldsymbol{A})$	对矩阵 $\boldsymbol{A}$ 进行向量化运算
$\mathrm{mat}(\boldsymbol{a};m,n)$	对向量 $\boldsymbol{a}$ 进行矩阵化运算以构成大小为 $m \times n$ 的矩阵
$[\boldsymbol{a}]_m$	向量 $\boldsymbol{a}$ 的第 m 个元素
$[\boldsymbol{A}]_{m,n}$	矩阵 $\boldsymbol{A}$ 的第 m 行第 n 列元素
$\{Q\}_m$	排序集合 Q 的第 m 个元素
$\boldsymbol{a}_{\{m:n\}}$	向量 $\boldsymbol{a}$ 中选取包含从第 m 到第 n 个元素的子向量
$\boldsymbol{a}_{\{Q\}}$	向量 $\boldsymbol{a}$ 中选取排序集合 Q 所对应索引而构成的子向量
$\boldsymbol{A}_{\{:,m:n\}}$	矩阵 $\boldsymbol{A}$ 中选取包含从第 m 到第 n 列的子矩阵
$\boldsymbol{A}_{\{Q,:\}}$	矩阵 $\boldsymbol{A}$ 中选取排序集合 Q 所对应行索引而构成的子矩阵
$\boldsymbol{A}_{\{:,Q\}}$	矩阵 $\boldsymbol{A}$ 中选取排序集合 Q 所对应列索引而构成的子矩阵
$\boldsymbol{A}_{\{Q,i\}}$	矩阵 $\boldsymbol{A}_{\{Q,:\}}$ 中选取第 i 列而构成的列向量
$\mathcal{R}\{\cdot\}$	取实部运算
$\Im\{\cdot\}$	取虚部运算
$\boldsymbol{O}(N)$	N 的阶次运算符（N 为复乘次数，可用于计算复杂度分析）
$\mathrm{supp}\{\boldsymbol{a}\}$	向量 a 的支撑集，即由 a 中非零元素对应索引所组成的排序集合
$\max(\boldsymbol{a})$	返回向量 $\boldsymbol{a}$ 中最大值所对应的索引
$\langle \boldsymbol{a}, \boldsymbol{b} \rangle$	向量 $\boldsymbol{a}$ 和 $\boldsymbol{b}$ 的内积运算
$\partial(\cdot)$	一阶偏导运算
$\partial^2(\cdot)$	二阶偏导运算

主要缩写词对照表

5G	第五代（Fifth Generation）
6G	第六代（Sixth Generation）
AoA	到达角（Angle of Arrival）
AoD	离开角（Angle of Departure）
ASE	平均频谱效率（Average Spectrum Efficiency）
ASN	天线开关网络（Antenna Switching Network）
AUD	活跃用户检测（Active User Detection）
AWGN	加性白高斯噪声（Additive White Gaussian Noise）
B5G	超五代（Beyond Fifth Generation）
BER	误码率（Bit Error Rate）
BS	基站（Base Station）
CE	信道估计（Channel Estimation）
CRLB	克拉美罗下界（Cramér – Rao Lower Bound）
CS	压缩感知（Compressive Sensing）
CSI	信道状态信息（Channel State Information）
DCS	分布式压缩感知（Distributed Compressive Sensing）
DFT	离散傅里叶变换（Discrete Fourier Transformation）
DL	下行链路（Downlink）
EM	电磁（Electromagnetic）
ESPRIT	借助旋转不变技术估计信号参数法（Estimating Signal Parameters via Rotational Invariance Techniques）
FFT	快速傅里叶变换（Fast Fourier Transformation）
GMMV	广义多矢量观测（Generalized Multiple – Measurement – Vector）
GTTDU	分组真实延迟单元（Grouping True – Time Delay Unit）
IFFT	逆快速傅里叶变换（Inverse Fast Fourier Transformation）
IoT	物联网（Internet of Things）
LoS	直射径（Line – of – Sight）

LS	最小二乘（Least Square）
MIMO	多输入多输出（Multiple－Input Multiple－Output）
ML	最大似然（Maximum Likelihood）
MMSE	最小均方误差（Minimum Mean Squared Error）
MMV	多矢量观测（Multiple－Measurement－Vector）
mmWave	毫米波（Millimeter－Wave）
MPC	多径分量（Multipath Components）
NLoS	非直射径（Non－Line－of－Sight）
NMSE	归一化均方误差（Normalized Mean Square Error）
OFDM	正交频分复用（Orthogonal Frequency Division Multiplexing）
OMP	正交匹配追踪（Orthogonal Matching Pursuit）
PSN	相移网络（Phase Shift Network）
QAM	正交幅度调制（Quadrature Amplitude Modulation）
QPSK	正交相移键控（Quadrature Phase Shift Keying）
RF	射频（Radio Frequency）
SAGIN	空天地一体化网络（Space－Air－Ground Integrated Network）
SNR	信号噪声比（Signal－to－Noise Ratio）
SNS	空间非平稳（Spatial Non－Stationary）
SSD	同时 Schur 分解（Simultaneous Schur Decomposition）
SVD	奇异值分解（Singular Values Decomposition）
TDD	时分双工（Time Division Duplexing）
THz	太赫兹（Terahertz）
TLS	总体最小二乘（Total Least Square）
TTDU	真实延迟单元（True－Time Delay Unit）
UAV	无人机（Unmanned Aerial Vehicle）
UE	用户设备（User Equipment）
UL	上行链路（Uplink）
ULA	均匀线性阵列（Uniform Linear Array）
UM	超大规模（Ultra－Massive）
UPA	均匀平面阵列（Uniform Planar Array）
XL	超大孔径（Extra－Large Scale）
ZF	迫零（Zero－Forcing）

前言

PREFACE

全球移动通信历经了约40年的跨跃式发展，如今已过渡到第五代（Fifth Generation，5G）移动通信系统正式商用化的今天。尽管目前4G与5G网络相兼容的移动通信系统已经能基本满足人们日常生活需求，然而，5G的应用场景已经逐渐从移动互联网拓展到“万物互联”的物联网领域，其中众多新兴概念与技术的出现给未来移动通信的研究带来了挑战。为了应对这一挑战，在5G大规模商用化之后，全球业界已开启了对第六代（Sixth Generation，6G）移动通信技术的研究探索。在6G研究中，毫米波太赫兹等高频段通信技术因其能提供足够大的频谱资源，受到了企业界与工业界的广泛关注。为了补偿毫米波/太赫兹传播所面临的高损耗难题，大规模多输入多输出（Multiple－Input Multiple－Output，MIMO）和超大规模MIMO等技术可进一步增强毫米波与太赫兹的通信性能，但它们在前期研究过程中也面临着诸多亟待解决的挑战。本书主要介绍了毫米波－亚太赫兹（Sub－THz，泛指毫米波高频段到太赫兹低频段之间的频率范围）大规模MIMO以及超大规模MIMO系统中的诸如信道估计、波束赋形、数据传输等6G物理层关键技术。具体而言，本书主要内容：

（1）第2章介绍了一种基于宽带毫米波混合全维MIMO的闭环稀疏信道估计方案。在下行信道估计阶段，基站端可设计随机发射预编码矩阵用于初步的信道探测，同时，用户端可设计相应的接收合并矩阵，从而将高维混合波束赋形MIMO阵列等效为低维全数字阵列。在上行信道估计阶段，用户端可以利用各自在下行时估计到的角度来设计多波束发射预编码矩阵，以便增强基站端接收信噪比。该方案可以较低的训练开销获得基站端和用户端方位角、俯仰角及路径时延的超分辨率估计。

（2）第 3 章采用了透镜天线阵列这一先进的硬件架构作为实现大规模 MIMO 的技术路线，并介绍了一种基于压缩感知（Compressive Sensing，CS）的信道估计和导频设计方案。首先介绍了透镜天线阵列以及 CS 的原理，为后续应用打下理论基础。随后，引入了一种适用于透镜天线阵列和天线选择网络的导频传输与冗余字典设计方案。进一步，利用 CS 理论中的感知矩阵优化理论，提出了一种基于最小化总互相关系数和的导频优化方案。

（3）第 4 章研究了毫米波大规模 MIMO 中的混合波束赋形设计问题。我们对数字波束赋形器与模拟赋形器分开设计。具体而言，数字波束赋形器部分的设计以最小均方误差为准则，经过数学推导，获得了具有闭合表达式的优化解；模拟波束赋形器则采用了一种基于过采样码本的方案，可以突破天线数量对空间分辨率的限制，提升模拟波束赋形设计的自由度。仿真分析表明，该混合波束赋形方案在窄带平坦衰落与宽带频率选择性衰落信道下都具有较好的性能，能实现系统性能、硬件复杂度和功耗之间的良好权衡。

（4）第 5 章针对室内近场的海量物联网接入场景设计了毫米波超大规模 MIMO 系统中基于 CS 的联合活跃用户检测和信道估计方案。对于基于混合收发机架构下上行大规模接入时的信号传输模型以及包含近场球面波形式的毫米波超大规模 MIMO 信道模型，我们将联合活跃用户检测和信道估计问题表示为多矢量观测 CS 和广义多矢量观测 CS 问题。在活跃用户数未知的情况下，可考虑采用预先设定好的迭代终止阈值，以自适应地获取活跃用户支撑集仿真结果表明所提算法的性能均要优于一些现有算法。

（5）第 6 章研究了新兴的空天地一体化网络中基于太赫兹超大规模 MIMO 的航空通信，并提出了一种低开销的信道估计和跟踪方案。该方案可以有效地解决由航空太赫兹超大规模 MIMO 信道中特有的三重时延－波束－多普勒偏移效应所引起的信道估计性能下降问题。同时，我们在数据传输阶段提出了一种基于数据辅助判决反馈的信道跟踪算法，以实现有效地跟踪波束对准后的等效信道的同时，完成高效数据传输。仿真结果和所推导的克拉美罗下界验证了所提出的信道估计和跟踪解决方案的有效性。

阅读本书的读者应具备数字通信、数字信号处理、通信原理、信号与信息系统，以及概率与随机过程等相关基础知识。本书适用于无线 MIMO 通信领域工程师和研究人员，也可作为研究生或本科生专业选修课教材。在本书的编写过程中，作者尽力提供准确、有用的信息，并且精心校对和编辑，但不足之处仍然难免，敬请读者不吝指正。

目　录

CONTENTS

第1章　绪论 …… 1

1.1　毫米波/太赫兹技术助力6G通信 …… 2
1.2　从5G大规模MIMO到6G超大规模MIMO …… 4
1.3　国内外研究现状 …… 8
1.3.1　毫米波大规模MIMO中的信道估计研究 …… 8
1.3.2　毫米波大规模MIMO中的波束赋形研究 …… 10
1.3.3　海量物联网接入中的信道估计研究 …… 11
1.3.4　超大规模MIMO近场信道估计研究 …… 13
1.3.5　高动态快时变信道的估计与跟踪研究 …… 13
1.4　本书主要研究内容与章节安排 …… 14

第2章　宽带毫米波全维MIMO系统中基于多维阵列信号处理的闭环稀疏信道估计 …… 18

2.1　引言 …… 18
2.2　所提闭环稀疏信道估计方案概述 …… 20
2.2.1　所提方案的流程 …… 20
2.2.2　所提方案的贡献 …… 21
2.3　用户端下行信道估计阶段 …… 22
2.3.1　下行信道估计问题数学建模 …… 23
2.3.2　用户端估计方位角与俯仰角 …… 25
2.3.3　用户端设计接收合并矩阵 …… 27

2.3.4　基于特征值分解的多径估计 ······ 28
2.4　基站端上行信道估计阶段 ······ 30
2.4.1　基站端估计方位角/俯仰角及时延 ······ 30
2.4.2　用户端设计多波束发射预编码矩阵 ······ 32
2.5　多维酉 ESPRIT 算法 ······ 34
2.6　基于 ML 的参数配对与信道增益估计 ······ 37
2.7　性能评估 ······ 38
2.7.1　信道估计性能评估 ······ 39
2.7.2　计算复杂比较 ······ 43
2.8　本章小结 ······ 46

第 3 章　毫米波全维透镜天线阵列中基于压缩感知的导频设计与信道估计 ······ 47

3.1　引言 ······ 47
3.2　透镜天线阵列原理概述 ······ 47
3.3　压缩感知理论概述 ······ 49
3.3.1　压缩感知的数学模型 ······ 50
3.3.2　感知矩阵相关理论介绍 ······ 52
3.4　基于压缩感知的全维透镜天线阵列信道估计方案 ······ 54
3.4.1　系统模型 ······ 54
3.4.2　导频训练方案设计 ······ 56
3.4.3　冗余字典设计 ······ 58
3.4.4　基于压缩感知理论的导频设计 ······ 60
3.4.5　计算复杂度分析 ······ 62
3.4.6　仿真分析 ······ 62
3.5　本章小结 ······ 65

第 4 章　毫米波大规模 MIMO 混合波束赋形设计 ······ 66

4.1　引言 ······ 66
4.2　多用户窄带全连接混合波束赋形设计 ······ 66
4.2.1　系统模型 ······ 66
4.2.2　数字波束赋形设计 ······ 68
4.2.3　模拟波束赋形设计 ······ 71
4.2.4　仿真分析 ······ 74
4.3　多用户宽带全连接混合波束赋形设计 ······ 78
4.3.1　系统模型 ······ 78

4.3.2　宽带数字波束赋形设计 …… 79
4.3.3　宽带模拟波束赋形设计 …… 81
4.3.4　仿真分析 …… 81
4.4　基于部分连接结构的混合波束赋形设计 …… 84
4.4.1　系统模型 …… 85
4.4.2　固定子连接结构下的模拟波束赋形设计 …… 85
4.4.3　动态子连接结构下的模拟波束赋形设计 …… 86
4.4.4　仿真分析 …… 88
4.5　本章小结 …… 91

第5章　毫米波 XL – MIMO 系统中基于压缩感知的联合活跃用户检测与信道估计 …… 92

5.1　引言 …… 92
5.2　系统模型 …… 95
5.2.1　信号传输模型 …… 96
5.2.2　毫米波 XL – MIMO 信道模型 …… 97
5.3　基于压缩感知的联合 AUD 与 CE 方案设计 …… 100
5.3.1　压缩感知问题描述 …… 100
5.3.2　XL – MIMO 信道的共同结构化块稀疏性 …… 102
5.3.3　感知矩阵设计 …… 104
5.3.4　所提出的联合 AUD 和 CE 算法 …… 105
5.3.5　计算复杂度分析 …… 110
5.4　仿真结果 …… 111
5.5　本章小结 …… 117

第6章　空天地一体化网络中基于太赫兹 UM – MIMO 的信道估计与数据传输 …… 118

6.1　引言 …… 118
6.2　航空太赫兹 UM – MIMO 系统中的信道估计与数据传输 …… 120
6.2.1　三重时延 – 波束 – 多普勒偏移效应 …… 120
6.2.2　所提信道估计与跟踪方案概述 …… 121
6.3　系统模型 …… 125
6.3.1　信号传输模型 …… 126
6.3.2　太赫兹 UM – MIMO 信道模型 …… 126
6.4　初始信道估计阶段 …… 129
6.4.1　基于可重构 RF 选择网络的精确角度估计 …… 133

6.4.2 多普勒偏移效应下的精确多普勒频移估计 …… 138
6.4.3 路径时延与信道增益估计 …… 140
6.5 数据辅助的信道跟踪阶段 …… 142
6.6 导频辅助的信道跟踪阶段 …… 145
6.7 性能分析 …… 149
6.7.1 信道参数估计的 CRLB 分析 …… 149
6.7.2 计算复杂度分析 …… 152
6.8 仿真数值评估 …… 152
6.8.1 仿真参数设置 …… 152
6.8.2 仿真结果 …… 154
6.9 本章小结 …… 163

第 7 章 总结与展望 …… 165

7.1 研究总结 …… 165
7.2 下一步研究方向 …… 167

参考文献 …… 169

附录 A 公式（2－7）的推导 …… 185

附录 B 引理 3.1 的证明 …… 187

附录 C 定理 3.2 的证明 …… 189

附录 D 定理 3.3 的证明 …… 190

附录 E 公式（6－4）的推导 …… 191

附录 F 引理 6.1 的证明 …… 193

第 1 章 绪 论

全球移动通信历经了约 40 年的跨越式发展，如今已过渡到第五代（Fifth Generation, 5G）移动通信系统正式商用化的今天。现阶段，4G 与 5G 网络相兼容的移动通信系统已经能基本满足人们日常生活中如随时随地的直播购物、刷短视频、高清视频通话等移动互联网需求。然而，5G 的应用场景已经逐渐从移动互联网拓展到“万物互联”的物联网（Internet of Things, IoT）领域，并应运而生了诸如超高清视频、扩展现实、全息影像、数字孪生以及最近异军突起的元宇宙等层出不穷的新兴概念与技术。为了应对这一挑战，在 5G 大规模商用化之后，全球业界已开启了对第六代（Sixth Generation, 6G）移动通信技术的研究探索。如图 1.1 所示，相比于当前的 5G 网络，未来 6G 无线通信网络的关键性能指标（Key Performance Indicator, KPI）在峰值数据速率、用户体验数据速率、频谱

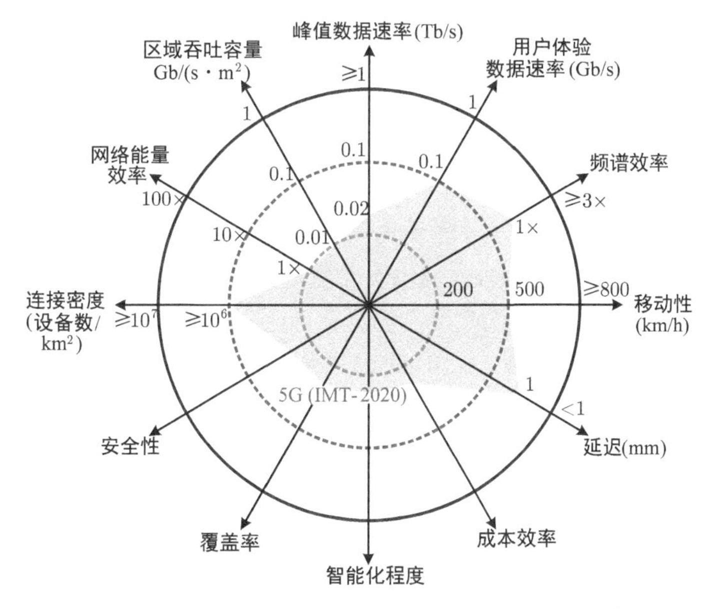

图 1.1 未来 6G 无线通信网络的 KPI 示意图 [1]

效率、移动性、成本效率、覆盖率以及连接密度等各方面约有 10～100 倍的提升，且各项 KPI 均有其对标的新兴技术及应用场景来使其有望达到要求 [1]。具体来说，如毫米波（Millimeter-Wave，mmWave）/太赫兹（Terahertz, THz）等高频段通信技术能提供足够大的频谱资源，以实现峰值数据速率和用户体验数据速率等 KPI 要求 [2,3]，大规模多输入多输出（Multiple-Input Multiple-Output, MIMO）和超大规模 MIMO 等技术可进一步提升系统频谱效率 [2,4]，空天地一体化（包括航空通信）和车联网（包括高铁通信）等网络架构将解决移动性和覆盖率的难题 [5,6]，混合 MIMO 波束赋形技术可降低系统硬件成本与功耗，以提升成本效率 [7]，以及海量物联网接入、非正交多址、可重构智能表面等技术及应用能在增大连接密度的同时提高覆盖率 [8−10]。以上这些新兴技术及应用可为未来 6G 无线通信的实现提供无限的可能，但它们在前期研究过程中也面临着诸多亟待解决的挑战。

1.1 毫米波/太赫兹技术助力 6G 通信

随着当前低频段频谱资源日益紧缺，未来 6G 通信系统将持续开发可利用的优质频谱，可在对现有 6 吉赫兹（Gigahertz, GHz）及其以下频段的频谱资源高效利用的基础上，进一步向毫米波、太赫兹等更高频段扩展。如图 1.2 所示，毫米波频段的频率范围为 30～300 GHz，在专业领域被称为极高频（Extremely High Frequency, EHF），其电磁（Electromagnetic, EM）信号对应的波长范围为 1～10 mm。为有效缓解当前频谱资源短缺的问题，毫米波频段中尚未被充分利用的丰富频谱资源能提供数以 GHz 的传输带宽，以使得系统吞吐率可提高数个数量级以及传输速率达到 Gb/s 量级。譬如 V 波段和 W 波段中无须授权即可使用的或者授权费相对低廉的 57～67 GHz、71～76 GHz 以及 81～86 GHz 等频谱范围可以提供高达数 GHz 的系统带宽，而这已经是目前商用 5G 网络中最高可用 200 兆赫兹（Megahertz, MHz）带宽的数十倍之多 [11]。如此巨大的带宽优势保证了毫米波通信系统的数据传输速率可达到 Gb/s 以上量级。与毫米波通信相比，载波频带范围为 0.1～10 THz 的太赫兹通信能提供远超毫米波频段的巨大带宽，可支持多达数十 GHz 的超大带宽通信以及太比特每秒（Terabit per second, Tbps）量级的超高峰值数据速率 [3]。因此，太赫兹通信被认为是达成 6G 中 Tb/s 量级峰值数据速率的重要空口技术备选方案，有望在全息通信、微小尺寸通信、超大容量数据回传、外层空间超远距离传输等诸多通信场景中得到应用。

由于毫米波和太赫兹频段极短的电磁波波长可使得相应的天线设计具备非常小的形状因子，大量的天线阵元可以紧凑地被封装在一个很小的物理尺寸内，

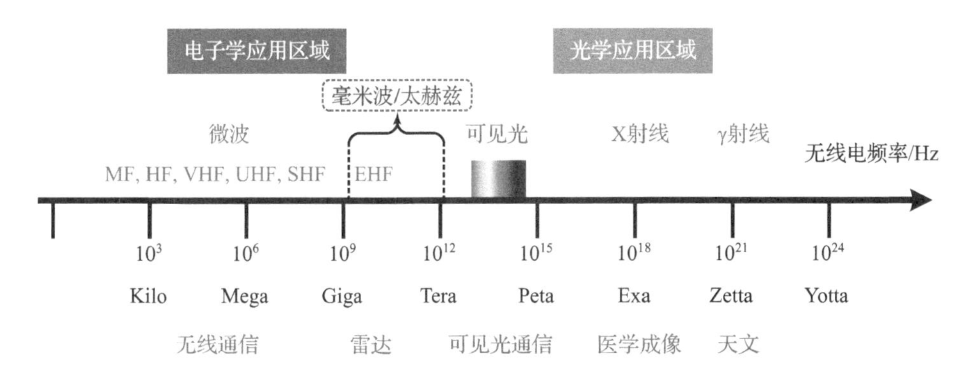

图 1.2　无线电频段资源划分与相对应的应用场景示意图，其中，毫米波/太赫兹作为电子学应用和光学应用的中间频段，有着大量未开发的优质频谱资源

因而毫米波/太赫兹系统易于构建可部署在相对小空间范围内的大规模甚至超大规模天线阵列 [2,12]。以采用 60 GHz（对应波长 5 mm）的毫米波天线阵列为例，若阵列考虑为半波长的临界天线间隔，100 根天线所构成的均匀线性阵列（Uniform Linear Array, ULA）的尺寸大小也仅在 25 cm 左右。同时，大规模天线阵列可以为毫米波/太赫兹通信提供足够大的阵列增益，用于弥补高频频段 EM 信号因严重的自由空间传播损耗所造成的低接收信噪比 [13]。因此，毫米波/太赫兹通信技术与（超）大规模 MIMO 技术具有天然的契合性。另外，相比于传统的 6 GHz 以下无线通信系统，毫米波/太赫兹通信中的高频段 EM 信号呈现出更明显的高路损、易遮挡特性，也就是说，高频信号会面临在自由空间传播时更严重的路径损耗以及经过散射体反射或折射后更大的信号能量衰减 [14]。与毫米波频段相比，太赫兹信号还受到大气中各种分子的吸收衰减和漫散射的影响，例如，载频为 1 THz 的太赫兹信号在自由空间传播时，因水分子和氧气分子吸收而造成的能量衰减比 26 GHz 毫米波信号的路径损耗增加了 10～35 dB [15]。于是，毫米波/太赫兹基站通过利用这种高路损、易遮挡特性所形成的天然抗干扰优势，可以在较短距离内重复使用相同的频率，提高频谱资源的空间复用能力。同时，为确保有效覆盖范围内 EM 信号强度能维持在可接受的范围内，这些高频基站的覆盖半径通常较小，这样便更有利于在单位面积内部署更多的基站，以形成超密集组网 [16]。此外，毫米波/太赫兹通信系统中大规模天线阵列能辐射出极窄的定向波束，进而保证了通信过程中极高的安全性和隐私性。

由于毫米波/太赫兹通信有着以上诸多优势，目前工业界正在积极开展着毫米波/太赫兹通信的相关研究工作，并进一步为以后的标准化进程与实际应用提供技术储备。中国工业和信息化部早在 2017 年 7 月就批准了在 24.75～27.5 GHz 和 37～42.5 GHz 的毫米波频率范围内使用 5G 技术开展研发试验，并在 2020

年 3 月发布的《关于推动 5G 加快发展的通知》中明确指出，将结合国家制定的无线电频率规划进度安排，组织开展毫米波设备和性能测试，为毫米波技术后续商用做好储备。中国 IMT-2020（5G）推进组也从 2019 年开始，统筹规划了毫米波关键技术和系统特性的验证，重点集中在毫米波基站和终端的功能、性能和互操作，以及典型场景应用等方面。此外，对于太赫兹无线通信频谱的分配问题，国际电信联盟（International Telecommunications Union, ITU）已经完成 100～275 GHz 频率范围内各用频业务的频率划分工作。电气与电子工程师协会（Institute of Electrical and Electronics Engineers, IEEE）802.15.3d 任务组于 2017 年发布了 IEEE Std.802.15.3d—2017 协议，且该协议定义了符合 IEEE Std.802.15.3—2016 的无线点对点物理层无线通信标准 [17]。美国也在积极推动太赫兹通信和相关应用的产业化，于 2018 年 2 月批准了一项名为“Spectrum Horizons”的规划，对未来移动通信应用开放了从 95 GHz 到 3 THz 的频段资源，并鼓励相关产业机构进行太赫兹无线移动通信的应用研究。国内科技部等多个部委也陆续设立了太赫兹相关研究计划，如 2010 年的“毫米波与太赫兹无线通信技术开发”“863”计划专项，2018 年的“太赫兹无线通信技术与系统”科技部重大专项等。与此同时，学术界针对毫米波大规模 MIMO 以及太赫兹超大规模 MIMO 系统也正在开展包括应用场景规划、硬件设备设计、信道建模以及信号处理算法设计等在内的各种具体通信问题的研究 [18,19]。

1.2 从 5G 大规模 MIMO 到 6G 超大规模 MIMO

随着移动通信系统中所用的载频逐渐向高频段推进，系统收发机所配备的天线阵列形式也随之改变。首先，对于传统小规模 MIMO 系统来说，其收发端同时使用多根天线独立地收发信号，在保证天线间彼此足够低相关性的同时，为每根天线配备专门的射频（Radio Frequency, RF）链路和数据流，那么，与最初单天线通信系统相比，可以在不增加宽带的情况下成倍地提高系统的容量和频谱利用率。总的来说，MIMO 通信系统可利用其发送分集增益、波束赋形增益以及空分复用增益等诸多优势来提高无线通信系统的可靠性和有效性。例如，4G 中的增强型长期演进技术（Long Term Evolution-Advanced，LTE-A）标准采用的就是天线数目较少的小规模 MIMO 系统，其下行和上行链路传输分别支持最多 8 根和 4 根发射天线，但其仅能提供大约 10 比特每秒每赫兹（b/(s•Hz)）的频谱效率，这难以满足移动互联网流量业务的爆炸式增长需求 [20]。于是，在此基础上应运而生的大规模 MIMO 技术通过在基站端部署多达上百根天线来尽可能地利用空间自由度，以显著地提高系统的频谱效率和能量效率，从而能利用相同的时频资源为数十个用户提供服务 [13,21]。

大规模 MIMO 技术最早由美国贝尔实验室研究人员提出。无线通信系统的收发端在使用数十甚至上百根天线后，一方面，不仅可以采用波束赋形技术在空间上集中传输和接收电磁信号的能量，以获取波束赋形增益来提高接收信号质量，而且还能降低不同波束所服务用户的接收信号间干扰；另一方面，可同时使用传统 MIMO 的空分复用技术来提高频谱效率或者利用空间分集技术来提高传输可靠性。针对采用大规模 MIMO 技术的无线通信系统，国内外许多高校及科研机构已经展开了一系列的研究，例如瑞典隆德大学、贝尔实验室等展开了对大规模 MIMO 技术在系统容量、信道估计、预编码、信号检测等方面的理论研究 [21−23]。贝尔实验室、瑞典林雪平大学等于 2012 年合作实现了图 1.3(a) 中天线数为 128 的大规模 MIMO 原型平台。同年，美国莱斯大学、耶鲁大学和贝尔实验室合作研发了世界上第一台真正意义上的多用户大规模 MIMO 系统，即图 1.3(b) 中 Argos 天线系统，该系统通过在基站端配置 64 根天线，可以同时服务 15 个用户 [24]。隆德大学于 2014 年推出了更加先进的大规模 MIMO 测试平台，即图 1.3(c) 中的 Lund University Massive MIMO（LuMaMi）系统，该系统在 20 MHz 系统带宽下利用 100 根天线可同时服务 10 个用户。德国汉诺威大学于 2016 年设计了如图 1.3(d) 所示的可应用在室内的大规模 MIMO 基站天线阵列，该阵列由 11×11 个天线单元组成且包含了 484 个端口，与传统的交叉偶极子相比，其天线阵列的尺寸可减少 54% [25]。

由于无线通信系统中可利用的频谱资源逐渐向毫米波频段扩展，毫米波通信系统通过集成大规模 MIMO 阵列来实现毫米波大规模 MIMO 技术，并利用波束赋形技术来形成用于定向传输的高增益波束，以此来抵消毫米波信号在自由空间传播时所面临的严重路径损耗 [2 26]。传统 MIMO 系统收发机通常采用自由度高且功能强大的全数字 MIMO 架构，其中每个天线均需要一个专用的 RF 链路来进行信号处理。然而，对于装备有上百根天线的大规模 MIMO 系统，这样处理会导致过高的硬件成本和功耗，因此，采用全数字 MIMO 架构的毫米波大规模 MIMO 系统是难以实现的 [27]。相比之下，混合 MIMO 波束赋形架构通过将高维数字信号处理过程拆分成高维模拟赋形架构和低维基带数字信号处理两部分，利用了比天线数少得多的 RF 链路来实现混合的模拟/数字波束赋形，从而大幅度地降低了整个系统的硬件成本和功耗，同时，也能获取到大规模阵列所带来的波束赋形增益和空间复用增益 [2]。因此，这类混合 MIMO 波束赋形架构在系统性能与成本及功耗之间为毫米波通信系统提供了一种实用的折中解决方案 [2]。另外，透镜天线阵列也是一项颇具前景的能实现高能量效率的毫米波大规模 MIMO 的技术。透镜天线阵列的原理是通过电磁透镜所带来的空间傅里叶变换效应，将

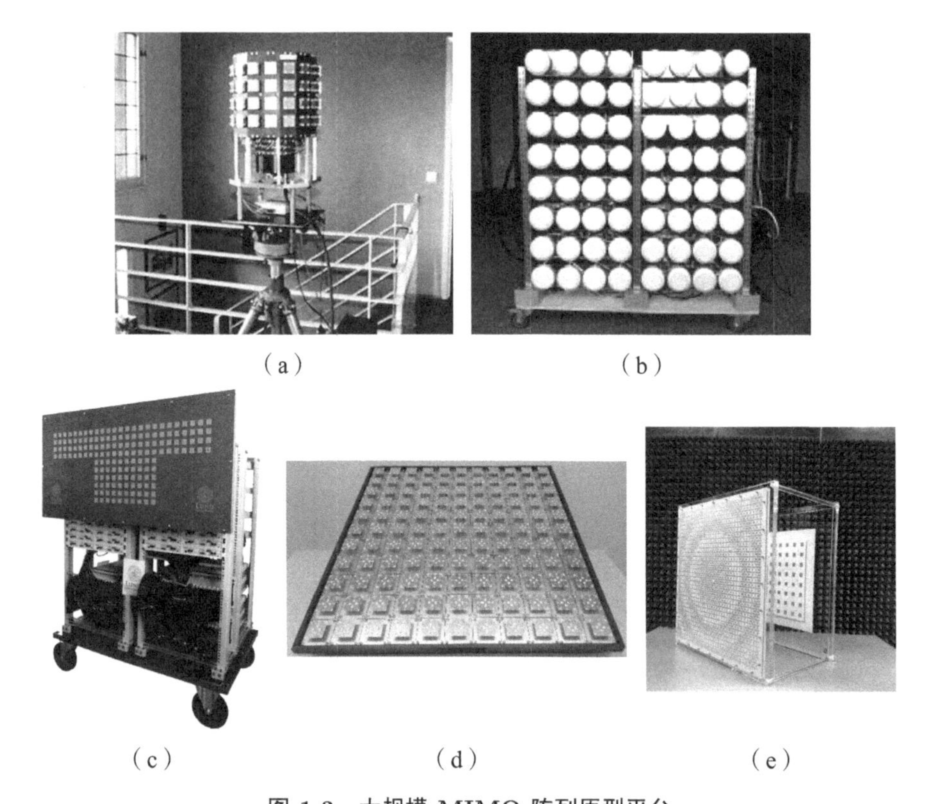

图 1.3 大规模 MIMO 阵列原型平台
(a) 天线数为 128 的圆柱形天线阵列；(b)Argos 天线系统；(c) 隆德大学研发的大规模 MIMO 测试平台 LuMaMi 系统；(d) 汉诺威大学设计的维度为 11×11 的室内大规模 MIMO 天线阵列；(e) 新加坡国立大学设计的 8×8 透镜天线阵列

高维度的毫米波大规模 MIMO 的空间域信道转化到低维的波束域（Beamspace）信道。由于毫米波信道中的有效散射十分有限，因此，只需进行合适的波束选择操作，就可使降维后的低维波束域信道集中原信道的大部分功率，这一点与前面的混合架构相似。同时，由于透镜天线阵列采用了无源电磁透镜替代了混合架构中所需的有源移相器网络，因此，其能量效率可以得到进一步提升。图 1.3(e) 展示了由新加坡国立大学于 2017 年设计制造的透镜天线阵列原型 [28]。

近年来，随着硬件制作工艺与新兴材料技术的进步，大规模 MIMO 逐渐向超大孔径（单向维度可达到数米 [29]）以及海量阵元（阵元数可达到 $1\,024\times1\,024$ [4,30]）的方向演进，从而引出了超大孔径 MIMO（Extra-Large Scale MIMO, XL-MIMO）与超大规模 MIMO（Ultra-Massive MIMO, UM-MIMO）的概念，以期满足未来 6G 网络中超大容量、超高传输速率的通信需求。针对超大规模 MIMO 的实现，图 1.4(a) 展示了一种可工作在 $0.06\sim10$ THz 频段的基于石墨烯/超材料的等离子体纳米天线阵列概念图 [4]，该阵列由 1 024 个纳米天线阵元组成。该研究显示，这类等离子体纳米天线阵元能达到微米级的尺寸，比金属太赫兹天线阵元小了近两个数量级，这使得超密集的纳米天线阵列能被集成在极小的空间内，且等离子体纳米天线间的间隔在满足一定的条件之后将没有显著的相互耦合现象。此外，通过将大量低功率低成本的电子阵元器件集成到具有堆叠的多层平面结构的可编程超表面上 [31−33]，也有利于实现超大规模 MIMO 架构①。如图 1.4(b) 所示，美国麻省理工学院研究人员于 2020 年研发了一种工作在 2.4 GHz 的 RFocus 均匀平面阵列原型平台 [29]。该平台由 3 200 个 RF 开关形式的天线阵元组成，能将电磁信号反射或者透射到指定的接收设备，以实现无线电信号聚焦，并可通过控制每个阵元的开/关状态来优化接收端的信号强度。在实际测试中，基于 RFocus 的通信系统能提升 10 倍的信号强度以及 2 倍的信道容量。2022 年，清华大学展示了一种工作在 28 GHz 的超大规模 MIMO 阵列 [34]，如图 1.4(c) 所示，其中，该阵列由 2 304 个天线阵元组成，可应用于室内近场通信场景。

(a)

(b) (c)

图 1.4 超大规模 MIMO 阵列示意图及原型平台

(a) 基于石墨烯/超材料的太赫兹等离子体纳米天线阵列概念图；(b) 麻省理工学院研发的包含 3 200 个天线阵元的 RFocus 均匀平面超大规模 MIMO 阵列；(c) 清华大学设计的可工作在 28 GHz 的超大规模 MIMO 阵列

① 这种架构也被称为可重构智能表面（Reconfigurable Intelligent Surfaces, RIS），可以视为一种无源超大规模 MIMO。

本节所述的无线通信系统从传统 MIMO 到大规模 MIMO 再到超大规模 MIMO 的技术演变历程，说明了增加天线阵列的阵元数量以及增大天线阵列孔径可以获得诸多通信性能上的改善。然而，大规模 MIMO 与超大规模 MIMO 也同时面临着诸如信道建模、收发机硬件设计、信道估计、混合波束赋形设计、信号检测算法设计等难题的挑战。尽管针对超大规模 MIMO 系统的研究越来越受到学术界和工业界的关注 [35,36]，但至今仍有很多难题是悬而未决的。

1.3 国内外研究现状

当前国内外与本书相关联的研究可分为五个方面，即毫米波大规模 MIMO 中的信道估计研究、毫米波大规模 MIMO 中的波束赋形研究、海量物联网接入中的信道估计研究、超大规模 MIMO 近场信道估计研究，以及高动态快时变信道的估计与跟踪研究。本节接下来将逐一说明。

1.3.1 毫米波大规模 MIMO 中的信道估计研究

目前已经有很多关于毫米波大规模 MIMO 的信道估计研究成果。具体来说，现有的一些文献提出了几种获取窄带毫米波 CSI 的方法，包括基于码本的波束训练方法 [37–40] 和基于压缩感知（Compressive Sensing, CS）的信道估计方案 [41,42]。其中，波束训练方法最初用于诸如 IEEE 802.11ad [37] 和 IEEE 802.15.3c [16] 等无线通信标准中的模拟波束赋形，该方法的收发机需要从预定义的码本中穷举搜索出最佳的波束对，以最大化接收信号噪声比（Signal-to-Noise Ratio, SNR），进而改善无线通信系统的传输性能。为了减少以上码本的搜索维度以实现更低的训练开销，文献 [38] 设计了一种多级重叠波束图案，而这些重叠的波束图案可以随着训练阶段的增加而逐渐变窄。遗憾的是，以上这些波束训练方案 [37,38] 只考虑了单流传输下的模拟波束赋形。而对于多流传输的混合波束赋形系统，文献 [39,40] 提出了具有分层多波束码本的波束训练解决方案，这里可以通过逐步细化窄波束来进行分层搜索，以获得最佳的多个波束对。然而，波束训练方案的训练开销通常与码本的维度数量呈正比，这会给装备有大量天线的全维 MIMO 收发机带来难以承受的训练开销。因此，文献 [41,42] 通过利用毫米波 MIMO 信道中固有的角度域稀疏性提出了几种基于 CS 的低开销信道估计方案。文献 [41] 通过将 CSI 获取问题建模为稀疏信号恢复问题，并利用正交匹配追踪（Orthogonal Matching Pursuit, OMP）算法来估计稀疏的毫米波 MIMO 信道，其中，经过设计的非均匀量化角度域网格的冗余字典可以提高信道估计的准确性。文献 [42] 在考虑收发器硬件损伤影响的同时，提出了一种基于贝叶斯 CS

的信道估计方案。此外，通过利用毫米波信道的低秩特性，文献 [43] 提出了一种基于 CANDECOMP/PARAFAC 分解的信道估计方案以进一步提高估计性能。

需要指出的是，上述解决方案 [38−43] 仅考虑了频率平坦的窄带毫米波 MIMO 信道，但实际的毫米波通信中非常大的系统带宽和多径分量会导致明显的多径时延扩展，使得毫米波 MIMO 信道呈现出频率选择性衰落特性 [2]。文献 [44] 提出了一种分布式网格匹配追踪（Distributed Grid Matching Pursuit, DGMP）算法来估计正交频分复用（Orthogonal Frequency Division Multiplexing, OFDM）系统中的时间弥散信道。文献 [45] 提出了一种从 DGMP 算法发展而来的自适应网格匹配追踪（Adaptive Grid Matching Pursuit, AGMP）算法，可利用自适应网格匹配的特性来减少角度域各非网格点上的功率泄漏。文献 [46] 利用 OMP 算法来分别估计了不同子载波上的稀疏毫米波 MIMO 信道，但是由于 OFDM 系统中子载波的数量通常很大，因此该方案的计算复杂度很高。为了降低多载波信道估计的计算复杂度，文献 [47] 提出了一种基于同时加权 OMP（Simultaneous Weighted-OMP, SW-OMP）算法的信道估计方案，该方案通过利用不同子载波信道在角度域上的共同稀疏性来提高估计性能。针对毫米波全数字 MIMO 系统，文献 [48] 通过利用收发机天线对之间时延域信道的共同稀疏性，提出了一种基于块 CS 的信道估计解决方案，且该方案所设计的特殊训练序列能提高估计性能。文献 [49] 将接收到的训练信号表示为具有低秩 CANDECOMP/PARAFAC 分解特性的高阶张量，并基于宽带毫米波 MIMO 信道的低秩特性来估计包括到达角/离开角（Angle of Arrivals/Angle of Departures, AoAs/AoDs）以及时延在内的主要信道参数。然而，目前宽带毫米波 MIMO 系统中大多数基于 CS 的信道估计方案通常采用的 CS 字典是由离散化的 AoAs/AoDs 网格构成的，但实际毫米波 MIMO 信道中的 AoAs/AoDs 却呈现连续分布特性。这种模型上的严重不匹配可能会降低宽带毫米波大规模 MIMO 系统中信道估计的性能。

在基于透镜天线阵列的毫米波大规模 MIMO 系统的信道估计方面，文献 [50] 利用了透镜天线的能量聚焦特性，将维度较大的 MIMO 信道分解成若干独立并行的单天线（Single-Input Single-Output, SISO）信道，并将信道间的互相干扰忽略或视为轻微的噪声。然而，实际中，由于透镜天线阵列的角度分辨率有限以及信道多径 AoAs/AoDs 的连续分布，会造成严重的功率泄漏情况，此时不同的 SISO 信道间的干扰将会不可忽略，因此这种分析方法将会带来很大的性能损失。文献 [51] 将透镜天线阵列的信道估计问题建模为稀疏信号恢复问题，为了克服由于角度失配带来的支撑集扩散问题，提出了基于支撑集检测（Support Detection, SD）的 OMP 信道估计方案，在 OMP 算法的每次迭代中，在选出的信道矩阵的原子周围再选取若干个其他原子作为估计的支撑集，并据此进行后续的子空间投影与残差更新操作。这一思想在文献 [52] 中被进一步改进为基于双十字形（Dual-Cross, DC）的 OMP 信道估计方案。仿真结果证明，文献中基于改进的 OMP 算法的信道估计性能显著优于原始 OMP 算法。更多精巧的透镜天线阵列的信道估计方案可参见文献 [53，54]，其中，文献 [53] 提出了一种基于模型驱动机器学习的信道估计方法，将 CS 算法用神经网络进行深度展开来估计透镜天线阵列的信道，并进一步利用神经网络对估计的信道进行去噪；文献 [54] 提出将透镜天线阵列信道视为图片信息，并采用了一种基于图像重构算法方案来精确估计信道。然而，上述大多数工作 [51–54] 考虑在透镜天线阵列中采用大规模的移相器网络来辅助信道估计，这与透镜天线阵列本身利用电磁透镜替代移相器网络的思想相互矛盾，无法充分发挥透镜天线阵列高能量效率的优势。

1.3.2 毫米波大规模 MIMO 中的波束赋形研究

如前所述，为了降低毫米波大规模系统中的硬件成本和功耗开销，混合 MIMO 波束赋形架构是当前实现毫米波大规模 MIMO 的主流技术路线，相应的混合波束赋形设计也成为当前无线通信物理层研究中的热点问题。目前已有较多的混合波束赋形方案提出。在窄带平坦衰落信道下，经典文献 [7] 充分利用毫米波信道路径具有稀疏性的特点，指出了全数字架构下的最优波束赋形权重矢量可以仅用极少数的空间向量基底来表示，由此将波束赋形设计问题转化成稀疏信号恢复问题，并采用基于 CS 的 OMP 算法来分别得到模拟波束赋形器与数字波束赋形器，使得两者的乘积尽可能接近全数字最优波束赋形器。但文献 [7] 中方案局限于单用户 MIMO 的通信场景，并没有考虑多用户通信场景下用户间干扰（Inter-User Interference, IUI）的问题，并且其中所使用的算法具有较高的复杂度。文献 [55] 针对多用户场景提出了一种低复杂度的混合波束赋形设计，即主要考虑提取信道的共轭转置矩阵的相位作为模拟波束赋形器，以实现阵列增益最大化，并随后采用迫零（Zero-Forcing, ZF）算法得到数字波束赋形器。然而，文献 [55] 中的方案只考虑了单天线用户的通信场景。为支持多天线用户通信，文献 [56] 和 [57] 分别提出了一种基于码本的低复杂度两阶段混合波束赋形方案和一种启发式的混合波束赋形方案。文献 [58] 对传统的块对角化（Block Diagonalization, BD）波束赋形方案进行改进，提出了一种支持多用户且每个用户支持多流传输的混合 BD 波束赋形方案。

进一步，频率选择性衰落信道下的宽带混合波束赋形方案被相继提出 [59–63]。由于需要考虑频域子载波维度，因此，宽带混合波束赋形方案的设计难度相较窄带情况下有所增加。同时，混合架构中的移相器网络一般视为频率平坦器件，无法为不同子载波信道赋予不同的模拟波束赋形器，这无疑为宽带混合波束赋形方案引入了新的限制条件。幸运的是，文献 [59] 在理想稀疏毫米波信道的情况下，从理论上揭示了频率平坦的模拟波束赋形器的最优性，为宽带混合波束赋形方案提供了理论依据。考虑到实际中宽带毫米波大规模 MIMO 系统中信道维度大大增加，信道状态信息（Channel State Information, CSI）的反馈开销也将给通信系统造成较大负担。为降低通信系统的 CSI 反馈开销，文献 [60] 提出了一种基于有限反馈码本的宽带混合波束赋形方案。文献 [61] 提出了一种在非完美 CSI 获取下的宽带波束赋形方案，其主要思想是根据已知的部分 CSI，设计出满足收发信号之间最小均方误差（Minimum Mean Square Error，MMSE）的混合波束赋形器。许多支持多用户且每个用户多流传输的宽带混合波束赋形方案也被提出。文献 [62] 提出了一种基于上下行信道互易性的宽带波束赋形方案，可以有效实现算法复杂度与通信性能的折中。文献 [63] 提出了一种低复杂度的同步贪婪混合波束赋形（Simultaneous Greedy Hybrid Precoding, S-GHP）方案，即同时设计基站和用户端的波束赋形矩阵，使得它们分别等效于信道经过奇异值分解（Singular Values Decomposition, SVD）之后的左、右奇异矩阵的共轭转置。

同时，一些学者针对混合架构下的移相器网络提出了新的改进[64−66]。传统的移相器网络采用全连接的模式，即每条 RF 链路需要通过移相器与所有的天线相连，此时所需的移相器的总数量为 RF 链路乘以天线数，这在大规模 MIMO 中将造成难以承受的硬件复杂度。针对这一问题，文献 [64,65] 考虑了基于部分连接结构的移相网络，即每条 RF 链路仅需与部分的天线（也成为子阵列）相连，这使得移相器网络所需的移相器的数量大大减少，从而进一步降低系统成本与功耗。然而，该方案中每条 RF 链与天线的连接关系是固定的，从而限制了波束赋形的设计自由度。而文献 [66] 在部分连接方案的基础上进一步提出了动态子连接结构，通过在 RF 链路和天线之间增加动态天线选择网络，使得系统可以根据实时 CSI 来动态调节天线分组，提升系统性能。仿真结果表明，基于部分连接的混合架构在能量效率方面大大超出全连接混合架构，且动态子连接架构的性能显著优于固定子连接架构。

1.3.3 海量物联网接入中的信道估计研究

对于海量物联网接入场景中的联合活跃用户检测（Active User Detection, AUD）和信道估计（Channel Estimation, CE）问题，通过利用海量物联网接入中由众多用户设备所具备的零星流量特征而导致的用户域稀疏性，已经有一系列基于 CS 的免授权随机接入方案被提出来。

一方面，贝叶斯类方法被广泛应用于基于 CS 的随机接入系统中，并且已经发展了包括近似消息传递（Approximate Message Passing, AMP）类算法和稀疏贝叶斯学习（Sparse Bayesian Learning, SBL）类算法在内的多种改进方案，以提高海量接入的检测和估计性能。具体来说，文献 [67] 将联合 AUD 和 CE 问题建模为动态 CS 问题，并设计了一种序列的 AMP 算法来顺序地执行推理并恢复与时间相关的稀疏信号。文献 [68,69] 分别提出了改进的 AMP 和正交的 AMP（Orthogonal AMP, OAMP）算法，以实现联合活跃性、信道估计以及数据检测。然而，以上海量物联网接入系统 [67−69] 仅考虑了单天线的基站，故难以获得足够高的空间自由度来提高 AUD 和 CE 的性能。为此，文献 [70-72] 研究了大规模 MIMO 系统中的海量多址接入问题。文献 [70] 通过利用统计信道信息设计了一种基于 MMSE 的向量 AMP 算法以实现 AUD 和 CE。依据置信传播理论，文献 [71] 提出了迭代消息传递算法，以实现大规模无源随机接入系统中的联合 AUD 和 CE。由于文献 [70,71] 中仅考虑了简单的瑞利衰落信道，文献 [72] 采用了稀疏几何多径信道，并结合变分消息传递和 AMP 算法的核心思想提出了混合消息传递算法，其中可以利用角度域和用户域中的信道稀疏特性。然而，这些基于窄带的海量物联网接入系统 [70−72] 无法满足未来 B5G 和 6G 无线通信网络中众多物联网设备的高数据速率需求，因此，需要将海量物联网接入应用在 eMBB 场景中。为此，文献 [73] 考虑了 OFDM 技术以应对宽带物联网接入中的多径频率选择性衰落信道，同时，利用大规模 MIMO 信道在空间域和虚拟角度域上的结构化稀疏性，提出了基于分布式压缩感知（Distributed Compressive Sensing, DCS）理论的广义多测量矢量 AMP（Generalized Multiple Measurement Vector AMP, GMMV-AMP）算法来联合执行 AUD 和 CE。此外，文献 [74-76] 发展了几种基于 SBL 算法的方案，其中，大规模 MIMO 信道在角度域上的共同行稀疏和簇稀疏结构可用于增强 AUD 和 CE 性能 [74]。

另一方面，一些贪婪类算法 [75−78] 和优化算法 [79,80] 也是解决基于 CS 的海量物联网接入问题的有效途径。具体来说，文献 [75,76] 利用块正交匹配追踪（Block Orthogonal Matching Pursuit, BOMP）算法来解决联合 AUD 和 CE 中的块稀疏信号恢复问题。通过利用等效传输模型中固有的块稀疏性，文献 [77,78] 提出了几种基于子空间追踪（Subspace Pursuit, SP）的算法，其中，用户活跃性的空-时结构可用于构建 Kronecker-CS 问题 [78]。文献 [79] 提出了一种基于黎曼信任域的优化算法来减少多测量矢量（Multiple Measurement Vector, MMV）-CS 问题中的搜索空间，其中，联合 AUD 和 CE 问题可以转化为一个满列秩约束条件的低维优化问题。通过利用空间相关信道的二阶统计量来解决稀疏 MMV 重建问题，文献 [80] 提出了一种基于交替方向乘子法（Alternating Direction Method of Multipliers, ADMM）的优化方法。此外，深度学习方法也可以应用于海量物联网接入，以实现智能无线通信 [8]。具体来说，文献 [81] 和文献 [82] 分别提出了基于 AMP 算法和 ADMM 算法的模型驱动深度学习框架，用于大规模免授权随机接入的联合 AUD 和 CE。文献 [83] 利用长短期记忆框架提出了一种基于深度学习的 AUD 和 CE 方案，其中，深度神经网络可处理接收信号与活跃用户域相关信道的索引之间的直接映射。

1.3.4 超大规模 MIMO 近场信道估计研究

超大规模 MIMO 具有极大的物理孔径，将会使得瑞利距离（Rayleigh distance）大大增加。因此，传统通信信道模型中的远场假设（收发机之间的距离远大于瑞利距离）不再适用，而需要被近场假设（收发机之间的距离在瑞利距离之内）所替代。对于超大规模 MIMO 系统中近场信道条件下的无线通信研究，文献 [84,85] 研究了近场空间非平稳（Spatial Non-Stationary, SNS）信道下上行传输时的多用户调度问题，但它们主要是以提升系统的频谱效率为目的，故假设了完美已知的 CSI。为了获取近场 SNS 下的超大规模 MIMO 信道，文献 [86-90] 中提出了几种信道估计方案。具体来说，文献 [86] 通过利用分层稀疏的马尔可夫先验来表征超大规模 MIMO 信道在时延域上的稀疏结构，并提出了一种迭代 SBL 方案来推断信道向量及其与先验分布中未知的超参数。文献 [87] 将近场 SNS 信道视为图像，并通过引入图像处理中的 YOLO（You Only Look Once）神经网络来设计了一种基于模型驱动的下行信道重建方案，以实现包括角度和路径时延的检测以及识别散射体的可见区域等在内的模型参数的快速估计。文献 [88] 根据 SNS 信道时延域的稀疏性提出了一种基于块匹配追踪的两阶段稀疏信道估计方案，以估计大规模 MIMO 信道，而文献 [89,90] 则针对近场超大规模 MIMO 信道构建了新的极化域，并利用在该域上的稀疏性提出了一种基于 CS 的 OMP 改进算法来估计近场超大规模 MIMO 信道。此外，文献 [89,90] 还分析了近场与远场间的条件转换，提出了混合场的概念。

1.3.5 高动态快时变信道的估计与跟踪研究

针对空天地一体化网络（Space-Air-Ground Integrated Network, SAGIN）以及车联网等高动态场景中的快时变信道，文献 [91-93] 提出了一些信道估计和跟踪方案，以避免频繁信道估计所造成的训练开销剧增问题。具体来说，文献 [91] 提出了一种数据辅助的信道跟踪方案，可利用透镜天线阵列来估计和跟踪角度域信道上的部分信道参数。根据角度域中虚拟信道向量的稀疏性，文献 [92,93] 构建了基于期望最大化的 SBL 框架，用来估计和跟踪基于一阶自回归模型的虚拟信道参数。此外，文献 [94,95] 提出了几种多阶段信道估计解决方案来获取包括 AoAs/AoDs、多普勒频移以及信道增益在内的主要信道参数（而不是直接估计完整的 MIMO 信道矩阵），可支持窄带毫米波 MIMO 系统的快速信道跟踪。需要指出的是，上述这些方案 [91−95] 仅考虑了常见毫米波大规模 MIMO 系统中的信道估计和跟踪问题。而对于太赫兹通信系统中的信道估计问题，文献 [96] 提出了一种先验辅助的太赫兹信道跟踪方案，该方案可以利用较少导频开销来预测和跟踪时变大规模 MIMO 信道在太赫兹波束空间域的直射径（Line-of-Sight，LoS）的物理方向。对于动态室内短距离太赫兹通信，文献 [97] 提出了一种基于马尔可夫过程和贝叶斯推理的角度估计方法，其中利用了前向-后向算法来进行贝叶斯推理。然而，目前的这些研究 [91−97] 并没有涉及与超大规模 MIMO 阵列相关的信道估计。因此，针对室外高动态环境下的太赫兹超大规模 MIMO 信道估计方案还有待完善。

1.4 本书主要研究内容与章节安排

本书主要介绍了毫米波-亚太赫兹（Sub-THz，泛指毫米波高频段到太赫兹低频段之间的频率范围）大规模 MIMO 以及超大规模 MIMO 系统中的诸如信道估计、波束赋形、多址接入等 6G 物理层关键技术。本书研究框架如图 1.5 所示，为了实现未来 6G 无线通信网络中的各项 KPI，本书着眼于毫米波及亚太赫兹超大规模 MIMO 系统中的物理层关键技术，研究的主要内容包括宽带毫米波全维大规模 MIMO 的信道估计与波束赋形、室内海量物联网接入，以及航空亚太赫

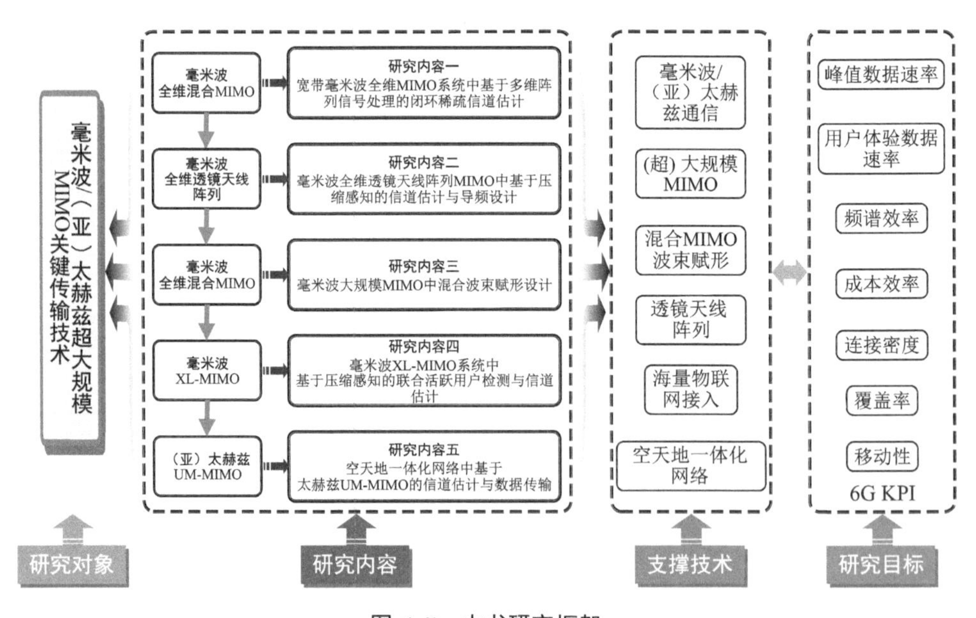

图 1.5 本书研究框架

兹超大规模 MIMO 的信道估计与数据传输等问题，目的是探究毫米波-亚太赫兹超大规模 MIMO 在各类通信场景中的具体特点，并提出相匹配的信道估计与数据传输解决方案，以期为毫米波/太赫兹超大规模 MIMO 在未来 6G 移动通信系统中的实际应用以及相关无线通信标准的制定奠定坚实的理论基础，并提供具体的实现方案。从图 1.5 中可看出，本书所展现的新兴技术及具体应用场景均有利于支撑 6G 中各项 KPI 的实现。具体来说，首先，为了实现峰值数据速率和用户体验数据速率、频谱效率以及成本效率等 KPI 要求，所有章节均考虑了混合 MIMO 波束赋形架构下的毫米波或者太赫兹通信；更进一步，第 3 章考虑了一种由电磁透镜代替 PSN 的透镜天线阵列，可以有效提升系统的能量效率。其次，第 5 章考虑了室内近场超大规模 MIMO 系统中的海量物联网接入，以同时提升连接密度和覆盖率。最后，第 6 章考虑了 SAGIN 中的航空通信，目标是解决覆盖率和移动性等难题。具体来说，本书各章节的研究创新点和内容安排如下：

第 2 章通过利用毫米波 MIMO 信道在角度域和时延域上的双重稀疏性，提出了一种基于宽带毫米波混合全维 MIMO 的闭环稀疏信道估计方案。具体来说，在下行信道估计阶段，基站端可设计随机发射预编码矩阵用于初步的信道探测，同时，用户端可设计相应的接收合并矩阵，从而将高维混合波束赋形 MIMO 阵列等效为低维全数字阵列，这样有助于利用多维阵列信号处理算法来估计每个用户各自的方位角和俯仰角。在上行信道估计阶段，用户端可以利用各自在下行时估计到的角度来设计多波束发射预编码矩阵，以便增强基站端接收信噪比。同时，基站端能利用其设计的接收合并矩阵和多维阵列信号处理算法来估计其所对应的方位角和俯仰角以及路径时延。此外，上下行两个阶段所获得的信道参数可利用所提出的最大似然方法来进行配对，然后再依据最小二乘估计器来获得路径增益。本章所提出的闭环稀疏信道估计解决方案可以较低的训练开销获得基站端和用户端方位角、俯仰角及路径时延的超分辨率估计。仿真结果也验证了所提解决方案比当前基于 CS 的方法具有更好的信道估计性能和更低的计算复杂度。

第 3 章采用了透镜天线阵列这一先进的硬件架构作为实现大规模 MIMO 的技术路线，提出了一种基于压缩感知（CS）的信道估计和导频设计方案。首先，介绍了透镜天线阵列以及 CS 的原理，为后续应用打下理论基础。随后，引入了一种适用于透镜天线阵列和天线选择网络的导频传输方案，保证在压缩观测下，导频信号可以对全空间范围内的信道进行探测，并以此将信道估计问题建模为 CS 问题。进一步，基于 CS 的要求，提出了一种冗余字典设计，将原本较为稀疏的信道重新表示为更加稀疏的形式，增强了基于 CS 的信道估计方案对信道多径数的鲁棒性。最后，利用 CS 理论中的感知矩阵优化理论，提出了一种基于最小化总互相关系数和的导频优化方案，对基带导频信号与基带合并器进行设计，并得到了闭式的优化结果。仿真结果表明，所提出的基于 CS 的信道估计方案可以有效地以低导频开销精确地估计全维透镜天线阵列的信道，且估计性能优于其对比方案。

第 4 章研究了毫米波大规模 MIMO 中的混合波束赋形设计问题。首先，针对采用全连接结构的毫米波混合大规模 MIMO 系统，提出了一种适用于窄带平坦衰落信道下的混合波束赋形方案，将数字波束赋形器与模拟赋形器分开设计。具体而言，数字波束赋形器部分的设计以 MMSE 为准则，经过数学推导，获得了具有闭合表达式的优化解；模拟波束赋形器则采用了一种基于过采样码本的方案，可以突破天线数量对空间分辨率的限制，提升模拟波束赋形设计的自由度。随后，上述提出的方案分别被扩展并应用到宽带频率选择性信道以及部分连接结构中的混合波束赋形。根据这些不同的通信场景，设计了一系列混合波束赋形算法，并通过相关数学推导证明所提方案的合理性。最后，通过仿真分析并与其他波束赋形方案进行性能对比，验证了所提混合波束赋形方案具有较好的性能，能实现系统性能、硬件复杂度和功耗之间的良好权衡。

第 5 章针对室内近场的海量物联网接入场景设计了毫米波超大规模 MIMO 系统中基于 CS 的联合 AUD 和 CE 方案。具体来说，首先建立了混合收发机架构下上行大规模接入时的信号传输模型以及包含近场球面波形式的毫米波超大规模 MIMO 信道模型，其中，该超大规模 MIMO 信道呈现出明显的空间非平稳性，且因分布式天线结构设计而存在远场条件和近场条件共存的情况。接着，利用毫米波超大规模 MIMO 信道的频域共同支撑集特性可将联合 AUD 和 CE 问题表示为 MMV-CS 和 GMMV-CS 问题，其中，对于 MMV-CS 和 GMMV-CS，分别设计了相应的感知矩阵。然后，利用毫米波超大规模 MIMO 信道在空间域以及角度域上的共同结构化块稀疏性，分别针对 MMV-CS 和 GMMV-CS 问题提出了两种基于 CS 的联合 AUD 和 CE 算法，其中，在活跃用户数未知的情况下，可考虑采用预先设定好的迭代终止阈值，以自适应地获取活跃用户支撑集。最后，仿真结果表明，所提算法的 AUD 和 CE 性能均要优于现有 CS 算法。

第 6 章研究了新兴的 SAGIN 中基于太赫兹超大规模 MIMO 的航空通信，并提出了一种低开销的信道估计和跟踪方案。该方案可以有效地解决由航空太赫兹超大规模 MIMO 信道中特有的三重时延-波束-多普勒偏移效应所引起的信道估计与数据传输性能下降问题。具体来说，在初始信道估计阶段，首先利用从导航信息中提取到的粗略角度估计信息来建立一个初始航空通信链路。根据所设计的子阵列选择方案可将超大规模混合阵列等效为低维全数字阵列，并利用所提出的先验辅助的迭代角度估计算法来同时获得精确的角度估计，而这些估计到的角度可实现精确的波束对准。随后，可以利用所提出的先验辅助的迭代多普勒频移估计算法来估计多普勒频移。在此基础上，可以获得路径时延和信道增益的准确估计。然后，数据传输阶段提出了一种基于数据辅助判决反馈的信道跟踪算法，以实现有效地跟踪波束对准后等效信道的同时，完成高效数据传输。当数据辅助的信道跟踪无效时，将在导频辅助的信道跟踪阶段使用低维等效全数字稀疏阵列重新估计角度，其中，先前估计到的角度可用来解决角度模糊问题。最后，仿真结果和所推导的克拉美罗下界验证了所提出的信道估计和跟踪解决方案的有效性。

最后，第 7 章对全书的研究内容进行了总结概况，同时给出了下一步的研究方向。

第 2 章 宽带毫米波全维 MIMO 系统中基于多维阵列信号处理的闭环稀疏信道估计

2.1 引言

由于毫米波（Millimeter-Wave, mmWave）频段有着可将系统吞吐率提高几个数量级的丰富频谱资源，与大规模多输入多输出（Multiple-Input Multiple-Output, MIMO）技术相结合的毫米波通信被认为是超五代（Beyond Fifth Generation, B5G）以及第六代（Sixth Generation, 6G）移动通信的一项关键使能技术 [16,98]。为了抵消毫米波信号在自由空间传播时所面临的严重路径损耗，通常可将大规模 MIMO 阵列应用到毫米波通信中，以利用波束赋形技术来形成用于定向传输的高增益波束 [26]。然而，在自由度高且功能强大的全数字 MIMO 架构中，每个天线均需要配备一个专用的射频（Radio Frequency, RF）链路来进行信号处理，而这将会导致系统过高的硬件成本和功耗。因此，采用全数字 MIMO 架构的毫米波大规模 MIMO 系统是难以实现的 [27]。相比之下，混合 MIMO 架构通过利用比天线数少得多的 RF 链路可实现混合的模拟/数字波束赋形，这在成本/功耗与性能之间提供了一种实用的折中解决方案 [2]。尽管如此，对于这种基于混合波束赋形的 MIMO 系统，若仅依靠从有限数量的 RF 链路中获取到的低维有效测量来估计高维的毫米波 MIMO 信道，将会导致信道估计时过高的训练开销。此外，未利用准确信道状态信息（Channel State Information, CSI）完成波束赋形前接收端的低 SNR 还会进一步降低信道估计的性能 [99]。因此，该混合 MIMO 系统中信道估计极具挑战性 [16]。

由于现有的一些毫米波大规模 MIMO 的信道估计方案 [38–43] 仅考虑了频率平坦的窄带毫米波 MIMO 信道，而针对宽带频率选择性信道的估计往往是基于压缩感知（Compressive Sensing, CS）框架的方案 [44–47]。考虑到实际毫米波 MIMO 信道中的到达角/离开角（Angle of Arrivals/Angle of Departures, AoAs/AoDs）呈现连续分布特性，而以上基于 CS 的信道估计方案中的 CS 字典通常采用的是离散化的 AoAs/AoDs 网格。因此，这种模型上的严重不匹配可能会降低宽带毫米波大规模 MIMO 系统中信道估计的性能。此外，当前的多

种信道估计方案 [38−49,100] 往往考虑的是理想的均匀线性阵列（Uniform Linear Array, ULA），而很少有研究针对更实际的均匀平面阵列（Uniform Planar Array, UPA）。相比 ULA，UPA 可集成更多天线阵元以形成更紧凑的阵列形态，其在水平和垂直方向上具有三维（Three-Dimensional, 3D）波束赋形能力，进而实现了全维 MIMO[101,102]。尽管文献 [101,102] 研究了毫米波全维 MIMO 信道估计问题，但它们只考虑了全数字 MIMO 架构或者频率平坦衰落信道。因此，以上现有的这些研究方案无法很好地匹配宽带毫米波全维 MIMO 系统。

为此，本章通过利用毫米波 MIMO 信道中多径分量（Multipath Components, MPC）在角度域和时延域上的稀疏性，提出了一种闭环稀疏信道估计方案，以有效地解决宽带毫米波全维 MIMO 系统中的信道估计问题。为了体现这种角度-时延域双重稀疏性，本章考虑图 2.1 所示地面基站面临通信堵塞情形下基于毫米波全维 MIMO 的无人机（Unmanned Aerial Vehicle, UAV）空基基站（Base Station, BS），通过利用其灵活机动的部署能力，可为热点区域的用户设备（User Equipment, UE）提供高数据速率的增强移动通信服务 [105]。与准确定性无线信道生成器（Quasi Deterministic Radio Channel Generator, QuaDRiGa）[106] 中广泛使用的地面蜂窝基站不同，UAV 空基基站通常工作在数百米的高度，这样只有更少的与主要散射体相对应的多径分量能在空基基站和地面用户间建立可靠的通信链路。因此，对于基于 UAV 空基基站的宽带全维 MIMO 系统而言，有限的显著散射体将使得空对地毫米波 MIMO 信道在角度域和时延域上均呈现出固有的稀疏性，也即角度-时延域的双重稀疏性。本章所提的解决方案通过在信道估计阶段精心设计发射波束赋形或预编码器以及接收合并器，能以低训练开销和

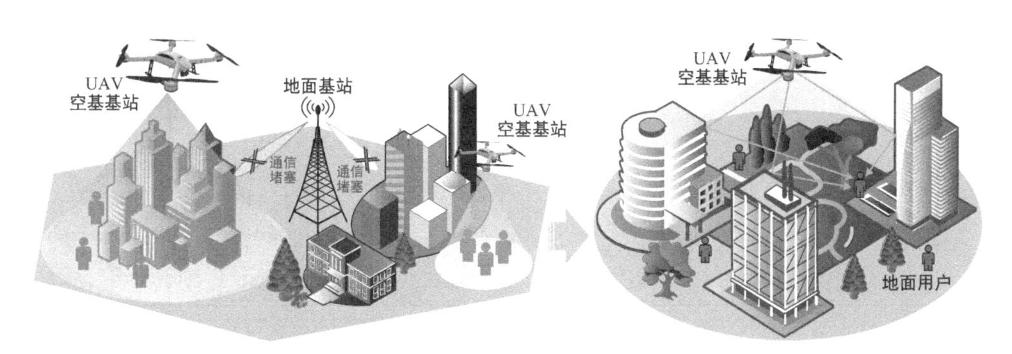

图 2.1　针对地面基站面临通信堵塞情形下基于 UAV 空基基站的热点区域信号增强覆盖场景，UAV 空基基站与地面用户间的空对地毫米波 MIMO 信道中有限的显著散射体使得该空地信道在角度域和时延域上均呈现出稀疏特性 [103,104]

低计算复杂度获得基于阵列信号处理[107,108]的超分辨率角度/时延估计值①。因此，就稀疏的毫米波 UAV 空对地信道而言，本章所提出的闭环信道估计方案可以获得比传统基于 CS 的信道估计方案更好的信道参数估计性能。

2.2 所提闭环稀疏信道估计方案概述

2.2.1 所提方案的流程

为了便于理解整个所提闭环稀疏信道估计方案的过程，这里给出了如图 2.2 所示的流程图，其中所提出的闭环解决方案包括下行信道估计和随后的上行信道估计两个阶段，且上下行链路利用了时分双工（Time Division Duplexing, TDD）系统中的信道互易性[92,109,110]。该闭环信道估计方案的帧结构如图 2.3 所示。具体来说，在下行信道估计阶段，每个用户估计对应其自身稀疏多径分量的方位角和俯仰角，并将估计到的角度通过反馈链路以有限的量化精度反馈给基站。

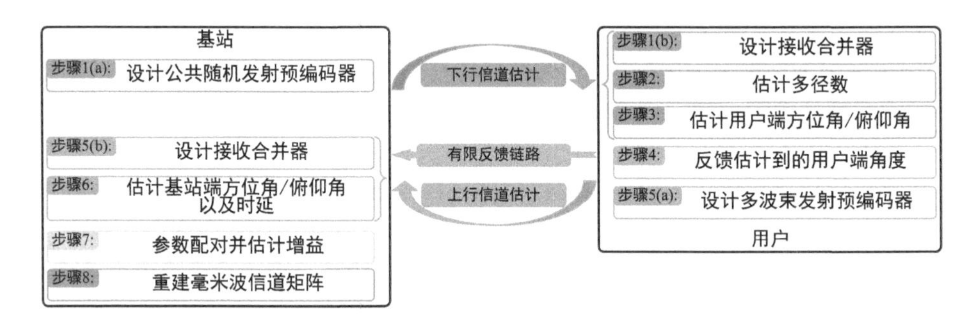

图 2.2　本章所提闭环稀疏信道估计方案的流程图

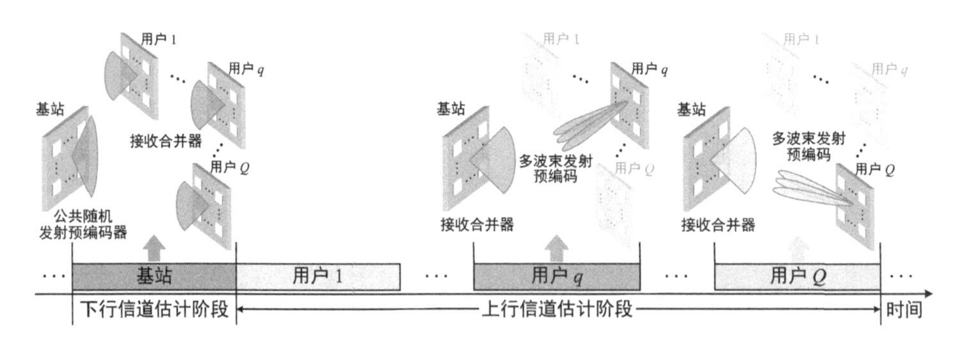

图 2.3　本章所提闭环稀疏信道估计方案的帧结构示意图

① 相比之下，目前基于 CS 的信道估计方案[44−47]仅关注了毫米波信道在角度域上的稀疏性，并设计了带有量化角度网格的有限分辨率 CS 字典，而这种有限的量化处理将极大地制约可达到的信道估计性能。这里的超分辨率是相对于这种量化处理而言的。

在这一阶段，基站端可设计一个公共的随机发射预编码矩阵来向所有用户广播全向性的信道探测训练信号，同时，每个用户可设计其自身的接收合并矩阵，以将高维混合波束赋形 MIMO 阵列等效为低维全数字阵列，这样便可利用多维酉借助旋转不变技术估计信号参数法（Estimating Signal Parameters via Rotational Invariance Techniques, ESPRIT）算法来估计信道参数。类似地，在上行信道估计阶段，基站端可利用多维酉 ESPRIT 算法连续估计对应于不同用户的方位角、俯仰角以及路径时延。此外，这一阶段充分利用 TDD 系统的信道互易性，各用户端可利用估计到的角度作为先验来设计多波束发射预编码矩阵，以提高上行信道估计阶段基站端的接收信噪比。然后，基站端利用所提出的最大似然 (Maximum Likelihood, ML) 匹配法来对以上两个阶段获取到的信道参数进行配对。通过利用最小二乘（Least Square, LS）估计器，基站端可轻松获得相应多径分量的信道增益。最后，与每个用户相关联的高维毫米波 MIMO 信道可以根据以上估计到的主要信道参数来依次重建。

2.2.2　所提方案的贡献

与现有基于 CS 的信道估计方案相比 [44−47]，所提闭环解决方案的主要贡献如下：

所提出的闭环稀疏信道估计方案包含了向所有用户广播公共信号的下行信道估计阶段和各用户的专用上行信道估计阶段。在下行信道估计阶段，基站端充分利用其大发射功率优势，同时向多个用户下行广播训练信号，以降低该阶段的训练开销，并在用户端仅需较低的计算复杂度即可估计到方位角和俯仰角。在上行信道估计阶段，每个用户可设计各自的多波束发射预编码矩阵，以提高基站端的接收信噪比，进而改善上行信道估计准确性。同时，具备强大计算能力的基站端又可以联合估计方位角/俯仰角以及路径时延。相比之下，当前基于 CS 的解决方案 [44−47] 均考虑的是开环方法，而这将对接收机的计算复杂度和存储提出了更高的要求①。值得一提的是，用户端通过利用在下行信道估计阶段获得的方位角和俯仰角所设计的多波束发射预编码矩阵，即使在多径数量大于 RF 链路数（即需发射波束的数量可以大于 RF 链路数）情况下，仍可显著提高基站端的接收信噪比。

基站端和用户端分别设计了接收合并矩阵，可将高维混合波束赋形 MIMO 阵列等效为低维全数字阵列，以有效地应用鲁棒的阵列信号处理技术。由于混

① 更具体地说，为了提高信道估计的准确性，基于 CS 的解决方案 [44−47] 均采用了冗余字典，而对于毫米波全维 MIMO 接收机来说，该冗余字典的维度非常大。因此，若采用下行开环信道估计，则估计性能受用户端有限的冗余字典存储和较低计算能力的限制，而采用上行开环信道估计则会因用户端的发射功率有限，基站端的接收信噪比较低，从而导致较差的信道估计性能。

合 MIMO 架构中从基带数字域观察到的阵列响应矩阵的移不变结构不再成立，因此难以直接应用阵列信号处理技术 [108,111] 来获取信道参数。所提出的解决方案清楚地说明了如何将阵列信号处理技术（譬如 ESPRIT 类算法）应用于混合 MIMO 系统中，从而可以在低训练开销和低计算复杂度的情况下获得信道参数的超分辨率估计。相比之下，为了实现较高精度的信道参数估计，现有基于 CS 的信道估计方案 [44−47] 往往依赖于角度域或时延域的高维冗余字典，这将使得装备有大规模天线阵列的全维 MIMO 系统面临着过高计算复杂度和存储需求的难题。

所提出的闭环信道估计方案充分利用了多径分量在角度域和时延域上的双重稀疏性。所提方案通过利用毫米波空地 MIMO 信道的双重稀疏性，将信道估计问题转化为多维阵列信号处理问题，以便同时获得基站端和用户端对应的方位角/俯仰角以及路径时延的超分辨率估计。相比之下，现有的信道估计方案 [44,45,47] 仅考虑了毫米波 MIMO 信道的角度域稀疏性。此外，时延域信道估计方法 [46,48] 必须估计有效的时延域信道脉冲响应，其中包括了可以削弱时延域稀疏性的时域脉冲成型滤波器。与之相反，所提解决方案中时延的超分辨率估计不受脉冲成型滤波器的影响。

2.3 用户端下行信道估计阶段

如图 2.4 所示，考虑采用混合波束赋形架构的毫米波全维 MIMO-OFDM 系统。在该系统中，基站和用户均采用均匀平面阵列，OFDM 使用 K 个子载波，且每个子载波发射 N_{s}^{d} 个独立的信号流 [44]。基站（用户）的收发机利用了 $N_{\mathrm{BS}} = N_{\mathrm{BS}}^{\mathrm{h}} N_{\mathrm{BS}}^{\mathrm{v}} (N_{\mathrm{UE}} = N_{\mathrm{UE}}^{\mathrm{h}} N_{\mathrm{UE}}^{\mathrm{v}})$ 根天线以及 $N_{\mathrm{BS}}^{\mathrm{RF}} \ll N_{\mathrm{BS}}$（$N_{\mathrm{UE}}^{\mathrm{RF}} \ll N_{\mathrm{UE}}$）个 RF

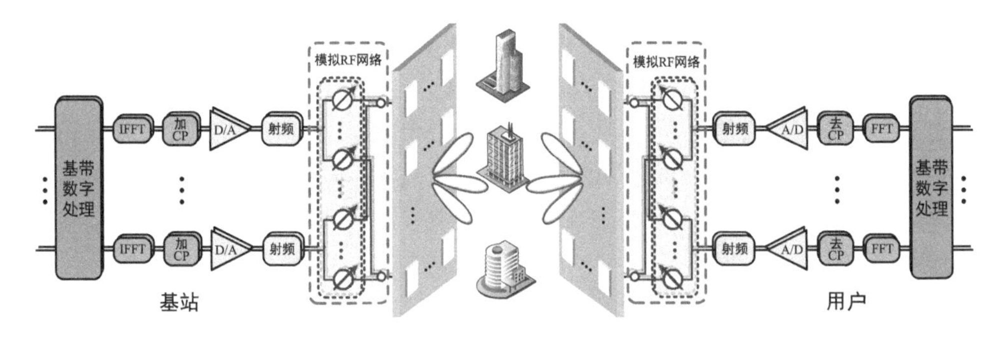

图 2.4 采用混合波束赋形架构的毫米波全维 MIMO-OFDM 系统的收发机示意图，其中缩写词 FFT、IFFT、CP、D/A 以及 A/D 分别表示快速傅里叶变换（Fast Fourier Transformation, FFT）、逆快速傅里叶逆变换（Inverse FFT, IFFT）、循环前缀（Cyclic Prefix, CP）、数模转换（Digital-to-Analogue, D/A）以及模数转换（Analogue-to-Digital, A/D）

链路，其中，$N_{\mathrm{BS}}^{\mathrm{h}}$（$N_{\mathrm{UE}}^{\mathrm{h}}$）和 $N_{\mathrm{BS}}^{\mathrm{v}}$（$N_{\mathrm{UE}}^{\mathrm{v}}$）分别为基站端（用户端）面阵在水平和垂直方向上的天线数。该毫米波全维 MIMO-OFDM 系统采用全连接的相移网络（Phase Shift Network, PSN），以构成图 2.4 中的模拟 RF 网络。

2.3.1　下行信道估计问题数学建模

整个下行信道估计阶段持续 N_d 个时隙，且每个时隙包含 N_{o}^d 个 OFDM 符号。那么，第 q 个用户在第 m 个时隙中第 i 个 OFDM 符号的第 k 个子载波上的接收信号向量 $\boldsymbol{y}_q[k,i,m]\in\mathbb{C}^{N_{\mathrm{s}}^d}$ 可表示为

$$\boldsymbol{y}_q[k,i,m]=\boldsymbol{W}_{d,q}^{\mathrm{H}}[k,m]\boldsymbol{H}_q[k]\boldsymbol{F}_d[k,m]\boldsymbol{s}[k,i,m]+\boldsymbol{W}_{d,q}^{\mathrm{H}}[k,m]\boldsymbol{n}_q[k,i,m] \tag{2-1}$$

其中，$1\leqslant q\leqslant Q$，$0\leqslant k\leqslant K-1$，$1\leqslant i\leqslant N_{\mathrm{o}}^d$ 以及 $1\leqslant m\leqslant N_d$。在式（2–1）中，用户端的接收合并矩阵 $\boldsymbol{W}_{d,q}[k,m]=\boldsymbol{W}_{\mathrm{RF},q}[m]\boldsymbol{W}_{\mathrm{BB},q}[k,m]\in\mathbb{C}^{N_{\mathrm{UE}}\times N_{\mathrm{s}}^d}$ 可拆分为模拟和数字合并矩阵 $\boldsymbol{W}_{\mathrm{RF},q}[m]\in\mathbb{C}^{N_{\mathrm{UE}}\times N_{\mathrm{UE}}^{\mathrm{RF}}}$ 和 $\boldsymbol{W}_{\mathrm{BB},q}[k,m]\in\mathbb{C}^{N_{\mathrm{UE}}^{\mathrm{RF}}\times N_{\mathrm{s}}^d}$ 的级联形式，类似地，基站端的发射预编码矩阵 $\boldsymbol{F}_d[k,m]=\boldsymbol{F}_{\mathrm{RF},d}[m]\boldsymbol{F}_{\mathrm{BB},d}[k,m]\in\mathbb{C}^{N_{\mathrm{BS}}\times N_{\mathrm{s}}^d}$ 也可拆分为模拟和数字预编码矩阵 $\boldsymbol{F}_{\mathrm{RF},d}[m]\in\mathbb{C}^{N_{\mathrm{BS}}\times N_{\mathrm{BS}}^{\mathrm{RF}}}$ 和 $\boldsymbol{F}_{\mathrm{BB},d}[k,m]\in\mathbb{C}^{N_{\mathrm{BS}}^{\mathrm{RF}}\times N_{\mathrm{s}}^d}$ 的级联，$\boldsymbol{H}_q[k]\in\mathbb{C}^{N_{\mathrm{UE}}\times N_{\mathrm{BS}}}$ 是对应的下行信道矩阵，$\boldsymbol{s}[k,i,m]\in\mathbb{C}^{N_{\mathrm{s}}^d}$ 为满足统计特性 $\mathbb{E}\left(\boldsymbol{s}[k,i,m]\boldsymbol{s}^{\mathrm{H}}[k,i,m]\right)=\dfrac{1}{N_{\mathrm{s}}^d}\boldsymbol{I}_{N_{\mathrm{s}}^d}$ 的发射信号，$\boldsymbol{n}_q[k,i,m]\in\mathbb{C}^{N_{\mathrm{UE}}}$ 是协方差矩阵为 $\sigma_n^2\boldsymbol{I}_{N_{\mathrm{UE}}}$ 的复加性高斯白噪声（Additive White Gaussian Noise, AWGN）向量，也就是 $\boldsymbol{n}_q[k,i,m]\sim\mathcal{CN}(\boldsymbol{0}_{N_{\mathrm{UE}}},\sigma_n^2\boldsymbol{I}_{N_{\mathrm{UE}}})$。受相移网络的恒模约束影响，模拟预编码矩阵和合并矩阵需满足 $\{\boldsymbol{F}_{\mathrm{RF},d}[m]\}_{j_1,j_2}=\dfrac{1}{\sqrt{N_{\mathrm{BS}}}}\mathrm{e}^{\mathrm{j}\vartheta_{1,j_1,j_2}}$ 和 $\{\boldsymbol{W}_{\mathrm{RF},q}[m]\}_{j_1,j_2}=\dfrac{1}{\sqrt{N_{\mathrm{UE}}}}\mathrm{e}^{\mathrm{j}\vartheta_{2,j_1,j_2}}$，其中，$\vartheta_{1,j_1,j_2},\vartheta_{2,j_1,j_2}\in\mathcal{A}$，而 $\mathcal{A}$ 表示相移网络中分辨率为 N_q^{ps} 的量化相位集合，即

$$\mathcal{A}=\left\{-\pi,-\pi+\frac{2\pi}{2^{N_q^{\mathrm{ps}}}},-\pi+2\cdot\frac{2\pi}{2^{N_q^{\mathrm{ps}}}},\cdots,\pi-\frac{2\pi}{2^{N_q^{\mathrm{ps}}}}\right\} \tag{2-2}$$

此外，发射预编码矩阵还需保证总功率约束 $\|\boldsymbol{F}_d[k,m]\|_F^2\leqslant N_{\mathrm{BS}}^{\mathrm{RF}}$[27]。

由于毫米波通信中大带宽使得每个多径分量对应明显可分辨的时延扩展，那么根据典型的毫米波 MIMO 信道模型[44–49,103]，包含 L_q 个多径分量的下行时延域连续信道矩阵 $\boldsymbol{H}_q(\tau)\in\mathbb{C}^{N_{\mathrm{UE}}\times N_{\mathrm{BS}}}$ 可表示为

$$\boldsymbol{H}_q(\tau)=\beta_q\sum_{l=1}^{L_q}\boldsymbol{H}_{q,l}\,p\left(\tau-\tau_{q,l}\right) \tag{2-3}$$

其中，$\beta_q=\sqrt{N_{\rm UE}N_{\rm BS}/L_q}$ 为归一化因子；$\tau_{q,l}$ 是第 l 条路径的时延；$p(\tau)$ 为等效的脉冲成型滤波器；复增益矩阵 $\boldsymbol{H}_{q,l}\in\mathbb{C}^{N_{\rm UE}\times N_{\rm BS}}$ 有如下形式

$$\boldsymbol{H}_{q,l}=\alpha_{q,l}\boldsymbol{a}_{\rm UE}\left(\mu_{q,l}^{\rm UE},\nu_{q,l}^{\rm UE}\right)\boldsymbol{a}_{\rm BS}^{\rm H}\left(\mu_{q,l}^{\rm BS},\nu_{q,l}^{\rm BS}\right) \tag{2-4}$$

其中，$\alpha_{q,l}\sim\mathcal{CN}(0,\sigma_\alpha^2)$ 为相应的复路径增益；$\mu_{q,l}^{\rm UE}=\pi\sin\left(\theta_{q,l}^{\rm UE}\right)\cos\left(\varphi_{q,l}^{\rm UE}\right)$（$\mu_{q,l}^{\rm BS}=\pi\sin\left(\theta_{q,l}^{\rm BS}\right)\times\cos\left(\varphi_{q,l}^{\rm BS}\right)$）和 $\nu_{q,l}^{\rm UE}=\pi\sin\left(\varphi_{q,l}^{\rm UE}\right)$（$\nu_{q,l}^{\rm BS}=\pi\sin\left(\varphi_{q,l}^{\rm BS}\right)$）分别代表用户端（基站端）在半波长天线间隔条件下的水平和垂直空间频率，且 $\theta_{q,l}^{\rm UE}$（$\theta_{q,l}^{\rm BS}$）和 $\varphi_{q,l}^{\rm UE}$（$\varphi_{q,l}^{\rm BS}$）分别为第 l 条路径所对应的用户端（基站端）方位角和俯仰角。式（2–4）中用户端的阵列响应向量为 $\boldsymbol{a}_{\rm UE}\left(\mu_{q,l}^{\rm UE},\nu_{q,l}^{\rm UE}\right)=\boldsymbol{a}_{\rm v}\left(\nu_{q,l}^{\rm UE}\right)\otimes\boldsymbol{a}_{\rm h}\left(\mu_{q,l}^{\rm UE}\right)\in\mathbb{C}^{N_{\rm UE}}$[102,107,112]，其中

$$\boldsymbol{a}_{\rm h}\left(\mu_{q,l}^{\rm UE}\right)=\frac{1}{\sqrt{N_{\rm UE}^{\rm h}}}\left[1\ \ {\rm e}^{{\rm j}\mu_{q,l}^{\rm UE}}\ \cdots\ {\rm e}^{{\rm j}\left(N_{\rm UE}^{\rm h}-1\right)\mu_{q,l}^{\rm UE}}\right]^{\rm T}\in\mathbb{C}^{N_{\rm UE}^{\rm h}} \tag{2-5}$$

$$\boldsymbol{a}_{\rm v}\left(\nu_{q,l}^{\rm UE}\right)=\frac{1}{\sqrt{N_{\rm UE}^{\rm v}}}\left[1\ \ {\rm e}^{{\rm j}\nu_{q,l}^{\rm UE}}\ \cdots\ {\rm e}^{{\rm j}(N_{\rm UE}^{\rm v}-1)\nu_{q,l}^{\rm UE}}\right]^{\rm T}\in\mathbb{C}^{N_{\rm UE}^{\rm v}} \tag{2-6}$$

分别为与水平方向和垂直方向相关联的导向矢量。类似地，基站端的阵列响应向量为 $\boldsymbol{a}_{\rm BS}\left(\mu_{q,l}^{\rm BS},\nu_{q,l}^{\rm BS}\right)=\boldsymbol{a}_{\rm v}\left(\nu_{q,l}^{\rm BS}\right)\otimes\boldsymbol{a}_{\rm h}\left(\mu_{q,l}^{\rm BS}\right)\in\mathbb{C}^{N_{\rm BS}}$，其中，水平和垂直方向的导向矢量 $\boldsymbol{a}_{\rm h}\left(\mu_{q,l}^{\rm BS}\right)\in\mathbb{C}^{N_{\rm BS}^{\rm h}}$ 和 $\boldsymbol{a}_{\rm h}\left(\nu_{q,l}^{\rm BS}\right)\in\mathbb{C}^{N_{\rm BS}^{\rm v}}$ 可通过将式（2–5）中 $\mu_{q,l}^{\rm UE}$ 和 $N_{\rm UE}^{\rm h}$ 以及式（2–6）中 $\nu_{q,l}^{\rm UE}$ 和 $N_{\rm UE}^{\rm v}$ 分别用 $\mu_{q,l}^{\rm BS}$ 和 $N_{\rm BS}^{\rm h}$ 以及 $\nu_{q,l}^{\rm BS}$ 和 $N_{\rm BS}^{\rm v}$ 替代来表示。

式（2–3）中的时延域信道矩阵 $\boldsymbol{H}_q(\tau)$ 变换后可获得第 k（$0\leqslant k\leqslant K-1$）个子载波上的频域信道矩阵 $\boldsymbol{H}_q[k]$，表示为

$$\begin{aligned}\boldsymbol{H}_q[k]&=\beta_q\sum_{l=1}^{L_q}\boldsymbol{H}_{q,l}{\rm e}^{-{\rm j}\frac{2\pi kf_s\tau_{q,l}}{K}}\\&=\beta_q\sum_{l=1}^{L_q}\alpha_{q,l}\boldsymbol{a}_{\rm UE}\left(\mu_{q,l}^{\rm UE},\nu_{q,l}^{\rm UE}\right)\boldsymbol{a}_{\rm BS}^{\rm H}\left(\mu_{q,l}^{\rm BS},\nu_{q,l}^{\rm BS}\right){\rm e}^{-{\rm j}\frac{2\pi kf_s\tau_{q,l}}{K}}\end{aligned} \tag{2-7}$$

其中，$f_s=1/T_s$ 表示系统带宽，T_s 为采样周期。式（2–7）的推导过程详见附录 A。从式（2–7）中可发现，$\boldsymbol{H}_q[k]$ 并不依赖脉冲成型滤波器。由于小的路径数 L_q 但大的归一化时延扩展，$\boldsymbol{H}_q[k]$ 还呈现出时延域稀疏性。这里再次强调，现有基于 CS 的解决方案 [46,48] 必须估计包含脉冲成型滤波器在内的有效时延域信道脉冲响应，并且当脉冲成型滤波器的阶数很大时，会破坏毫米波 MIMO 信道在时延域上的稀疏性。为了便于表示，$\boldsymbol{H}_q[k]$ 可重写为如下形式

$$\boldsymbol{H}_q[k] = \boldsymbol{A}_{\mathrm{UE},q}\boldsymbol{D}_q[k]\boldsymbol{A}_{\mathrm{BS},q}^{\mathrm{H}} \tag{2-8}$$

其中，$\boldsymbol{D}_q[k]=\mathrm{diag}\left(\boldsymbol{d}_q[k]\right)\in\mathbb{C}^{L_q\times L_q}$ 是一个对角矩阵，而 $\boldsymbol{d}_q[k]=\mathrm{diag}\left(\boldsymbol{\alpha}_q\right)\boldsymbol{\tau}_q[k]$，且 $\boldsymbol{\alpha}_q=\beta_q\left[\alpha_{q,1}\cdots\alpha_{q,L_q}\right]^{\mathrm{T}}$ 以及 $\boldsymbol{\tau}_q[k]=\left[\mathrm{e}^{-\mathrm{j}2\pi kf_s\tau_{q,1}/K}\cdots\mathrm{e}^{-\mathrm{j}2\pi kf_s\tau_{q,L_q}/K}\right]^{\mathrm{T}}$。式（2–8）中 $\boldsymbol{A}_{\mathrm{UE},q}\in\mathbb{C}^{N_{\mathrm{UE}}\times L_q}$ 是与第 q 个用户的到达角相关的阵列响应矩阵，可表示为 $\boldsymbol{A}_{\mathrm{UE},q}=\boldsymbol{A}_{\mathrm{UE},q}^{\nu}\odot\boldsymbol{A}_{\mathrm{UE},q}^{\mu}$，其中，$\boldsymbol{A}_{\mathrm{UE},q}^{\mu}=\left[\boldsymbol{a}_{\mathrm{h}}(\mu_{q,1}^{\mathrm{UE}})\cdots\boldsymbol{a}_{\mathrm{h}}(\mu_{q,L_q}^{\mathrm{UE}})\right]\in\mathbb{C}^{N_{\mathrm{UE}}^{\mathrm{h}}\times L_q}$ 以及 $\boldsymbol{A}_{\mathrm{UE},q}^{\nu}=\left[\boldsymbol{a}_{\mathrm{v}}(\nu_{q,1}^{\mathrm{UE}})\cdots\boldsymbol{a}_{\mathrm{v}}(\nu_{q,L_q}^{\mathrm{UE}})\right]\in\mathbb{C}^{N_{\mathrm{UE}}^{\mathrm{v}}\times L_q}$ 分别为对应于水平和垂直空间频率的导向矩阵。类似地，与基站端离开角相关的阵列响应矩阵 $\boldsymbol{A}_{\mathrm{BS},q}=\boldsymbol{A}_{\mathrm{BS},q}^{\nu}\odot\boldsymbol{A}_{\mathrm{BS},q}^{\mu}\in\mathbb{C}^{N_{\mathrm{BS}}\times L_q}$，其中导向矩阵 $\boldsymbol{A}_{\mathrm{BS},q}^{\mu}\in\mathbb{C}^{N_{\mathrm{BS}}^{\mathrm{h}}\times L_q}$ 和 $\boldsymbol{A}_{\mathrm{BS},q}^{\nu}\in\mathbb{C}^{N_{\mathrm{BS}}^{\mathrm{v}}\times L_q}$ 分别与 $\boldsymbol{A}_{\mathrm{UE},q}^{\mu}$ 和 $\boldsymbol{A}_{\mathrm{UE},q}^{\nu}$ 有着相似的形式。

2.3.2 用户端估计方位角与俯仰角

下行信道估计阶段对应图 2.2 中的步骤 1 到步骤 4，估计了用户端对应的方位角和俯仰角。首先，假设所设计的训练信号 $\boldsymbol{s}[i,m]$ 与子载波无关，其第 j_1 项为 $\{\boldsymbol{s}[i,m]\}_{j_1}=\dfrac{1}{N_{\mathrm{s}}^d}\mathrm{e}^{\mathrm{j}2\pi\phi_{j_1}}$，其中，$\phi_{j_1}\sim\mathcal{U}(0,1)$。其次，引入一个预定义的频域扰码序列 $\boldsymbol{x}_d\in\mathbb{C}^K$ 来有效避免因在所有子载波上使用相同的训练信号而导致的过高峰均比（Peak-to-Average Power Ratio, PAPR），这里 $\boldsymbol{x}_d$ 的第 k 个（$0\leqslant k\leqslant K-1$）元素为 $x_d[k]$①。那么，第 k 个子载波上加扰后的训练信号可表示为 $\boldsymbol{s}[k,i,m]=x_d[k]\boldsymbol{s}[i,m]$。接着，用户端接收到的信号将首先通过乘以扰码的共轭进行解扰 $\boldsymbol{x}_d^*$，这表明扰码 $\boldsymbol{x}_d$ 并不会影响后续的信号处理。此外，每个子载波采用相同的数字发射预编码以及接收合并矩阵，即对于 $0\leqslant k\leqslant K-1$，均有 $\boldsymbol{F}_{\mathrm{BB},d}[k,m]=\boldsymbol{F}_{\mathrm{BB},d}[m]$ 和 $\boldsymbol{W}_{\mathrm{BB},q}[k,m]=\boldsymbol{W}_{\mathrm{BB},q}[m]$。接下来，可以利用多个 OFDM 符号将大小为 $N_{\mathrm{UE}}^{\mathrm{h}}\times N_{\mathrm{UE}}^{\mathrm{v}}$ 的高维混合波束赋形 MIMO 阵列等效成大小为 $M_{\mathrm{UE}}^{\mathrm{h}}\times M_{\mathrm{UE}}^{\mathrm{v}}$ 的低维全数字阵列，其中，$M_{\mathrm{UE}}^{\mathrm{h}}$ 和 $M_{\mathrm{UE}}^{\mathrm{v}}$ 分别为该阵列在水平和垂直方向上的天线数。由于 OFDM 符号中与每个子载波相关联的独立信号流数满足 $N_{\mathrm{s}}^d\leqslant N_{\mathrm{UE}}^{\mathrm{RF}}$，给定 $N_{\mathrm{UE}}^{\mathrm{sub}}=M_{\mathrm{UE}}^{\mathrm{h}}M_{\mathrm{UE}}^{\mathrm{v}}$，基站端只需要利用 $N_d=\lceil N_{\mathrm{UE}}^{\mathrm{sub}}/N_{\mathrm{s}}^d\rceil$ 个时隙来广播训练信号，且每个时隙包含 N_{o}^d 个 OFDM 符号。考虑到更大的 $M_{\mathrm{UE}}^{\mathrm{h}}$，$M_{\mathrm{UE}}^{\mathrm{v}}$ 和 N_{o}^d 会获得更好的估计性能，但也会造成更高的训练开销，反之亦然，因此，$M_{\mathrm{UE}}^{\mathrm{h}}$、$M_{\mathrm{UE}}^{\mathrm{v}}$ 以及 N_{o}^d 这些参数的选择需具体权衡信道估计精度与所需的训练开销来确定②。由于所有用户接收到的信号形式及后续的信号处理均类似，接

① 预定义扰码序列 $\boldsymbol{x}_d$ 中的每个元素应满足对于 $0\leqslant k\leqslant K-1$，均有 $x_d^*[k]x_d[k]=1$。为了尽可能地降低训练信号的峰均比，本章采用恒模的 Zadoff-Chu 序列作为该扰码序列 $\boldsymbol{x}_d$。

② 本章中定义的训练开销为信道估计阶段所需的 OFDM 符号数。在下行信道估计阶段，训练时长为 $N_dN_{\mathrm{o}}^d$ 个 OFDM 符号。

下来只关注第 q 个用户的信号处理过程，故为了简洁起见，后续表达中将用户索引 q 从 $\boldsymbol{y}_q[k,i,m]$、$\boldsymbol{W}_{d,q}[m]$、$\boldsymbol{H}_q[k]$、$\boldsymbol{n}_q[k,i,m]$、$\boldsymbol{A}_{\mathrm{UE},q}$、$\boldsymbol{D}_q[k]$、$\boldsymbol{A}_{\mathrm{BS},q}$ 以及其他相关变量中移除。

通过将第 m 个（$1\leqslant m\leqslant N_d$）时隙对应的式（2–1）中的所有 N_{o}^d 个 OFDM 符号上与第 k 个子载波相关联的接收信号集合到一个信号矩阵 $\boldsymbol{Y}_m[k]\in\mathbb{C}^{N_{\mathrm{s}}^d\times N_{\mathrm{o}}^d}$ 中，可得

$$\begin{aligned}\boldsymbol{Y}_m[k]&=\left[\boldsymbol{y}[k,1,m]\cdots\boldsymbol{y}[k,N_{\mathrm{o}}^d,m]\right]\\&=x_d^*[k]\boldsymbol{W}_d^{\mathrm{H}}[m]\boldsymbol{H}[k]\boldsymbol{F}_d[m]\boldsymbol{S}_d[k,m]+\boldsymbol{W}_d^{\mathrm{H}}[m]\boldsymbol{N}_m[k]\end{aligned}\tag{2–9}$$

其中，$\boldsymbol{S}_d[k,m]=\left[\boldsymbol{s}[k,1,m]\cdots\boldsymbol{s}[k,N_{\mathrm{o}}^d,m]\right]=x_d[k]\boldsymbol{S}_d[m]$ 且 $\boldsymbol{S}_d[m]=\left[\boldsymbol{s}[1,m]\cdots\boldsymbol{s}[N_{\mathrm{o}}^d,m]\right]\in\mathbb{C}^{N_{\mathrm{s}}^d\times N_{\mathrm{o}}^d}$，以及 $\boldsymbol{N}_m[k]=\left[\boldsymbol{n}[k,1,m]\cdots\boldsymbol{n}[k,N_{\mathrm{o}}^d,m]\right]\in\mathbb{C}^{N_{\mathrm{UE}}\times N_{\mathrm{o}}^d}$。由于基站端发送的是公共随机信号 $\boldsymbol{F}_d[m]\boldsymbol{S}_d[m]$，因此，发射预编码矩阵 $\boldsymbol{F}_d[m]=\boldsymbol{F}_{\mathrm{RF},d}[m]\boldsymbol{F}_{\mathrm{BB},d}[m]$ 应该是一个随机矩阵。具体可将 $\boldsymbol{F}_{\mathrm{RF},d}[m]$ 和 $\boldsymbol{F}_{\mathrm{BB},d}[m]$ 分别设计为 $\{\boldsymbol{F}_{\mathrm{RF},d}[m]\}_{j_1,j_2}=\dfrac{1}{\sqrt{N_{\mathrm{BS}}}}\mathrm{e}^{\mathrm{j}\vartheta_{3,j_1,j_2}}$ 和 $\{\boldsymbol{F}_{\mathrm{BB},d}[m]\}_{j_1,j_2}=\mathrm{e}^{\mathrm{j}2\pi a_{j_1,j_2}}$，其中，$\vartheta_{3,j_1,j_2}$ 随机从集合 $\mathcal{A}$ 中选取且 $a_{j_1,j_2}\sim\mathcal{U}[0,1]$。于是，基站可以在连续的 N_d 个时隙使用相同的发射预编码矩阵 $\boldsymbol{F}_d=\boldsymbol{F}_d[m]$ 来发送相同的探测信号 $\boldsymbol{S}_d=\boldsymbol{S}_d[m]$。随后，用户端可将 N_d 个时隙上的接收信号矩阵 $\{\boldsymbol{Y}_m[k]\}_{m=1}^{N_d}$ 堆叠为 $\widetilde{\boldsymbol{Y}}_d[k]\in\mathbb{C}^{N_dN_{\mathrm{s}}^d\times N_{\mathrm{o}}^d}$，即

$$\begin{aligned}\widetilde{\boldsymbol{Y}}_d[k]&=\left[\boldsymbol{Y}_1^{\mathrm{T}}[k]\cdots\boldsymbol{Y}_{N_d}^{\mathrm{T}}[k]\right]^{\mathrm{T}}\\&=\widetilde{\boldsymbol{W}}_d^{\mathrm{H}}\boldsymbol{A}_{\mathrm{UE}}\boldsymbol{D}[k]\boldsymbol{A}_{\mathrm{BS}}^{\mathrm{H}}\boldsymbol{F}_d\boldsymbol{S}_d+\mathrm{Bdiag}\left(\check{\boldsymbol{W}}_d\right)\widetilde{\boldsymbol{N}}_d[k]\end{aligned}\tag{2–10}$$

其中，$\widetilde{\boldsymbol{W}}_d=[\boldsymbol{W}_d[1]\cdots\boldsymbol{W}_d[N_d]]\in\mathbb{C}^{N_{\mathrm{UE}}\times N_dN_{\mathrm{s}}^d}$ 为 N_d 个时隙中所使用的下行接收合并矩阵的集合，以及 $\mathrm{Bdiag}\left(\check{\boldsymbol{W}}_d\right)=\mathrm{Bdiag}\left(\left[\boldsymbol{W}_d^{\mathrm{H}}[1]\cdots\boldsymbol{W}_d^{\mathrm{H}}[N_d]\right]\right)\in\mathbb{C}^{N_dN_{\mathrm{s}}^d\times N_dN_{\mathrm{UE}}}$，且 $\widetilde{\boldsymbol{N}}_d[k]=\left[\boldsymbol{N}_1^{\mathrm{T}}[k]\cdots\boldsymbol{N}_{N_d}^{\mathrm{T}}[k]\right]^{\mathrm{T}}\in\mathbb{C}^{N_dN_{\mathrm{UE}}\times N_{\mathrm{o}}^d}$ 为对应的噪声矩阵。

通过设计一个选择矩阵 $\boldsymbol{J}_d=\left[\boldsymbol{I}_{N_{\mathrm{UE}}^{\mathrm{sub}}}\ \boldsymbol{O}_{N_{\mathrm{UE}}^{\mathrm{sub}}\times\left(N_dN_{\mathrm{s}}^d-N_{\mathrm{UE}}^{\mathrm{sub}}\right)}\right]\in\mathbb{R}^{N_{\mathrm{UE}}^{\mathrm{sub}}\times N_dN_{\mathrm{s}}^d}$ 并将之与 $\widetilde{\boldsymbol{Y}}_d[k]$ 相乘，再收集所有 K 个子载波上乘积后的矩阵，可得最后的信号矩阵 $\bar{\boldsymbol{Y}}_d\in\mathbb{C}^{N_{\mathrm{UE}}^{\mathrm{sub}}\times KN_{\mathrm{o}}^d}$，表示为

$$\bar{\boldsymbol{Y}}_d=\left[\boldsymbol{J}_d\widetilde{\boldsymbol{Y}}_d[0]\ \boldsymbol{J}_d\widetilde{\boldsymbol{Y}}_d[1]\cdots\boldsymbol{J}_d\widetilde{\boldsymbol{Y}}_d[K-1]\right]=\bar{\boldsymbol{A}}_{\mathrm{UE}}\bar{\boldsymbol{S}}_d+\bar{\boldsymbol{N}}_d\tag{2–11}$$

其中，$\bar{\boldsymbol{N}}_d=\boldsymbol{J}_d\mathrm{Bdiag}\left(\check{\boldsymbol{W}}_d\right)\left[\widetilde{\boldsymbol{N}}_d[0]\ \widetilde{\boldsymbol{N}}_d[1]\cdots\widetilde{\boldsymbol{N}}_d[K-1]\right]$，$\bar{\boldsymbol{A}}_{\mathrm{UE}}=\boldsymbol{J}_d\widetilde{\boldsymbol{W}}_d^{\mathrm{H}}\boldsymbol{A}_{\mathrm{UE}}$，以及 $\bar{\boldsymbol{S}}_d=\left[\bar{\boldsymbol{S}}_d[0]\ \bar{\boldsymbol{S}}_d[1]\cdots\bar{\boldsymbol{S}}_d[K-1]\right]$ 且 $\bar{\boldsymbol{S}}_d[k]=\boldsymbol{D}[k]\boldsymbol{A}_{\mathrm{BS}}^{\mathrm{H}}\boldsymbol{F}_d\boldsymbol{S}_d$。从式（2–10）和式

（2–11）可观察到，由于在混合波束赋形架构中接收端的阵列响应矩阵 $\boldsymbol{A}_{\mathrm{UE}}$ 不再具备移不变结构 [108,111]，这就不能对接收信号 $\bar{\boldsymbol{Y}}_d$ 直接应用鲁棒的阵列信号处理技术 [107,113] 来估计用户端的方位角和俯仰角。因此，下一小节在用户端设计了适当的组合接收合并矩阵 $\widetilde{\boldsymbol{W}}_d$，可将高维混合波束赋形的阵列等效为低维全数字阵列来重构出阵列响应的移不变结构，这样便可利用基于阵列信号处理技术的超分辨率算法。

2.3.3 用户端设计接收合并矩阵

本节不失一般性地考虑 $N_{\mathrm{s}}^d=N_{\mathrm{UE}}^{\mathrm{RF}}-1$ 个独立信号流。首先，可利用酉矩阵 $\boldsymbol{U}_{N_{\mathrm{UE}}^{\mathrm{RF}}}=\left[\boldsymbol{u}_1\cdots\boldsymbol{u}_{N_{\mathrm{UE}}^{\mathrm{RF}}}\right]\in\mathbb{C}^{N_{\mathrm{UE}}^{\mathrm{RF}}\times N_{\mathrm{UE}}^{\mathrm{RF}}}$ 来设计第 m 个（$1\leqslant m\leqslant N_d$）时隙对应的接收合并矩阵 $\boldsymbol{W}_d[m]=\boldsymbol{W}_{\mathrm{RF}}[m]\boldsymbol{W}_{\mathrm{BB}}[m]$ 中的数字接收合并矩阵 $\boldsymbol{W}_{\mathrm{BB}}[m]\in\mathbb{C}^{N_{\mathrm{UE}}^{\mathrm{RF}}\times N_{\mathrm{s}}^d}$，具体可设计为 $\boldsymbol{W}_{\mathrm{BB}}[m]=\boldsymbol{U}_{N_{\mathrm{UE}}^{\mathrm{RF}}\{:,1:N_{\mathrm{s}}^d\}}$。而对于模拟接收合并矩阵 $\boldsymbol{W}_{\mathrm{RF}}[m]\in\mathbb{C}^{N_{\mathrm{UE}}\times N_{\mathrm{UE}}^{\mathrm{RF}}}$，可先构造如下的矩阵 $\boldsymbol{\varXi}_d\in\mathbb{R}^{N_{\mathrm{UE}}\times N_d N_{\mathrm{s}}^d}$

$$\boldsymbol{\varXi}_d=\begin{bmatrix}\boldsymbol{I}_{M_{\mathrm{UE}}^{\mathrm{v}}+1}\otimes\boldsymbol{B}\\ \boldsymbol{O}_{\left(N_{\mathrm{UE}}-N_{\mathrm{UE}}^{\mathrm{h}}\left(M_{\mathrm{UE}}^{\mathrm{v}}+1\right)\right)\times M_{\mathrm{UE}}^{\mathrm{h}}\left(M_{\mathrm{UE}}^{\mathrm{v}}+1\right)}\end{bmatrix}\begin{bmatrix}\boldsymbol{I}_{N_{\mathrm{s}}^d N_d}\\ \boldsymbol{O}_{\left(M_{\mathrm{UE}}^{\mathrm{h}}\left(M_{\mathrm{UE}}^{\mathrm{v}}+1\right)-N_{\mathrm{s}}^d N_d\right)\times N_{\mathrm{s}}^d N_d}\end{bmatrix}\tag{2–12}$$

其中，$\boldsymbol{B}=\left[\boldsymbol{I}_{M_{\mathrm{UE}}^{\mathrm{h}}}\ \boldsymbol{O}_{M_{\mathrm{UE}}^{\mathrm{h}}\times(N_{\mathrm{UE}}^{\mathrm{h}}-M_{\mathrm{UE}}^{\mathrm{h}})}\right]^{\mathrm{T}}\in\mathbb{R}^{N_{\mathrm{UE}}^{\mathrm{h}}\times M_{\mathrm{UE}}^{\mathrm{h}}}$。然后可选取 $\boldsymbol{\varXi}_d$ 的子矩阵为 $\boldsymbol{\varXi}_{d,m}^{\mathrm{sub}}=\boldsymbol{\varXi}_{d\{:,(m-1)N_{\mathrm{s}}^d+1:mN_{\mathrm{s}}^d\}}\in\mathbb{R}^{N_{\mathrm{UE}}\times N_{\mathrm{s}}^d}$，并定义 $\bar{\boldsymbol{\xi}}_{d,m}=\mathrm{vec}(\boldsymbol{\varXi}_{d,m}^{\mathrm{sub}})$，以构造排序索引集合 $\mathcal{D}_m=\mathrm{find}\left(\bar{\boldsymbol{\xi}}_{d,m}\neq 0\right)$，且其基数为 $|\mathcal{D}_m|_c=N_{\mathrm{s}}^d$。接下来，通过对 $\mathcal{D}_m$ 进行取模运算，可得到基数为 N_{s}^d 的排序索引集 $\mathcal{I}_m=\mathrm{mod}(\mathcal{D}_m,N_{\mathrm{UE}})$。那么，$\boldsymbol{W}_{\mathrm{RF}}[m]$ 中索引对应于 $\mathcal{I}_m$ 的行可由 $\boldsymbol{W}_{\mathrm{BB}}[m]$ 确定为 $\boldsymbol{W}_{\mathrm{RF}}[m]_{\{\mathcal{I}_m,:\}}=\boldsymbol{W}_{\mathrm{BB}}^{\mathrm{H}}[m]$，而 $\boldsymbol{W}_{\mathrm{RF}}[m]$ 中的其余行则由 $(N_{\mathrm{UE}}-N_{\mathrm{s}}^d)$ 个相同的 $\boldsymbol{u}_{N_{\mathrm{UE}}^{\mathrm{RF}}}^{\mathrm{H}}$ 来构成。所设计的 $\boldsymbol{W}_{\mathrm{RF}}[m]$ 中任意元素的相位值，记为 ϑ_d，而该值可通过最小化欧氏距离来量化为 $\vartheta\in\mathcal{A}$，也就是，$\arg\min_{\vartheta\in\mathcal{A}}\|\vartheta_d-\vartheta\|_2$。于是第 m 个接收合并矩阵可以获得为 $\boldsymbol{W}_d[m]=\boldsymbol{W}_{\mathrm{RF}}[m]\boldsymbol{W}_{\mathrm{BB}}[m]$。以上组合接收合并矩阵 $\widetilde{\boldsymbol{W}}_d$ 的设计过程总结在算法 2.1 中。

由于 RF 链路的数量通常为 2 的幂次方，这里可采用哈达玛矩阵（当 $N_q^{\mathrm{ps}}\geqslant 1$ 时）或者离散傅里叶变换（Discrete Fourier Transformation, DFT）矩阵（当 $N_q^{\mathrm{ps}}\geqslant 2$ 时）来构造 $\boldsymbol{U}_{N_{\mathrm{UE}}^{\mathrm{RF}}}$①。以上分析清楚地说明了所设计的模拟合并矩阵适用于任意分辨率 N_q^{ps}（甚至 $N_q^{\mathrm{ps}}=1$）的相移网络。根据所设计的组合接收合并矩

① 值得注意的是，由于量化后的哈达玛矩阵或者 DFT 矩阵中每项所对应的相位值仍然属于集合 $\mathcal{A}$，因此，这样可确保所选矩阵 $\boldsymbol{U}_{N_{\mathrm{UE}}^{\mathrm{RF}}}$ 中的列也是相互正交的。

算法 2.1: 接收合并矩阵设计

输入： 维度参数 N_d，N_s^d，$N_{\text{UE}}^{\text{RF}}$，$N_{\text{UE}}^{\text{h}}$，以及 N_{UE}^{v}

输出： 组合接收合并矩阵 $\widetilde{\boldsymbol{W}}_d$

1 生成酉矩阵 $\boldsymbol{U}_{N_{\text{UE}}^{\text{RF}}} = [\boldsymbol{u}_1 \cdots \boldsymbol{u}_{N_{\text{UE}}^{\text{RF}}}]$;

2 构造式（2–12）中的索引矩阵 $\boldsymbol{\varXi}_d$;

3 **for** $m = 1, 2, \cdots, N_d$ **do**

4 　令 $\boldsymbol{W}_{\text{BB}}[m] = \boldsymbol{U}_{N_{\text{UE}}^{\text{RF}}\{:,1:N_s^d\}}$，并初始化 $\boldsymbol{W}_{\text{RF}}[m] = \boldsymbol{1}_{N_{\text{UE}}} \otimes \boldsymbol{u}_{N_{\text{UE}}^{\text{RF}}}^{\text{H}}$;

5 　提取子矩阵 $\boldsymbol{\varXi}_{d,m}^{\text{sub}} = \boldsymbol{\varXi}_{d\{:,(m-1)N_s^d+1:mN_s^d\}}$ 以获取 $\bar{\boldsymbol{\xi}}_{d,m} = \text{vec}(\boldsymbol{\varXi}_{d,m}^{\text{sub}})$;

6 　获得排序索引集合 $\mathcal{I}_m = \text{mod}\left(\text{find}\left(\bar{\boldsymbol{\xi}}_{d,m} \neq 0\right), N_{\text{UE}}\right)$;

7 　赋值 $\boldsymbol{W}_{\text{RF}}[m]_{\{\mathcal{I}_m,:\}} \leftarrow \boldsymbol{W}_{\text{BB}}^{\text{H}}[m]$;

8 　根据式（2–2）中的集合 $\mathcal{A}$ 对 $\boldsymbol{W}_{\text{RF}}[m]$ 的相位进行量化;

9 　$\boldsymbol{W}_d[m] = \boldsymbol{W}_{\text{RF}}[m]\boldsymbol{W}_{\text{BB}}[m]$;

10 **end**

11 **Return:** $\widetilde{\boldsymbol{W}}_d = [\boldsymbol{W}_d[1] \cdots \boldsymbol{W}_d[N_d]]$

阵 $\widetilde{\boldsymbol{W}}_d$，式（2–11）中的 $\bar{\boldsymbol{A}}_{\text{UE}} = \boldsymbol{J}_d \widetilde{\boldsymbol{W}}_d^{\text{H}} \boldsymbol{A}_{\text{UE}}$ 可进一步表示为

$$\bar{\boldsymbol{A}}_{\text{UE}} = \boldsymbol{J}_d \widetilde{\boldsymbol{W}}_d^{\text{H}} \left(\boldsymbol{A}_{\text{UE}}^{\nu} \odot \boldsymbol{A}_{\text{UE}}^{\mu}\right) = \bar{\boldsymbol{A}}_{\text{UE}}^{\nu} \odot \bar{\boldsymbol{A}}_{\text{UE}}^{\mu} \tag{2–13}$$

从式(2–13)的表达可看出 $\bar{\boldsymbol{A}}_{\text{UE}}^{\mu} \in \mathbb{C}^{M_{\text{UE}}^{\text{h}} \times L}$（$\bar{\boldsymbol{A}}_{\text{UE}}^{\nu} \in \mathbb{C}^{M_{\text{UE}}^{\text{v}} \times L}$）是由 $\boldsymbol{A}_{\text{UE}}^{\mu}$（$\boldsymbol{A}_{\text{UE}}^{\nu}$）的前 M_{UE}^{h}（M_{UE}^{v}）行所构成的子矩阵。因此，$\bar{\boldsymbol{A}}_{\text{UE}}$ 保留了原始阵列响应矩阵 $\boldsymbol{A}_{\text{UE}}$ 中对应方位角和俯仰角的双重移不变结构。这样，算法 2.1 中所设计的 $\widetilde{\boldsymbol{W}}_d$ 便将高维混合波束赋形的阵列等效为低维全数字阵列。于是，通过利用后续第 2.5 节中详述的多维酉 ESPRIT 算法中所对应的二维（Two-Dimensional, 2D）情形即可获得用户端的方位角和俯仰角的超分辨率估计。由于 ESPRIT 类算法 [107,108,111,113] 需要已知多径数作为输入，接下来的任务便是先估计毫米波 MIMO 信道中的多径数，也就是图 2.2 中的步骤 2。

2.3.4 基于特征值分解的多径估计

在 OFDM 系统中，相干带宽内的多个相邻子载波的信道是高度相关的。倘若最大时延扩展为 $\tau_{\max} = N_{\text{c}} T_{\text{s}}$，也就是说，信道有 N_{c} 个时延抽头，那么，信道相干带宽则为 $B_{\text{c}} \approx \dfrac{1}{\tau_{\max}} = \dfrac{f_{\text{s}}}{N_{\text{c}}}$。因此，可联合利用 $P \leqslant B_{\text{c}}/\Delta f = \dfrac{K}{N_{\text{c}}}$ 个相邻子载波来估计多径数，其中，$\Delta f = f_{\text{s}}/K$ 表示单个子载波的带宽。具体来说，

通过将 K 个信号矩阵 $\{\boldsymbol{J}_d\widetilde{\boldsymbol{Y}}_d[k]\}_{k=0}^{K-1}$ 划分为 $N_P=\lfloor K/P\rfloor$ 个组，则将第 n_p 组（$1\leqslant n_p\leqslant N_P$）内观测矩阵进行求和平均后，可获取 $\check{\boldsymbol{Y}}_d[n_p]\in\mathbb{C}^{N_{\mathrm{UE}}^{\mathrm{sub}}\times N_{\mathrm{o}}^d}$ 为

$$\check{\boldsymbol{Y}}_d[n_p]=\frac{1}{P}\sum_{k=(n_p-1)P}^{n_pP-1}\boldsymbol{J}_d\widetilde{\boldsymbol{Y}}_d[k] \tag{2-14}$$

收集所有 N_P 个平均观测矩阵，可得 $\check{\boldsymbol{Y}}_d=\left[\check{\boldsymbol{Y}}_d[1]\cdots\check{\boldsymbol{Y}}_d[N_P]\right]\in\mathbb{C}^{N_{\mathrm{UE}}^{\mathrm{sub}}\times N_{\mathrm{o}}^dN_P}$，之后计算 $\check{\boldsymbol{Y}}_d$ 的协方差矩阵为 $\boldsymbol{R}_d=\dfrac{1}{N_{\mathrm{o}}^dN_P}\check{\boldsymbol{Y}}_d\check{\boldsymbol{Y}}_d^{\mathrm{H}}$。对 $\boldsymbol{R}_d$ 进行特征值分解（Eigenvalue Decomposition, EVD），可得 $\boldsymbol{R}_d=[\boldsymbol{U}_s\ \boldsymbol{U}_n]\,\mathrm{diag}\,(\boldsymbol{\lambda}_d)\,[\boldsymbol{U}_s\ \boldsymbol{U}_n]^{\mathrm{H}}$，其中，$\boldsymbol{\lambda}_d=[\lambda_1\cdots\lambda_L\ \lambda_{L+1}\cdots\lambda_{N_{\mathrm{UE}}^{\mathrm{sub}}}]^{\mathrm{T}}=[\boldsymbol{\lambda}_s^{\mathrm{T}}\ \boldsymbol{\lambda}_n^{\mathrm{T}}]^{\mathrm{T}}$ 是由降序排列的特征值所构成的向量，$\boldsymbol{U}_s$ 和 $\boldsymbol{U}_n$ 分别为信号子空间和噪声子空间所对应的特征向量矩阵，而 $\boldsymbol{\lambda}_s=[\lambda_1\cdots\lambda_L]^{\mathrm{T}}$ 和 $\boldsymbol{\lambda}_n=[\lambda_{L+1}\cdots\lambda_{N_{\mathrm{UE}}^{\mathrm{sub}}}]^{\mathrm{T}}$ 分别是和 $\boldsymbol{U}_s$ 和 $\boldsymbol{U}_n$ 相对应的特征值所构成的向量。路径数 L 即为 $\boldsymbol{\lambda}_s$ 的维度大小。

为了估计到准确的 L，首先需要构造 $\widetilde{\boldsymbol{\lambda}}=\left[\boldsymbol{\lambda}_s^{\mathrm{T}}\ \boldsymbol{0}_{N_{\mathrm{UE}}^{\mathrm{sub}}-L}^{\mathrm{T}}\right]^{\mathrm{T}}\in\mathbb{C}^{N_{\mathrm{UE}}^{\mathrm{sub}}}$，那么，$\widetilde{\boldsymbol{\lambda}}$ 的最优估计可以通过求解以下优化问题来得到

$$\widetilde{\boldsymbol{\lambda}}^{\star}=\arg\min_{\widetilde{\boldsymbol{\lambda}}\geqslant\boldsymbol{0}_{N_{\mathrm{UE}}^{\mathrm{sub}}}}\frac{1}{2}\left\|\widetilde{\boldsymbol{\lambda}}-\boldsymbol{\lambda}_d\right\|_2^2+\varepsilon\left\|\widetilde{\boldsymbol{\lambda}}\right\|_1 \tag{2-15}$$

其中，ε 是与 AWGN 功率相关的阈值参数，其值可根据经验获取。显然，式（2–15）中优化问题的解为 [114]

$$\widetilde{\lambda}_i^{\star}=\begin{cases}\lambda_i-\varepsilon, & \lambda_i\geqslant\varepsilon\\ 0, & \lambda_i<\varepsilon\end{cases} \tag{2-16}$$

其中，$\widetilde{\lambda}_i^{\star}$ 是 $\widetilde{\boldsymbol{\lambda}}^{\star}$ 的第 i 个元素。根据获得的 $\widetilde{\boldsymbol{\lambda}}^{\star}$，即可确定多径数的估计值 $\widehat{L}$，进而可作为多维酉 ESPRIT 算法的输入来估计用户端 $\widehat{L}$ 对方位角和俯仰角。

最后，用户端估计到的 $\left\{\widehat{\theta}_l^{\mathrm{UE}},\widehat{\varphi}_l^{\mathrm{UE}}\right\}_{l=1}^{\widehat{L}}$ 可在 $[-\pi/2,\ \pi/2]$ 范围内以 N_q^{ang} 个角度量化比特量化为 $\{\bar{\theta}_l^{\mathrm{UE}},\bar{\varphi}_l^{\mathrm{UE}}\}_{l=1}^{\widehat{L}}$，用于角度参数的反馈。由于仅需将极少比特的量化角度估计值通过资源受限的低频控制链路有限反馈给基站 [16]，因此，在所提闭环稀疏信道估计方案中，可以忽略这些少量的数据反馈所造成的反馈开销①。

① 在开环信道估计方案 [46,47] 中，接收机估计到的每个子载波所对应的支持集和信道增益也需要反馈给发射机，用于进行后续的譬如波束赋形设计或信道均衡 [2,16] 等信号处理操作。与这些方案相比，所提出的闭环信道估计方案仅将基站及用户所估计到的主要信道参数反馈/前馈给彼此，因此，其所需相关开销几乎是可以忽略不计的。

2.4 基站端上行信道估计阶段

2.4.1 基站端估计方位角/俯仰角及时延

在上行信道估计阶段，基站端需联合估计每个用户端所对应的方位角、俯仰角以及路径时延。根据 TDD 系统中的信道互易性 [92,109,110]，第 q 个用户的上行信道矩阵为 $\boldsymbol{H}^{\mathrm{T}}[k]=\boldsymbol{A}_{\mathrm{BS}}^{*}\boldsymbol{D}[k]\boldsymbol{A}_{\mathrm{UE}}^{\mathrm{T}}\in\mathbb{C}^{N_{\mathrm{BS}}\times N_{\mathrm{UE}}}$，这里再次省略了用户索引 q。对应于下行信道估计，上行信道估计阶段使用 $N_{\mathrm{s}}^{u}=N_{\mathrm{BS}}^{\mathrm{RF}}-1$ 个独立信号流，以及一个从基站端大小为 $N_{\mathrm{BS}}^{\mathrm{h}}\times N_{\mathrm{BS}}^{\mathrm{v}}$ 的高维混合波束赋形阵列中等效抽取出的大小为 $M_{\mathrm{BS}}^{\mathrm{h}}\times M_{\mathrm{BS}}^{\mathrm{v}}$ 的低维全数字阵列，其中，$M_{\mathrm{BS}}^{\mathrm{h}}$ 和 $M_{\mathrm{BS}}^{\mathrm{v}}$ 为该阵列在水平和垂直方向上的天线数，且该阵天线总数为 $N_{\mathrm{BS}}^{\mathrm{sub}}=M_{\mathrm{BS}}^{\mathrm{h}}M_{\mathrm{BS}}^{\mathrm{v}}$。每个用户需要 $N_u=\lceil N_{\mathrm{BS}}^{\mathrm{sub}}/N_{\mathrm{s}}^{u}\rceil$ 个时隙来发射训练信号，且每个时隙由 N_{o}^{u} 个 OFDM 符号组成。因此，Q 个用户在上行信道估计阶段的训练开销为 $QN_uN_{\mathrm{o}}^{u}$，而所提的闭环稀疏信道估计方案的总训练开销为 $T_{\mathrm{CE}}=N_dN_{\mathrm{o}}^{d}+QN_uN_{\mathrm{o}}^{u}$。与式（2–10）类似，经过频域加扰/解扰操作后，第 k 个子载波上所有 N_u 个时隙的接收信号矩阵 $\widetilde{\boldsymbol{Y}}_u[k]\in\mathbb{C}^{N_uN_{\mathrm{s}}^{u}\times N_{\mathrm{o}}^{u}}$ 可以表示为

$$\widetilde{\boldsymbol{Y}}_u[k]=\widetilde{\boldsymbol{W}}_u^{\mathrm{H}}\boldsymbol{A}_{\mathrm{BS}}^{*}\boldsymbol{D}[k]\boldsymbol{A}_{\mathrm{UE}}^{\mathrm{T}}\boldsymbol{F}_u\boldsymbol{S}_u+\mathrm{Bdiag}\left(\overline{\boldsymbol{W}}_u\right)\widetilde{\boldsymbol{N}}_u[k] \tag{2–17}$$

其中，$\widetilde{\boldsymbol{W}}_u=[\boldsymbol{W}_u[1]\cdots\boldsymbol{W}_u[N_u]]\in\mathbb{C}^{N_{\mathrm{BS}}\times N_uN_{\mathrm{s}}^{u}}$，且 $\boldsymbol{W}_u[n]\in\mathbb{C}^{N_{\mathrm{BS}}\times N_{\mathrm{s}}^{u}}$ 是基站端在第 n 个（$1\leqslant n\leqslant N_u$）时隙中使用的上行接收合并矩阵，$\overline{\boldsymbol{W}}_u=\left[\boldsymbol{W}_u^{\mathrm{H}}[1]\cdots\boldsymbol{W}_u^{\mathrm{H}}[N_u]\right]$，以及 $\boldsymbol{F}_u\in\mathbb{C}^{N_{\mathrm{UE}}\times N_{\mathrm{s}}^{u}}$ 为用户端设计的多波束发射预编码矩阵，而 $\boldsymbol{S}_u\in\mathbb{C}^{N_{\mathrm{s}}^{u}\times N_{\mathrm{o}}^{u}}$ 和 $\widetilde{\boldsymbol{N}}_u[k]$ 分别为是上行链路的训练信号矩阵和噪声矩阵。之后，将 $\widetilde{\boldsymbol{Y}}_u[k]$ 左乘一个设计的选择矩阵 $\boldsymbol{J}_u=\left[\boldsymbol{I}_{N_{\mathrm{BS}}^{\mathrm{sub}}}\ \boldsymbol{O}_{N_{\mathrm{BS}}^{\mathrm{sub}}\times(N_{\mathrm{s}}^{u}N_u-N_{\mathrm{BS}}^{\mathrm{sub}})}\right]\in\mathbb{R}^{N_{\mathrm{BS}}^{\mathrm{sub}}\times N_{\mathrm{s}}^{u}N_u}$，并将其向量化处理之后，可得 $\widetilde{\boldsymbol{y}}_u[k]=\mathrm{vec}\left((\boldsymbol{J}_u\widetilde{\boldsymbol{Y}}_u[k])^{\mathrm{T}}\right)\in\mathbb{C}^{N_{\mathrm{BS}}^{\mathrm{sub}}N_{\mathrm{o}}^{u}}$，表示为

$$\widetilde{\boldsymbol{y}}_u[k]=\left(\bar{\boldsymbol{A}}_{\mathrm{BS}}\odot\left(\boldsymbol{A}_{\mathrm{UE}}^{\mathrm{T}}\boldsymbol{F}_u\boldsymbol{S}_u\right)^{\mathrm{T}}\right)\mathrm{diag}(\boldsymbol{\alpha})\boldsymbol{\tau}[k]+\widetilde{\boldsymbol{n}}_u[k] \tag{2–18}$$

其中，$\bar{\boldsymbol{A}}_{\mathrm{BS}}=\boldsymbol{J}_u\widetilde{\boldsymbol{W}}_u^{\mathrm{H}}\boldsymbol{A}_{\mathrm{BS}}^{*}$，以及 $\widetilde{\boldsymbol{n}}_u[k]$ 为相应的噪声向量。式（2–18）中使用向量化恒等式运算，即 $\mathrm{vec}(\boldsymbol{ABC})=\left(\boldsymbol{C}^{\mathrm{T}}\odot\boldsymbol{A}\right)\boldsymbol{b}$ 且 $\boldsymbol{B}=\mathrm{diag}(\boldsymbol{b})$ [115]。此外，收集所有 K 个子载波的向量 $\{\widetilde{\boldsymbol{y}}_u[k]\}_{k=1}^{K}$，可获得集合后的信号矩阵 $\widetilde{\boldsymbol{Y}}_u\in\mathbb{C}^{N_{\mathrm{BS}}^{\mathrm{sub}}N_{\mathrm{o}}^{u}\times K}$，表示为

$$\begin{aligned}\widetilde{\boldsymbol{Y}}_u&=[\widetilde{\boldsymbol{y}}_u[0]\ \widetilde{\boldsymbol{y}}_u[1]\cdots\widetilde{\boldsymbol{y}}_u[K-1]]\\&=\left(\bar{\boldsymbol{A}}_{\mathrm{BS}}\odot\left(\boldsymbol{A}_{\mathrm{UE}}^{\mathrm{T}}\boldsymbol{F}_u\boldsymbol{S}_u\right)^{\mathrm{T}}\right)\mathrm{diag}\left(\boldsymbol{\alpha}\right)\boldsymbol{A}_{\boldsymbol{\tau}}^{\mathrm{T}}+\widetilde{\boldsymbol{N}}_u\end{aligned} \tag{2–19}$$

其中，$\boldsymbol{A}_{\boldsymbol{\tau}}=[\boldsymbol{\tau}[0]\ \boldsymbol{\tau}[1]\cdots\boldsymbol{\tau}[K-1]]^{\mathrm{T}}\in\mathbb{C}^{K\times L}$，以及 $\widetilde{\boldsymbol{N}}_u$ 为相应的噪声矩阵。根据信道模型中定义的 $\boldsymbol{\tau}[k]=\left[\mathrm{e}^{-\mathrm{j}2\pi kf_s\tau_1/K}\cdots\mathrm{e}^{-\mathrm{j}2\pi kf_s\tau_L/K}\right]^{\mathrm{T}}$，可表示与时延 $\{\tau_l\}_{l=1}^{L}$ 相关联的导向矩阵为 $\boldsymbol{A}_{\boldsymbol{\tau}}=[\boldsymbol{a}_\tau(\mu_1^\tau)\cdots\boldsymbol{a}_\tau(\mu_L^\tau)]$，其中，$\boldsymbol{a}_\tau(\mu_l^\tau)=\left[1\ \mathrm{e}^{\mathrm{j}\mu_l^\tau}\cdots\mathrm{e}^{\mathrm{j}(K-1)\mu_l^\tau}\right]^{\mathrm{T}}\in\mathbb{C}^{K}$ 且 $\mu_l^\tau=-2\pi f_s\tau_l/K$。之后，再对 $\widetilde{\boldsymbol{Y}}_u$ 进行向量化处理，即 $\check{\boldsymbol{y}}_u=\mathrm{vec}(\widetilde{\boldsymbol{Y}}_u)\in\mathbb{C}^{KN_{\mathrm{BS}}^{\mathrm{sub}}N_{\mathrm{o}}^{u}}$，可得

$$\check{\boldsymbol{y}}_u=\left(\left(\boldsymbol{A}_{\boldsymbol{\tau}}\odot\bar{\boldsymbol{A}}_{\mathrm{BS}}\right)\odot\left(\boldsymbol{A}_{\mathrm{UE}}^{\mathrm{T}}\boldsymbol{F}_u\boldsymbol{S}_u\right)^{\mathrm{T}}\right)\boldsymbol{\alpha}+\check{\boldsymbol{n}}_u \tag{2-20}$$

其中，$\check{\boldsymbol{n}}_u=\mathrm{vec}(\widetilde{\boldsymbol{N}}_u)$。式（2–20）中利用了恒等变换 $\boldsymbol{A}\odot(\boldsymbol{B}\odot\boldsymbol{C})=(\boldsymbol{A}\odot\boldsymbol{B})\odot\boldsymbol{C}$ [115]。更进一步可对 $\check{\boldsymbol{y}}_u$ 进行矩阵化处理，以获得 $\check{\boldsymbol{Y}}_u=\mathrm{mat}\left(\check{\boldsymbol{y}}_u;N_{\mathrm{o}}^{u},KN_{\mathrm{BS}}^{\mathrm{sub}}\right)\in\mathbb{C}^{N_{\mathrm{o}}^{u}\times KN_{\mathrm{BS}}^{\mathrm{sub}}}$，为

$$\check{\boldsymbol{Y}}_u=\left(\boldsymbol{A}_{\mathrm{UE}}^{\mathrm{T}}\boldsymbol{F}_u\boldsymbol{S}_u\right)^{\mathrm{T}}\mathrm{diag}(\boldsymbol{\alpha})\left(\boldsymbol{A}_{\boldsymbol{\tau}}\odot\bar{\boldsymbol{A}}_{\mathrm{BS}}\right)^{\mathrm{T}}+\check{\boldsymbol{N}}_u \tag{2-21}$$

其中，$\check{\boldsymbol{N}}_u=\mathrm{mat}\left(\check{\boldsymbol{n}}_u;N_{\mathrm{o}}^{u},KN_{\mathrm{BS}}^{\mathrm{sub}}\right)$。因此，$\bar{\boldsymbol{Y}}_u=\check{\boldsymbol{Y}}_u^{\mathrm{T}}\in\mathbb{C}^{KN_{\mathrm{BS}}^{\mathrm{sub}}\times N_{\mathrm{o}}^{u}}$ 可写成如下形式

$$\bar{\boldsymbol{Y}}_u=\left(\boldsymbol{A}_{\boldsymbol{\tau}}\odot\bar{\boldsymbol{A}}_{\mathrm{BS}}\right)\mathrm{diag}(\boldsymbol{\alpha})\left(\boldsymbol{A}_{\mathrm{UE}}^{\mathrm{T}}\boldsymbol{F}_u\boldsymbol{S}_u\right)+\check{\boldsymbol{N}}_u^{\mathrm{T}} \tag{2-22}$$

从式（2–18）中 $\bar{\boldsymbol{A}}_{\mathrm{BS}}=\boldsymbol{J}_u\widetilde{\boldsymbol{W}}_u^{\mathrm{H}}\boldsymbol{A}_{\mathrm{BS}}^{*}$ 可观察到，$\widetilde{\boldsymbol{W}}_u$ 可能会破坏 $\boldsymbol{A}_{\mathrm{BS}}$ 的移不变性结构。类似于下行信道估计阶段，这里也可利用算法 2.1 来设计 $\widetilde{\boldsymbol{W}}_u$，其中需要将诸如 N_d、N_{s}^{d}、$N_{\mathrm{UE}}^{\mathrm{RF}}$、$N_{\mathrm{UE}}^{\mathrm{h}}$、$N_{\mathrm{UE}}^{\mathrm{v}}$、$M_{\mathrm{UE}}^{\mathrm{h}}$、$M_{\mathrm{UE}}^{\mathrm{v}}$ 等用户端的输入参数分别替换为 N_u、N_{s}^{u}、$N_{\mathrm{BS}}^{\mathrm{RF}}$、$N_{\mathrm{BS}}^{\mathrm{h}}$、$N_{\mathrm{BS}}^{\mathrm{v}}$、$M_{\mathrm{BS}}^{\mathrm{h}}$、$M_{\mathrm{BS}}^{\mathrm{v}}$ 等对应基站端的输入参数。接着，将设计好的 $\widetilde{\boldsymbol{W}}_u$ 代入式（2–22）中可得

$$\bar{\boldsymbol{Y}}_u=\boldsymbol{A}_{\boldsymbol{\tau}\mathrm{BS}}\bar{\boldsymbol{S}}_u+\check{\boldsymbol{N}}_u^{\mathrm{T}} \tag{2-23}$$

其中，$\bar{\boldsymbol{S}}_u=\mathrm{diag}(\boldsymbol{\alpha})\left(\boldsymbol{A}_{\mathrm{UE}}^{\mathrm{T}}\boldsymbol{F}_u\boldsymbol{S}_u\right)$，且 $\boldsymbol{A}_{\boldsymbol{\tau}\mathrm{BS}}\in\mathbb{C}^{KM_{\mathrm{BS}}^{\mathrm{v}}M_{\mathrm{BS}}^{\mathrm{h}}\times L}$ 可由下式给出

$$\begin{aligned}\boldsymbol{A}_{\boldsymbol{\tau}\mathrm{BS}}&=\boldsymbol{A}_{\boldsymbol{\tau}}\odot\left(\boldsymbol{J}_u\widetilde{\boldsymbol{W}}_u^{\mathrm{H}}\left((\boldsymbol{A}_{\mathrm{BS}}^{\nu})^{*}\odot(\boldsymbol{A}_{\mathrm{BS}}^{\mu})^{*}\right)\right)\\&=\boldsymbol{A}_{\boldsymbol{\tau}}\odot\bar{\boldsymbol{A}}_{\mathrm{BS}}^{\nu}\odot\bar{\boldsymbol{A}}_{\mathrm{BS}}^{\mu}\end{aligned} \tag{2-24}$$

在式（2–24）中，$\bar{\boldsymbol{A}}_{\mathrm{BS}}^{\mu}\in\mathbb{C}^{M_{\mathrm{BS}}^{\mathrm{h}}\times L}$（$\bar{\boldsymbol{A}}_{\mathrm{BS}}^{\nu}\in\mathbb{C}^{M_{\mathrm{BS}}^{\mathrm{v}}\times L}$）是由 $(\boldsymbol{A}_{\mathrm{BS}}^{\mu})^{*}$（$(\boldsymbol{A}_{\mathrm{BS}}^{\nu})^{*}$）的前 $M_{\mathrm{BS}}^{\mathrm{h}}$（$M_{\mathrm{BS}}^{\mathrm{v}}$）行所构成的子矩阵。这样，利用所设计的 $\widetilde{\boldsymbol{W}}_u$ 可将基站端的高维混合波束赋形的阵列等效为低维全数字阵列，使得 $\boldsymbol{A}_{\boldsymbol{\tau}\mathrm{BS}}$ 保留了原始阵列响应矩阵 $\boldsymbol{A}_{\mathrm{BS}}$ 中对应方位角/俯仰角以及时延的三重移不变结构 [111]。最后，通过利用第

2.5 节中的多维酉 ESPRIT 算法可获得基站端对应的方位角/俯仰角以及时延的超分辨率估计，即 $\{\widehat{\theta}_l^{\mathrm{BS}}, \widehat{\varphi}_l^{\mathrm{BS}}, \widehat{\tau}_l\}_{l=1}^{\widehat{L}}$。

2.4.2 用户端设计多波束发射预编码矩阵

在上行信道估计阶段，用户端可利用在下行信道估计阶段得到的方位角和俯仰角的超分辨率估计值来设计上行发射预编码矩阵 $\boldsymbol{F}_u = \boldsymbol{F}_{\mathrm{RF},u}\boldsymbol{F}_{\mathrm{BB},u}$，这使得用户端可利用自身有限的功率来发射定向的多波束信号，进而提高基站端的接收信噪比。

首先，考虑模拟发射预编码矩阵 $\boldsymbol{F}_{\mathrm{RF},u} \in \mathbb{C}^{N_{\mathrm{UE}} \times N_{\mathrm{UE}}^{\mathrm{RF}}}$ 的设计。给定估计到的方位角和俯仰角为 $\{\widehat{\theta}_l^{\mathrm{UE}}, \widehat{\varphi}_l^{\mathrm{UE}}\}_{l=1}^{\widehat{L}}$，则可重建用户端的阵列响应矩阵 $\boldsymbol{A}_{\mathrm{UE}}$ 的估计为 $\widehat{\boldsymbol{A}}_{\mathrm{UE}}$。为了充分利用获得的 $\{\widehat{\theta}_l^{\mathrm{UE}}, \widehat{\varphi}_l^{\mathrm{UE}}\}_{l=1}^{\widehat{L}}$，设计的多波束发射预编码矩阵应将其发射的 $\widehat{L}$ 个波束与 $\widehat{L}$ 对估计到的方位角和俯仰角对齐。

具体来说，用户端相移网络的所有移相器尽可能均分为 $\widehat{L}$ 组，且根据 $\widehat{L}$ 和 $N_{\mathrm{UE}}^{\mathrm{RF}}$ 的大小关系，$\boldsymbol{F}_{\mathrm{RF},u}$ 的设计有着如下三种情形：

• 情形 I：$\widehat{L} > N_{\mathrm{UE}}^{\mathrm{RF}}$。该情形中，用户端发射的波束数量大于 RF 链路数。就一个采用全连接相移网络的混合 MIMO 架构而言，总的移相器数目为 $N_{\mathrm{PS}} = N_{\mathrm{UE}}^{\mathrm{RF}} N_{\mathrm{UE}}$。首先，令分配给第 l 组（$1 \leqslant l \leqslant \widehat{L}$）的移相器数目为 $n_{\mathrm{ps},l}$。接着，引入 $\widehat{L}$ 维向量 $\boldsymbol{v}_{\mathrm{ps}}$ 为

$$\boldsymbol{v}_{\mathrm{ps}} = \left[n_{\mathrm{ps},1} \cdots n_{\mathrm{ps},\widehat{L}}\right]^{\mathrm{T}} = n_{\mathrm{ps}}\boldsymbol{1}_{\widehat{L}} + \left[\boldsymbol{1}_{n_{\mathrm{re}}}^{\mathrm{T}} \ \boldsymbol{0}_{\widehat{L}-n_{\mathrm{re}}}^{\mathrm{T}}\right]^{\mathrm{T}} \tag{2-25}$$

其中，$n_{\mathrm{ps}} = \lfloor N_{\mathrm{PS}}/\widehat{L} \rfloor$ 以及 $n_{\mathrm{re}} = \mathrm{mod}(N_{\mathrm{PS}}, \widehat{L})$。定义一个索引向量 $\boldsymbol{p} = [1\ 2 \cdots N_{\mathrm{PS}}]^{\mathrm{T}}$，则对应于第 l 组的排序索引集合可表示为 $\mathcal{P}_l = \boldsymbol{p}_{\left\{\sum_{i=1}^{l-1} n_{\mathrm{ps},i}+1:\sum_{i=1}^{l} n_{\mathrm{ps},i}\right\}}$，且其基数为 $|\mathcal{P}_l|_c = n_{\mathrm{ps},l}$。然后，再定义向量 $\boldsymbol{f} = [\boldsymbol{f}_1^{\mathrm{T}} \cdots \boldsymbol{f}_{\widehat{L}}^{\mathrm{T}}]^{\mathrm{T}} \in \mathbb{C}^{N_{\mathrm{PS}}}$，其中，对于 $1 \leqslant l \leqslant \widehat{L}$，有 $\boldsymbol{f}_l = \widehat{\boldsymbol{A}}_{\mathrm{UE}\{\mathrm{mod}(\mathcal{P}_l, N_{\mathrm{UE}}), l\}}^{*} \in \mathbb{C}^{n_{\mathrm{ps},l}}$。最后，即可获得 $\boldsymbol{F}_{\mathrm{RF},u} = \mathrm{mat}\left(\boldsymbol{f}; N_{\mathrm{UE}}, N_{\mathrm{UE}}^{\mathrm{RF}}\right)$。

• 情形 II：$\widehat{L} \leqslant N_{\mathrm{UE}}^{\mathrm{RF}}$ 且 $N_{\mathrm{UE}}^{\mathrm{RF}}$ 能被 $\widehat{L}$ 整除。$N_{\mathrm{UE}}^{\mathrm{RF}}$ 个 RF 链路可以平均分配给 $\widehat{L}$ 个组，可定义 $N_{\mathrm{rep}} = N_{\mathrm{UE}}^{\mathrm{RF}}/\widehat{L}$，则 $\boldsymbol{F}_{\mathrm{RF},u} = \boldsymbol{1}_{N_{\mathrm{rep}}}^{\mathrm{T}} \otimes \widehat{\boldsymbol{A}}_{\mathrm{UE}}^{*}$。

• 情形 III：$\widehat{L} < N_{\mathrm{UE}}^{\mathrm{RF}}$ 且 $N_{\mathrm{UE}}^{\mathrm{RF}}$ 不能被 $\widehat{L}$ 整除。在该情形中，先定义 $\boldsymbol{F}_{\mathrm{RF},u} = \left[\boldsymbol{F}_{\mathrm{RF},u}^{1} \ \boldsymbol{F}_{\mathrm{RF},u}^{2}\right]$，其中，$\boldsymbol{F}_{\mathrm{RF},u}^{1} \in \mathbb{C}^{N_{\mathrm{UE}} \times \widehat{L} N_{\mathrm{rep}}}$ 且 $N_{\mathrm{rep}} = \lfloor N_{\mathrm{UE}}^{\mathrm{RF}}/\widehat{L} \rfloor$，以及 $\boldsymbol{F}_{\mathrm{RF},u}^{2} \in \mathbb{C}^{N_{\mathrm{UE}} \times N_{\mathrm{UE,re}}^{\mathrm{RF}}}$ 且 $N_{\mathrm{UE,re}}^{\mathrm{RF}} = \mathrm{mod}(N_{\mathrm{UE}}^{\mathrm{RF}}, \widehat{L})$。$\boldsymbol{F}_{\mathrm{RF},u}^{1}$ 的设计类似于情形 II，即 $\boldsymbol{F}_{\mathrm{RF},u}^{1} = \boldsymbol{1}_{N_{\mathrm{rep}}}^{\mathrm{T}} \otimes \widehat{\boldsymbol{A}}_{\mathrm{UE}}^{*}$，而 $\boldsymbol{F}_{\mathrm{RF},u}^{2}$ 的设计类似于情形 I，即 $\boldsymbol{F}_{\mathrm{RF},u}^{2} = \mathrm{mat}\left([\widetilde{\boldsymbol{f}}_1^{\mathrm{T}} \cdots \widetilde{\boldsymbol{f}}_{\widehat{L}}^{\mathrm{T}}]^{\mathrm{T}}; N_{\mathrm{UE}}, N_{\mathrm{UE,re}}^{\mathrm{RF}}\right)$，其中，对于 $1 \leqslant l \leqslant \widehat{L}$，需用 $N_{\mathrm{UE,re}}^{\mathrm{RF}}$ 来替换情形 I 中的 $N_{\mathrm{UE}}^{\mathrm{RF}}$，以获得 $\widetilde{\boldsymbol{f}}_l$。

由于相移网络中移相器的相位分辨率有限，以上所设计的 $\boldsymbol{F}_{\mathrm{RF},u}$ 中每个元素的相位值需被量化到相位集合 $\mathcal{A}$ 中距离最近的值。至于数字发射预编码矩阵 $\boldsymbol{F}_{\mathrm{BB},u} \in \mathbb{C}^{N_{\mathrm{UE}}^{\mathrm{RF}} \times N_{\mathrm{s}}^{u}}$，可直接设计其元素为 $\{\boldsymbol{F}_{\mathrm{BB},u}\}_{j_1,j_2} = \mathrm{e}^{\mathrm{j}2\pi b_{j_1,j_2}}$，其中，$b_{j_1,j_2} \sim \mathcal{U}(0,1)$。最后，可以得到用户端设计好的多波束发射预编码矩阵 $\boldsymbol{F}_u = \boldsymbol{F}_{\mathrm{RF},u}\boldsymbol{F}_{\mathrm{BB},u}$。

为了对下行信道估计阶段基站端设计的 $\boldsymbol{F}_d$ 与上行信道估计阶段用户端设计的 $\boldsymbol{F}_u$ 进行直观的比较，图 2.5 绘制了三种波束方向图。其中，基站和用户考虑 $N_{\mathrm{BS}}^{\mathrm{RF}} = N_{\mathrm{UE}}^{\mathrm{RF}} = 4$ 个 RF 链路，以及用户端假设已知信道的 5 个多径分量。具体来说，图 2.5(a) 描绘了装备 8×8 天线阵列的发射机采用随机发射预编码矩阵 $\boldsymbol{F}_d$ 所对应的波束方向图。图 2.5(b) 和图 2.5(c) 分别描绘了装备 8×8 和 16×16 天线阵列的发射机采用设计好的多波束发射预编码矩阵 $\boldsymbol{F}_u$ 所对应的波束方向图。与图 2.5(a) 中的波束图相比，图 2.5(b) 的波束图可明显区分出与信道中 5 个多径分量相对应的 5 个主瓣，这样集中的发射能量可以显著地提高接收机的信噪比。

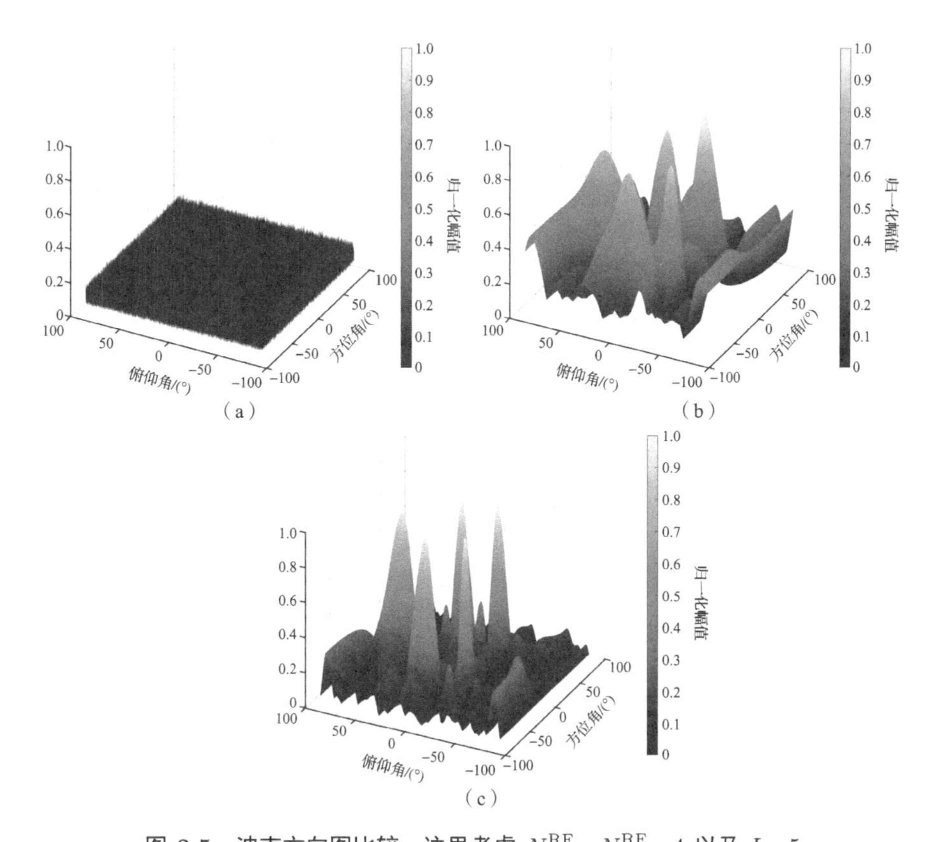

图 2.5　波束方向图比较，这里考虑 $N_{\mathrm{BS}}^{\mathrm{RF}} = N_{\mathrm{UE}}^{\mathrm{RF}} = 4$ 以及 $L = 5$

(a) 随机发射预编码矩阵且天线维度为 8×8；(b) 多波束发射预编码矩阵且天线维度为 8×8；(c) 多波束发射预编码矩阵且天线维度为 16×16

此外，通过比较图 2.5(b) 和图 2.5(c) 可发现，当阵列维度增大时，能进一步抑制多波束信号的旁瓣能量。简而言之，用户端能在有限发射功率条件下利用所设计的多波束发射预编码矩阵产生与估计到的多径方向相对齐的多波束定向信号，用于提高上行信道估计的性能。

2.5 多维酉 ESPRIT 算法

由于用户端（基站端）设计的组合接收合并矩阵 $\widetilde{\boldsymbol{W}}_d$（$\widetilde{\boldsymbol{W}}_u$）重构了阵列响应的矩阵双重（三重）移不变结构，因此，可利用本节详细说明的 R 维（$R\geqslant2$）酉 ESPRIT 算法来估计信道参数。不失为一般性地定义如下由 L 个多径分量和 R 组空间频率所构成的通用信号传输模型

$$\boldsymbol{Y}=\boldsymbol{A}\boldsymbol{S}+\boldsymbol{N} \tag{2-26}$$

其中，$\boldsymbol{Y}\in\mathbb{C}^{M\times N}$ 为 N 个快拍上接收到的组合数据矩阵，$M=\prod_{r=1}^{R}M_r$ 且 M_r 是与第 r 个（$1\leqslant r\leqslant R$）空间频率相关的参数向量的维度，以及 $\boldsymbol{S}\in\mathbb{C}^{L\times N}$ 和 $\boldsymbol{N}\in\mathbb{C}^{M\times N}$ 分别为发射信号和噪声矩阵，而阵列响应矩阵 $\boldsymbol{A}\in\mathbb{C}^{M\times L}$ 可由下式给出

$$\begin{aligned}\boldsymbol{A}&=\boldsymbol{A}_{\mu_R}\odot\cdots\odot\boldsymbol{A}_{\mu_2}\odot\boldsymbol{A}_{\mu_1}\\&=\left[\boldsymbol{a}\left(\mu_1^1,\mu_1^2,\cdots,\mu_1^R\right)\cdots\boldsymbol{a}\left(\mu_L^1,\mu_L^2,\cdots,\mu_L^R\right)\right]\end{aligned} \tag{2-27}$$

在式（2–27）中，$\boldsymbol{A}_{\mu_r}=[\boldsymbol{a}(\mu_1^r)\cdots\boldsymbol{a}(\mu_L^r)]\in\mathbb{C}^{M_r\times L}$ 是与第 r 组空间频率 $\{\mu_l^r\}_{l=1}^{L}$ 相关联的导向矩阵，且 $\boldsymbol{a}\left(\mu_l^r\right)=\left[1\ \mathrm{e}^{\mathrm{j}\mu_l^r}\cdots\mathrm{e}^{\mathrm{j}(M_r-1)\mu_l^r}\right]^{\mathrm{T}}\in\mathbb{C}^{M_r}$ 是第 l 个导向向量，而与第 l 个多径分量相关的阵列响应向量 $\boldsymbol{a}\left(\mu_l^1,\mu_l^2,\cdots,\mu_l^R\right)\in\mathbb{C}^{M}$ 可进一步表示为

$$\boldsymbol{a}\left(\mu_l^1,\mu_l^2,\cdots,\mu_l^R\right)=\boldsymbol{a}\left(\mu_l^R\right)\otimes\cdots\otimes\boldsymbol{a}\left(\mu_l^2\right)\otimes\boldsymbol{a}\left(\mu_l^1\right) \tag{2-28}$$

多维酉 ESPRIT 算法可从模型（2–26）中获取到 R 组空间频率的超分辨率估计，记为 $\{\widehat{\mu}_l^r\}_{l=1}^{L}$（$1\leqslant r\leqslant R$），该算法主要包括以下五个步骤。

A. 步骤 1：R 维空间平滑预处理（Spatial Smoothing Preprocessing, SSP）

由于有限的训练开销会导致观测维度 N 不足，首先需利用空间平滑技术 [108] 来对式（2–26）中的原始数据矩阵 $\boldsymbol{Y}$ 进行预处理。这种预处理方式可以减弱其他相干信号的影响以及避免 $\boldsymbol{S}$ 的协方差矩阵出现秩缺的情况，进而增强估计的鲁棒性。具体来说，首先定义 R 个空间平滑参数 $\{G_r\}_{r=1}^{R}$（$1\leqslant G_r\leqslant M_r$），则可计算对应

于 $\{M_r\}_{r=1}^R$ 的子维度 $\{M_r^{\text{sub}}\}_{r=1}^R$ 为 $M_r^{\text{sub}}=M_r-G_r+1\ (1\leqslant r\leqslant R)$。那么，总的子维度大小为 $M_{\text{sub}}=\prod_{r=1}^R M_r^{\text{sub}}$。为了获得 R 维选择矩阵，先定义第 g_r 个（$1\leqslant g_r\leqslant G_r$）一维选择矩阵为 $\boldsymbol{J}^{(g_r)}=\left[\boldsymbol{O}_{M_r^{\text{sub}}\times(g_r-1)}\ \boldsymbol{I}_{M_r^{\text{sub}}}\ \boldsymbol{O}_{M_r^{\text{sub}}\times(G_r-g_r)}\right]\in\mathbb{R}^{M_r^{\text{sub}}\times M_r}$，那么，就可以得到 $G=\prod_{r=1}^R G_r$ 个 R 维选择矩阵，其中第 $(g_1,g_2,\cdots,g_R)$ 个该矩阵表示为 $\boldsymbol{J}_{g_1,g_2,\cdots,g_R}=\boldsymbol{J}^{(g_R)}\otimes\cdots\otimes\boldsymbol{J}^{(g_2)}\otimes\boldsymbol{J}^{(g_1)}\in\mathbb{R}^{M_{\text{sub}}\times M}$。将以上获得的 R 维选择矩阵应用于 $\boldsymbol{Y}$ 中，可得平滑后的复值数据矩阵 $\bar{\boldsymbol{Y}}\in\mathbb{C}^{M_{\text{sub}}\times NG}$，即

$$\bar{\boldsymbol{Y}}=\left[\left(\boldsymbol{J}_{1,1,\cdots,1,1}\boldsymbol{Y}\right)\cdots\left(\boldsymbol{J}_{1,1,\cdots,1,G_R}\boldsymbol{Y}\right)\left(\boldsymbol{J}_{1,1,\cdots,2,1}\boldsymbol{Y}\right)\cdots\left(\boldsymbol{J}_{G_1,G_2,\cdots,G_{R-1},G_R}\boldsymbol{Y}\right)\right] \tag{2-29}$$

B. 步骤 2：实值处理（Real-Valued Processing, RVP）

为了降低计算复杂度，可利用前向反向平均技术 [107] 将复值数据矩阵 $\bar{\boldsymbol{Y}}$ 转换为实值矩阵 $\bar{\boldsymbol{Y}}_{\text{re}}\in\mathbb{R}^{M_{\text{sub}}\times 2NG}$，表示为

$$\bar{\boldsymbol{Y}}_{\text{re}}=\boldsymbol{Q}_{M_{\text{sub}}}^{\text{H}}\left[\bar{\boldsymbol{Y}}\left(\boldsymbol{\Pi}_{M_{\text{sub}}}\bar{\boldsymbol{Y}}^*\boldsymbol{\Pi}_{NG}\right)\right]\boldsymbol{Q}_{2NG} \tag{2-30}$$

其中，$\boldsymbol{\Pi}_n$ 是大小为 $n\times n$ 的交换矩阵（通过倒置 $\boldsymbol{I}_n$ 的行顺序来获得），且 $\boldsymbol{Q}_n\in\mathbb{C}^{n\times n}$ 是一个满足 $\boldsymbol{\Pi}_n\boldsymbol{Q}_n^{\text{H}}=\boldsymbol{Q}_n$ 的稀疏酉矩阵 [116]，其定义如下

$$\boldsymbol{Q}_{2n}=\frac{1}{\sqrt{2}}\begin{bmatrix}\boldsymbol{I}_n & \text{j}\boldsymbol{I}_n\\ \boldsymbol{\Pi}_n & -\text{j}\boldsymbol{\Pi}_n\end{bmatrix},\boldsymbol{Q}_{2n+1}=\frac{1}{\sqrt{2}}\begin{bmatrix}\boldsymbol{I}_n & \boldsymbol{0}_n & \text{j}\boldsymbol{I}_n\\ \boldsymbol{0}_n^{\text{T}} & \sqrt{2} & \boldsymbol{0}_n^{\text{T}}\\ \boldsymbol{\Pi}_n & \boldsymbol{0}_n & -\text{j}\boldsymbol{\Pi}_n\end{bmatrix} \tag{2-31}$$

C. 步骤 3：信号子空间近似（Signal Subspace Approximation, SSA）

为了从实值矩阵 $\bar{\boldsymbol{Y}}_{\text{re}}$ 中提取空间频率信息，这里可引入一个转换矩阵 $\boldsymbol{K}$，且该矩阵满足以下等式 [107]

$$\Re\left\{\boldsymbol{Q}_{m_r}^{\text{H}}\boldsymbol{J}_r\boldsymbol{Q}_{M_{\text{sub}}}\right\}\boldsymbol{K}\boldsymbol{\Lambda}_r=\Im\left\{\boldsymbol{Q}_{m_r}^{\text{H}}\boldsymbol{J}_r\boldsymbol{Q}_{M_{\text{sub}}}\right\}\boldsymbol{K} \tag{2-32}$$

其中，$1\leqslant r\leqslant R$，$m_r=M_{\text{sub}}\left(M_r^{\text{sub}}-1\right)/M_r^{\text{sub}}$，且 $\boldsymbol{\Lambda}_r=\text{diag}\left(\left[\tan\left(\mu_1^r/2\right)\cdots\tan\left(\mu_L^r/2\right)\right]^{\text{T}}\right)$ 是包含目标空间频率 $\{\mu_l^r\}_{l=1}^L$ 的实值对角矩阵而 $\boldsymbol{J}_r=\boldsymbol{I}_{\prod_{i=r+1}^R M_i^{\text{sub}}}\otimes\widetilde{\boldsymbol{J}}^{(r)}\otimes\boldsymbol{I}_{\prod_{i=1}^{r-1}M_i^{\text{sub}}}\in\mathbb{R}^{m_r\times M_{\text{sub}}}$，且 $\widetilde{\boldsymbol{J}}^{(r)}=\left[\boldsymbol{0}_{M_r^{\text{sub}}-1}\ \boldsymbol{I}_{M_r^{\text{sub}}-1}\right]$。值得注意一提的是，$\boldsymbol{K}$ 与近似信号子空间矩阵 $\boldsymbol{E}_{\text{s}}\in\mathbb{R}^{M_{\text{sub}}\times L}$ 有关。具体来说，由于 $\boldsymbol{K}$ 和 $\boldsymbol{E}_{\text{s}}$ 的列能张成相同的 L 维信号子空间 [108,111]，则可令 $\boldsymbol{K}=\boldsymbol{E}_{\text{s}}\boldsymbol{T}$，$\boldsymbol{T}\in\mathbb{R}^{L\times L}$ 是一个非奇异矩阵。根据信号子空间定义，可由 $\bar{\boldsymbol{Y}}_{\text{re}}$ 的前 L 个最大的奇异值所对应的左奇异向量来确定 $\boldsymbol{E}_{\text{s}}$。也就是说，对 $\bar{\boldsymbol{Y}}_{\text{re}}$ 进行实值部分奇异值分解（Singular

Values Decomposition, SVD），即 $\bar{\boldsymbol{Y}}_{\text{re}}=\boldsymbol{U}_{\text{re}}\boldsymbol{\Sigma}_{\text{re}}\boldsymbol{V}_{\text{re}}^{\text{H}}$，进而可得 $\boldsymbol{E}_{\text{s}}=\boldsymbol{U}_{\text{re}\{:,1:L\}}$。

D. 步骤 4：求解移不变等式（Shift-Invariance Equation Solving, SIES）

基于获得的近似信号子空间 $\boldsymbol{E}_{\text{s}}$，可将等式 $\boldsymbol{K}=\boldsymbol{E}_{\text{s}}\boldsymbol{T}$ 代入式（2–32）中来获得如下 R 个移不变方程

$$\Re\left\{\boldsymbol{Q}_{m_r}^{\text{H}}\boldsymbol{J}_r\boldsymbol{Q}_{M_{\text{sub}}}\right\}\boldsymbol{E}_{\text{s}}\boldsymbol{\Phi}_r=\Im\left\{\boldsymbol{Q}_{m_r}^{\text{H}}\boldsymbol{J}_r\boldsymbol{Q}_{M_{\text{sub}}}\right\}\boldsymbol{E}_{\text{s}},1\leqslant r\leqslant R \tag{2–33}$$

其中，$\boldsymbol{\Phi}_r=\boldsymbol{T}\boldsymbol{\Lambda}_r\boldsymbol{T}^{-1}\in\mathbb{R}^{L\times L}$。为了估计 R 个对角矩阵 $\{\boldsymbol{\Lambda}_r\}_{r=1}^{R}$，可先利用最小二乘或者总最小二乘（Total Least Squares, TLS）估计器来求解式（2–33）中的 R 个移不变方程，以获得 R 个实值矩阵 $\{\boldsymbol{\Phi}_r\}_{r=1}^{R}$ 的估计，记为 $\{\widehat{\boldsymbol{\Phi}}_r\}_{r=1}^{R}$。

E. 步骤 5：R 维联合对角化处理（Joint Diagonalization, JD）

对于 $1\leqslant r\leqslant R$，先定义 $\boldsymbol{\Lambda}_r$ 的估计为 $\widehat{\boldsymbol{\Lambda}}_r$，那么估计到的 $\widehat{\boldsymbol{\Phi}}_r$ 可进一步表示为 $\widehat{\boldsymbol{\Phi}}_r=\boldsymbol{T}\widehat{\boldsymbol{\Lambda}}_r\boldsymbol{T}^{-1}$。接下来则通过对 $\{\widehat{\boldsymbol{\Lambda}}_r\}_{r=1}^{R}$ 进行 R 维联合对角化来获得空间频率的配对好的估计 $\{\widehat{\mu}_l^r\}_{l=1}^{L}$。具体来说，这里的 R 维则需要考虑 $R=2$ 和 $R\geqslant3$ 两种情形。首先，对于 $R=2$，即 2D 情形，由于 $\widehat{\boldsymbol{\Phi}}_1$ 和 $\widehat{\boldsymbol{\Phi}}_2$ 有着相同的特征向量矩阵 $\boldsymbol{T}$，则可通过计算复值矩阵 $\boldsymbol{\Psi}=\widehat{\boldsymbol{\Phi}}_1+\mathrm{j}\widehat{\boldsymbol{\Phi}}_2$ 的特征值分解来获得 $\widehat{\boldsymbol{\Lambda}}_1$ 和 $\widehat{\boldsymbol{\Lambda}}_2$，具体来说，$\boldsymbol{\Psi}$ 的特征值分解为 $\boldsymbol{\Psi}=\boldsymbol{T}\boldsymbol{\Delta}\boldsymbol{T}^{-1}$，其中，$\boldsymbol{\Delta}=\widehat{\boldsymbol{\Lambda}}_1+\mathrm{j}\widehat{\boldsymbol{\Lambda}}_2$，那么，可得 $\widehat{\boldsymbol{\Lambda}}_1=\Re\{\boldsymbol{\Delta}\}$ 以及 $\widehat{\boldsymbol{\Lambda}}_2=\Im\{\boldsymbol{\Delta}\}$。其次，对于 $R\geqslant3$，受噪声污染的 R 个矩阵 $\{\widehat{\boldsymbol{\Phi}}_r\}_{r=1}^{R}$ 并不总是完全共用相同的 $\boldsymbol{T}$。因此，还需要利用从实值 Schur 分解 [115] 衍变而来的同时 Schur 分解（Simultaneous Schur Decomposition, SSD）算法 [113] 来对多个参数进行估计和配对。利用 SSD 算法即可获得 R 个近似上三角矩阵 $\{\boldsymbol{\Gamma}_r\}_{r=1}^{R}$，进而根据 $\{\boldsymbol{\Gamma}_r\}_{r=1}^{R}$ 的主对角线元素即可确定 $\{\widehat{\boldsymbol{\Lambda}}_r\}_{r=1}^{R}$，即对于 $1\leqslant r\leqslant R$，有 $\widehat{\boldsymbol{\Lambda}}_r=\operatorname{diag}(\operatorname{vdiag}(\boldsymbol{\Gamma}_r))$, 其中, $\operatorname{vdiag}(\boldsymbol{\Gamma}_r)$ 代表矩阵 $\boldsymbol{\Gamma}_r$ 的主对角元素构成的列向量。最后，可根据 $\{\widehat{\boldsymbol{\Lambda}}_r\}_{r=1}^{R}$ 来获得 R 组配对好的空间频率的超分辨率估计 $\{\widehat{\mu}_l^r\}_{l=1}^{L}$，即对于 $1\leqslant l\leqslant L$ 和 $1\leqslant r\leqslant R$，$\widehat{\mu}_l^r=2\arctan([\widehat{\boldsymbol{\Lambda}}_r]_{l,l})$。

以上的多维酉 ESPRIT 算法总结在算法 2.2 中。在下行信道估计阶段，可对式（2–11）中的矩阵 $\bar{\boldsymbol{Y}}_d$ 应用 2D（即 $R=2$）酉 ESPRIT 算法来获得用户端方位角和俯仰角所对应的空间频率的超分辨率估计 $\left\{\widehat{\mu}_l^{\text{UE}},\widehat{\nu}_l^{\text{UE}}\right\}_{l=1}^{\widehat{L}}$。而在上行信道估计阶段，对式（2–23）中的矩阵 $\bar{\boldsymbol{Y}}_u$ 应用 3D（即 $R=3$）酉 ESPRIT 算法可获得基站端方位角/俯仰角以及时延所对应的空间频率的超分辨率估计 $\left\{\widehat{\mu}_l^{\text{BS}},\widehat{\nu}_l^{\text{BS}},\widehat{\mu}_l^{\tau}\right\}_{l=1}^{\widehat{L}}$。因此，算法 2.2 在 2D 和 3D 情况下的空间平滑参数分别考虑为 $\{G_1^d,G_2^d\}$ 和 $\{G_1^u,G_2^u,G_3^u\}$，那么，在用户端和基站端相应的总的子维度分别为 $M_{\text{sub}}^{\text{UE}}=(M_{\text{UE}}^{\text{h}}-G_1^d+1)(M_{\text{UE}}^{\text{v}}-G_2^d+1)$ 和 $M_{\text{sub}}^{\text{BS}}=(M_{\text{BS}}^{\text{h}}-G_1^u+1)(M_{\text{BS}}^{\text{v}}-G_2^u+1)(K-G_3^u+1)$。

算法 2.2: 多维酉 ESPRIT 算法

输入： 数据矩阵 $\boldsymbol{Y}$，多径数 L，子维度 $\{M_r\}_{r=1}^{R}$，空间平滑参数 $\{G_r\}_{r=1}^{R}$

输出： R 组空间频率的超分辨率估计 $\{\widehat{\mu}_l^r\}_{l=1}^{L}$，$1 \leqslant r \leqslant R$

1 利用 R 维空间平滑预处理，以获得式（2–29）中平滑后的数据矩阵 $\bar{\boldsymbol{Y}}$;

2 利用前后向平均技术获得式（2–30）中的实值数据矩阵 $\bar{\boldsymbol{Y}}_{\mathrm{re}}$;

3 通过奇异值分解确定近似信号子空间矩阵 $\boldsymbol{E}_{\mathrm{s}}$;

4 求解式（2–33）中的移不变等式，以获得 R 个实值矩阵 $\{\widehat{\boldsymbol{\Phi}}_r\}_{r=1}^{R}$;

5 利用 R 维联合对角化处理来估计对角矩阵 $\{\widehat{\boldsymbol{\Lambda}}_r\}_{r=1}^{R}$：i）$R=2$ 时，计算特征值分解 $\boldsymbol{\Psi}=\widehat{\boldsymbol{\Phi}}_1+\mathrm{j}\widehat{\boldsymbol{\Phi}}_2=\boldsymbol{T}\boldsymbol{\Delta}\boldsymbol{T}^{-1}$，以获得 $\widehat{\boldsymbol{\Lambda}}_1=\Re\{\boldsymbol{\Delta}\}$ 和 $\widehat{\boldsymbol{\Lambda}}_2=\Im\{\boldsymbol{\Delta}\}$；ii）$R\geqslant 3$，利用 SSD 算法可获得 R 个对角矩阵 $\{\widehat{\boldsymbol{\Lambda}}_r\}_{r=1}^{R}$;

6 从 $\{\widehat{\boldsymbol{\Lambda}}_r\}_{r=1}^{R}$ 中提取 R 个配对好的 $\{\widehat{\mu}_l^r\}_{l=1}^{L}$;

7 **Return**: 估计到的 $\{\widehat{\mu}_l^r\}_{l=1}^{L}$

2.6　基于 ML 的参数配对与信道增益估计

在下行链路信道估计阶段，基站端获得了由用户端反馈回的用户端所对应的方位角和俯仰角的估计值 $\left\{\bar{\theta}_l^{\mathrm{UE}},\bar{\varphi}_l^{\mathrm{UE}}\right\}_{l=1}^{\widehat{L}}$。随后，基站端在上行信道估计阶段获得了其所对应的方位角/俯仰角以及时延的估计值 $\{\widehat{\theta}_l^{\mathrm{BS}},\widehat{\varphi}_l^{\mathrm{BS}},\widehat{\tau}_l\}_{l=1}^{\widehat{L}}$。由于以上 $\left\{\bar{\theta}_l^{\mathrm{UE}},\bar{\varphi}_l^{\mathrm{UE}}\right\}_{l=1}^{\widehat{L}}$ 和 $\{\widehat{\theta}_l^{\mathrm{BS}},\widehat{\varphi}_l^{\mathrm{BS}},\widehat{\tau}_l\}_{l=1}^{\widehat{L}}$ 是在两个不同阶段由信道的两端设备所获取到的，故需要对这些信道参数进行配对。此外，在配对的同时，还需要估计路径增益向量 $\boldsymbol{\alpha}$。这里可利用所提出的 ML 匹配法来配对信道参数并估计路径增益，这对应于图 2.2 中的步骤 7。

具体来说，根据式（2–24），可首先构造与 $\{\widehat{\theta}_l^{\mathrm{BS}},\widehat{\varphi}_l^{\mathrm{BS}},\widehat{\tau}_l\}_{l=1}^{\widehat{L}}$ 相关联的导向矩阵 $\widehat{\boldsymbol{A}}_{\tau\mathrm{BS}}$，其中，$\{\widehat{\tau}_l\}_{l=1}^{\widehat{L}}$ 按升序排列。其次，类似于第 2.4.2 小节中 $\boldsymbol{F}_u$ 的构建方式，可利用基站端接收到的用户反馈的方位角和俯仰角 $\left\{\bar{\theta}_l^{\mathrm{UE}},\bar{\varphi}_l^{\mathrm{UE}}\right\}_{l=1}^{\widehat{L}}$ 来重构多波束发射预编码矩阵，记为 $\widehat{\boldsymbol{F}}_u$。显然，总共有 $J_{\mathrm{c}}=\widehat{L}!$ 种可能的排序组合方式，或者说，共有 J_{c} 种可与 $\widehat{\boldsymbol{A}}_{\tau\mathrm{BS}}$（或 $\{\widehat{\theta}_l^{\mathrm{BS}},\widehat{\varphi}_l^{\mathrm{BS}},\widehat{\tau}_l\}_{l=1}^{\widehat{L}}$）相匹配的 $\left\{\bar{\theta}_l^{\mathrm{UE}},\bar{\varphi}_l^{\mathrm{UE}}\right\}_{l=1}^{\widehat{L}}$，其中，$j\in\mathcal{J}$，且排序集合 $\mathcal{J}$ 的基数为 $|\mathcal{J}|_c=J_{\mathrm{c}}$。对于每种组合 $\{\bar{\theta}_{l_j}^{\mathrm{UE}},\bar{\varphi}_{l_j}^{\mathrm{UE}}\}_{l_j=1}^{\widehat{L}}$，可重建出相对应的阵列响应矩阵 $\boldsymbol{A}_{\mathrm{UE}}$，记为 $\widehat{\boldsymbol{A}}_{\mathrm{UE},j}$。那么，对于收发端参数的每一种组合方式，均可获得 $\widehat{\boldsymbol{A}}_{\tau\mathrm{BS}}$、$\widehat{\boldsymbol{A}}_{\mathrm{UE},j}$ 以及 $\widehat{\boldsymbol{F}}_u$。之后将它们代入式（2–20）中，可得 $\check{\boldsymbol{y}}_u=\widehat{\boldsymbol{A}}_j\boldsymbol{\alpha}_j+\check{\boldsymbol{n}}_u$，其中，$\widehat{\boldsymbol{A}}_j=\widehat{\boldsymbol{A}}_{\tau\mathrm{BS}}\odot(\widehat{\boldsymbol{A}}_{\mathrm{UE},j}^{\mathrm{T}}\widehat{\boldsymbol{F}}_u\boldsymbol{S}_u)^{\mathrm{T}}$，而 $\boldsymbol{\alpha}_j$ 是相对应的第 j 种（$j\in\mathcal{J}$）路径增益向量。于是，可容易地获得 $\boldsymbol{\alpha}_j$ 的最小二乘估计值，记为 $\widehat{\boldsymbol{\alpha}}_j$，也就是

$$\widehat{\boldsymbol{\alpha}}_j = \left(\widehat{\boldsymbol{A}}_j^{\mathrm{H}}\widehat{\boldsymbol{A}}_j\right)^{-1}\widehat{\boldsymbol{A}}_j^{\mathrm{H}}\check{\boldsymbol{y}}_u \tag{2-34}$$

利用式（2–34）中估计到的 $\widehat{\boldsymbol{\alpha}}_j$ 以及近似关系 $\check{\boldsymbol{y}}_u \approx \widehat{\boldsymbol{A}}_j\widehat{\boldsymbol{\alpha}}_j$，可得 $\widehat{\check{\boldsymbol{y}}}_{u,j} = \widehat{\boldsymbol{A}}_j\widehat{\boldsymbol{\alpha}}_j$，其中，$\check{\boldsymbol{y}}_u$ 与 $\widehat{\check{\boldsymbol{y}}}_{u,j}$ 间存在残差 $\|\check{\boldsymbol{y}}_u - \widehat{\check{\boldsymbol{y}}}_{u,j}\|_2^2$。然后，通过求解以下优化问题可找到最优配对索引 $j^\star$

$$j^\star = \arg\min_{j\in\mathcal{J}}\left\|\check{\boldsymbol{y}}_u - \widehat{\check{\boldsymbol{y}}}_{u,j}\right\|_2^2 \tag{2-35}$$

因此，路径增益的最优估计可表示为 $\widehat{\boldsymbol{\alpha}} = \widehat{\boldsymbol{\alpha}}_{j^\star} = \beta\,[\widehat{\alpha}_1 \cdots \widehat{\alpha}_{\widehat{L}}]^{\mathrm{T}}$，且估计到的毫米波信道参数的最优排序可定义为 $\{\bar{\theta}_l^{\mathrm{UE}}, \bar{\varphi}_l^{\mathrm{UE}}, \widehat{\theta}_l^{\mathrm{BS}}, \widehat{\varphi}_l^{\mathrm{BS}}, \widehat{\tau}_l, \widehat{\alpha}_l\}_{l=1}^{\widehat{L}}$。

最后，将以上获取到的信道参数 $\{\bar{\theta}_l^{\mathrm{UE}}, \bar{\varphi}_l^{\mathrm{UE}}, \widehat{\theta}_l^{\mathrm{BS}}, \widehat{\varphi}_l^{\mathrm{BS}}, \widehat{\tau}_l, \widehat{\alpha}_l\}_{l=1}^{\widehat{L}}$ 代入式（2–7）中，即可获得第 k 子载波上最优估计的频域信道矩阵 $\widehat{\boldsymbol{H}}[k]$，表示为

$$\widehat{\boldsymbol{H}}[k] = \beta\sum_{l=1}^{\widehat{L}}\widehat{\alpha}_l\boldsymbol{a}_{\mathrm{UE}}\left(\bar{\mu}_l^{\mathrm{UE}}, \bar{\nu}_l^{\mathrm{UE}}\right)\boldsymbol{a}_{\mathrm{BS}}^{\mathrm{H}}\left(\widehat{\mu}_l^{\mathrm{BS}}, \widehat{\nu}_l^{\mathrm{BS}}\right)\mathrm{e}^{-\mathrm{j}2\pi\frac{kf_s}{K}\widehat{\tau}_l} \tag{2-36}$$

其中，$\bar{\mu}_l^{\mathrm{UE}} = \pi\sin(\bar{\theta}_l^{\mathrm{UE}})\cos(\bar{\varphi}_l^{\mathrm{UE}})$ 以及 $\bar{\nu}_l^{\mathrm{UE}} = \pi\sin(\bar{\varphi}_l^{\mathrm{UE}})$，而 $\widehat{\mu}_l^{\mathrm{BS}} = \pi\sin(\widehat{\theta}_l^{\mathrm{BS}})\cos(\widehat{\varphi}_l^{\mathrm{BS}})$ 且 $\widehat{\nu}_l^{\mathrm{BS}} = \pi\sin(\widehat{\varphi}_l^{\mathrm{BS}})$。

2.7 性能评估

本节将进行广泛的仿真研究，用于评估所提出的闭环稀疏信道估计方案的估计性能和计算复杂度。在仿真中，考虑的具体仿真参数如下：载波频率 $f_c = 30$ GHz，系统带宽 $f_s = 200$ MHz，基站端和用户端的 RF 链路数 $N_{\mathrm{BS}}^{\mathrm{RF}} = N_{\mathrm{UE}}^{\mathrm{RF}} = 4$，基站端和用户端所装备天线阵列维度 $N_{\mathrm{BS}}^{\mathrm{h}} = N_{\mathrm{BS}}^{\mathrm{v}} = N_{\mathrm{UE}}^{\mathrm{h}} = N_{\mathrm{UE}}^{\mathrm{v}} = 12$，相移网络的量化分辨率 $N_q^{\mathrm{ps}} = 3$ bit，用户端角度反馈的量化分辨率 $N_q^{\mathrm{ang}} = 10$ bit。在仿真中，不失一般性地考虑单个用户（即 $Q = 1$）的情形。从图 2.3 看出，对于 $Q > 1$ 时的一般情形，上行训练开销将变为 $QN_uN_{\mathrm{o}}^u$ 而不是 $Q = 1$ 时的 $N_uN_{\mathrm{o}}^u$。信道模型的仿真参数考虑如下：路径增益服从分布 $\mathcal{CN}(0,1)$，其余信道参数 $\{\tau_l, \theta_l^{\mathrm{UE}}, \theta_l^{\mathrm{BS}}, \varphi_l^{\mathrm{UE}}, \varphi_l^{\mathrm{BS}}\}_{l=1}^{L}$ 均服从均匀分布，具体来说，对于第 l 个多径分量，$\tau_l \sim \mathcal{U}(0,\ \tau_{\max})$ 以及 θ_l^{UE}、θ_l^{BS}、φ_l^{UE}、$\varphi_l^{\mathrm{BS}} \sim \mathcal{U}(-\pi/3, \pi/3)$。最大多径时延设置为 $\tau_{\max} = 16T_s$，也就是 $N_{\mathrm{c}} = 16$。子载波数考虑 $K = 128$，循环前缀长度为 32。在所提解决方案中，从高维混合波束赋形阵列等效成的低维全数字阵列维度为 $M_{\mathrm{BS}}^{\mathrm{h}} = M_{\mathrm{BS}}^{\mathrm{v}} = M_{\mathrm{UE}}^{\mathrm{h}} = M_{\mathrm{UE}}^{\mathrm{v}} = 8$。因此，给定下行和上行信道估计阶段的独立信号流数分别为 $N_{\mathrm{s}}^d = N_{\mathrm{UE}}^{\mathrm{RF}} - 1 = 3$ 和 $N_{\mathrm{s}}^u = N_{\mathrm{BS}}^{\mathrm{RF}} - 1 = 3$，则下行和上行信

道估计所需的训练时隙数分别为 $N_d=22$ 和 $N_u=22$。此外，$P=8$ 个相邻子载波可被联合用于估计多径数，且可根据经验将在信噪比为 -15 分贝（Decibel, dB）、-10 dB、-5 dB、0 dB、5 dB，以及 10 dB 处的阈值参数 ε 分别设置为 1.54、0.50、0.16、0.05、0.016，以及 0.005。算法 2.2 中所使用的空间平滑参数为 $G_1^d=G_2^d=G_1^u=G_2^u=2$ 和 $G_3^u=K/2$。下行和上行信噪比均定义为 $\rho\sigma_\alpha^2/\sigma_n^2$，其中，$\rho$ 和 σ_n^2 分别是发射功率和接收机噪声方差。

另外，考虑文献 [46] 中基于正交匹配追踪（Orthogonal Matching Pursuit, OMP）算法的频域信道估计方案①以及文献 [47] 中基于同时加权 OMP（Simultaneous Weighted-OMP, SW-OMP）算法的信道估计方案作为性能评估的两个基准。为了与文献 [46] 和文献 [47] 保持一致，它们所提方案对应的数字发射预编码/接收合并矩阵考虑用单位矩阵来替代，而模拟部分的设计类似于第 2.3.2 小节中 $\boldsymbol{F}_{\mathrm{RF},d}[m]$ 的设计过程。与方位角/俯仰角对应的量化角度域网格的维度 $G_{\mathrm{BS}}^{\mathrm{h}}$、$G_{\mathrm{BS}}^{\mathrm{v}}$、$G_{\mathrm{UE}}^{\mathrm{h}}$，以及 $G_{\mathrm{UE}}^{\mathrm{v}}$ 分别考虑为收发端面阵在水平和垂直方向上天线数的两倍，即 $G_{\mathrm{BS}}=G_{\mathrm{BS}}^{\mathrm{h}}\times G_{\mathrm{BS}}^{\mathrm{v}}=2N_{\mathrm{BS}}^{\mathrm{h}}\times 2N_{\mathrm{BS}}^{\mathrm{v}}=24\times 24$ 和 $G_{\mathrm{UE}}=G_{\mathrm{UE}}^{\mathrm{h}}\times G_{\mathrm{UE}}^{\mathrm{v}}=2N_{\mathrm{UE}}^{\mathrm{h}}\times 2N_{\mathrm{UE}}^{\mathrm{v}}=24\times 24$。此外，为了确保比较的公平性，所有的信道估计方案均采用相同的训练开销，也就是等价于文献 [46,47] 中所需的训练帧数。

2.7.1 信道估计性能评估

首先，可利用归一化均方误差（Normalized Mean Square Error, NMSE）准则来评估信道估计的性能，其表达式如下

$$\mathrm{NMSE}=10\log_{10}\left(\mathbb{E}\Big(\sum_{k=0}^{K-1}\left\|\boldsymbol{H}[k]-\widehat{\boldsymbol{H}}[k]\right\|_F^2\Big/\sum_{k=0}^{K-1}\|\boldsymbol{H}[k]\|_F^2\Big)\right)\tag{2-37}$$

图 2.6 比较了在多径数为 $L=3$ 和 $L=5$ 时所提闭环稀疏信道估计方案与基于 OMP 算法和 SW-OMP 算法的方案在不同信噪比下的 NMSE 性能。对于所提的闭环方案，下行和上行信道估计阶段的每个时隙中，OFDM 符号数为 $N_{\mathrm{o}}^d=N_{\mathrm{o}}^u=3$。因此，所提方案的总的训练开销为 $T_{\mathrm{CE}}=N_dN_{\mathrm{o}}^d+N_uN_{\mathrm{o}}^u=132$。在图 2.6 中，标记为“所提闭环稀疏信道估计”的 NMSE 曲线是本章所提出的解决方案，它也估计了多径数 L，而标记为“所提闭环稀疏信道估计下界”的曲线提供了在已知多径数 L 时所提方案的 NMSE 性能下界。比较两者可发现，所提

① 文献 [46] 中基于 OMP 的时域方法的冗余字典是由时延域和角度域两个维度的冗余网格来设计的，直接应用在收发机均装备大规模面阵的毫米波系统中将会导致无法承受的计算复杂性和存储需求。因此，本仿真过程只考虑该文献的频域方案。

的闭环方案在 L 未知的情况下获得的信道估计性能非常接近该 NMSE 下界，这说明了所提方案能获得主要信道参数的超分辨率估计。此外，图 2.6 也比较了上下行均采用随机发射预编码矩阵 $\boldsymbol{F}_u$ 的闭环信道估计方案。比较图 2.6(a) 和图 2.6(b) 可发现，与采用设计好的多波束发射预编码矩阵相比，采用随机预编码矩阵的情形在 $L=3$ 和 $L=5$ 时分别会有 5 dB 和 3 dB 的 NMSE 性能损失。这清楚地证明了所提出的多波束发射预编码矩阵设计方案的有效性，即该设计可充分利用用户端估计到的方位角和俯仰角来设计预编码矩阵，以优化基站端的接收信噪比，进而提高信道估计性能。此外，所提闭环信道估计方案参数估计精度方面显著优于其余两种基于 CS 的对比方案。同时，受所采用的有限量化网格维度的限制，基于 OMP 和基于 SW-OMP 的对比方案 [46,47] 在高信噪比时会存在 NMSE 性能平台。此种情况，可通过增大离散化的角度域网格以获得更大维度的量化 CS 字典，从而提高这类基于 CS 方案的估计性能，但也会导致计算复杂度和存储空间的快速增长，这对装备有大规模阵列的全维 MIMO 系统而言是不可承受的。

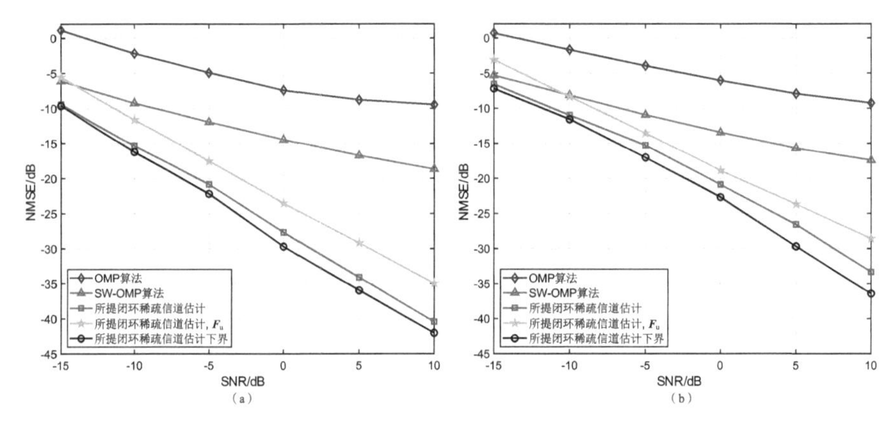

图 2.6　不同信道估计方案在相同训练开销 $T_{\mathrm{CE}}=132$ 时随信噪比变化的 NMSE 性能对比

(a) 路径数 $L=3$;(b) 路径数 $L=5$

图 2.7 比较了考虑两种训练开销以及相同多径数 $L=4$ 时不同信道估计方案在不同信噪比下的 NMSE 性能。在所提方案中，图 2.7(a) 和图 2.7(b) 分别考虑了选择 $N_{\mathrm{o}}^d=N_{\mathrm{o}}^u=2$ 和 $N_{\mathrm{o}}^d=N_{\mathrm{o}}^u=4$ 时所对应的训练开销 $T_{\mathrm{CE}}=88$ 和 $T_{\mathrm{CE}}=176$。从图 2.7 可以得到与图 2.6 所观察到的相似的结论。特别是，所提的闭环信道估计方案明显优于两种基于 CS 的对比方案。

图 2.8 比较了给定信噪比 SNR$=0\,$dB 和 SNR$=10\,$dB 以及训练开销 $T_{\mathrm{CE}}=88$ 和 $T_{\mathrm{CE}}=176$ 条件下不同信道估计方案在不同多径数 L 下的 NMSE 性能。除了多径数不同外，该仿真采用了与图 2.7 中相同的参数设置。从图 2.8 中可观

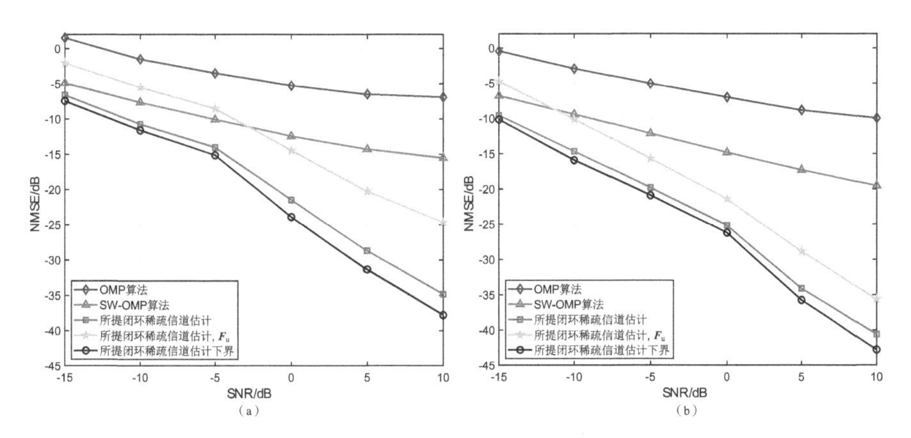

图 2.7　不同信道估计方案在相同多径数 $L=4$ 时随信噪比变化的 NMSE 性能对比

(a) 训练开销 $T_{\mathrm{CE}}=88$;(b) 训练开销 $T_{\mathrm{CE}}=176$

察到，所提出的多波束发射预编码矩阵设计和基于特征值分解的多经数估计方法能获得良好的 NMSE 性能。该图也能得到与之前相同的结论，即所提出的闭环方案明显优于其他两种对比方案。同时，相比于其他两种方案，所提方案在估计更稀疏（即多径分量更少）的毫米波信道时能获得更大的性能增益。此外，尽管在低信噪比时所提解决方案与两种对比方案间的性能差距随着多径数的增加而逐渐缩小，但在高信噪比时，所提方案仍能获得相当大的性能增益。因此，所提出的闭环稀疏信道估计方案适用于稀疏的毫米波 MIMO 信道，并且信道越稀疏，获得的性能增益越大。

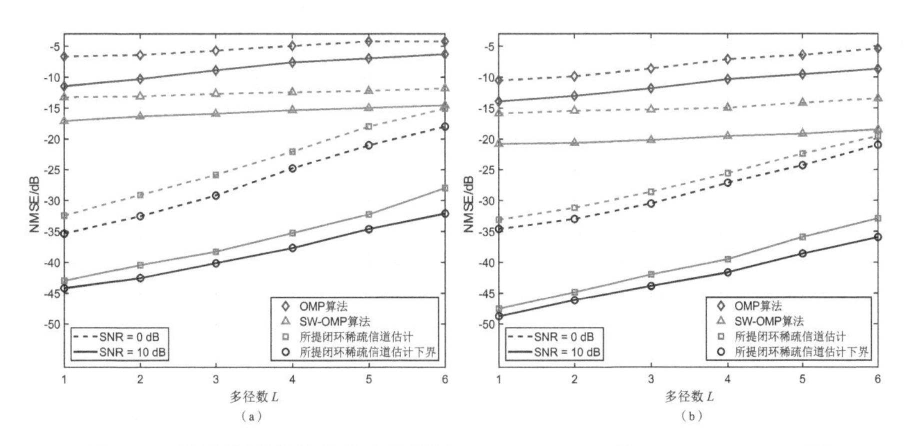

图 2.8　不同信道估计方案在信噪比 SNR$=0$ dB 和 SNR$=10$ dB 时随多径数 L 变化的 NMSE 性能对比

(a) 训练开销 $T_{\mathrm{CE}}=88$;(b) 训练开销 $T_{\mathrm{CE}}=176$

接下来，考虑平均频谱效率（Average Spectrum Efficiency, ASE）性能指

标 [117]，其定义为

$$\mathrm{ASE}=\frac{1}{K}\sum_{k=0}^{K-1}\log_2\det\left(\boldsymbol{I}_{N_\mathrm{s}}+\frac{1}{N_\mathrm{s}}\boldsymbol{R}_n^{-1}[k]\boldsymbol{W}_c^\mathrm{H}[k]\boldsymbol{H}[k]\boldsymbol{F}_p[k]\boldsymbol{F}_p^\mathrm{H}[k]\boldsymbol{H}^\mathrm{H}[k]\boldsymbol{W}_c[k]\right) \tag{2–38}$$

其中，$\boldsymbol{R}_n[k]=\sigma_n^2\boldsymbol{W}_c^\mathrm{H}[k]\boldsymbol{W}_c[k]$，$\boldsymbol{F}_p[k]=\boldsymbol{F}_{\mathrm{RF},p}\boldsymbol{F}_{\mathrm{BB},p}[k]$ 和 $\boldsymbol{W}_c[k]=\boldsymbol{W}_{\mathrm{RF},c}\boldsymbol{W}_{\mathrm{BB},c}[k]$ 分别是数据传输过程中使用的发射预编码和接收合并矩阵，而 N_s 是传输数据流数。文献 [117] 中提出的基于主成分分析（Principle Component Analysis, PCA）的混合波束赋形方案可用于评估这里的平均频谱效率性能，其中的 CSI 由估计得到。此外，对于采用基站和用户均已知 CSI 所设计的基于主成分分析的混合波束赋形方案，可将该条件下的频谱效率作为性能上界。图 2.9 比较了不同信道估计方案在不同信噪比下的平均频谱效率性能。该仿真采用了与图 2.6 中相同的参数设置，且式（2–38）中的传输数据流数为 $N_\mathrm{s}=2$。从图 2.9 可以看出，利用所提方案估计到的信道来设计的波束赋形方案，其平均频谱效率性能几乎与基站和用户均已知 CSI 时所获得的性能上界相匹配。此外，在高信噪比条件下，与两种基于 CS 的方案相比，所提方案能获得 0.1 比特每秒每赫兹（bit/（s • Hz））频谱效率增益，且在低信噪比时，所获得的性能增益将更大。值得一提的是，当 SNR$\leqslant$0 dB 时，由于基于 OMP 的信道估计方案仅能获得很差信道估计结果，这也就导致了其平均频谱效率性能与其他方案有着较为明显的差距。

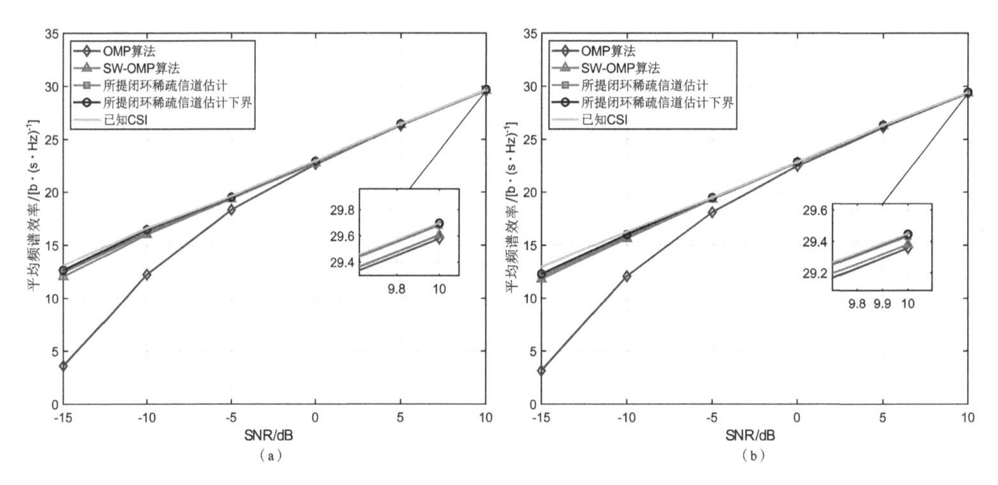

图 2.9　不同信道估计方案随信噪比变化的平均频谱效率性能对比

(a) 路径数 $L=3$;(b) 路径数 $L=5$

2.7.2 计算复杂比较

表 2.1 中详细分析了所提出的闭环稀疏信道估计方案的计算复杂度。对于流程图 2.3 中的各个步骤，由于步骤 1(a) 和步骤 5(a) 的计算量需求远小于其他各步骤，因此可忽略它们的计算复杂度，且步骤 4 不涉及计算过程。从表 2.1 中可看出，所提方案的计算需求以步骤 6 和步骤 7 为主，其中步骤 6 对应于算法 2.2 采用 $R=3$ 的情形。此外，由于步骤 6 和步骤 7 的计算复杂度分别与 $\widehat{L}^4$ 和 $\widehat{L}!$ 成正比，这使得所提方案的计算复杂度会随着估计到的路径数的增加而迅速增加。

表 2.1　所提闭环稀疏信道估计方案的计算复杂度

操作	计算复杂度
步骤 1(b) 和步骤 5(b)	$O\left(N_d N_{\text{UE}} N_{\text{UE}}^{\text{RF}}(1+N_{\text{s}}^d)+N_u N_{\text{BS}} N_{\text{BS}}^{\text{RF}}(1+N_{\text{s}}^u)\right)$
步骤 2	$O\left(\left(N_{\text{UE}}^{\text{sub}}\right)^3+\left(N_{\text{UE}}^{\text{sub}}\right)^2 N_{\text{o}}^d N_P\right)$
步骤 3 $(R=2)$	$O\Big(\underbrace{M_{\text{sub}}^{\text{UE}} K N_{\text{o}}^d G_1^d G_2^d}_{\text{2D-SSP}}+\underbrace{8 M_{\text{sub}}^{\text{UE}} K N_{\text{o}}^d G_1^d G_2^d}_{\text{RVP}}+\underbrace{\frac{1}{4} M_{\text{sub}}^{\text{UE}} \widehat{L}^2}_{\text{SSA}}+\underbrace{\frac{1}{2}(\widehat{L}^3+2\widehat{L}^2 M_{\text{sub}}^{\text{UE}}+2(\widehat{L}+1)(M_{\text{sub}}^{\text{UE}})^2)}_{\text{SIES}}+\underbrace{\frac{1}{4}\widehat{L}^3}_{\text{2D-JD}}\Big)$
步骤 6 $(R=3)$	$O\Big(\underbrace{M_{\text{sub}}^{\text{BS}} N_{\text{o}}^u G_1^u G_2^u G_3^u}_{\text{3D-SSP}}+\underbrace{8 M_{\text{sub}}^{\text{BS}} N_{\text{o}}^u G_1^u G_2^u G_3^u}_{\text{RVP}}+\underbrace{\frac{1}{4} M_{\text{sub}}^{\text{BS}} \widehat{L}^2}_{\text{SSA}}+\underbrace{\frac{3}{4}\left(\widehat{L}^3+2\widehat{L}^2 M_{\text{sub}}^{\text{BS}}+2(\widehat{L}+1)(M_{\text{sub}}^{\text{BS}})^2\right)}_{\text{SIES}}+\underbrace{\frac{3}{4}\widehat{L}^4}_{\text{3D-JD}}\Big)$
步骤 7	$O\left(\widehat{L}!(\widehat{L}^3+2\widehat{L}^2 K N_{\text{BS}}^{\text{sub}} N_{\text{o}}^u)\right)$
步骤 8	$O\left(K\widehat{L} N_{\text{BS}} N_{\text{UE}}\right)$

表 2.2 给出了两种基于 CS 的信道估计方案中各步骤的计算复杂度，其中，基于 OMP 算法和基于 SW-OMP 算法的方案在第 k 个子载波上的迭代次数分别用 I_k 和 I 表示，且对于不同的子载波来说，I_k 的值可以是不同的。从表 2.2 中可观察到，这两种对比方案的计算复杂度会随着量化网格 G_{BS} 和 G_{UE} 的增加而迅速增加。基于 OMP 方案的计算复杂度约为基于 SW-OMP 方案的 K 倍，这是因为基于 OMP 方案中 K 个子载波上的 K 个子信道是彼此独立估计的，而基于 SW-OMP 方案中 K 个子信道是被联合估计到的。此外，在基于 CS 的对比方案中，由于所采用的离散化角度域网格字典与毫米波 MIMO 信道中连续分布的到达角/离开角不匹配，会导致严重的功率泄漏，这时冗余 CS 字典中所表示

的有效多径分量数通常大于实际的多径数 L。因此，表 2.2 中对应于 OMP 算法 I_k 和对应于 SW-OMP 算法 I 的值均不是固定的，通常大于 L。这里，可以考虑令 $I=I_k=L$ 来为这两种对比方案提供计算复杂度的下界。

表 2.2　基于 CS 的对比方案的计算复杂度

基于 OMP 算法的信道估计方案 [46]	
操作	计算复杂度
感知矩阵计算	$O\left(KT_{\text{CE}}N_{\text{BS}}^{\text{RF}}N_{\text{BS}}N_{\text{UE}}G_{\text{BS}}G_{\text{UE}}\right)$
相关计算	$O(T_{\text{CE}}N_{\text{BS}}^{\text{RF}}G_{\text{BS}}G_{\text{UE}}(\sum_{k=1}^{K}I_k))$
子空间投影	$O\Big(\sum_{k=1}^{K}\Big(\frac{1}{4}I_k^2\left(I_k+1\right)^2+\frac{1}{3}I_k\left(I_k+1\right)\left(2I_k+1\right)T_{\text{CE}}N_{\text{BS}}^{\text{RF}}\Big)\Big)$
残差更新	$O\Big(T_{\text{CE}}N_{\text{BS}}^{\text{RF}}\Big(\sum_{k=1}^{K}\frac{I_k}{2}\left(I_k+1\right)\Big)\Big)$
计算残差均值	$O(T_{\text{CE}}N_{\text{BS}}^{\text{RF}}(\sum_{k=}^{K}I_k))$
重建信道	$O(N_{\text{BS}}N_{\text{UE}}(\sum_{k=1}^{K}I_k))$
基于 SW-OMP 算法的信道估计方案 [47]	
操作	计算复杂度
感知矩阵计算	$O\left(T_{\text{CE}}N_{\text{BS}}^{\text{RF}}N_{\text{BS}}N_{\text{UE}}G_{\text{BS}}G_{\text{UE}}\right)$
白化处理	$O\left(T_{\text{CE}}N_{\text{BS}}^{\text{RF}}\left((T_{\text{CE}}N_{\text{BS}}^{\text{RF}})^2+K+G_{\text{BS}}G_{\text{UE}}\right)\right)$
相关计算	$O\left(T_{\text{CE}}N_{\text{BS}}^{\text{RF}}G_{\text{BS}}G_{\text{UE}}KI\right)$
子空间投影	$O\Big(\frac{1}{4}I^2(I+1)^2+\frac{1}{3}KI(I+1)(2I+1)T_{\text{CE}}N_{\text{BS}}^{\text{RF}}\Big)$
残差更新	$O\Big(T_{\text{CE}}N_{\text{BS}}^{\text{RF}}K\frac{I}{2}(I+1)\Big)$
计算残差均值	$O\left(T_{\text{CE}}N_{\text{BS}}^{\text{RF}}K^2I\right)$
重建信道	$O\left(N_{\text{BS}}N_{\text{UE}}KI\right)$

图 2.10 比较了所提闭环稀疏信道估计方案和两种基于 CS 的对比方案在给定训练开销为 $T_{\text{CE}}=88$（对应于所提方案中取 $N_{\text{o}}^{d}=N_{\text{o}}^{u}=2$）时的计算复杂度。从图 2.10(a) 中可观察到，由于毫米波 MIMO 信道呈现出稀疏特性，多径数 L 很小，因此，所提解决方案的计算复杂度随着多径数的增加而略有增加。相比之下，在收发端所采用面阵维度为 12×12 的条件下，所提方案的复杂度至少比基于 SW-OMP 的方案低了 3 个数量级，且比基于 OMP 的方案低了 5 个数量级。

图 2.10(b) 中的结果表明，给定多径数 $L=4$ 时，所提方案的复杂度几乎不受基站端和用户端所采用面阵维度大小的影响。与之相反的是，两种对比方案的复杂度会随着天线数量的增加而显著增加。类似地，所提方案的复杂度也比其他两种方案低了多个数量级。这里可重申一下，基于 CS 的对比方案需采用更高维度的冗余字典来降低量化网格字典的功率泄漏，但当天线数量很大时，将会导致无法承受的计算复杂度以及相应的存储空间需求。显然，对于装备有大量天线的全维 MIMO 系统来说，所提出的闭环解决方案在计算复杂度和存储需求方面都要显著优于基于 CS 的对比方案。

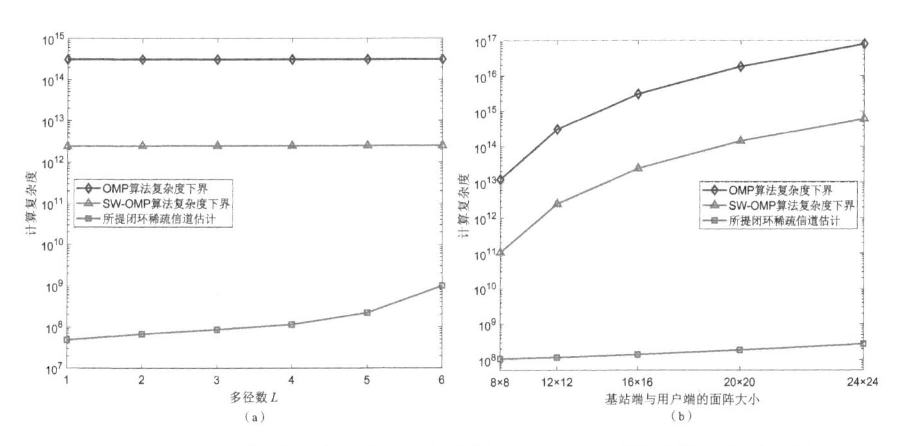

图 2.10　不同信道估计方案在训练开销 $T_{\mathrm{CE}}=88$ 时的计算复杂度对比

(a) 基站端和用户端的面阵维度均为 12×12;(b) 固定路径数 $L=4$

表 2.3 详细分析了所提闭环稀疏信道估计方案和其他两种基于 CS 的信道估计方案的优缺点，其中主要考虑了信道估计阶段所需的训练/反馈开销、存储需求、计算复杂度以及接收端信噪比。

表 2.3　不同信道估计方案的优劣势比较

对比项		所提闭环稀疏信道估计	OMP算法与SW-OMP算法	
			下行信道估计	上行信道估计
开销	训练开销	中等；Q个用户共享下行信道估计，但需完成各自的上行信道估计	较少；Q个用户共享下行信道估计	较大；Q个用户需完成各自的上行信道估计
	反馈开销	较少；仅需反馈/前馈量化的主要信道参数	较大；需反馈每个子载波对应的支撑集基于信道增益	较大；需前馈每个子载波对应的支撑集基于信道增益
存储需求		下行用户端较少的存储；上行基站端中等的存储	用户端设计超大的冗余字典需极高的存储	基站端设计超大的冗余字典需较高的存储
计算复杂度		下行用户端仅需较低的计算复杂度；上行基站端仅需中等的计算复杂度	用户端巨维矩阵运算导致极高的计算复杂度	基站端巨维矩阵运算导致较高的计算复杂度
信道估计时接收SNR		较高；下行基站端可提供较大发射功率；上行可设计定向的多波束波形	较高；基站端可提供较大发射功率	较低；用户端发射功率受限

2.8 本章小结

针对采用混合波束赋形的多用户宽带毫米波全维 MIMO 系统，本章提出了一种基于多维阵列信号处理的闭环稀疏信道估计方案。根据毫米波 MIMO 信道在角度域和时延域上的双重稀疏性，所提方案可将基站端和用户端所采用的高维混合波束赋形 MIMO 阵列等效为低维全数字阵列，进而可利用多维酉 ESPRIT 算法来获得收发端的方位角/俯仰角以及时延的超分辨率估计。具体来说，下行信道估计阶段设计了基站端的公共随机发射预编码矩阵以及每个用户端的接收合并矩阵，以估计稀疏多径在用户端所对应的方位角和俯仰角。在上行信道估计阶段，利用基站端所设计的接收合并矩阵，可同时估计稀疏多径在基站端所对应的方位角/俯仰角以及时延。此外，每个用户端估计到的角度用于设计各自上行多波束发射预编码矩阵，以进一步提高信道估计性能。最后，基站端利用所提出的 ML 匹配法来对以上两个阶段所获得的信道参数进行配对，并估计路径增益。仿真结果表明，与当前基于 CS 的信道估计方案相比，所提出的闭环信道估计方案能显著地提高所获得的 CSI 的准确性，且所提方案在降低计算复杂度和存储需求方面也有着明显的优势。

第 3 章 毫米波全维透镜天线阵列中基于压缩感知的导频设计与信道估计

3.1 引言

为了平衡大规模 MIMO 中系统性能、硬件复杂度和功耗成本方面的矛盾，许多更为先进实用的天线阵列形式引起了学者的注意，透镜天线阵列便是其中一项有广阔应用前景的天线阵列形式。目前的研究结果表明，通过利用透镜天线阵列独特的能量聚焦作用以及毫米波通道的角度稀疏性，基于透镜天线阵列的毫米波 MIMO 系统能够实现数据容量最佳化，并且能大大降低信号处理复杂度和系统能耗 [28]。在本章中，将关注基于透镜天线阵列的毫米波全维 MIMO 系统中的导频设计与信道估计问题。注意，如第 1.3.1 小节所述，目前大多数有关透镜天线阵列的信道估计工作 [51−54] 采用了大规模的移相器网络（Phase Shift Network, PSN）来辅助信道估计，这与透镜天线阵列本身利用电磁透镜替代移相器网络的思想相互矛盾，无法充分发挥其高能量效率的优势。在本章中，考虑将复杂且高功耗的 PSN 用简单的天线选择网络（Antenna Switching Network, ASN）替代，实现高能效的信道估计。将在 ASN 的结构下提出基于压缩感知（Compressive Sensing, CS）的全维透镜天线阵列导频设计与信道估计方案。相比于传统估计算法，所提方案可以大大降低估计信道所需的导频开销，并且所采用的冗余字典设计可以克服由于角度失配带来的支撑集扩散问题。

3.2 透镜天线阵列原理概述

首先考虑一个一般的全维透镜天线阵列模型，并以此来推导透镜天线阵列的阵列响应，为后面进一步的系统与信道建模奠定基础。如图 3.1 所示，建立三维直角坐标系，一个全维透镜天线阵列由一个位于 yz 平面上且厚度可忽略的平面电磁透镜以及位于电磁透镜的焦距球面上的天线阵列组成，焦距球心即为电磁透镜的中心。电磁透镜通常可以用以下三种不同的技术来实现 [28]：

- 由介电材料制成的电介质透镜（例如光学中的凸透镜）。

• 由发射-接收天线阵列组成，收发天线间通过不同的传输延时线连接。
• 由具有周期性电感和电容结构的亚波长空间移相器组成的紧凑型平面透镜。

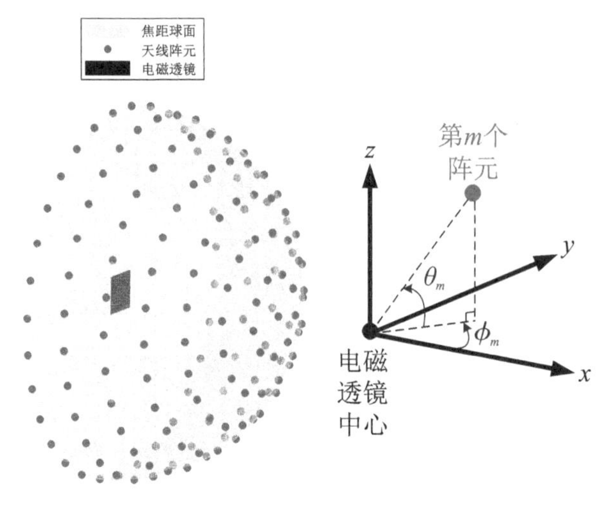

图 3.1　全维透镜天线阵列的模型以及所采用的坐标系

无论是哪一种实现方法，电磁透镜的原理均是为透过其中的电磁波信号附加一个合适的相位，使得电磁波信号在焦距球面上的某一点实现同相叠加的效果，从而实现电磁能量的聚焦。设电磁透镜水平和垂直方向的物理尺寸分别为 D^{h} 和 D^{v}，对应的电尺寸（即物理尺寸/载波波长）分别为 $\tilde{D}^{\mathrm{h}}$ 和 $\tilde{D}^{\mathrm{v}}$，焦距为 F。在图 3.1 所示的坐标系中，焦距球面上的第 m 个天线阵元的位置坐标为 $p_m = (F\cos\theta_m\cos\phi_m, F\cos\theta_m\sin\phi_m, F\sin\theta_m)$，其中，$\theta_m, \phi_m \in [-\pi/2, \pi/2]$ 分别代表天线阵元的俯仰角与方位角。在引理 3.1 中，给出了上述全维透镜天线阵列的阵列响应表达式。

引理 3.1: 当 $F \gg D^{\mathrm{h}}$ 且 $F \gg D^{\mathrm{v}}$ 时，对于以俯仰角 θ 和方位角 ϕ 入射的信号，全维透镜天线阵列在第 m 个阵元上的归一化阵列响应可表示为

$$a_m(\theta,\phi) \approx \mathrm{sinc}\left[\tilde{D}^{\mathrm{v}}(\sin\theta_m - \sin\theta)\right]\mathrm{sinc}\left[\tilde{D}^{\mathrm{h}}(\cos\theta_m\sin\phi_m - \cos\theta\sin\phi)\right] \tag{3–1}$$

其中，$\mathrm{sinc}(x) = \sin(\pi x)/(\pi x)$ 代表归一化 sinc 函数。

证明: 见附录 B。

在图 3.2 中展示了不同入射信号角度下的阵列响应示意图。为清晰起见，在图 3.2 中假设 $\phi = 0$，并只展示 $\phi_m = 0$ 对应的阵元上的响应。根据 sinc

函数的性质不难看出，对于从 (θ,ϕ) 方向入射的信号，只有满足 $\theta_m \approx \theta$ 且 $\phi_m \approx \phi$ 的那些阵元处才能接收到明显的信号，而其他阵元处的接收信号将会非常微弱，这就是透镜天线阵列的能量聚焦特性。另外，可以看到，透镜天线阵列的角度分辨率与其电尺寸 $\tilde{D}^{\mathrm{h}}$ 或 $\tilde{D}^{\mathrm{v}}$ 呈反比例关系。具体来说，对于两路从不同角度 (θ,ϕ) 和 (θ',ϕ') 入射的信号来说，只要满足 $|\sin\theta-\sin\theta'| \geqslant \dfrac{1}{\tilde{D}^{\mathrm{v}}}$ 或 $|\cos\theta\sin\phi-\cos\theta'\sin\phi'| \geqslant \dfrac{1}{\tilde{D}^{\mathrm{h}}}$，那么这两路信号阵列响应的主瓣部分将不会互相影响，只要在焦距球面上适当选取两个不同的位置进行接收，就可以在无路径间干扰的情况下分别对这两路信号进行接收。注意，这种消除路径间干扰的方法没有像传统 MIMO 系统中一样使用复杂的 PSN 来实现。同时，考虑到收发路径的可逆性，当透镜天线阵列作为发射端时，只需选择一个天线阵元并馈入要发射的信号，则经过透镜后，发射信号会在该阵元对应的空间方向形成一个方向性的波束，其方向图也可以用式（3–1）来描述。总而言之，基于透镜天线阵列的 MIMO 系统可以在没有 PSN 的情况下实现收发波束赋形，从而提升通信系统的能量效率。

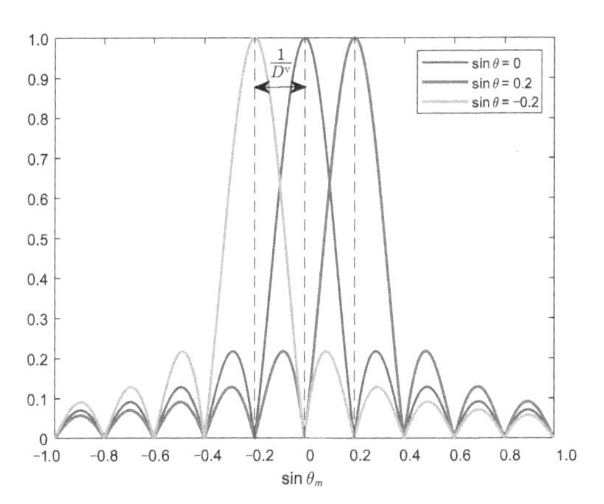

图 3.2　透镜天线阵列的阵列响应 $\tilde{D}^{\mathrm{v}}=5$

3.3　压缩感知理论概述

目前几乎所有的无线蜂窝网络的信号处理过程都依赖于经典奈奎斯特（Nyquist）采样定理。该定理指出，当对自然界存在的模拟（连续）信号进行离散采样以进行数字化处理时，若要从离散采样信号中无失真地恢复出模拟信号，则采样速率应至少比模拟信号的带宽高出两倍。然而，随着移动通信的发展，通信系统的带宽、天线数量、基站和用户设备的密度等关键指标都将显著增加，在即将到来的 6G 中，这些指标也会达到前所未有的峰值（参见图 1.1）。显然，基于奈奎斯特采样定理的 6G 系统信号处理将会面临信号存储与反馈所需开销过大、信号重构算法过于复杂等严峻挑战。幸运的是，由 D. Donoho、M. Elad、E. Candés 以及 T. Tao 等人在 21 世纪初奠基的压缩感知（CS）理论 [118–122]，为降低信号传输的代价以及信号处理的复杂度指出了一条有效途径，即利用某种稀疏变换，将信号重新表达为稀疏信号的形式（即极少数采样点即包含了信号的全部信息），然后精心设计压缩观测数据集，通过各种先进算法，就可以从压缩数据集中恢复出原始信号。在 CS 理论下，信号的采样速率不再取决于信号带宽，而是取决于信息在信号中的结构与内容 [123]。CS 理论在现代无线通信的信道估计、波束赋形、随机接入等场景中均有广泛的应用。本节将对 CS 的问题模型以及求解原理进行介绍。特别地，将着重介绍 CS 中的感知矩阵的特性如何影响信号重构的性能，为后面所考虑的全维透镜天线阵列中基于 CS 的导频设计和信道估计提供理论基础。

3.3.1 压缩感知的数学模型

尽管 CS 理论最初提出是为了突破传统信号处理中对奈奎斯特采样定理所要求的限制，但是它和传统的信号采样与重构过程的数学模型有所不同 [123]。一般来说，CS 问题的目标是从一个高维信号 $\boldsymbol{s} \in \mathbb{C}^N$ 的欠定的线性观测 $\boldsymbol{y} \in \mathbb{C}^M$，$M \ll N$ 中恢复出原始信号，即

$$\boldsymbol{y} = \boldsymbol{\Phi} \boldsymbol{s} \tag{3–2}$$

其中，$\boldsymbol{\Phi} \in \mathbb{C}^{M \times N}$代表观测矩阵，一般要求 $\operatorname{rank}(\boldsymbol{\Phi}) = M$。由于 $M \ll N$，根据 $\boldsymbol{y}$ 来恢复 $\boldsymbol{s}$ 是一个欠定（未知数大于方程个数）线性方程组求解的问题，在没有其他先验信息下，将会存在无穷多个 $\boldsymbol{s}$ 满足方程（3–2），而在其中找到真正的原始信号 $\boldsymbol{s}$ 是十分困难的。为了求解出原始信号，需要为待恢复信号 $\boldsymbol{s}$ 引入一些限制。具体而言，通过变换空间的思想来重新表达 $\boldsymbol{s}$。考虑一组基底（或称字典）$\left\{\boldsymbol{\psi}_i \in \mathbb{C}^N\right\}_{i=1}^{G}$，其中 $G \geqslant N$，并考虑 $\boldsymbol{s}$ 在这组基底下的展开

$$\boldsymbol{s} = \sum_{i=1}^{G} x_i \boldsymbol{\psi}_i = \boldsymbol{\Psi} \boldsymbol{x} \tag{3–3}$$

其中，$\boldsymbol{\Psi} = [\boldsymbol{\psi}_1, \boldsymbol{\psi}_2 ..., \boldsymbol{\psi}_G] \in \mathbb{C}^{N \times G}$ 称为字典矩阵，而 $\boldsymbol{x} = [x_1, x_2 ..., x_G]^{\mathrm{T}} \in \mathbb{C}^G$ 即为 $\boldsymbol{s}$ 在基底 $\{\boldsymbol{\psi}_i\}_{i=1}^{G}$ 下的表示。注意，当 $G > N$ 或 $\boldsymbol{\Psi}$ 欠秩时，一个原始信号 $\boldsymbol{s}$ 可能有无数个 $\boldsymbol{x}$ 与之对应。假设对于信号 $\boldsymbol{s}$，总可以选择一组合适的基底

$\{\psi_i\}_{i=1}^{G}$，使得其表示 $\boldsymbol{x}$ 是稀疏（或近似稀疏）的，即 $\boldsymbol{x}$ 中的非零元素（或具有明显能量的元素）的个数远小于其维度 G。称 $\boldsymbol{s}$ 的这种性质为可压缩性。在自然中，满足可压缩性的信号是普遍存在的 [110]。图 3.3 展示了一个多音正弦信号在离散傅里叶变换（Discrete Fourier Transformation, DFT）基底下的稀疏表示的例子。在本节后续内容中将证明，当感知矩阵满足一定条件时，$\boldsymbol{s}$ 的稀疏表示 $\boldsymbol{x}$ 是唯一的。

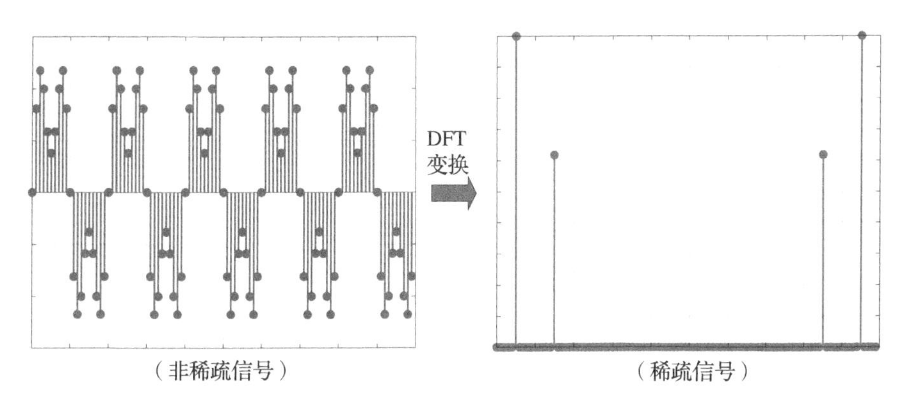

图 3.3　多音正弦信号在 DFT 基底下的稀疏表示

结合式（3–2）和式（3–3），有

$$\boldsymbol{y} = \boldsymbol{\Phi}\boldsymbol{\Psi}\boldsymbol{x} = \boldsymbol{A}\boldsymbol{x} \tag{3–4}$$

其中 $\boldsymbol{A} = \boldsymbol{\Phi}\boldsymbol{\Psi} \in \mathbb{C}^{M\times G}$ 称为感知矩阵。虽然从 $\boldsymbol{y}$ 恢复 $\boldsymbol{x}$ 仍然是一个欠定方程组求解问题，但由于假设 $\boldsymbol{x}$ 是稀疏的，实际上的未知数的数量大大减少了，这也使得信号重构成为可能，即先估计重构出稀疏的 $\boldsymbol{x}$，随后根据式（3–3）重构原始信号 $\boldsymbol{s}$。注意，在实际中，一般选择能使式（3–4）成立的“最稀疏”的 $\boldsymbol{x}$ 值作为 $\boldsymbol{s}$ 的表示，因此，一般将 CS 问题总结为以下的优化问题

$$\begin{cases} \min\limits_{\boldsymbol{x}} \|\boldsymbol{x}\|_0 \\ \text{s.t.}\ \ \boldsymbol{y} = \boldsymbol{A}\boldsymbol{x} \end{cases} \tag{3–5}$$

其中，$\|\boldsymbol{x}\|_0$ 代表向量 $\boldsymbol{x}$ 的 l_0 范数，即 $\boldsymbol{x}$ 中非零元素的个数。针对问题（3–5）的实际应用，有两个关键问题需要回答：当感知矩阵 $\boldsymbol{A}$ 满足何种条件时，$\boldsymbol{x}$ 具有唯一的稀疏解；以及如何根据 $\boldsymbol{y}$ 和 $\boldsymbol{A}$ 并以可接受的复杂度求解出稀疏的 $\boldsymbol{x}$。在本章接下来的内容中，将重点关注第一个问题，即如何保证待恢复的稀疏信号的唯一性。稀疏恢复唯一性是 CS 最重要的理论基础之一，它既保证了在实际中通

过各种启发式稀疏恢复算法获得的 $\boldsymbol{x}$ 的稀疏解具有有效性，又提供了在给定感知矩阵 $\boldsymbol{A}$ 下能完美恢复的稀疏信号的最大稀疏度。同时，稀疏恢复唯一性所涉及的理论也同样为第二个问题，即实际可行的重构算法设计，提供了指导方向。

3.3.2 感知矩阵相关理论介绍

在接下来的讨论中，假定感知矩阵 $\boldsymbol{A}$ 具有归一化列向量，即 $\left\|\boldsymbol{A}_{\{:,i\}}\right\|_2=1$，$\forall i$。该假设不失一般性，因为可以将式（3–4）改写为 $\boldsymbol{y}=\boldsymbol{A}\boldsymbol{D}\boldsymbol{D}^{-1}\boldsymbol{x}=\tilde{\boldsymbol{A}}\tilde{\boldsymbol{x}}$，其中 $\tilde{\boldsymbol{A}}=\boldsymbol{A}\boldsymbol{D}$，$\tilde{\boldsymbol{x}}=\boldsymbol{D}^{-1}\boldsymbol{x}$，$\boldsymbol{D}\in\mathbb{C}^{G\times G}$ 是一个对角矩阵，它使得 $\tilde{\boldsymbol{A}}$ 具有归一化列向量，同时，$\tilde{\boldsymbol{x}}$ 相比 $\boldsymbol{x}$ 稀疏度不变。目前 CS 理论中，主要有三个定量指标可以衡量感知矩阵 $\boldsymbol{A}$ 对于稀疏信号重构的性能，即 Spark 常数、互相关系数和有限等距常数。本小节将仅关注 Spark 常数与互相关系数这两个指标。有关有限等距常数的内容，有兴趣的读者可以参阅文献 [119,122]。

定义 3.1 (Spark 常数): 给定感知矩阵 $\boldsymbol{A}$，定义其 Spark 常数 $\mathrm{Spark}(\boldsymbol{A})$ 为其线性相关的列向量组所包含的列向量数目的最小值 [118]。

读者应特别注意 $\mathrm{Spark}(\boldsymbol{A})$ 与 $\mathrm{rank}(\boldsymbol{A})$（定义为 $\boldsymbol{A}$ 的线性无关的列向量组所包含的列向量数目的最大值）的区别。举例说明，矩阵

$$\boldsymbol{A}_1=\begin{bmatrix}1&0&0&1\\0&1&0&0\\0&0&1&0\end{bmatrix},\boldsymbol{A}_2=\begin{bmatrix}1&0&0&1\\0&1&0&1\\0&0&1&0\end{bmatrix},\boldsymbol{A}_3=\begin{bmatrix}1&0&0&1\\0&1&0&1\\0&0&1&1\end{bmatrix}$$

的秩均为 3，而 Spark 常数分别为 2、3、4。

Spark 常数对于 CS 的重要性表现为定理 3.1。

定理 3.1: 若存在一个稀疏信号 $\boldsymbol{x}$ 满足 $\boldsymbol{y}=\boldsymbol{A}\boldsymbol{x}$，且其稀疏度 $\|\boldsymbol{x}\|_0<\mathrm{Spark}(\boldsymbol{A})/2$，则 $\boldsymbol{x}$ 是满足 $\boldsymbol{y}=\boldsymbol{A}\boldsymbol{x}$ 的最稀疏（即 l_0 范数最小）的解，且是该稀疏度下的唯一解。

证明: 假设任意一个 $\boldsymbol{x}'\neq\boldsymbol{x}$ 满足 $\boldsymbol{y}=\boldsymbol{A}\boldsymbol{x}'$。这表明

$$\boldsymbol{A}(\boldsymbol{x}-\boldsymbol{x}')=\mathbf{0} \tag{3–6}$$

根据式（3–6）以及线性相关的定义，可知 $\boldsymbol{A}$ 中存在一个由 $\|\boldsymbol{x}-\boldsymbol{x}'\|_0$ 个列向量组成的线性相关组，因此有 $\mathrm{Spark}(\boldsymbol{A})\leqslant\|\boldsymbol{x}-\boldsymbol{x}'\|_0$。进一步，根据范数的三角不等式，有

$$\mathrm{Spark}(\boldsymbol{A})\leqslant\|\boldsymbol{x}-\boldsymbol{x}'\|_0\leqslant\|\boldsymbol{x}\|_0+\|\boldsymbol{x}'\|_0 \tag{3–7}$$

所以 $\|\boldsymbol{x}'\|_0 \geqslant \mathrm{Spark}(\boldsymbol{A}) - \|\boldsymbol{x}\|_0 > \mathrm{Spark}(\boldsymbol{A})/2$，而 $\|\boldsymbol{x}\|_0 < \mathrm{Spark}(\boldsymbol{A})/2$，这就证明了 $\boldsymbol{x}$ 是最稀疏的唯一解，因为除 $\boldsymbol{x}$ 外的任何解的 l_0 范数都比 $\boldsymbol{x}$ 的 l_0 范数大。

定理 3.1 提供了利用 Spark 常数来验证或保障 CS 性能的方法。一方面，若通过某些方法从问题（3–5）获得了一个稀疏度小于 $\mathrm{Spark}(\boldsymbol{A})/2$ 的解，则可以直接推定该解是最稀疏的解，也是该稀疏度下的唯一解。另一方面，实际待恢复的信号大多时候并非完美稀疏，其稀疏度难以界定，此时可以通过设计感知矩阵 $\boldsymbol{A}$（一般来说是设计其中的 $\boldsymbol{\Phi}$），使得 $\mathrm{Spark}(\boldsymbol{A})$ 尽量大，从而可以为待恢复信号的稀疏度提供较大的裕量，扩展该感知矩阵可使用的场景。然而，根据 Spark 常数的定义不难看出，计算 $\boldsymbol{A}$ 的 Spark 常数需要对其所有列的组合进行逐组验证，其复杂度高达 $O(2^G)$。计算 Spark 常数尚且如此困难，遑论对其进行优化或设计。好在，感知矩阵另一个最为直观的关键指标，即互相关系数，为感知矩阵的优化提供了可行的方向。

定义 3.2 (互相关系数): 令感知矩阵 $\boldsymbol{A}$ 的格拉姆（Gram）矩阵为 $\boldsymbol{G} = \boldsymbol{A}^{\mathrm{H}}\boldsymbol{A}$，注意其对角线元素 $[\boldsymbol{G}]_{i,i} = 1$，而其非对角元素满足 $\left|[\boldsymbol{G}]_{i,j}\right| \leqslant 1$，$\forall i \neq j$。定义感知矩阵 $\boldsymbol{A}$ 的互相关系数为 $\mu(\boldsymbol{A}) = \max\limits_{i \neq j}\left|[\boldsymbol{G}]_{i,j}\right|$。

相比指数级复杂度的 Spark 常数计算，互相关系数的计算显得直观明了，只需通过矩阵乘法计算得到 $\boldsymbol{A}$ 的 Gram 矩阵 $\boldsymbol{G}$，并对非角元素进行搜索，找出其最小模值即可，计算复杂度为 $O(G^2)$。更重要的是，$\mu(\boldsymbol{A})$ 可以为 $\mathrm{Spark}(\boldsymbol{A})$ 提供一个下界，如定理 3.2 所述。

定理 3.2 (Spark 常数的一个下界): 对于给定的感知矩阵 $\boldsymbol{A}$，有

$$\mathrm{Spark}(\boldsymbol{A}) \geqslant \lceil 1/\mu(\boldsymbol{A}) \rceil \tag{3–8}$$

证明: 见附录 C。

定理 3.2 将直观且易于计算的互相关系数与稀疏恢复的唯一性通过 Spark 常数这一桥梁连接在一起。在定理 3.1 中，将 $\mathrm{Spark}(\boldsymbol{A})$ 用 $\lceil 1/\mu(\boldsymbol{A}) \rceil$ 替代后，结论仍然是成立的。因此，可以将最小化感知矩阵的互相关系数的方法作为优化 Spark 常数的替代方案，实现保障 CS 性能的效果。更为重要的是，有许多现有理论和方法可以支持互相关系数的优化。例如，文献 [124] 确立了互相关系数的可达下界，即 Welch 界。

定理 3.3 (Welch 界)： 对任意感知矩阵 $\boldsymbol{A}$，有

$$\mu(\boldsymbol{A}) \geqslant \sqrt{\frac{G-M}{M(G-1)}} \tag{3-9}$$

证明： 见附录 D。

现已有许多构造方法或数值算法被提出并用来优化感知矩阵的互相关系数，经过构造或优化的感知矩阵的互相关系数可以达到或逼近 Welch 界 [125]。

最后，需要强调的是，本小节所涉及的感知矩阵的指标（有限等距常数、Spark 常数、互相关系数）不仅在稀疏恢复唯一性的判定上起到作用，同时也为求解满足条件的稀疏向量提供了指导方向。例如，一种求解 CS 问题（3–5）的方法是将限制条件松弛并凸化，即将非凸的 l_0 范数用凸的 l_1 范数替代

$$\begin{cases} \min\limits_{\boldsymbol{x}} \|\boldsymbol{x}\|_1 \\ \text{s.t.} \quad \boldsymbol{y} = \boldsymbol{A}\boldsymbol{x} \end{cases} \tag{3-10}$$

问题（3–10）是一个凸优化问题，可以转换为线性规划问题进行求解。业已证明 [118,119]，当感知矩阵 $\boldsymbol{A}$ 的指标（有限等距常数，或 Spark 常数，或互相关系数）满足一些严格的条件时，问题（3–10）与问题（3–5）将会有相同的解，即非凸问题（3–5）的解可以通过求解一个凸优化问题（3–10）来获得。受篇幅限制，将不再展开进一步的讨论。

3.4 基于压缩感知的全维透镜天线阵列信道估计方案

基于前两节的准备内容，本节中将提出一种全维透镜天线阵列中的 CS 信道估计方案，同时，将根据上一节中重点介绍的互相关系数来设计信道估计阶段传输的导频信号，以期对信道估计问题中所使用感知矩阵的特性进行改善，从而获得更好的信道估计效果。

3.4.1 系统模型

考虑一个收发端均采用第 3.2 节中介绍的全维透镜天线阵列的毫米波 MIMO 系统，如图 3.4 所示。设收发端的电磁透镜的电尺寸分别为 $\tilde{D}_{\mathrm{T}}^{\mathrm{h}} \times \tilde{D}_{\mathrm{T}}^{\mathrm{v}}$ 和 $\tilde{D}_{\mathrm{R}}^{\mathrm{h}} \times \tilde{D}_{\mathrm{R}}^{\mathrm{v}}$。发射（接收）端的天线数与 RF 链路数分别记为 N_{T}（N_{R}）与 $N_{\mathrm{T}}^{\mathrm{RF}}$（$N_{\mathrm{R}}^{\mathrm{RF}}$）。与此前大多透镜天线阵列的信道估计方案 [51−54] 不同的是，在如图 3.4 所示的全

维透镜天线阵列中采用了简单的 ASN。具体地，假设每条 RF 链路安装了一个简单的开关，每条 RF 链路仅能与一个焦距球面上的天线阵元相连，且每个天线阵元也只能连接一条 RF 链路。这种 ASN 的结构相比 PSN，将有更低的插入损耗、功率消耗和硬件复杂度，充分发挥了透镜天线阵列在能量效率方面的优势。

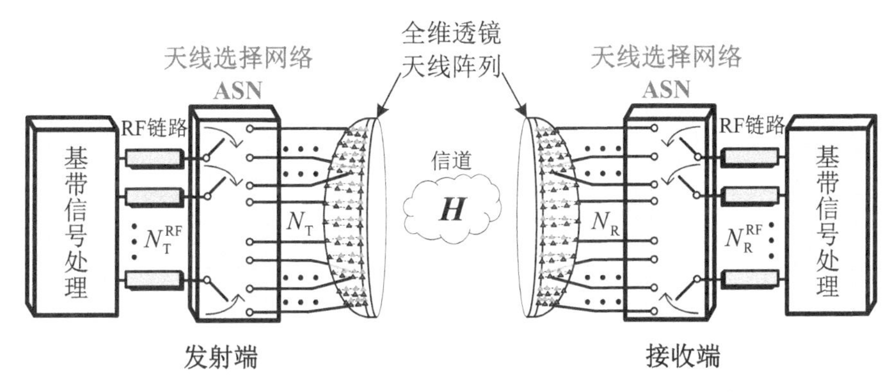

图 3.4　基于全维透镜天线阵列的毫米波 MIMO 系统

在透镜焦距球面上采用基于角度分辨率的阵元分布方案 [126]。以发射端为例，其第 m 个阵元的角度坐标记为 (θ_m, ϕ_m)，让 θ_m 从以下的集合中选取

$$\theta_m \in \left\{\theta \left| \sin\theta = \frac{1}{2\tilde{D}_{\mathrm{T}}^{\mathrm{v}}} + \frac{n}{\tilde{D}_{\mathrm{T}}^{\mathrm{v}}}, n = -\left\lfloor \tilde{D}_{\mathrm{T}}^{\mathrm{v}} \right\rfloor, ..., -1, 0, 1, ..., \left\lfloor \tilde{D}_{\mathrm{T}}^{\mathrm{v}} \right\rfloor - 1 \right.\right\} \tag{3-11}$$

而对于一个给定的 $\theta_{m'}$，其对应的 ϕ_m 也从一个集合中选取

$$\phi_m \in \left\{\phi \left| \sin\phi = \frac{n}{\tilde{D}_{\mathrm{T}}^{\mathrm{h}} \cos\theta_{m'}}, n = 0, \pm1, \pm2, ..., \pm \left\lfloor \tilde{D}_{\mathrm{T}}^{\mathrm{h}} \cos\theta_{m'} \right\rfloor \right.\right\} \tag{3-12}$$

不难看出，在这种排列方法下，对于两个不同的阵元 (θ_m, ϕ_m) 和 $(\theta_{m'}, \phi_{m'})$，$m \neq m'$，均有 $|\sin\theta_m - \sin\theta_{m'}| \geqslant \frac{1}{\tilde{D}_{\mathrm{T}}^{\mathrm{v}}}$ 或 $|\cos\theta_m \sin\phi_m - \cos\theta_{m'} \sin\phi_{m'}| \geqslant \frac{1}{\tilde{D}_{\mathrm{T}}^{\mathrm{h}}}$，即任意两个阵元对应的空间方向的波束主瓣部分不会互相影响。同时，θ_m 和 ϕ_m 均可以在最小值 $-\pi/2$ 和最大值 $\pi/2$ 之间取值，这保证了透镜天线阵列的阵元产生的波束（主瓣）可以覆盖整个空间范围。根据式（3–11）和式（3–12），可以计算出 (θ_m, ϕ_m) 所有不同的组合数，即发射端阵元数 N_{T}

$$N_{\mathrm{T}} = \sum_{n=-\left\lfloor \tilde{D}_{\mathrm{T}}^{\mathrm{v}} \right\rfloor}^{\left\lfloor \tilde{D}_{\mathrm{T}}^{\mathrm{v}} \right\rfloor - 1} 2 \left\lfloor \tilde{D}_{\mathrm{T}}^{\mathrm{h}} \cos\left[\arcsin\left(\frac{1}{2\tilde{D}_{\mathrm{T}}^{\mathrm{v}}} + \frac{n}{\tilde{D}_{\mathrm{T}}^{\mathrm{v}}}\right)\right]\right\rfloor + 1 \tag{3-13}$$

接收端的阵元分布方案与阵元数 N_{R} 计算与式（3–11）～ 式（3–13）类似，此处不再赘述。

收发端之间的信号矩阵 $\boldsymbol{H} \in \mathbb{C}^{N_{\mathrm{R}} \times N_{\mathrm{T}}}$ 可建模为

$$\boldsymbol{H} = \sqrt{\frac{N_{\mathrm{T}} N_{\mathrm{R}}}{L}} \sum_{l=1}^{L} g_l \boldsymbol{a}_{\mathrm{R}}\left(\theta_{\mathrm{R}}^l, \phi_{\mathrm{R}}^l\right) \boldsymbol{a}_{\mathrm{T}}^{\mathrm{H}}\left(\theta_{\mathrm{T}}^l, \phi_{\mathrm{T}}^l\right) \tag{3–14}$$

其中，L 为信道多径数，g_l 是第 l 条路径的复增益，$\theta_{\mathrm{T}}^l(\theta_{\mathrm{R}}^l)$ 和 $\phi_{\mathrm{T}}^l(\phi_{\mathrm{R}}^l)$ 分别是第 l 条路径的离开角（到达角）的俯仰角和方位角，而 $\boldsymbol{a}_{\mathrm{R}}\left(\theta_{\mathrm{R}}^l, \phi_{\mathrm{R}}^l\right) \in \mathbb{C}^{N_{\mathrm{R}}}$ 和 $\boldsymbol{a}_{\mathrm{T}}\left(\theta_{\mathrm{T}}^l, \phi_{\mathrm{T}}^l\right) \in \mathbb{C}^{N_{\mathrm{T}}}$ 分别为收、发端的阵列响应矢量。以发射端为例，其阵列响应矢量可写为

$$\begin{aligned}\left[\boldsymbol{a}_{\mathrm{T}}\left(\theta_{\mathrm{T}}^l, \phi_{\mathrm{T}}^l\right)\right]_m = & \operatorname{sinc}\left[\tilde{D}_{\mathrm{T}}^{\mathrm{v}}\left(\sin\theta_m - \sin\theta_{\mathrm{T}}^l\right)\right] \times \\ & \operatorname{sinc}\left[\tilde{D}_{\mathrm{T}}^{\mathrm{h}}\left(\cos\theta_m \sin\phi_m - \cos\theta_{\mathrm{T}}^l \sin\phi_{\mathrm{T}}^l\right)\right]\end{aligned} \tag{3–15}$$

其中，(θ_m, ϕ_m) 是发射端第 m 个阵元的角度坐标。接收端的阵列响应矢量也可类似于式（3–15）建模。

3.4.2　导频训练方案设计

为了更好地描述以下所提的导频训练方案，将发射端传输一次导频信号或接收端接收一次导频信号的过程称为一个时隙（time slot），而多个连续时隙组成一个时块（time block）。在信道估计阶段，假设发射端使用 $N_{\mathrm{T}}^{\mathrm{P}}$（上标“P”表示 Pilot）个发射时块发射导频，且假设 $N_{\mathrm{T}}^{\mathrm{G}} = N_{\mathrm{T}}/N_{\mathrm{T}}^{\mathrm{RF}}$（上标“G”代表 Group）和 $N_{\mathrm{T}}^{\mathrm{P}}/N_{\mathrm{T}}^{\mathrm{G}}$ 均为整数，这个假设可以通过灵活分配信道估计阶段所使用的 RF 链路数以及发射时块数来保证。在第 m（$1 \leqslant m \leqslant N_{\mathrm{T}}^{\mathrm{P}}$）个发射时块中，发射导频 $\boldsymbol{s}_m \in \mathbb{C}^{N_{\mathrm{T}}}$ 可表示为模拟预编码器 $\boldsymbol{F}_{\mathrm{RF},p} \in \mathbb{C}^{N_{\mathrm{T}} \times N_{\mathrm{T}}^{\mathrm{RF}}}$ 与基带信号 $\boldsymbol{f}_{\mathrm{RF},m} \in \mathbb{C}^{N_{\mathrm{T}}^{\mathrm{RF}}}$ 的乘积，即

$$\boldsymbol{s}_m = \boldsymbol{F}_{\mathrm{RF},p} \boldsymbol{f}_{\mathrm{BB},m} \tag{3–16}$$

其中，$p = \left\lceil m N_{\mathrm{T}}^{\mathrm{G}}/N_{\mathrm{T}}^{\mathrm{P}} \right\rceil \in \{1, 2, ..., N_{\mathrm{T}}^{\mathrm{G}}\}$。这表明，每 $N_{\mathrm{T}}^{\mathrm{P}}/N_{\mathrm{T}}^{\mathrm{G}}$ 个连续的基带信号 $\boldsymbol{f}_{\mathrm{BB},m}$ 将会共用同一个模拟预编码器。

在接收端，类似地，假设 $N_{\mathrm{R}}^{\mathrm{G}} = N_{\mathrm{R}}/N_{\mathrm{R}}^{\mathrm{RF}}$ 也是一个整数，而发射端的每一个时块的导频信号在接收端被分为 $N_{\mathrm{R}}^{\mathrm{G}}$ 个等长的时隙。在第 m 个时块的第 n（$1 \leqslant n \leqslant N_{\mathrm{R}}^{\mathrm{G}}$）个时隙下，接收端接收到的导频信号为

$$\boldsymbol{y}_{n,m} = \boldsymbol{W}_{\mathrm{BB},n}^{\mathrm{H}} \boldsymbol{W}_{\mathrm{RF},n}^{\mathrm{H}} \boldsymbol{H} \boldsymbol{s}_m + \boldsymbol{n}_{n,m} \tag{3-17}$$

其中，$\boldsymbol{W}_{\mathrm{RF},n} \in \mathbb{C}^{N_{\mathrm{R}} \times N_{\mathrm{R}}^{\mathrm{RF}}}$ 和 $\boldsymbol{W}_{\mathrm{BB},n} \in \mathbb{C}^{N_{\mathrm{R}}^{\mathrm{RF}} \times N_{\mathrm{R}}^{\mathrm{RF}}}$ 分别是接收端的模拟合并器和基带合并器，而 $\boldsymbol{n}_{n,m} \sim \mathcal{CN}\left(\boldsymbol{0}, \sigma^2 \boldsymbol{W}_{\mathrm{BB},n}^{\mathrm{H}} \boldsymbol{W}_{\mathrm{RF},n}^{\mathrm{H}} \boldsymbol{W}_{\mathrm{RF},n} \boldsymbol{W}_{\mathrm{BB},n}\right)$ 是经过合并之后的加性复高斯噪声。收集第 m 个时块中的全部 $N_{\mathrm{R}}^{\mathrm{G}}$ 时隙的接收导频信号，可得

$$\boldsymbol{y}_m = \boldsymbol{W}_{\mathrm{BB}}^{\mathrm{H}} \boldsymbol{W}_{\mathrm{RF}}^{\mathrm{H}} \boldsymbol{H} \boldsymbol{s}_m + \boldsymbol{n}_m \tag{3-18}$$

其中，$\boldsymbol{y}_m = \left[\boldsymbol{y}_{1,m}^{\mathrm{T}}, \boldsymbol{y}_{2,m}^{\mathrm{T}}, \dots, \boldsymbol{y}_{N_{\mathrm{R}}^{\mathrm{g}},m}^{\mathrm{T}}\right]^{\mathrm{T}} \in \mathbb{C}^{N_{\mathrm{R}}}$，$\boldsymbol{n}_m = \left[\boldsymbol{n}_{1,m}^{\mathrm{T}}, \boldsymbol{n}_{2,m}^{\mathrm{T}}, \dots, \boldsymbol{n}_{N_{\mathrm{R}}^{\mathrm{g}},m}^{\mathrm{T}}\right]^{\mathrm{T}} \in \mathbb{C}^{N_{\mathrm{R}}}$，$\boldsymbol{W}_{\mathrm{RF}} = \left[\boldsymbol{W}_{\mathrm{RF},1}, \boldsymbol{W}_{\mathrm{RF},2}, \dots, \boldsymbol{W}_{\mathrm{RF},N_{\mathrm{R}}^{\mathrm{G}}}\right] \in \mathbb{C}^{N_{\mathrm{R}} \times N_{\mathrm{R}}}$，$\boldsymbol{W}_{\mathrm{BB}} = \mathrm{Bdiag}\left(\boldsymbol{W}_{\mathrm{BB},1}, \boldsymbol{W}_{\mathrm{BB},2}, \dots, \boldsymbol{W}_{\mathrm{BB},N_{\mathrm{R}}^{\mathrm{G}}}\right) \in \mathbb{C}^{N_{\mathrm{R}} \times N_{\mathrm{R}}}$。进一步，收集所有时块下的接收信号，则在信道估计阶段的信道总观测 $\boldsymbol{Y}$ 可写为

$$\boldsymbol{Y} = \boldsymbol{W}_{\mathrm{BB}}^{\mathrm{H}} \boldsymbol{W}_{\mathrm{RF}}^{\mathrm{H}} \boldsymbol{H} \boldsymbol{F}_{\mathrm{RF}} \boldsymbol{F}_{\mathrm{BB}} + \boldsymbol{N} \tag{3-19}$$

其中，$\boldsymbol{Y} = \left[\boldsymbol{y}_1, \boldsymbol{y}_2, \dots, \boldsymbol{y}_{N_{\mathrm{T}}^{\mathrm{P}}}\right] \in \mathbb{C}^{N_{\mathrm{R}} \times N_{\mathrm{T}}^{\mathrm{P}}}$，$\boldsymbol{F}_{\mathrm{RF}} = \left[\boldsymbol{F}_{\mathrm{RF},1}, \boldsymbol{F}_{\mathrm{RF},2}, \dots, \boldsymbol{F}_{\mathrm{RF},N_{\mathrm{T}}^{\mathrm{P}}}\right] \in \mathbb{C}^{N_{\mathrm{T}} \times N_{\mathrm{T}}}$，$\boldsymbol{F}_{\mathrm{BB}} = \mathrm{Bdiag}\left(\boldsymbol{F}_{\mathrm{BB},1}, \boldsymbol{F}_{\mathrm{BB},2}, \dots, \boldsymbol{F}_{\mathrm{BB},N_{\mathrm{T}}^{\mathrm{G}}}\right) \in \mathbb{C}^{N_{\mathrm{T}} \times N_{\mathrm{T}}^{\mathrm{P}}}$，$\boldsymbol{F}_{\mathrm{RF},p} = \left[\boldsymbol{f}_{\mathrm{BB},\frac{(p-1)N_{\mathrm{T}}^{\mathrm{P}}}{N_{\mathrm{T}}^{\mathrm{G}}}+1}, \boldsymbol{f}_{\mathrm{BB},\frac{(p-1)N_{\mathrm{T}}^{\mathrm{P}}}{N_{\mathrm{T}}^{\mathrm{G}}}+2}, \dots, \boldsymbol{f}_{\mathrm{BB},\frac{pN_{\mathrm{T}}^{\mathrm{P}}}{N_{\mathrm{T}}^{\mathrm{G}}}}\right] \in \mathbb{C}^{N_{\mathrm{R}} \times \frac{N_{\mathrm{T}}^{\mathrm{P}}}{N_{\mathrm{T}}^{\mathrm{G}}}}$，$\boldsymbol{n} = \left[\boldsymbol{n}_1, \boldsymbol{n}_2, \dots, \boldsymbol{n}_{N_{\mathrm{T}}^{\mathrm{P}}}\right] \in \mathbb{C}^{N_{\mathrm{R}} \times N_{\mathrm{T}}^{\mathrm{P}}}$。

在图 3.5 中描述了上述导频训练过程。总而言之，在每个发射时块或接收时块中，透镜天线阵列将通过模拟预编码器或模拟合并器同时产生 $N_{\mathrm{T}}^{\mathrm{RF}}$ 或 $N_{\mathrm{R}}^{\mathrm{RF}}$ 个方向不重叠的波束，对信道进行探测。通过累积收发时块，可以对收发端的空间进行全维的探测，从而保证无论从哪个方向出射或入射信道路径，都可以被通信系统捕捉到。在图 3.5 所示的信道估计阶段，设 $N_{\mathrm{T}}^{\mathrm{P}}/N_{\mathrm{T}}^{\mathrm{G}} < N_{\mathrm{T}}^{\mathrm{RF}}$（等同于 $N_{\mathrm{T}}^{\mathrm{P}} < N_{\mathrm{T}}$），即在每一个发射时块中，导频开销总是小于需要估计的波束方向数量，换句话说，各个波束方向的信道被“压缩观测”了。同时，考虑到毫米波信道中的高路损、易遮挡的特点，将会使得信道中的有效散射路径的数量十分有限 [110]，即 $L \ll \min\{N_{\mathrm{T}}, N_{\mathrm{R}}\}$，再结合透镜天线阵列的能量聚焦特性，可以预见透镜天线阵列的信道 $\boldsymbol{H}$ 将会呈现（近似）稀疏性，即在 $\boldsymbol{H}$ 中，仅与 L 条有效散射路径的角度对应的那些元素有明显的能量，而其他元素的能量将很小甚至接近于零。以上的分析启发借助 CS 的思想对信道估计问题进行建模。对式 (3–19) 两边进行按列向量化，可得

$$\boldsymbol{y} = \boldsymbol{\Phi h} + \boldsymbol{n} \tag{3–20}$$

其中，$\boldsymbol{y} = \mathrm{vec}(\boldsymbol{Y})$，$\boldsymbol{h} = \mathrm{vec}(\boldsymbol{H})$，$\boldsymbol{n} = \mathrm{vec}(\boldsymbol{N})$，$\boldsymbol{\Phi} = \left(\boldsymbol{F}_{\mathrm{BB}}^{\mathrm{T}}\boldsymbol{F}_{\mathrm{RF}}^{\mathrm{T}}\right) \otimes \left(\boldsymbol{W}_{\mathrm{BB}}^{\mathrm{H}}\boldsymbol{W}_{\mathrm{RF}}^{\mathrm{H}}\right)$。全维透镜天线阵列信道估计的任务便是通过式（3–20）中的已知观测（含噪）$\boldsymbol{y} \in \mathbb{C}^{N_{\mathrm{T}}^{\mathrm{P}} N_{\mathrm{R}}}$ 和观测矩阵 $\boldsymbol{\Phi}$（即导频信号）恢复出信道 $\boldsymbol{h} \in \mathbb{C}^{N_{\mathrm{T}} N_{\mathrm{R}}}$。显然，在 $N_{\mathrm{T}}^{\mathrm{P}} < N_{\mathrm{T}}$ 时，这是一个欠定的线性（含噪）方程组求组的问题，这与上一节介绍的 CS 问题模型（3–4）是相似的。利用 $\boldsymbol{H}$ 的稀疏性以及一些现有的压缩感知算法，例如正交匹配追踪 [41]（Orthogonal Matching Pursuit, OMP），从 $\boldsymbol{y}$ 中恢复 $\boldsymbol{h}$ 的信道估计问题将可以被有效地解决。接下来将考虑如何设计字典以及导频信号，以期进一步提升基于 CS 的信道估计的性能。

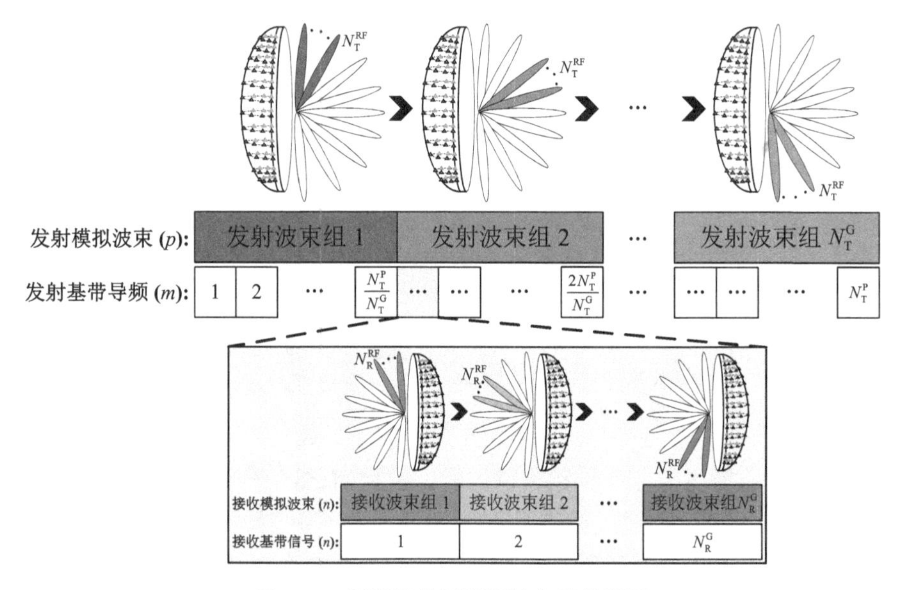

图 3.5　所提出的导频训练方案示意图

3.4.3　冗余字典设计

与式（3–4）稍有不同的是，式（3–20）中待恢复的信号 $\boldsymbol{h}$（对应式（3–4）中的 $\boldsymbol{s}$）本身就具有稀疏性，因此可以直接把观测矩阵 $\boldsymbol{\Phi}$ 视为感知矩阵 $\boldsymbol{A}$ 进行 CS 重构。然而，由于透镜天线阵列的阵元数是有限的，它们对应的波束方向将离散地分布在空间内，另外，信道路径的角度是连续分布的，可以取有效范围内的任意值。当信道路径角度的取值与透镜天线阵列阵元所对应的角度值不相等时，就会产生功率泄漏（power leakage）现象，即一条信道路径将会在众多阵元上产生较明显的阵列响应 [51–54]，从而大大影响待恢复信号的稀疏度，为 CS 重构算法带来不确定性。为减轻功率泄漏的影响，设计了一种字典，将原本“较为稀疏”的 $\boldsymbol{h}$ 在字典上重新进行“更为稀疏”的表示。首先分别对空间中水平和垂直方向的角度进行量化，量化后的水平和垂直角度集合分别为

$$\mathcal{A}_{\mathrm{h}}=\left\{\vartheta_g \left| \sin\vartheta_g=-1+\frac{2g-1}{G_{\mathrm{h}}}, g=1,2,...,G_{\mathrm{h}}\right.\right\} \tag{3–21}$$

$$\mathcal{A}_{\mathrm{v}}=\left\{\varphi_g \left| \sin\varphi_g=-1+\frac{2g-1}{G_{\mathrm{v}}}, g=1,2,...,G_{\mathrm{v}}\right.\right\} \tag{3–22}$$

其中，G_{h} 和 G_{v} 分别是水平和垂直方向上的量化精度，假设 $G_{\mathrm{h}}G_{\mathrm{v}}>\max\{N_{\mathrm{T}},N_{\mathrm{R}}\}$，即字典中的采样数量远大于透镜天线阵列中阵元的数量。基于式（3–21）和式（3–22），将信道矩阵 $\boldsymbol{H}$ 重新表示为

$$\boldsymbol{H}\approx\boldsymbol{A}_{\mathrm{R}}\tilde{\boldsymbol{H}}\boldsymbol{A}_{\mathrm{T}}^{\mathrm{H}} \tag{3–23}$$

其中

$$\boldsymbol{A}_{\mathrm{R}}=\left[\boldsymbol{a}_{\mathrm{R}}\left(\vartheta_1,\varphi_1\right),...\boldsymbol{a}_{\mathrm{R}}\left(\vartheta_1,\varphi_{G_{\mathrm{v}}}\right),\boldsymbol{a}_{\mathrm{R}}\left(\vartheta_2,\varphi_1\right),...,\boldsymbol{a}_{\mathrm{R}}\left(\vartheta_{G_{\mathrm{h}}},\varphi_{G_{\mathrm{v}}}\right)\right]\in\mathbb{C}^{N_{\mathrm{R}}\times G_{\mathrm{h}}G_{\mathrm{v}}} \tag{3–24}$$

$$\boldsymbol{A}_{\mathrm{T}}=\left[\boldsymbol{a}_{\mathrm{T}}\left(\vartheta_1,\varphi_1\right),...\boldsymbol{a}_{\mathrm{T}}\left(\vartheta_1,\varphi_{G_{\mathrm{v}}}\right),\boldsymbol{a}_{\mathrm{T}}\left(\vartheta_2,\varphi_1\right),...,\boldsymbol{a}_{\mathrm{T}}\left(\vartheta_{G_{\mathrm{h}}},\varphi_{G_{\mathrm{v}}}\right)\right]\in\mathbb{C}^{N_{\mathrm{T}}\times G_{\mathrm{h}}G_{\mathrm{v}}} \tag{3–25}$$

而 $\tilde{\boldsymbol{H}}\in\mathbb{C}^{G_{\mathrm{h}}G_{\mathrm{v}}\times G_{\mathrm{h}}G_{\mathrm{v}}}$ 代表信道 $\boldsymbol{H}$ 在字典上的表示（默认为最稀疏的表示）。由于假设字典的采样数量远大于阵元数量，称式（3–23）和式（3–24）中的字典矩阵为冗余字典。将式（3–23）代入式（3–20），化简可得

$$\boldsymbol{y}\approx\boldsymbol{\Phi}\mathrm{vec}\left(\boldsymbol{A}_{\mathrm{R}}\tilde{\boldsymbol{H}}\boldsymbol{A}_{\mathrm{T}}^{\mathrm{H}}\right)+\boldsymbol{n}=\boldsymbol{\Phi}\boldsymbol{\Psi}\tilde{\boldsymbol{h}}+\boldsymbol{n} \tag{3–26}$$

其中，$\boldsymbol{\Psi}=\boldsymbol{A}_{\mathrm{T}}^{*}\otimes\boldsymbol{A}_{\mathrm{R}}$ 为总体冗余字典矩阵，而 $\tilde{\boldsymbol{h}}=\mathrm{vec}\left(\tilde{\boldsymbol{H}}\right)$。可以看到，式（3–26）中的 CS 问题模型与式（3–4）中基本相同。由于假设字典的采样数量远大于阵元数量，信道路径的角度将更有可能与字典的某些采样点重合，因此功率泄漏现象将会被抑制，即 $\tilde{\boldsymbol{h}}$ 将比 $\boldsymbol{h}$ 更加稀疏。比起直接使用 CS 算法估计出 $\boldsymbol{H}$，可以首先通过 CS 算法估计出 $\tilde{\boldsymbol{h}}$（即 $\tilde{\boldsymbol{H}}$），随后根据式（3–23）得到 $\boldsymbol{H}$ 的估计，这样将会有更好的估计性能。

3.4.4 基于压缩感知理论的导频设计

本小节将利用此前介绍的互相关系数理论来优化式（3–26）中的感知矩阵 $\boldsymbol{\Phi\Psi}$，以期达到更好的 CS 信号重构效果。首先关注导频中的模拟预编码器 $\boldsymbol{F}_{\rm RF}$ 和模拟合并器 $\boldsymbol{W}_{\rm RF}$ 的设计。根据图 3.5，收发端必须在整个信道估计阶段将每个阵元都激活一次，以此来观测对应方向上的信道；此外，每条 RF 链路同时只能连接一个天线阵元，而每个天线阵元同时也只能连接一条 RF 链路。考虑到以上的限制条件，设置

$$\boldsymbol{F}_{\rm RF}=\tilde{\boldsymbol{I}}_{N_{\rm T}},\boldsymbol{W}_{\rm RF}=\tilde{\boldsymbol{I}}_{N_{\rm R}} \tag{3–27}$$

其中，$\tilde{\boldsymbol{I}}_{N_{\rm T}}$（$\tilde{\boldsymbol{I}}_{N_{\rm R}}$）表示一个 $N_{\rm T}\times N_{\rm T}$（$N_{\rm R}\times N_{\rm R}$）的单位矩阵经过列之间的随机重排后的矩阵，其中的元素“1”或“0”代表 ASN 中某一个开关是否与某一个天线阵元相连。

接下来重点关注如何优化基带导频信号，包括基带发射信号 $\boldsymbol{F}_{\rm BB}$ 与基带合并器 $\boldsymbol{W}_{\rm BB}$。如第 3.3 节所述，通过优化并尽量降低感知矩阵的互相关系数 $\mu\left(\boldsymbol{\Phi\Psi}\right)$ 可以改善 CS 性能。然而，互相关系数的优化也不是一个简单的问题。为简化优化过程，现有文献如 [41,127,128] 等采用总互相关系数和来替代互相关系数作为优化目标来设计感知矩阵。对于任意感知矩阵 $\boldsymbol{A}$，其总互相关系数和 $\mu_{\rm total}\left(\boldsymbol{A}\right)$ 定义为

$$\mu_{\rm total}\left(\boldsymbol{A}\right)=\sum_{i\neq j}\left|\left[\boldsymbol{A}^{\rm H}\boldsymbol{A}\right]_{\{i,j\}}\right|^2 \tag{3–28}$$

采用 $\mu_{\rm total}\left(\boldsymbol{\Phi\Psi}\right)$ 作为优化目标，则基带导频信号的优化问题可写为

$$\begin{cases}\left(\boldsymbol{F}_{\rm BB}^{\rm opt},\boldsymbol{W}_{\rm BB}^{\rm opt}\right)=\underset{\boldsymbol{F}_{\rm BB},\boldsymbol{W}_{\rm BB}}{\arg\min}\ \mu_{\rm total}\left(\boldsymbol{\Phi\Psi}\right)\\ \text{s.t.}\quad \left\|\boldsymbol{f}_{{\rm BB},i}\right\|_2^2=1,\forall i,\quad \left\|\boldsymbol{W}_{\rm BB}\right\|_F^2=1,\forall j\end{cases} \tag{3–29}$$

其中，第一个约束条件通过约束基带导频信号的能量，从而约束实际的发射功率。注意，基带合并器 $\boldsymbol{W}_{\rm BB}$ 的功率并不会影响实际信号恢复性能①，在式（3–29）中为 $\boldsymbol{W}_{\rm BB}$ 引入约束是为了后续方便得到适合的解。为了进一步简化问题，根据文献 [41] 中的结论，确定了 $\mu_{\rm total}\left(\boldsymbol{\Phi\Psi}\right)$ 的一个上界

$$\mu_{\rm total}\left(\boldsymbol{\Phi\Psi}\right)\leqslant\mu_{\rm total}\left(\boldsymbol{F}\right)\mu_{\rm total}\left(\boldsymbol{W}\right) \tag{3–30}$$

① 形式相同而功率不同的 $\boldsymbol{W}_{\rm BB}$ 只会使得噪声功率和接收信号功率同比例放缩，并不影响接收信噪比。然而，实际中希望 $\boldsymbol{W}_{\rm BB}$ 是一个各列之间正交的矩阵，这样不会改变噪声的白化特性。后面可以看到，这与基于互相关系数的 $\boldsymbol{W}_{\rm BB}$ 优化是殊途同归的。

其中，$\boldsymbol{F}=\boldsymbol{F}_{\mathrm{BB}}^{\mathrm{T}}\boldsymbol{F}_{\mathrm{RF}}^{\mathrm{T}}\boldsymbol{A}_{\mathrm{T}}^{*}$，$\boldsymbol{W}=\boldsymbol{W}_{\mathrm{BB}}^{\mathrm{H}}\boldsymbol{W}_{\mathrm{RF}}^{\mathrm{H}}\boldsymbol{A}_{\mathrm{R}}$。式（3–30）为解决问题（3–29）提供了一个分而治之的思路，即分别最小化 $\mu_{\mathrm{total}}(\boldsymbol{F})$ 和 $\mu_{\mathrm{total}}(\boldsymbol{W})$，从而分别得到 $\boldsymbol{F}_{\mathrm{BB}}$ 和 $\boldsymbol{W}_{\mathrm{BB}}$ 的优化解。以 $\mu_{\mathrm{total}}(\boldsymbol{F})$ 为例，假设 $\boldsymbol{F}$ 的每一列都具有归一化的能量，则有

$$
\begin{aligned}
\mu_{\mathrm{total}}(\boldsymbol{F}) &= \left\|\boldsymbol{F}^{\mathrm{H}}\boldsymbol{F}-\boldsymbol{I}_{G_{\mathrm{h}}G_{\mathrm{v}}}\right\|_F^2 \\
&= \mathrm{tr}\left(\boldsymbol{F}^{\mathrm{H}}\boldsymbol{F}\boldsymbol{F}^{\mathrm{H}}\boldsymbol{F}-2\boldsymbol{F}^{\mathrm{H}}\boldsymbol{F}+\boldsymbol{I}_{G_{\mathrm{h}}G_{\mathrm{v}}}\right) \\
&= \mathrm{tr}\left(\boldsymbol{F}\boldsymbol{F}^{\mathrm{H}}\boldsymbol{F}\boldsymbol{F}^{\mathrm{H}}-2\boldsymbol{F}\boldsymbol{F}^{\mathrm{H}}+\boldsymbol{I}_{N_{\mathrm{T}}^{\mathrm{P}}}\right)+G_{\mathrm{h}}G_{\mathrm{v}}-N_{\mathrm{T}}^{\mathrm{P}} \\
&= \left\|\boldsymbol{F}\boldsymbol{F}^{\mathrm{H}}-\boldsymbol{I}_{N_{\mathrm{T}}^{\mathrm{P}}}\right\|_F^2+G_{\mathrm{h}}G_{\mathrm{v}}-N_{\mathrm{T}}^{\mathrm{P}} \\
&= \left\|\boldsymbol{F}_{\mathrm{BB}}^{\mathrm{T}}\boldsymbol{F}_{\mathrm{RF}}^{\mathrm{T}}\boldsymbol{A}_{\mathrm{T}}^{*}\boldsymbol{A}_{\mathrm{T}}^{\mathrm{T}}\boldsymbol{F}_{\mathrm{RF}}^{*}\boldsymbol{F}_{\mathrm{BB}}^{*}-\boldsymbol{I}_{N_{\mathrm{T}}^{\mathrm{P}}}\right\|_F^2+G_{\mathrm{h}}G_{\mathrm{v}}-N_{\mathrm{T}}^{\mathrm{P}} \\
&\approx \left\|c\boldsymbol{F}_{\mathrm{BB}}^{\mathrm{T}}\boldsymbol{F}_{\mathrm{BB}}^{*}-\boldsymbol{I}_{N_{\mathrm{T}}^{\mathrm{P}}}\right\|_F^2+G_{\mathrm{h}}G_{\mathrm{v}}-N_{\mathrm{T}}^{\mathrm{P}} \\
&= \sum_{p=1}^{N_{\mathrm{T}}^{\mathrm{G}}}\left\|c\boldsymbol{F}_{\mathrm{BB},p}^{\mathrm{T}}\boldsymbol{F}_{\mathrm{BB},p}^{*}-\boldsymbol{I}_{N_{\mathrm{T}}^{\mathrm{P}}/N_{\mathrm{T}}^{\mathrm{G}}}\right\|_F^2+G_{\mathrm{h}}G_{\mathrm{v}}-N_{\mathrm{T}}^{\mathrm{P}}
\end{aligned} \tag{3–31}
$$

其中的约等式是因为采用了一个经验上成立的结论 $\boldsymbol{A}_{\mathrm{T}}^{\mathrm{H}}\boldsymbol{A}_{\mathrm{T}}\approx c\boldsymbol{I}_{N_{\mathrm{T}}}$。在式（3–31）的推导过程中，多次利用了矩阵分析中常用的结论，如 $\|\boldsymbol{A}\|_F^2=\mathrm{tr}\left(\boldsymbol{A}^{\mathrm{H}}\boldsymbol{A}\right)$ 和 $\mathrm{tr}(\boldsymbol{A}\boldsymbol{B})=\mathrm{tr}(\boldsymbol{B}\boldsymbol{A})$。很容易看出，为了使式（3–31）的值最小化，$\boldsymbol{F}_{\mathrm{BB},p}$，$\forall p$ 的各列需要互相正交。因此，把使（3–31）最小化的最优解 $\boldsymbol{F}_{\mathrm{BB}}^{\mathrm{opt}}$ 写为

$$
\boldsymbol{F}_{\mathrm{BB}}^{\mathrm{opt}}=\mathrm{Bdiag}\left(\boldsymbol{F}_{\mathrm{BB},1}^{\mathrm{opt}},\boldsymbol{F}_{\mathrm{BB},2}^{\mathrm{opt}},\dots,\boldsymbol{F}_{\mathrm{BB},N_{\mathrm{T}}^{\mathrm{G}}}^{\mathrm{opt}}\right) \tag{3–32}
$$

其中，$\boldsymbol{F}_{\mathrm{BB},p}^{\mathrm{opt}}$，$\forall p$ 是一个任意半酉矩阵，即满足 $\left(\boldsymbol{F}_{\mathrm{BB},p}^{\mathrm{opt}}\right)^{\mathrm{H}}\boldsymbol{F}_{\mathrm{BB},p}^{\mathrm{opt}}=\boldsymbol{I}_{N_{\mathrm{T}}^{\mathrm{P}}/N_{\mathrm{T}}^{\mathrm{G}}}$。在后续仿真验证中，取 $\boldsymbol{F}_{\mathrm{BB},p}^{\mathrm{opt}}$，$\forall p$ 为部分归一化 DFT 矩阵，即取一个维度为 $N_{\mathrm{T}}^{\mathrm{RF}}\times N_{\mathrm{T}}^{\mathrm{RF}}$ 的归一化 DFT 矩阵的前 $N_{\mathrm{T}}^{\mathrm{P}}/N_{\mathrm{T}}^{\mathrm{G}}$ 列组成的子矩阵。同理，也可以得到基带合并器的最优解

$$
\boldsymbol{W}_{\mathrm{BB}}^{\mathrm{opt}}=\mathrm{Bdiag}\left(\boldsymbol{W}_{\mathrm{BB},1}^{\mathrm{opt}},\boldsymbol{W}_{\mathrm{BB},2}^{\mathrm{opt}},\dots,\boldsymbol{W}_{\mathrm{BB},N_{\mathrm{T}}^{\mathrm{G}}}^{\mathrm{opt}}\right) \tag{3–33}
$$

其中，$\boldsymbol{W}_{\mathrm{BB},n}^{\mathrm{opt}}$，$\forall n$ 是任意酉矩阵。在后续仿真验证中，取 $\boldsymbol{W}_{\mathrm{BB},n}^{\mathrm{opt}}$，$\forall n$ 为维度为 $N_{\mathrm{R}}^{\mathrm{RF}}\times N_{\mathrm{R}}^{\mathrm{RF}}$ 的归一化 DFT 矩阵。

3.4.5 计算复杂度分析

注意，通过第 3.4.2 小节中设计的导频传输方案以及第 3.4.3 小节设计的冗余字典方案，将信道估计建模成 CS 问题的数学模型（3–20）或（3–26），因此，许多基于 CS 的算法都可以直接应用于所提出的信道估计方案。将采用 CS 中常用的 OMP 算法 [41] 来作为具体稀疏信道估计的算法，并分析它的计算复杂度。考虑 OMP 算法中的四个主要步骤：相关计算，子空间投影，残差更新，以及迭代停止条件的判断。在表 3.1 中把这四个主要步骤的计算复杂度一一列举。同时，还引入了文献 [52] 中提出的一种基于双十字（Dual Crossing, DC）图案的信道估计方案作为对比方案之一，在表 3.1 中也列举了它的计算复杂度，其中，i 代表 OMP 算法的第 i 次迭代。基于 DC 图案的信道估计方法是一种经过改进的 OMP 算法，它将一个有 $N_{\mathrm{h}} \times N_{\mathrm{v}}$ 个天线阵元的透镜天线阵列信道的功率泄漏的图案建模为“双十字”形状，并在 OMP 算法的每一次迭代中依照“双十字”形状，在被选出的原子（非零元素）的周围选择 J 个因为功率泄漏而具有明显取值的原子，同时加入信道支撑集（非零元素的位置集合），以此进行后续的子空间投影和残差更新等操作。显然，这种在每次迭代中选取多个原子的方法将会面临比原始 OMP 更大的算法复杂度，特别是在子空间投影这个需要矩阵求逆的步骤，较大的参数 J（例如，文献 [52] 考虑 $J = 64$）将会为基于 DC 图案的信道估计方案带来难以承受的计算复杂度。另外，值得注意的是，文献 [52] 中的基于 DC 图案的信道估计方案不支持在收发端均装配透镜天线阵列时使用，并且它还使用了具有很高硬件成本的 PSN 来辅助透镜天线阵列的信道估计，而本章所提的信道估计方案只需要简单的 ASN。在接下来的仿真分析中，将对本小节所提的两种信道估计方案进行性能对比。

3.4.6 仿真分析

在本小节将对所提信道估计方案进行仿真分析，验证所提冗余字典设计和导频设计的优越性。设置载波频率为 30 GHz，信道复增益 $g_l \sim \mathcal{CN}(0,1)$，信道路径角度 θ_{T}^l、ϕ_{T}^l、θ_{R}^l 和 ϕ_{R}^l 均服从均匀分布 $\mathcal{U}(-\pi/2, \pi/2)$。由于在设计导频时已经对导频发射功率做了归一化的假设，因此定义信道估计阶段的信噪比（Signal-to-Noise Ratio, SNR）为 $-10\log_{10}\sigma^2$ dB。采用归一化均方误差（Normalized Mean Square Error, NMSE）作为信道估计性能的主要指标，定义为 $\mathbb{E}\left(\left\|\boldsymbol{H} - \widehat{\boldsymbol{H}}\right\|_F^2 / \|\boldsymbol{H}\|_F^2\right)$，其中，$\widehat{\boldsymbol{H}}$ 为估计得到的信道矩阵。

在图 3.6(a) 中，在接收端单天线的场景下对比了所提信道估计方案与基于 DC 图案的信道估计方案的 NMSE 性能随 SNR 变化的情况。同时，还在图 3.6(a)

表 3.1　不同信道估计方案的计算复杂度对比

所提信道估计方案	
操作	计算复杂度
相关计算	$O\big(N_{\mathrm{R}}N_{\mathrm{T}}^{\mathrm{P}}G_{\mathrm{v}}G_{\mathrm{h}}\big)$
子空间投影	$O\big(i^3+2N_{\mathrm{R}}N_{\mathrm{T}}^{\mathrm{P}}i^2+N_{\mathrm{R}}N_{\mathrm{T}}^{\mathrm{P}}i\big)$
残差更新	$O\big(N_{\mathrm{R}}N_{\mathrm{T}}^{\mathrm{P}}i\big)$
停止条件判断	$O\big(N_{\mathrm{R}}N_{\mathrm{T}}^{\mathrm{P}}\big)$
基于 DC 图案的信道估计方案 [52]	
操作	计算复杂度
相关计算	$O\big((N_{\mathrm{h}}-1)(8N_{\mathrm{h}}^3+8N_{\mathrm{h}}^2+2N_{\mathrm{h}}N_{\mathrm{T}}^{\mathrm{P}}+2N_{\mathrm{h}})+(N_{\mathrm{v}}-1)(8N_{\mathrm{v}}^3+8N_{\mathrm{v}}^2+2N_{\mathrm{v}}N_{\mathrm{T}}^{\mathrm{P}}+2N_{\mathrm{v}})\big)$
子空间投影	$O\big(J^3+2J^2N_{\mathrm{T}}^{\mathrm{P}}+JN_{\mathrm{T}}^{\mathrm{P}}\big)$
残差更新	$O\big(N_{\mathrm{T}}^{\mathrm{P}}J\big)$
停止条件判断	N/A

中研究了所设计的字典的冗余度 $\{G_{\mathrm{v}},G_{\mathrm{h}}\}$ 对信道估计性能的影响。可以看出，即使使用了硬件复杂度极低的 ASN，所提信道估计方案的性能还是能在全 SNR（$-5\sim40$ dB）以及全 $\{G_{\mathrm{v}},G_{\mathrm{h}}\}$（均取 $15\sim80$）的范围内超过使用了复杂 PSN 的现有算法 [52]。更重要的是，观察到，增大 $\{G_{\mathrm{v}},G_{\mathrm{h}}\}$ 可以明显改善所提方案的信道估计性能。这是很容易理解的，因为 $\{G_{\mathrm{v}},G_{\mathrm{h}}\}$ 越大，即字典的量化精度越高，式（3–23）中的信道表示 $\tilde{\boldsymbol{H}}$ 也将越稀疏。然而，必须注意的是，增大 $\{G_{\mathrm{v}},G_{\mathrm{h}}\}$ 也将使得待恢复信道的维度变大，给通信信号处理带来过高的计算复杂度，而当 $\{G_{\mathrm{v}},G_{\mathrm{h}}\}$ 的值达到一定程度后，增大其数值所带来的性能增益将逐渐减小。因此，实际中，应该根据系统的能力与需求，灵活地调整 $\{G_{\mathrm{v}},G_{\mathrm{h}}\}$ 的大小，以期达到性能与复杂度的折中。根据图 3.6(a)，在接下来的仿真中，均设 $G_{\mathrm{v}}=G_{\mathrm{h}}=20$。

图 3.6(b) 对比了所提方案和基于 DC 图案的方案在信道多径数增加时的鲁棒性。当信道多径数 L 增大时，功率泄漏的现象将变得严重，信道的结构化稀疏图案将难以保持。因此，从图 3.6(b) 可以看出，基于 DC 图案的方案的信道估计性能随着 L 的增加而显著恶化。另外，所提方案所采用的冗余字典具有更高的空间（角度）分辨率，在 L 增加时，也可以尽量保持信道的稀疏性不被过分破坏，因此，如图 3.6(b) 所示，所提信道估计方案在信道多径数增加时鲁棒性更强，更适合用于估计多径分量更丰富的信道，因而也具有更广阔的应用前景。

接下来，与图 3.6 中考虑的单天线接收端的场景不同，将考虑更加一般化的

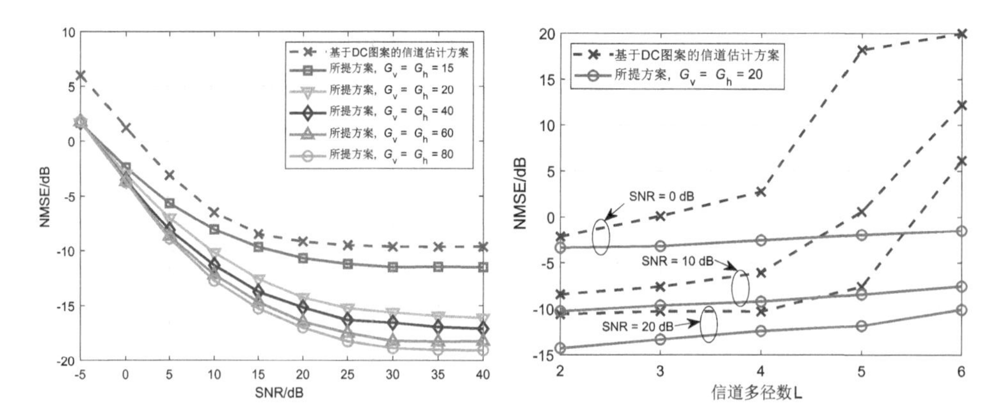

图 3.6 所提信道估计方案与基于 DC 图案的信道估计方案 [52] 的性能对比

$N_{\mathrm{R}} = N_{\mathrm{R}}^{\mathrm{RF}} = 1$，$N_{\mathrm{T}} = 128$（即 $\tilde{D}_{\mathrm{T}}^{\mathrm{v}} = \tilde{D}_{\mathrm{T}}^{\mathrm{h}} = 6.4$），$N_{\mathrm{T}}^{\mathrm{RF}} = 4$

(a)NMSE 性能随 SNR 以及 $\{G_{\mathrm{v}}, G_{\mathrm{h}}\}$ 的变化情况，$L = 3$;(b)NMSE 性能随信道多径数 L 的变化情况

通信场景，即收发端均采用透镜天线阵列进行通信。此时基于 DC 图案的信道估计方案将无法应用。设置 $\tilde{D}_{\mathrm{T}}^{\mathrm{v}} \times \tilde{D}_{\mathrm{T}}^{\mathrm{h}} = \tilde{D}_{\mathrm{R}}^{\mathrm{v}} \times \tilde{D}_{\mathrm{R}}^{\mathrm{h}} = 4.7 \times 4.7$，即 $N_{\mathrm{T}} = N_{\mathrm{R}} = 64$，$N_{\mathrm{T}}^{\mathrm{RF}} = N_{\mathrm{R}}^{\mathrm{RF}} = 4$（即 $N_{\mathrm{T}}^{\mathrm{G}} = N_{\mathrm{R}}^{\mathrm{G}} = 16$），$G_{\mathrm{v}} = G_{\mathrm{h}} = 20$。为了进行性能对比，引入如下的对比方案：①采用所提导频传输和冗余字典设计方案，但基带部分不使用式（3–32）和式（3–33）中的结果，而是使用随机基带导频信号和随机基带合并器 [44]；②采用所提导频传输和导频设计方案，但不使用冗余字典，而是直接在式（3–20）中估计信道 $\boldsymbol{H}$；③采用传统适定最小二乘（Least Square, LS）算法，即在所提方案中，令 $N_{\mathrm{T}}^{\mathrm{P}} = N_{\mathrm{T}}$，$\boldsymbol{F}_{\mathrm{BB}} = \boldsymbol{I}_{N_{\mathrm{T}}}$，$\boldsymbol{W}_{\mathrm{BB}} = \boldsymbol{I}_{N_{\mathrm{R}}}$，从而将式（3–20）变为适定方程组（未知数的数量等于独立方程的数量），用 LS 算法加以解决。在图 3.7(a) 中，可以看到所提出的导频设计和冗余字典方案，相比于随机导频方案与无冗余字典的方案，在相当大的 SNR 范围内都能保持性能优势，并且所提的基于 CS 的信道估计算法的性能在低 SNR 下将远远超过传统 LS 估计算法。例如，当 $N_{\mathrm{T}}^{\mathrm{P}} = 32$ 且 SNR = 0 dB 时，所提方案相比 LS 方案将会有超过 10 dB 的性能改善，而前者的导频开销仅是后者的 50%。注意，在信道估计阶段，收发端没有完整的信道状态信息，因此 SNR 一般会较低，这说明所提方案是一种在实际毫米波全维透镜天线阵列中有效且有应用前景的信道估计方案。

进一步，验证了使用估计后得到的信道进行数据解调后的误码率（Bit Error Rate, BER）性能，来直观体现信道估计方案对通信性能的贡献。采用 64 阶正交幅度调制（Quadrature Amplitude Modulation, QAM）以及码率为 1/3 的 Turbo 信源编码方案。在数据传输阶段，收发端的 ASN 均让 RF 链路连接到由估计得到的信道所指示的能量最高的若干个阵元，而基带则采用基于奇异值分解的预编

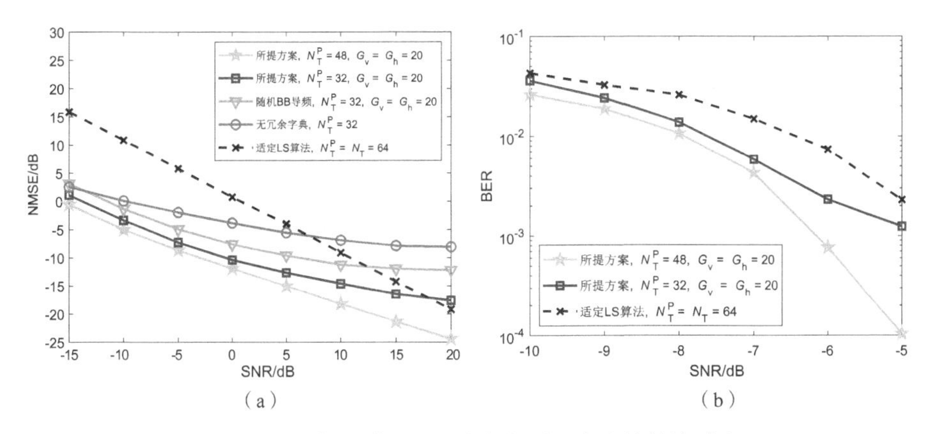

图 3.7　所提信道估计方案与其对比方案的性能对比

$N_{\mathrm{T}} = N_{\mathrm{R}} = 64$，$N_{\mathrm{T}}^{\mathrm{RF}} = N_{\mathrm{R}}^{\mathrm{RF}} = 4$

(a)NMSE 性能对比;(b)BER 性能对比

码方案。从图 3.7(b) 可以看出，所提基于 CS 的信道估计方案可以在比传统 LS 方案导频开销低的情况下，获得比传统方案更好的 BER 性能。例如，在 BER 为 10^{-2} 时，导频开销为 $N_{\mathrm{T}}^{\mathrm{P}} = 32$ 的所提方案相比 LS 方案（导频开销 $N_{\mathrm{T}}^{\mathrm{P}} = 64$），能获得 1 dB 的 SNR 增益。

3.5　本章小结

在本章中，研究了基于压缩感知（CS）的毫米波全维透镜天线阵列的信道估计方案。透镜天线阵列作为一种极具前景的毫米波大规模 MIMO 的技术路线，其独特的利用电磁透镜替代传统移相器网络进行波束赋形的思想，为实现高能量效率、低硬件复杂度的大规模 MIMO 系统提供了一个可行方案。为了有效地对毫米波全维透镜天线阵列的高维信道进行估计，同时尽量降低导频开销，将先进的 CS 技术引入透镜天线阵列的信道估计问题中。首先，给出了一种在简单天线选择网络（ASN）下的导频传输方案，保证在压缩观测下，导频信号可以对全空间范围内的信道进行探测，并以此将信道估计问题建模为 CS 问题。随后，尽管透镜天线阵列的信道本身具有 CS 所要求的稀疏性，进一步提出了冗余字典设计，将原本较为稀疏的信道重新表示为更加稀疏的形式，增强了基于 CS 的信道估计方案对信道多径数的鲁棒性。最后，利用 CS 理论中的感知矩阵优化理论，提出了一种基于最小化总互相关系数和的导频优化方案，对基带导频信号与基带合并器进行设计，并得到了闭式的优化结果。仿真结果表明，所提出的基于 CS 的信道估计方案可以有效地以低导频开销精确地估计全维透镜天线阵列的信道，且估计性能优于其对比方案。

第 4 章 毫米波大规模 MIMO 混合波束赋形设计

4.1 引言

为了降低通信系统的硬件成本和功率开销，毫米波大规模 MIMO 系统通常采用混合波束赋形设计取代传统的全数字波束赋形设计，可以大大减少所需的 RF 链路的数量。混合架构虽然降低了系统的硬件成本和功率开销，但也降低了系统设计的自由度，带来了一定性能损失。因此，设计一种合理、有效的混合波束赋形器，需要很好地权衡系统性能与实际成本功耗的关系。为实现系统性能与成本功耗的良好权衡，本章将对毫米波大规模 MIMO 混合波束赋形方案进行研究。不同于在第 1.3.2 小节中介绍的大多数工作以最大化频谱效率为优化目标，本章中设计的波束赋形以最小化收发符号之间的均方误差为优化问题。相比于以最大化频谱效率为准则的波束赋形设计，本章所提出的波束赋形设计有望达到更优的误码率性能。此外，为了降低混合 MIMO 架构的硬件复杂度与功率消耗，本章将进一步考虑基于部分连接结构的混合架构下的波束赋形设计，以期实现系统性能与实际成本的折中。

4.2 多用户窄带全连接混合波束赋形设计

本节将介绍毫米波大规模 MIMO 中面向多用户的窄带全连接混合波束赋形设计方案，以多用户 MIMO 通信场景作为基本模型，并且其中每个用户可以支持多流传输。图 4.1 展示了本节所考虑的混合架构下的多用户、多数据流毫米波大规模 MIMO 系统框图。

4.2.1 系统模型

在图 4.1 所示的系统架构中，假定基站装配 N_t 根天线与 M_t 条 RF 链路，且 $M_t \ll N_t$。基站同时服务 U 个用户，每个用户装配 N_r 根天线与 M_r 条 RF 链路，且 $M_r \ll N_r$。假设每个用户可以支持 $N_s \leqslant M_r$ 条数据流与基站进行传

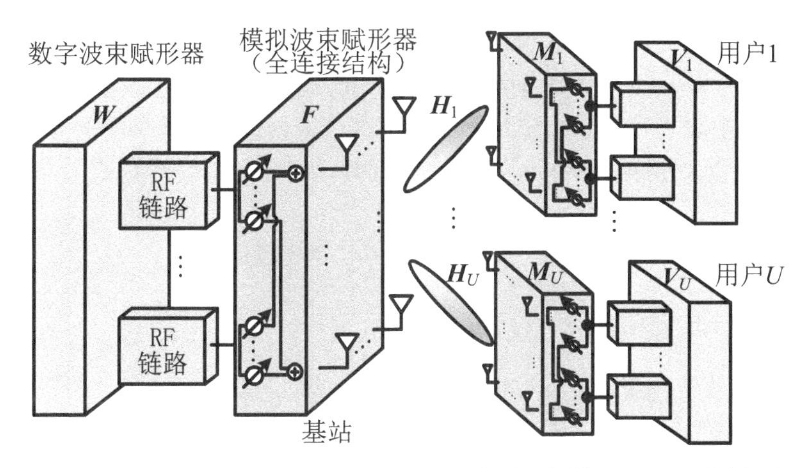

图 4.1　混合架构下的多用户、多数据流毫米波大规模 MIMO 系统框图

输，则基站需要支持 $UN_s \leqslant M_t$ 条数据流传输。为最大限度利用硬件资源，约定 $N_s = M_r$ 且 $UN_s = M_t$。在下行传输中，第 u 个用户（$1 \leqslant u \leqslant U$）接收到的信号 $\boldsymbol{y}_u$ 可表示为

$$\boldsymbol{y}_u = \boldsymbol{V}_u^{\mathrm{H}} \boldsymbol{M}_u^{\mathrm{H}} (\gamma \boldsymbol{H}_u \boldsymbol{F} \boldsymbol{W} \boldsymbol{x} + \boldsymbol{n}_u) \tag{4-1}$$

其中，$\boldsymbol{V}_u \in \mathbb{C}^{M_r \times N_s}$ 表示第 u 个用户的数字波束赋形器；$\boldsymbol{M}_u \in \mathbb{C}^{N_r \times M_r}$ 表示第 u 个用户的模拟波束赋形器；$\boldsymbol{H}_u \in \mathbb{C}^{N_r \times N_t}$ 表示从基站到第 u 个用户的下行信道；$\boldsymbol{F} = [\boldsymbol{F}_1, \boldsymbol{F}_2, \cdots, \boldsymbol{F}_U] \in \mathbb{C}^{N_t \times M_t}$ 表示基站的模拟波束赋形器，而 $\boldsymbol{W} = [\boldsymbol{W}_1, \boldsymbol{W}_2, \cdots, \boldsymbol{W}_U] \in \mathbb{C}^{M_t \times UN_s}$ 表示基站的数字波束赋形器，其中，$\boldsymbol{F}_u \in \mathbb{C}^{N_t \times M_r}$ 与 $\boldsymbol{W}_u \in \mathbb{C}^{M_t \times N_s}$ 分别表示用于第 u 个用户的模拟波束赋形器和数字波束赋形器；γ 是功率归一化因子，它使得基站波束赋形器满足 $\gamma^2 \mathrm{tr}\left(\boldsymbol{F}\boldsymbol{W}\boldsymbol{W}^{\mathrm{H}}\boldsymbol{F}^{\mathrm{H}}\right) = UN_s$；$\boldsymbol{x} = \left[\boldsymbol{x}_1^{\mathrm{T}}, \boldsymbol{x}_2^{\mathrm{T}}, \cdots, \boldsymbol{x}_U^{\mathrm{T}}\right]^{\mathrm{T}} \in \mathbb{C}^{UN_s}$，其中，$\boldsymbol{x}_u \in \mathbb{C}^{N_s}$ 表示传输给第 u 个用户的发射信号向量，且满足 $\mathbb{E}\left(\boldsymbol{x}\boldsymbol{x}^{\mathrm{H}}\right) = \boldsymbol{I}_{UN_s}$；$\boldsymbol{n}_u \sim \mathcal{CN}(\boldsymbol{0}_{N_r}, \sigma^2 \boldsymbol{I}_{N_r})$，表示第 u 个用户处的 AWGN。注意，模拟波束赋形器中的每个元素需要满足恒模约束，即有 $\left|[\boldsymbol{F}]_{i,j}\right| = \dfrac{1}{\sqrt{N_t}}, \forall i, j$ 和 $\left|[\boldsymbol{M}_u]_{i,j}\right| = \dfrac{1}{\sqrt{N_r}}, \forall u, i, j$。

为体现毫米波信道的特点，本章将假设信道矩阵 $\boldsymbol{H}_u$ 包含 N_c 个散射簇，其中每个簇中包含 N_p 条有效路径，即

$$\boldsymbol{H}_u = \sqrt{\frac{N_t N_r}{N_c N_p}} \sum_{i=1}^{N_c} \sum_{l=1}^{N_p} \alpha_{il}^u \boldsymbol{a}_r^u(\theta_{il}^{ru}, \phi_{il}^{ru}) \boldsymbol{a}_t^u(\theta_{il}^{tu}, \phi_{il}^{tu})^{\mathrm{H}} \tag{4-2}$$

其中，α_{il}^u 表示在第 i 个簇中的第 l 条路径的复增益；θ_{il}^{ru} 和 ϕ_{il}^{ru} 分别表示在

第 i 个簇中的第 l 条路径在用户端的方位角和俯仰角，θ_{il}^{tu} 和 ϕ_{il}^{tu} 分别表示在第 i 个簇中的第 l 条路径在基站端的方位角和俯仰角；$\boldsymbol{a}_r^u(\theta_{il}^{ru},\phi_{il}^{ru})\in\mathbb{C}^{N_r}$ 和 $\boldsymbol{a}_t^u(\theta_{il}^{tu},\phi_{il}^{tu})\in\mathbb{C}^{N_t}$ 分别表示用户端和基站端的导向矢量。在基站端和用户端均考虑半波长阵元间隔的 UPA，以基站端为例，导向矢量 $\boldsymbol{a}_t^u(\theta_{il}^{tu},\phi_{il}^{tu})$ 可写为

$$\boldsymbol{a}_t^u(\theta_{il}^{tu},\phi_{il}^{tu})=\boldsymbol{a}_t^{\mathrm{h}}\left(\mu_{il}^{tu}\right)\otimes\boldsymbol{a}_t^{\mathrm{v}}\left(\nu_{il}^{tu}\right) \tag{4-3}$$

其中，$\mu_{il}^{tu}=\pi\sin\phi_{il}^{tu}\cos\theta_{il}^{tu}$，$\nu_{il}^{tu}=\pi\sin\theta_{il}^{tu}$，

$$\begin{aligned}\boldsymbol{a}_t^{\mathrm{h}}\left(\mu_{il}^{tu}\right)&=\frac{1}{\sqrt{N_t^{\mathrm{h}}}}\left[1,\mathrm{e}^{\mathrm{j}\mu_{il}^{tu}},\cdots,\mathrm{e}^{\mathrm{j}\left(N_t^{\mathrm{h}}-1\right)\mu_{il}^{tu}}\right]^{\mathrm{T}}\in\mathbb{C}^{N_t^{\mathrm{h}}}\\ \boldsymbol{a}_t^{\mathrm{v}}\left(\nu_{il}^{tu}\right)&=\frac{1}{\sqrt{N_t^{\mathrm{v}}}}\left[1,\mathrm{e}^{\mathrm{j}\nu_{il}^{tu}},\cdots,\mathrm{e}^{\mathrm{j}(N_t^{\mathrm{v}}-1)\nu_{il}^{tu}}\right]^{\mathrm{T}}\in\mathbb{C}^{N_t^{\mathrm{v}}}\end{aligned}$$

N_t^{h} 和 N_t^{v} 分别为水平和垂直方向上的天线数，且满足 $N_t=N_t^{\mathrm{h}}\times N_t^{\mathrm{v}}$。用户端的导向矢量 $\boldsymbol{a}_r^u(\theta_{il}^{ru},\phi_{il}^{ru})$ 也可类似于式（4–3）写出，此处不再赘述。

基于式（4–1），可将第 u 个用户的估计信号 $\hat{\boldsymbol{x}}_u=\boldsymbol{y}_u/\gamma$ 与实际传输信号 $\boldsymbol{x}_u$ 之间的均方误差（Mean Square Error, MSE）记为 $\xi_u=\mathbb{E}\left(\|\hat{\boldsymbol{x}}_u-\boldsymbol{x}_u\|_2^2\right)$，同时，将所有用户的总 MSE 记为 $\xi=\sum_{u=1}^{U}\xi_u$。本章中的优化目标便是通过最小化 ξ，来联合设计模拟波束赋形器和数字波束赋形器。整体优化问题可以被表示为

$$\min_{\boldsymbol{W},\boldsymbol{F},\{\boldsymbol{V}_u\}_{u=1}^{U},\{\boldsymbol{M}_u\}_{u=1}^{U}}\ \xi \tag{4-4a}$$

$$\text{s.t.}\gamma^2\mathrm{tr}\left(\boldsymbol{F}\boldsymbol{W}\boldsymbol{W}^{\mathrm{H}}\boldsymbol{F}^{\mathrm{H}}\right)=UN_s \tag{4-4b}$$

$$\left|[\boldsymbol{F}]_{i,j}\right|=\frac{1}{\sqrt{N_t}},\forall i,j \tag{4-4c}$$

$$\left|[\boldsymbol{M}_u]_{i,j}\right|=\frac{1}{\sqrt{N_r}},\forall u,i,j \tag{4-4d}$$

可以看到，由于模拟波束赋形器所引入的恒模条件这一非凸约束，很难直接对上述问题进行求解。在本章接下来的内容中，将利用分别设计数字波束赋形器和模拟波束赋形器的思想，将优化问题简化。

4.2.2 数字波束赋形设计

首先考虑数字波束赋形设计，并假设模拟波束赋形器已经被设计完成。令 $\boldsymbol{H}_{\mathrm{eff}}^u=\boldsymbol{M}_u^{\mathrm{H}}\boldsymbol{H}_u\boldsymbol{F}\in{}^{M_r\times M_t}$ 为从基站与第 u 个用户间的等效基带信道，则第 u 个

用户的估计信号可写为

$$\hat{\boldsymbol{x}}_u = \boldsymbol{V}_u^{\mathrm{H}} \boldsymbol{H}_{\mathrm{eff}}^u \boldsymbol{W} \boldsymbol{x} + \boldsymbol{V}_u^{\mathrm{H}} \boldsymbol{M}_u^{\mathrm{H}} \boldsymbol{n}_u / \gamma \tag{4-5}$$

同时，假设通过基站的模拟波束赋形后，IUI 能被很好地消除，即 $\sum_{i=1,i\neq u}^{U} \boldsymbol{V}_u^{\mathrm{H}} \boldsymbol{H}_{\mathrm{eff}}^u \boldsymbol{W}_i \boldsymbol{x}_i \approx \boldsymbol{0}_{N_s}$。据此，经计算后，可得第 u 个用户的 MSE 为

$$\begin{aligned}\xi_u \approx & \mathrm{tr}\left(\boldsymbol{V}_u^{\mathrm{H}} \boldsymbol{H}_{\mathrm{eff}}^u \boldsymbol{W} \boldsymbol{W}^{\mathrm{H}} (\boldsymbol{H}_{\mathrm{eff}}^u)^{\mathrm{H}} \boldsymbol{V}_u\right) + \frac{\sigma^2}{\gamma^2} \mathrm{tr}\left(\boldsymbol{V}_u^{\mathrm{H}} \boldsymbol{M}_u^{\mathrm{H}} \boldsymbol{M}_u \boldsymbol{V}_u\right) - \\ & \mathrm{tr}\left(\boldsymbol{V}_u^{\mathrm{H}} \boldsymbol{H}_{\mathrm{eff}}^u \boldsymbol{W}_u\right) - \mathrm{tr}\left(\boldsymbol{W}_u^{\mathrm{H}} (\boldsymbol{H}_{\mathrm{eff}}^u)^{\mathrm{H}} \boldsymbol{V}_u\right) + N_s\end{aligned} \tag{4-6}$$

注意，在推导式（4–6）的过程中，利用了发射信号 $\boldsymbol{x}_u$ 与噪声 $\boldsymbol{n}_u$ 之间的独立性。

进一步，将数字波束赋形分为两种，即用户端数字波束赋形与基站端数字波束赋形，并分别阐述如下。

• 用户端数字波束赋形。由于各个用户独立地处理自己的信号，可以单独考虑每个用户的数字波束赋形器的设计。因此，以第 u 个用户为例，考虑 ξ_u 对于数字波束赋形器 $\boldsymbol{V}_u^{\mathrm{H}}$ 的导数，即

$$\frac{\partial \xi_u}{\partial \boldsymbol{V}_u^{\mathrm{H}}} = \left(\boldsymbol{H}_{\mathrm{eff}}^u \boldsymbol{W} \boldsymbol{W}^{\mathrm{H}} (\boldsymbol{H}_{\mathrm{eff}}^u)^{\mathrm{H}} \boldsymbol{V}_k\right)^{\mathrm{T}} + \frac{\sigma^2}{\gamma^2} \left(\boldsymbol{M}_u^{\mathrm{H}} \boldsymbol{M}_u \boldsymbol{V}_u\right)^{\mathrm{T}} - \left(\boldsymbol{H}_{\mathrm{eff}}^u \boldsymbol{W}_u\right)^{\mathrm{T}} \tag{4-7}$$

令上述导数式等于全零，化简可得第 u 个用户的数字波束赋形器为

$$\boldsymbol{V}_u^{\mathrm{H}} = \boldsymbol{W}_u^{\mathrm{H}} (\boldsymbol{H}_{\mathrm{eff}}^u)^{\mathrm{H}} \left(\boldsymbol{H}_{\mathrm{eff}}^u \boldsymbol{W} \boldsymbol{W}^{\mathrm{H}} (\boldsymbol{H}_{\mathrm{eff}}^u)^{\mathrm{H}} + \frac{\sigma^2}{\gamma^2} \boldsymbol{M}_u^{\mathrm{H}} \boldsymbol{M}_u\right)^{-1} \tag{4-8}$$

• 基站端数字波束赋形。基站需要处理所有用户的信号，因此，采用总 MSE 作为优化目标。将式（4–6）代入 $\xi = \sum_{u=1}^{U} \xi_u$，计算可得

$$\begin{aligned}\xi \approx & \mathrm{tr}\left(\boldsymbol{V}^{\mathrm{H}} \boldsymbol{H}_{\mathrm{eff}} \boldsymbol{W} \boldsymbol{W}^{\mathrm{H}} \boldsymbol{H}_{\mathrm{eff}}^{\mathrm{H}} \boldsymbol{V}\right) + \frac{\sigma^2}{\gamma^2} \mathrm{tr}\left(\boldsymbol{V}^{\mathrm{H}} \boldsymbol{M}^{\mathrm{H}} \boldsymbol{M} \boldsymbol{V}\right) - \\ & \mathrm{tr}\left(\boldsymbol{V}^{\mathrm{H}} \boldsymbol{H}_{\mathrm{eff}} \boldsymbol{W}\right) - \mathrm{tr}\left(\boldsymbol{W}^{\mathrm{H}} \boldsymbol{H}_{\mathrm{eff}}^{\mathrm{H}} \boldsymbol{V}\right) + U N_s\end{aligned} \tag{4-9}$$

其中，$\boldsymbol{H}_{\mathrm{eff}} = \left[(\boldsymbol{H}_{\mathrm{eff}}^1)^{\mathrm{T}}, (\boldsymbol{H}_{\mathrm{eff}}^2)^{\mathrm{T}}, \cdots, (\boldsymbol{H}_{\mathrm{eff}}^U)^{\mathrm{T}}\right]^{\mathrm{T}}$，$\boldsymbol{V} = \mathrm{Bdiag}(\boldsymbol{V}_1, \boldsymbol{V}_2, \cdots, \boldsymbol{V}_U)$，$\boldsymbol{M} = \mathrm{Bdiag}(\boldsymbol{M}_1, \boldsymbol{M}_2, \cdots, \boldsymbol{M}_U)$。同理，考虑 ξ 对基站数字波束赋形器 $\boldsymbol{W}$ 的导数

$$\frac{\partial \xi}{\partial \boldsymbol{W}} = \left(\boldsymbol{W}^{\mathrm{H}} \boldsymbol{H}_{\mathrm{eff}}^{\mathrm{H}} \boldsymbol{V} \boldsymbol{V}^{\mathrm{H}} \boldsymbol{H}_{\mathrm{eff}}\right)^{\mathrm{T}} - \left(\boldsymbol{V}^{\mathrm{H}} \boldsymbol{H}_{\mathrm{eff}}\right)^{\mathrm{T}} \tag{4-10}$$

令上述导数式等于全零，化简可得基站的数字波束赋形器

$$\boldsymbol{W}=\left(\boldsymbol{H}_{\mathrm{eff}}^{\mathrm{H}}\boldsymbol{V}\boldsymbol{V}^{\mathrm{H}}\boldsymbol{H}_{\mathrm{eff}}\right)^{-1}\boldsymbol{H}_{\mathrm{eff}}^{\mathrm{H}}\boldsymbol{V} \tag{4-11}$$

注意，在基站处应考虑功率约束因子 γ。容易得出 $\gamma=\sqrt{UN_s/\mathrm{tr}\left(\boldsymbol{F}\boldsymbol{W}\boldsymbol{W}^{\mathrm{H}}\boldsymbol{F}^{\mathrm{H}}\right)}$。

现在已经获得了如式（4–8）和式（4–11）所示的用户数字波束赋形器和基站数字波束赋形器的闭合表达式。但尽管如此，数字波束赋形器仍还没有完成，因为仍存在以下两个未解决的问题：观察用户数字波束赋形器的表达式（4–8）和基站数字波束赋形器的表达式（4–11），容易发现两者间存在相互嵌套的关系，这启发寻找一个合适的初始解来解耦这一问题，从而避免复杂的交替优化；所获得的用户数字波束赋形器和基站数字波束赋形器的闭合表达式建立在模拟波束赋形器能较好地消除 IUI 的假设上，而这一假设是否成立，与所采用的模拟波束赋形方案息息相关。在下一节中，将提出一种高效的模拟波束赋形设计来尽可能保证 IUI 消除的质量。在本节首先关注第一个问题。引入一个矩阵 $\boldsymbol{V}_{\mathrm{ini}}=\mathrm{Bdiag}\left(\boldsymbol{V}_{\mathrm{ini}}^{1},\boldsymbol{V}_{\mathrm{ini}}^{2},\cdots,\boldsymbol{V}_{\mathrm{ini}}^{U}\right)$，其中 $\boldsymbol{V}_{\mathrm{ini}}^{u}\in\mathbb{C}^{M_r\times N_s}$，$\forall u$ 是酉矩阵。采用如下流程来进行采用数字波束赋形设计：首先将 $\boldsymbol{V}_{\mathrm{ini}}$ 作为所有用户数字波束赋形器（即 $\boldsymbol{V}$）的初始解，将其代入式（4–11），以求解出基站数字波束赋形器，然后再将这个解出的基站数字波束赋形器代入式（4–8），更新得到每个用户的数字波束赋形器。下面将证明上述设计流程的合理性。证明过程需要用到以下引理 4.1。

引理 4.1: 假设一个分块矩阵 $\boldsymbol{A}=\left[\boldsymbol{A}_1^{\mathrm{T}},\cdots,\boldsymbol{A}_N^{\mathrm{T}}\right]^{\mathrm{T}}$ 是可逆方阵，那么有 $\boldsymbol{A}_i\left(\boldsymbol{A}^{\mathrm{H}}\boldsymbol{A}\right)^{-1}\boldsymbol{A}_j^{\mathrm{H}}=\begin{cases}\boldsymbol{I}, & i=j\\ \boldsymbol{O}, & i\neq j\end{cases}$，其中，$\boldsymbol{I}$ 和 $\boldsymbol{O}$ 分别是单位矩阵和全零矩阵，$1\leqslant i\leqslant N$，$1\leqslant j\leqslant N$。

证明: 由于矩阵 $\boldsymbol{A}$ 可逆，则有

$$\boldsymbol{A}\left(\boldsymbol{A}^{\mathrm{H}}\boldsymbol{A}\right)^{-1}\boldsymbol{A}^{\mathrm{H}}=\boldsymbol{A}\boldsymbol{A}^{-1}\left(\boldsymbol{A}^{\mathrm{H}}\right)^{-1}\boldsymbol{A}^{\mathrm{H}}=\boldsymbol{I}$$

另外，又有

$$\boldsymbol{A}\left(\boldsymbol{A}^{\mathrm{H}}\boldsymbol{A}\right)^{-1}\boldsymbol{A}^{\mathrm{H}}=\begin{bmatrix}\boldsymbol{A}_1\left(\boldsymbol{A}^{\mathrm{H}}\boldsymbol{A}\right)^{-1}\boldsymbol{A}_1^{\mathrm{H}} & \boldsymbol{A}_1\left(\boldsymbol{A}^{\mathrm{H}}\boldsymbol{A}\right)^{-1}\boldsymbol{A}_2^{\mathrm{H}} & \cdots & \boldsymbol{A}_1\left(\boldsymbol{A}^{\mathrm{H}}\boldsymbol{A}\right)^{-1}\boldsymbol{A}_N^{\mathrm{H}}\\ \boldsymbol{A}_2\left(\boldsymbol{A}^{\mathrm{H}}\boldsymbol{A}\right)^{-1}\boldsymbol{A}_1^{\mathrm{H}} & \boldsymbol{A}_2\left(\boldsymbol{A}^{\mathrm{H}}\boldsymbol{A}\right)^{-1}\boldsymbol{A}_2^{\mathrm{H}} & \cdots & \boldsymbol{A}_2\left(\boldsymbol{A}^{\mathrm{H}}\boldsymbol{A}\right)^{-1}\boldsymbol{A}_N^{\mathrm{H}}\\ \vdots & \vdots & \ddots & \vdots\\ \boldsymbol{A}_N\left(\boldsymbol{A}^{\mathrm{H}}\boldsymbol{A}\right)^{-1}\boldsymbol{A}_1^{\mathrm{H}} & \boldsymbol{A}_N\left(\boldsymbol{A}^{\mathrm{H}}\boldsymbol{A}\right)^{-1}\boldsymbol{A}_2^{\mathrm{H}} & \cdots & \boldsymbol{A}_N\left(\boldsymbol{A}^{\mathrm{H}}\boldsymbol{A}\right)^{-1}\boldsymbol{A}_N^{\mathrm{H}}\end{bmatrix}$$

逐块对比上述两个等式，不难得出引理 4.1 成立。证毕。

当给定 $\{\boldsymbol{V}_{\text{ini}}^u\}_{u=1}^U$ 是酉矩阵时，代入式（4–11），可得基站数字波束赋形器为 $\boldsymbol{W}=\left(\boldsymbol{H}_{\text{eff}}^{\text{H}}\boldsymbol{H}_{\text{eff}}\right)^{-1}\boldsymbol{H}_{\text{eff}}^{\text{H}}\boldsymbol{V}_{\text{ini}}$，从而

$$\boldsymbol{W}_u=\left(\boldsymbol{H}_{\text{eff}}^{\text{H}}\boldsymbol{H}_{\text{eff}}\right)^{-1}(\boldsymbol{H}_{\text{eff}}^u)^{\text{H}}\boldsymbol{V}_{\text{ini}}^u \tag{4–12}$$

假设等效基带信道矩阵 $\boldsymbol{H}_{\text{eff}}$ 是可逆的（这一般是成立的），则有 $\boldsymbol{W}\boldsymbol{W}^{\text{H}}=\left(\boldsymbol{H}_{\text{eff}}^{\text{H}}\boldsymbol{H}_{\text{eff}}\right)^{-1}$。此时将 $\boldsymbol{W}$ 回代进式（4–8），可以得到更新后的第 u 个用户的数字波束赋形器为

$$\begin{aligned}\boldsymbol{V}_u&=\left(\boldsymbol{H}_{\text{eff}}^u\left(\boldsymbol{H}_{\text{eff}}^{\text{H}}\boldsymbol{H}_{\text{eff}}\right)^{-1}(\boldsymbol{H}_{\text{eff}}^u)^{\text{H}}+\frac{\sigma^2}{\gamma^2}\boldsymbol{M}_u^{\text{H}}\boldsymbol{M}_u\right)^{-1}\boldsymbol{H}_{\text{eff}}^u\left(\boldsymbol{H}_{\text{eff}}^{\text{H}}\boldsymbol{H}_{\text{eff}}\right)^{-1}(\boldsymbol{H}_{\text{eff}}^u)^{\text{H}}\boldsymbol{V}_{\text{ini}}^u\\&\approx\left(\boldsymbol{I}_{M_r}+\frac{\sigma^2}{\gamma^2}\boldsymbol{I}_{M_r}\right)^{-1}\boldsymbol{I}_{M_r}\boldsymbol{V}_{\text{ini}}^u\\&=\eta\boldsymbol{V}_{\text{ini}}^u\end{aligned} \tag{4–13}$$

其中，$\eta=\dfrac{\gamma^2}{\gamma^2+\sigma^2}$。上述推导中多次使用了引理 4.1 的结论，且其中约等式是因为考虑到在天线数量远大于 RF 链路数量时有 $\boldsymbol{M}_u^{\text{H}}\boldsymbol{M}_u\approx\boldsymbol{I}_{M_r}$[7]。

根据经过所提出的设计流程后得到的如式（4–12）和式（4–13）所示的数字波束赋形器，可进一步计算得到

$$\begin{aligned}\boldsymbol{V}_u^{\text{H}}\boldsymbol{H}_{\text{eff}}^u\boldsymbol{W}_{u'}&\approx\eta(\boldsymbol{V}_{\text{ini}}^u)^{\text{H}}\boldsymbol{H}_{\text{eff}}^u\left(\boldsymbol{H}_{\text{eff}}^{\text{H}}\boldsymbol{H}_{\text{eff}}\right)^{-1}\left(\boldsymbol{H}_{\text{eff}}^{u'}\right)^{\text{H}}\boldsymbol{V}_{\text{ini}}^{u'}\\&=\begin{cases}\eta\boldsymbol{I}_{N_s}, & u=u'\\ \boldsymbol{O}_{N_s\times N_s}, & u\neq u'\end{cases}\end{aligned} \tag{4–14}$$

在推导式（4–14）的过程中，使用了引理 4.1 的结论。式（4–14）表明，所提出的数字波束赋形设计方案能够同时消除 IUI 以及同一用户下各数据流之间的干扰，即有 $\boldsymbol{V}^{\text{H}}\boldsymbol{H}_{\text{eff}}\boldsymbol{W}\approx\eta\boldsymbol{I}_{KN_s}$，因此，所提数字波束赋形方案是合理可行的。

4.2.3　模拟波束赋形设计

本节将考虑模拟波束赋形设计。模拟波束赋形设计是比较具有挑战性的，由于引入了恒模约束这一非凸条件，很难像前面设计数字波束赋形器一样直接求解，因此，需要进一步简化优化问题来解决模拟波束赋形设计的难题。具体而言，简化问题的思路分为以下两点：①事先设计收发模拟波束赋形器码本，即收发模拟波束赋形器只能从有限的码字中挑选；②从 MMSE 的准则出发，简化优化目标，将复杂的 MSE 转化为其他更为直观的指标。以下逐一对上述问题进行讨论。

在码本设计方面，传统方法中大多考虑 DFT 码本，即将全空间按虚拟角度进行均分而获得的码本。DFT 码本实现简单，所需的移相器量化比特数较低，且其中的码字相互正交，可以有效防止波束之间的干扰。然而，DFT 码本性能受限于天线数量，尤其是在天线数量很少（例如用户设备处）的情况下，DFT 码本的码字数量也很少，从而使得系统的空间分辨力难以满足通信性能的要求。为改善传统 DFT 码本的不足，提出一种过采样 DFT 码本的设计，其主要特点是，在生成码本之前，通过引入一个过采样因子 $\rho > 1$ 对原始的空间弧度进行过采样，然后按照 DFT 码本的形式生成过采样码本，并经过量化、去重等操作后获得最终的过采样 DFT 码本。将上述过采样码本的设计过程总结为算法 4.1，并在图 4.2 中给出了一个 4 天线 ULA 下的简单例子。从图 4.2 可以看到，如果仅采用 DFT 码本设计，那么只能得到 4 组码字。但当过采样因子 $\rho = 2$ 时，经过算法 4.1 所示的操作后，能获得 6 组码字，更为丰富的码字将提升基于码本的模拟波束赋形设计的自由度，使得模拟波束赋形方案能更好地适应不同信道条件。至此，完成了模拟波束赋形码本的设计。

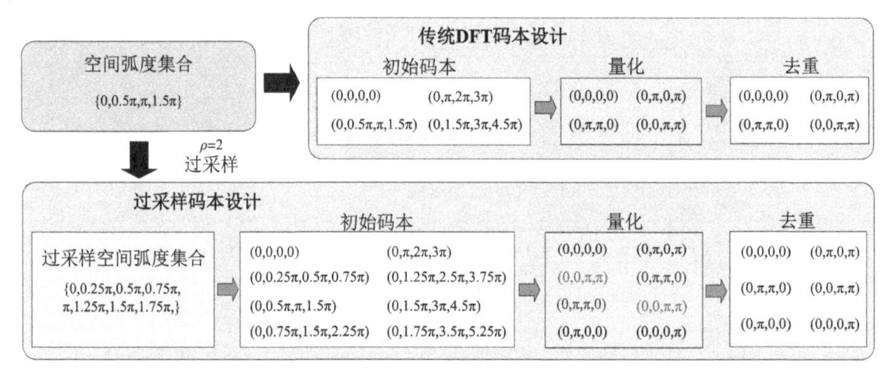

图 4.2　传统 DFT 码本与所设计过采样码本对比（图中每个码字仅用其相位值代替）

接下来，关注如何进一步简化优化目标以替代抽象的 MMSE 准则。注意到在上节所设计的数字波束赋形方案下，有 $\boldsymbol{V}^{\mathrm{H}}\boldsymbol{H}_{\mathrm{eff}}\boldsymbol{W} \approx \mu \boldsymbol{I}_{KN_s}$。将上式代入式（4–9），可以得到所有用户的总 MSE 为

$$\begin{aligned}\xi &\approx \left(\mu^2 - 2\mu + 1\right) UN_s + \frac{\sigma^2}{\gamma^2}\mathrm{tr}\left(\boldsymbol{V}^{\mathrm{H}}\boldsymbol{M}^{\mathrm{H}}\boldsymbol{M}\boldsymbol{V}\right) \\ &\approx \left(\mu^2 - 2\mu + 1\right) UN_s + \frac{\sigma^2\mu^2}{\gamma^2}UN_s \\ &= \frac{\sigma^2 UN_s}{\gamma^2 + \sigma^2}\end{aligned} \tag{4–15}$$

其中，第二个约等式是因为 $\boldsymbol{M}_u^{\mathrm{H}}\boldsymbol{M}_u \approx \boldsymbol{I}_{M_r}$，$\forall u$。式（4–15）揭示了总 MSE 的

算法 4.1: 过采样码本设计

输入： 天线数量 $N = N^{\mathrm{h}} \times N^{\mathrm{v}}$，移相器量化精度 q（比特），以及过采样因子 ρ

输出： 过采样码本 $\mathcal{D}$

1 **初始化：** 根据 q 生成量化相位集合 $\mathcal{Q} = \{0, 2\pi/2^q, \cdots, 2\pi(2^q-1)/2^q\}$，同时，根据 ρ 生成维度分别为 ρN^{h} 和 ρN^{v} 的归一化 DFT 矩阵 $\boldsymbol{F}^{\mathrm{h}}$ 和 $\boldsymbol{F}^{\mathrm{h}}$；

2 获得水平和垂直方向的过采样 DFT 码本：$\boldsymbol{F}^{\mathrm{h}}_{\mathrm{oversampled}} = \boldsymbol{F}^{\mathrm{h}}_{\{1:N^{\mathrm{h}},:\}}$ 和 $\boldsymbol{F}^{\mathrm{v}}_{\mathrm{oversampled}} = \boldsymbol{F}^{\mathrm{v}}_{\{1:N^{\mathrm{h}},:\}}$；

3 获得总体过采样 DFT 码本：$\boldsymbol{F}_{\mathrm{oversampled}} = \boldsymbol{F}^{\mathrm{h}}_{\mathrm{oversampled}} \otimes \boldsymbol{F}^{\mathrm{v}}_{\mathrm{oversampled}}$；

4 量化相位：$\angle\left(\left[\boldsymbol{F}_{\mathrm{oversampled}}\right]_{i,j}\right) = \underset{\alpha\in\mathcal{Q}}{\arg\min}\left|\angle\left(\left[\boldsymbol{F}_{\mathrm{oversampled}}\right]_{i,j}\right) - \alpha\right|, \ \forall i, j$；

5 去除矩阵 $\boldsymbol{F}_{\mathrm{oversampled}}$ 中重复的列;

6 **Return：** 过采样码本 $\mathcal{D} = \{\boldsymbol{F}_{\mathrm{oversampled}}$的所有列向量$\}$

大小与功率归一化因子的平方 γ^2 呈负相关，即当 γ^2 增大时，系统的总 MSE 将随之减少。这启发可以采用 γ^2 来替代总 MSE 作为优化目标来设计模拟波束赋形器。考虑进一步化简 γ^2。首先对等效基带信道矩阵 $\boldsymbol{H}_{\mathrm{eff}}$ 应用 SVD 分解，可得 $\boldsymbol{H}_{\mathrm{eff}} = \boldsymbol{L\Sigma R}^{\mathrm{H}}$，其中，$\boldsymbol{L}$ 和 $\boldsymbol{R}$ 分别是左、右奇异矩阵，$\boldsymbol{\Sigma}$ 为包含 $\boldsymbol{H}_{\mathrm{eff}}$ 的奇异值的对角矩阵。据此，γ^2 可写为

$$
\begin{aligned}
\gamma^2 &= \frac{UN_s}{\operatorname{tr}\left(\boldsymbol{FWW}^{\mathrm{H}}\boldsymbol{F}^{\mathrm{H}}\right)} \\
&= \frac{UN_s}{\operatorname{tr}\left(\boldsymbol{F}\left(\boldsymbol{H}_{\mathrm{eff}}^{\mathrm{H}}\boldsymbol{H}_{\mathrm{eff}}\right)^{-1}\boldsymbol{F}^{\mathrm{H}}\right)} \\
&= \frac{UN_s}{\operatorname{tr}\left(\boldsymbol{F}^{\mathrm{H}}\boldsymbol{F}\left(\boldsymbol{H}_{\mathrm{eff}}^{\mathrm{H}}\boldsymbol{H}_{\mathrm{eff}}\right)^{-1}\right)} \\
&\approx \frac{UN_s}{\operatorname{tr}\left(\left(\boldsymbol{H}_{\mathrm{eff}}^{\mathrm{H}}\boldsymbol{H}_{\mathrm{eff}}\right)^{-1}\right)} \\
&= \frac{UN_s}{\operatorname{tr}\left(\boldsymbol{\Sigma}^{-2}\right)} \\
&\leqslant \frac{\operatorname{tr}\left(\boldsymbol{\Sigma}^{2}\right)}{UN_s} \\
&= \frac{\|\boldsymbol{H}_{\mathrm{eff}}\|_2^2}{UN_s}
\end{aligned}
\tag{4–16}
$$

上述推导过程中的约等号是因为 $\boldsymbol{F}^{\mathrm{H}}\boldsymbol{F} \approx \boldsymbol{I}_{M_t}$[7]，而其中的不等式是来自调和-算

数均值不等式，当且仅当 $\boldsymbol{H}_{\text{eff}}$ 的所有奇异值相等时，等号成立。式（4–16）启发可以在保证 $\boldsymbol{H}_{\text{eff}}$ 的各奇异值相差不大的情况下，通过最大化 $\boldsymbol{H}_{\text{eff}}$ 的能量来最大化 γ^2，从而最小化总 MSE（如式（4–15）所指出）。注意到等效基带信道矩阵 $\boldsymbol{H}_{\text{eff}}$ 应该是一个近似对角阵（这样才能消除 IUI 以及各个 RF 链路之间的干扰），因此，$\|\boldsymbol{H}_{\text{eff}}\|_2^2 \approx \sum_{i=1}^{UN_s} \left|[\boldsymbol{H}_{\text{eff}}]_{i,i}\right|^2$，即可以用 $\boldsymbol{H}_{\text{eff}}$ 的对角元素总能量来替代式（4–16）中的 $\|\boldsymbol{H}_{\text{eff}}\|_2^2$，从而进一步简化了优化目标。

至此，经过前述大量的分析，将模拟波束赋形的设计目标写成以下优化问题

$$\max_{\{\boldsymbol{M}_u\}_{u=1}^{U},\boldsymbol{F}} \sum_{i=1}^{UN_s} \left|[\boldsymbol{H}_{\text{eff}}]_{i,i}\right|^2 - \text{cond}\left(\boldsymbol{H}_{\text{eff}}\right) \tag{4–17a}$$

$$\text{s.t.} \boldsymbol{F}_{\{:,m\}} \in \mathcal{D}_t, \forall m \tag{4–17b}$$

$$[\boldsymbol{M}_u]_{\{:,n\}} \in \mathcal{D}_r^u, \forall u, n \tag{4–17c}$$

其中，$\mathcal{D}_t$ 和 $\mathcal{D}_r^u$ 分别是基站端和第 u 个用户端通过算法 4.1 得到的码本；$\text{cond}\left(\boldsymbol{H}_{\text{eff}}\right)$ 表示 $\boldsymbol{H}_{\text{eff}}$ 的条件数，即其最大奇异值与最小奇异值之比。可以看出，优化目标（4–17a）力求使得 $\boldsymbol{H}_{\text{eff}}$ 的对角元素总能量尽量大，同时力求保证 $\text{cond}\left(\boldsymbol{H}_{\text{eff}}\right)$ 尽量小（即使得 $\boldsymbol{H}_{\text{eff}}$ 的所有奇异值尽量相等）。算法 4.2 设计了一种贪婪算法来求解上述优化问题，在每一轮迭代中，从码本里选出使得 $\boldsymbol{H}_{\text{eff}}$ 的对角元素总能量最大的码字作为模拟波束赋形器，同时，为了保证 $\boldsymbol{H}_{\text{eff}}$ 有较好的条件数，引入一个预设的相关因子 β，每次选出码字后，从码本中剔除与已选择的码字相关系数超出 β 的码字。具体算法流程参见算法 4.2。

4.2.4 仿真分析

在本节中，将对所提出的波束赋形方案下的系统平均频谱效率（Average Spectrum Efficiency, ASE）和误码率性能进行相应的仿真分析。注意，提出的模拟波束赋形和数字波束方案是独立的，两者可以分别应用。同时考虑以下两种对比方案：①两阶段波束赋形方案 [56] 与②混合 BD 波束赋形方案 [58]。注意，混合 BD 波束赋形方案的模拟和数字部分的设计也是独立的，因此，可以将混合 BD 波束赋形方案中的模拟和数字部分与所提的波束赋形方案的模拟和数字部分进行交叉验证，从而分别确定所提的模拟和数字设计方案的有效性和优越性。部分仿真参数设置如下：基站天线数 $N_t = 8 \times 8$，移相器量化精度为 3 bit；用户天线数 $N_r = 4 \times 4$，移相器量化精度为 2 bit；$N_c = 8$，$N_p = 10$，$\alpha_{il}^u \sim \mathcal{CN}(0,1)$。对信道中的每条簇，其中心路径方位角和俯仰角均服从均匀分布 $\mathcal{U}(-\pi/2, \pi/2)$，而每一个簇中的路径的角度扩展常数设为 7.5°，以约束这些

算法 4.2: 基于码本的 MMSE 模拟波束赋形设计（窄带）

输入： 相关因子 β，基站端码本 $\mathcal{D}_t$，用户端码本 $\mathcal{D}_r^u$，$\forall u$，以及信道 $\boldsymbol{H}_u$，$\forall u$

输出： 模拟波束赋形器 $\boldsymbol{F} = [\boldsymbol{F}_1, \boldsymbol{F}_2, \cdots, \boldsymbol{F}_U]$ 和 $\boldsymbol{M}_u$，$\forall u$

1 **初始化:** 用户集合 $\mathcal{U} = \{1, 2, ..., U\}$，$\boldsymbol{F}$ 和 $\boldsymbol{M}_u$，$\forall u$ 均设为空矩阵;

2 **while** $\boldsymbol{F}$ 的列数未达到 UN_s **do**

3 　$\{u^{\text{opt}}, \boldsymbol{d}_r^{\text{opt}}, \boldsymbol{d}_t^{\text{opt}}\} = \underset{u \in \mathcal{U}, \boldsymbol{d}_r \in \mathcal{D}_r^u, \boldsymbol{d}_t \in \mathcal{D}_t}{\arg\max} \left|\boldsymbol{d}_r^{\text{H}} \boldsymbol{H}_u \boldsymbol{d}_t\right|^2$;

4 　$\boldsymbol{M}_{u^{\text{opt}}} = \left[\boldsymbol{M}_{u^{\text{opt}}} | \boldsymbol{d}_r^{\text{opt}}\right]$，$\boldsymbol{F}_{u^{\text{opt}}} = \left[\boldsymbol{F}_{u^{\text{opt}}} | \boldsymbol{d}_t^{\text{opt}}\right]$;

5 　$\mathcal{D}_r^{u^{\text{opt}}} = \mathcal{D}_r^{u^{\text{opt}}} - \left\{\boldsymbol{d}_r | \boldsymbol{d}_r \in \mathcal{D}_r^{u^{\text{opt}}}, \left|\boldsymbol{d}_r^{\text{H}} \boldsymbol{d}_r^{\text{opt}}\right| \geqslant \beta\right\}$;

6 　$\mathcal{D}_t = \mathcal{D}_t - \left\{\boldsymbol{d}_t | \boldsymbol{d}_t \in \mathcal{D}_t, \left|\boldsymbol{d}_t^{\text{H}} \boldsymbol{d}_t^{\text{opt}}\right| \geqslant \beta\right\}$;

7 　**if** $\boldsymbol{M}_{u^{\text{opt}}}$ 的列数达到 N_s **then**

8 　　$\mathcal{U} = \mathcal{U} - u^{\text{opt}}$;

9 　**end**

10 **end**

11 **Return:** $\boldsymbol{F} = [\boldsymbol{F}_1, \boldsymbol{F}_2, \cdots, \boldsymbol{F}_U]$ 和 $\boldsymbol{M}_u$，$\forall u$

路径分布在簇中心的周围。

在图 4.3 和图 4.4 中，分别展示了所提波束赋形方案与其他方案的 ASE 和 BER 性能对比。注意，在对比 BER 时，考虑 4 阶正交幅度调制（Quadrature Amplitude Modulation, QAM）。从图 4.3 可以看出，所提波束赋形方案要优于两阶段波束赋形方案和混合 BD 波束赋形方案。此外，所提的模拟（数字）部分和混合 BD 的数字（模拟）部分的组合方案要优于原先纯混合 BD 方案。在图 4.4 中，进一步发现所提波束赋形方案在 BER 性能方面也优于其他方案，而采用所提模拟/数字方案和混合 BD 数字/模拟方案的组合方案也均优于纯混合 BD 方案。上述观察表明，所提波束赋形方案相较传统方案能够有效改善系统的 ASE 和 BER 性能，并且所提数字和模拟波束赋形方案均能独立地改善系统性能。

在图 4.5 中，进行了所提波束赋形方案与其他方案在不同用户数下的仿真，以此探究这些方案下系统 ASE 随用户数变化的规律。从图 4.5 中可以发现，在合理的范围内增大用户数，可以充分利用系统资源，因此，系统 ASE 得到显著提升。但随用户数量逐渐增加，所有方案的 ASE 增加将会变缓，甚至出现下滑，这是因为随着用户数量增加时，通信系统之中的 IUI 也会随之增加，一些抗 IUI 性能不佳的混合波束赋形方案将出现明显的性能恶化。图 4.5 反映出所提的数字波束赋形方案抗 IUI 性能还有较大的改进空间。在本章后续内容中，将进一步优化数字波束赋形设计。

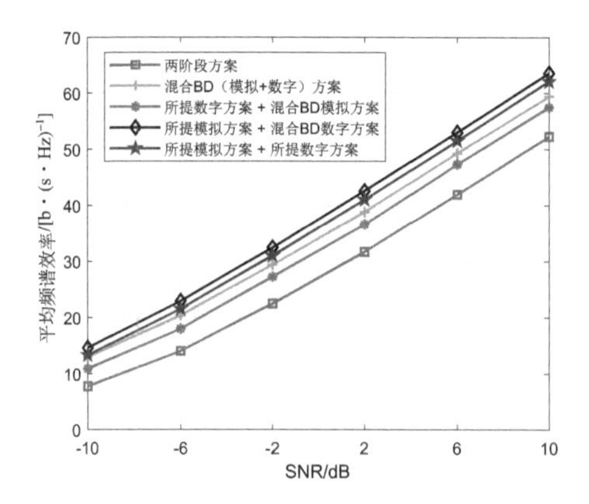

图 **4.3** 不同波束赋形方案随 **SNR** 变化的 **ASE** 性能对比（$U=8$，$N_s=1$。当使用所提模拟波束赋形方案时，设置 $\rho=8$，$\beta=0.15$）

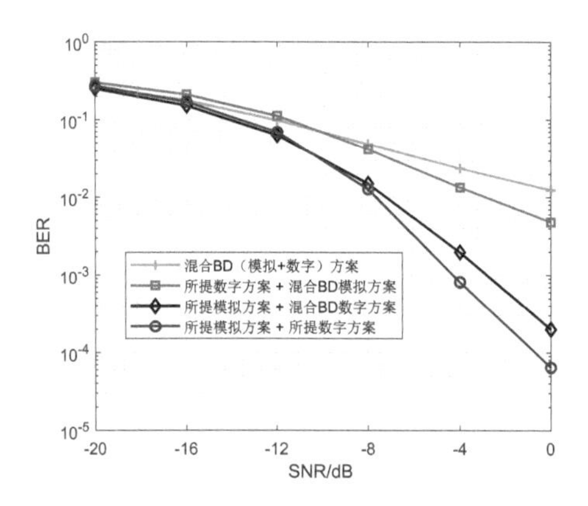

图 **4.4** 不同波束赋形方案随 **SNR** 变化的 **BER** 性能对比（$U=2$，$N_s=2$。当使用所提模拟波束赋形方案时，设置 $\rho=8$，$\beta=0.15$）

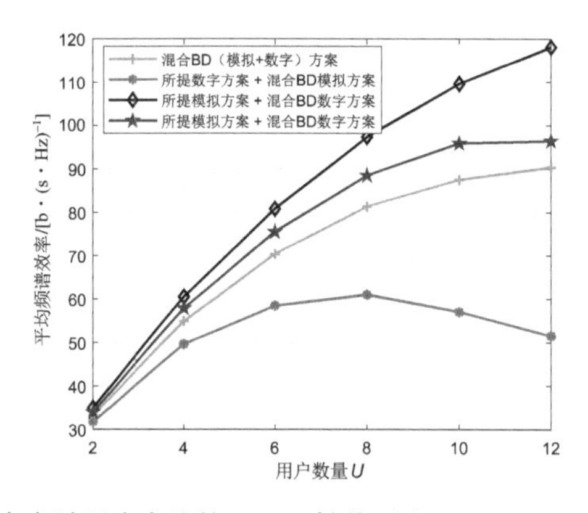

图 **4.5** 不同波束赋形方案随用户变化的 **ASE** 性能对比（**SNR** $=10$ **dB**，$N_s=2$。当使用所提模拟波束赋形方案时，设置 $\rho=8$，$\beta=0.15$）

最后，为验证所提模拟波束赋形方案中的过采样因子 ρ 和相关因子 β 对整体波束赋形方案的影响，在图 4.6 和图 4.7 中分别进行了所提波束赋形方案在不同 ρ 和 β 时的 ASE 仿真。从图 4.6 中可以发现，随着过采样因子 ρ 在合理的范围内增加，所提波束赋形方案能很好地提升 ASE 性能，但当 ρ 增加到一定程度时，所提波束赋形方案的性能提升不再那么明显。而在图 4.7 中，发现相关因子 β 对系统 ASE 性能的影响与 ρ 刚好相反。相关因子 β 增加时，所提波束赋形方案不能保证等效基带信道矩阵有较好的条件数，因此，系统的 ASE 性能将会急剧恶化。图 4.6 和图 4.7 为在实际应用中对参数 ρ 和 β 的选择提供了依据。

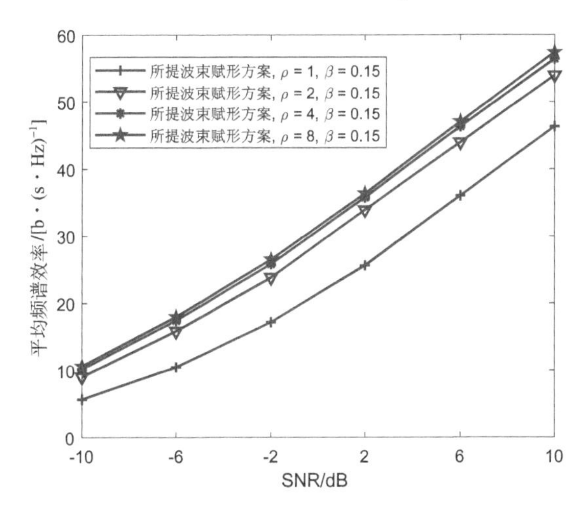

图 4.6　所提波束赋形方案在不同 ρ 下随 SNR 变化的 ASE 性能对比（$U=4$，$N_s=2$）

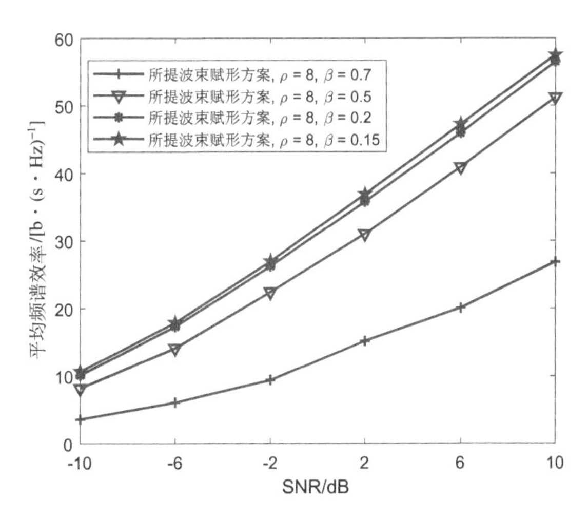

图 4.7　所提波束赋形方案在不同 β 下随 SNR 变化的 ASE 性能对比（$U=4$，$N_s=2$）

4.3 多用户宽带全连接混合波束赋形设计

在实际的通信信道中，各个路径的信号到达接收端的时间有差异，因此会在时域上产生延时扩展，从而使得信道响应在不同的频率上发生改变。当发射信号带宽足够大时，信号将在不同频率上经历不同的信道影响，此即宽带通信系统中的频率选择性衰落效应。在本节中，为了克服宽带信道的频率选择性衰落对数据传输的影响，将在毫米波混合大规模 MIMO 中采用 OFDM 传输方案，并在该传输方案下设计基站和各个用户的混合波束赋形器。

4.3.1 系统模型

总体上仍然沿用第 4.2 节中的符号定义。考虑基于 OFDM 的多用户混合毫米波 MIMO 系统。图 4.8 给出了此时基站的硬件结构（用户端的硬件结构也类似，只需将 IFFT 替换为 FFT。为简单起见，用户端未画出），其中 K 代表 OFDM 系统中的子载波总数。在接下来的内容中，将在各个符号后添加记号“$[k]$”来代表其与第 k 个子载波相关。

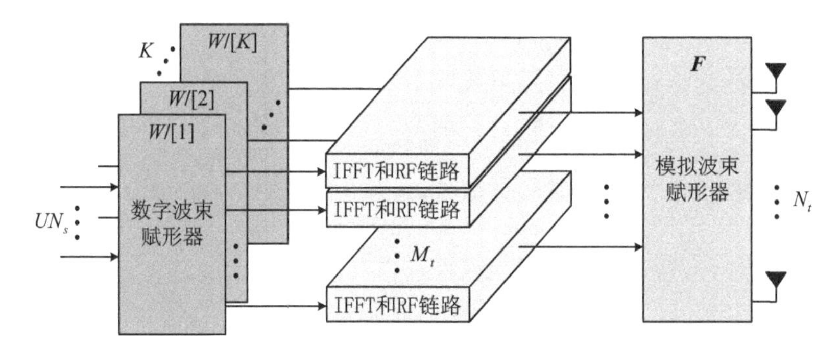

图 4.8 基于 OFDM 的宽带毫米波大规模 MIMO 系统中的混合波束赋形结构

在宽带 OFDM 系统中，式（4–1）中接收信号的形式可改写为

$$\boldsymbol{y}_u[k]=\boldsymbol{V}_u^{\mathrm{H}}[k]\,\boldsymbol{M}_u^{\mathrm{H}}\left(\boldsymbol{H}_u[k]\,\boldsymbol{F}\boldsymbol{W}[k]\,\boldsymbol{x}[k]+\boldsymbol{n}_u[k]\right) \tag{4–18}$$

再次强调，上式中的符号定义与式（4–1）中的相同，有些符号仅是后面添加了记号“$[k]$”来代表其与第 k 个子载波相关。值得注意的是，由于混合架构中的移相器网络一般视为频率平坦器件，无法为不同子载波信道赋予不同的模拟波束赋形器，因此，在模拟波束赋形器 $\boldsymbol{F}$ 和 $\boldsymbol{M}_u$ 后不加“$[k]$”。式（4–18）中第 k 个子载波上的信道 $\boldsymbol{H}_u[k]$ 可写为

$$\boldsymbol{H}_u[k]=\sqrt{\frac{N_tN_r}{N_cN_p}}\sum_{i=1}^{N_c}\sum_{l=1}^{N_p}\alpha_{il}^u\mathrm{e}^{-\mathrm{j}\frac{2\pi\tau_{il}^u k}{KT_s}}\boldsymbol{a}_r^u(\theta_{il}^{ru},\phi_{il}^{ru})\boldsymbol{a}_t^u(\theta_{il}^{tu},\phi_{il}^{tu})^{\mathrm{H}} \tag{4-19}$$

其中，τ_{il}^u 是每条路径的延时偏移；T_s 为 OFDM 系统的时域采样间隔。其余符号定义与式（4–2）相同。

同样地，第 u 个用户在第 k 个子载波上的 MSE 可表示为 $\xi_u[k]=\mathbb{E}\left(\|\gamma^{-1}[k]\boldsymbol{y}_u[k]-\boldsymbol{x}_u[k]\|_2^2\right)$，其中，$\gamma[k]$ 是基站波束赋形器的功率归一化因子。与第 4.1 节不同的是，本节将把 $\gamma[k]$ 作为待优化变量，在波束赋形设计的过程中加以考虑。本节力求解决的优化问题即为

$$\min_{\{\boldsymbol{W}[k]\}_{k=1}^K,\{\boldsymbol{V}[k]\}_{k=1}^K,\{\gamma[k]\}_{k=1}^K,\boldsymbol{F},\boldsymbol{M}}\sum_{k=1}^K\sum_{u=1}^U\xi_u[k] \tag{4-20a}$$

$$\text{s.t.}\operatorname{tr}\left(\boldsymbol{F}\boldsymbol{W}[k]\boldsymbol{W}^{\mathrm{H}}[k]\boldsymbol{F}^{\mathrm{H}}\right)=P,\forall k \tag{4-20b}$$

$$\left|[\boldsymbol{F}]_{i,j}\right|=\frac{1}{\sqrt{N_t}},\forall i,j \tag{4-20c}$$

$$\left|[\boldsymbol{M}_u]_{i,j}\right|=\frac{1}{\sqrt{N_r}},\forall u,i,j \tag{4-20d}$$

其中，$\boldsymbol{V}[k]=\mathrm{Bdiag}(\boldsymbol{V}_1[k],\boldsymbol{V}_2[k],\cdots,\boldsymbol{V}_U[k])$，$\boldsymbol{M}=\mathrm{Bdiag}(\boldsymbol{M}_1,\boldsymbol{M}_2,\cdots,\boldsymbol{M}_U)$，且 P 是发射功率。注意，假设所有子载波信道上的发射功率均相等（等于 P）。

4.3.2 宽带数字波束赋形设计

与第 4.1 节相似，首先考虑数字波束赋形设计，并假设模拟波束赋形器已经被设计完成且通过模拟波束赋形后 IUI 能被很好地消除。那么，$\xi_u[k]$ 可写成

$$\begin{aligned}\xi_u[k]=&\operatorname{tr}\left(\boldsymbol{V}_u^{\mathrm{H}}[k]\boldsymbol{H}_{\mathrm{eff}}^u[k]\tilde{\boldsymbol{W}}[k]\tilde{\boldsymbol{W}}^{\mathrm{H}}[k](\boldsymbol{H}_{\mathrm{eff}}^u[k])^{\mathrm{H}}\boldsymbol{V}_u[k]\right)-\\&2\mathrm{Re}\left(\operatorname{tr}\left(\boldsymbol{V}_u^{\mathrm{H}}[k]\boldsymbol{H}_{\mathrm{eff}}^u[k]\tilde{\boldsymbol{W}}_u[k]\right)\right)+\\&\sigma^2\gamma^{-2}[k]\operatorname{tr}\left(\boldsymbol{V}_u^{\mathrm{H}}[k]\boldsymbol{M}_u^{\mathrm{H}}\boldsymbol{M}_u\boldsymbol{V}_u[k]\right)+N_s\end{aligned} \tag{4-21}$$

其中，$\boldsymbol{H}_{\mathrm{eff}}^u[k]=\boldsymbol{M}_u^{\mathrm{H}}\boldsymbol{H}_u[k]\boldsymbol{F}$，而 $\tilde{\boldsymbol{W}}[k]=\gamma^{-1}[k]\boldsymbol{W}[k]$ 表示无功率约束的基站数字波束赋形器。由于各个子载波相互独立，可以单独为每个子载波设计对应的数字波束赋形器。为不失一般性，以下以第 k 个子载波为例进行分析。对于用户端数字波束赋形器来说，与之前的窄带数字波束赋形设计一样，通过考虑 $\xi_u[k]$

对于 $\boldsymbol{V}_u^{\mathrm{H}}[k]$ 的导数并令其等于全零，就可以获得第 u 个用户的数字波束赋形器

$$\boldsymbol{V}_u^{\mathrm{H}}[k]=\tilde{\boldsymbol{W}}_u^{\mathrm{H}}[k]\left(\boldsymbol{H}_{\mathrm{eff}}^u[k]\right)^{\mathrm{H}}\left(\boldsymbol{H}_{\mathrm{eff}}^u[k]\,\tilde{\boldsymbol{W}}[k]\,\tilde{\boldsymbol{W}}^{\mathrm{H}}[k]\left(\boldsymbol{H}_{\mathrm{eff}}^u[k]\right)^{\mathrm{H}}+\frac{\sigma^2}{\gamma^2[k]}\boldsymbol{M}_u^{\mathrm{H}}\boldsymbol{M}_u\right)^{-1} \tag{4-22}$$

当考虑基站数字波束赋形器时，需要联合考虑所有用户的 MSE

$$\begin{aligned}\xi[k]=&\sum_{u=1}^{U}\xi_u[k]\\=&\gamma^{-2}[k]\,\mathrm{tr}\left(\boldsymbol{V}^{\mathrm{H}}[k]\,\boldsymbol{H}_{\mathrm{eff}}[k]\,\boldsymbol{W}[k]\,\boldsymbol{W}^{\mathrm{H}}[k]\,\boldsymbol{H}_{\mathrm{eff}}^{\mathrm{H}}[k]\,\boldsymbol{V}[k]\right)-\\&2\gamma^{-1}[k]\,\mathrm{Re}\left(\mathrm{tr}\left(\boldsymbol{V}^{\mathrm{H}}[k]\,\boldsymbol{H}_{\mathrm{eff}}[k]\,\boldsymbol{W}[k]\right)\right)+\\&\sigma^2\gamma^{-2}[k]\,\mathrm{tr}\left(\boldsymbol{V}^{\mathrm{H}}[k]\,\boldsymbol{M}^{\mathrm{H}}\boldsymbol{M}\boldsymbol{V}[k]\right)+UN_s\end{aligned} \tag{4-23}$$

其中，$\boldsymbol{H}_{\mathrm{eff}}[k]=\left[\left(\boldsymbol{H}_{\mathrm{eff}}^1[k]\right)^{\mathrm{T}},\left(\boldsymbol{H}_{\mathrm{eff}}^2[k]\right)^{\mathrm{T}},\cdots,\left(\boldsymbol{H}_{\mathrm{eff}}^U[k]^{\mathrm{T}}\right)\right]^{\mathrm{T}}$。考虑到基站数字波束赋形器含有功率约束条件，引入拉格朗日乘子 $\mu[k]$ 并构建对应的拉格朗日函数如下

$$L=\xi[k]+\mu[k]\left(\mathrm{tr}\left(\boldsymbol{F}\boldsymbol{W}[k]\,\boldsymbol{W}^{\mathrm{H}}[k]\,\boldsymbol{F}^{\mathrm{H}}\right)-P\right) \tag{4-24}$$

求拉格朗日函数 L 对基站数字波束赋形器 $\boldsymbol{W}[k]$ 导数，得

$$\begin{aligned}\frac{\partial L}{\partial \boldsymbol{W}[k]}=&\gamma^{-2}[k]\left(\boldsymbol{W}^{\mathrm{H}}[k]\,\boldsymbol{H}_{\mathrm{eff}}^{\mathrm{H}}[k]\,\boldsymbol{V}[k]\,\boldsymbol{V}^{\mathrm{H}}[k]\,\boldsymbol{H}_{\mathrm{eff}}[k]\right)^{\mathrm{T}}-\\&\gamma^{-1}[k]\left(\boldsymbol{V}^{\mathrm{H}}[k]\,\boldsymbol{H}_{\mathrm{eff}}[k]\right)^{\mathrm{T}}+\mu[k]\left(\boldsymbol{W}^{\mathrm{H}}[k]\,\boldsymbol{F}^{\mathrm{H}}\boldsymbol{F}\right)^{\mathrm{T}}\end{aligned} \tag{4-25}$$

令上式等于全零，可求得基站数字波束赋形器的表达式

$$\boldsymbol{W}[k]=\gamma[k]\left(\boldsymbol{H}_{\mathrm{eff}}^{\mathrm{H}}[k]\,\boldsymbol{V}[k]\,\boldsymbol{V}^{\mathrm{H}}[k]\,\boldsymbol{H}_{\mathrm{eff}}[k]+\mu[k]\,\gamma^2[k]\,\boldsymbol{F}^{\mathrm{H}}\boldsymbol{F}\right)^{-1}\boldsymbol{H}_{\mathrm{eff}}^{\mathrm{H}}[k]\,\boldsymbol{V}[k] \tag{4-26}$$

接着求拉格朗日函数 L 对功率归一化因子 $\gamma[k]$ 的导数，得

$$\begin{aligned}\frac{\partial L}{\partial \gamma[k]}=&2\gamma^{-2}[k]\,\mathrm{Re}\left(\mathrm{tr}\left(\boldsymbol{V}^{\mathrm{H}}[k]\,\boldsymbol{H}_{\mathrm{eff}}[k]\,\boldsymbol{W}[k]\right)\right)-\\&2\gamma^{-3}[k]\,\mathrm{tr}\left(\boldsymbol{V}^{\mathrm{H}}[k]\,\boldsymbol{H}_{\mathrm{eff}}[k]\,\boldsymbol{W}[k]\,\boldsymbol{W}^{\mathrm{H}}[k]\,\boldsymbol{H}_{\mathrm{eff}}^{\mathrm{H}}[k]\,\boldsymbol{V}[k]\right)-\\&2\sigma^2\gamma^{-3}[k]\,\mathrm{tr}\left(\boldsymbol{V}^{\mathrm{H}}[k]\,\boldsymbol{M}^{\mathrm{H}}\boldsymbol{M}\boldsymbol{V}[k]\right)\end{aligned} \tag{4-27}$$

同样，令上式等于 0，经过复杂的数学计算，可得

$$\mu[k]\gamma^2[k]=\sigma^2\mathrm{tr}\left(\boldsymbol{V}^{\mathrm{H}}[k]\boldsymbol{M}^{\mathrm{H}}\boldsymbol{M}\boldsymbol{V}[k]\right)/P \tag{4-28}$$

观察式（4–26）与式（4–28），可以看出，虽然无法具体求出 $\mu[k]$ 的数值，但可以将式（4–28）中的 $\mu[k]\gamma^2[k]$ 视为一个整体，并代入式（4–26），以求得无功率约束的基站数字波束赋形器 $\tilde{\boldsymbol{W}}[k]=\gamma^{-1}[k]\boldsymbol{W}[k]$ 的表达式。这之后，根据功率条件，可以进一步获取功率归一化的表达式

$$\gamma[k]=\sqrt{P/\mathrm{tr}\left(\boldsymbol{F}\tilde{\boldsymbol{W}}[k]\tilde{\boldsymbol{W}}^{\mathrm{H}}[k]\boldsymbol{F}^{\mathrm{H}}\right)} \tag{4-29}$$

至此，可以求得 MMSE 准则下数字波束赋形器 $\boldsymbol{W}[k]$ 和 $\boldsymbol{V}_u[k]$ 的闭合形式，即式（4–22）和式（4–26）（注意，式（4–26）中的 $\mu[k]\gamma^2[k]$ 和 $\gamma[k]$ 应分别用式（4–28）和式（4–29）代入）。同样，尽管 $\boldsymbol{W}[k]$ 和 $\boldsymbol{V}_u[k]$ 存在相互嵌套的关系，还是可以按上一节的方法，用一个矩阵 $\boldsymbol{V}_{\mathrm{ini}}=\mathrm{Bdiag}\left(\boldsymbol{V}_{\mathrm{ini}}^1,\boldsymbol{V}_{\mathrm{ini}}^2,\cdots,\boldsymbol{V}_{\mathrm{ini}}^U\right)$，其中每个 $\boldsymbol{V}_{\mathrm{ini}}^u$ 是任意酉矩阵，作为用户数字波束赋形器的初始解代入式（4–26），从而求解出基站波束赋形器，然后再根据式（4–22）更新用户波束赋形器。这一流程的合理性已在上一节中详细论证过，因而此处不再赘述。

4.3.3　宽带模拟波束赋形设计

在宽带系统中，第 4.2.3 小节中提出的基于码本的模拟波束赋形设计依然有效，唯一需要注意的改动是，对于某一个用户，应使用其所有（而不是单个）子载波信道上的总 MSE 作为优化目标。在算法 4.3 中给出了基于码本的宽带模拟波束设计的流程，可以看出，其与算法 4.2 几乎相同，仅是将算法 4.2 中行 3 中的窄带等效基带信道的对角元素总能量这一指标替换为所有子载波上的等效基带信道矩阵的对角元素总能量之和。

4.3.4　仿真分析

本节将对所提出的宽带波束赋形方案下的系统 ASE 和 BER 性能进行相应的仿真分析。假设用户天线数为 $N_r=2\times2$，系统带宽为 100 MHz（即 $T_s=10$ ns），$K=64$，延时偏移 $\tau_{il}^u\sim\mathcal{U}(0,\tau_{\max})$，其中，最大延时扩展 $\tau_{\max}=160$ ns。其余参数取值与第 4.2.4 小节中的设置相同。考虑文献 [63] 中提出的一种宽带混合波束赋形方案 S-GHP 作为对比方案。同时，将考虑基于传统 DFT 码本（即在算法 4.1 中令 $\rho=1$ 且不进行相位量化后得到的码本）的模拟波束赋形方案作为所提模拟波束赋形设计的对比方案。用“旧数字方案”指代在第 4.2.2 小节中提出

算法 4.3: 基于码本的 MMSE 模拟波束赋形设计（宽带）

输入： 相关因子 β，基站端码本 $\mathcal{D}_t$，用户端码本 $\mathcal{D}_r^u$，$\forall u$，以及信道 $\boldsymbol{H}_u[k]$，$\forall u,k$

输出： 模拟波束赋形器 $\boldsymbol{F}=[\boldsymbol{F}_1,\boldsymbol{F}_2,\cdots,\boldsymbol{F}_U]$ 和 $\boldsymbol{M}_u$，$\forall u$

1 **初始化：** 用户集合 $\mathcal{U}=\{1,2,...,U\}$，$\boldsymbol{F}$ 和 $\boldsymbol{M}_u$，$\forall u$ 均设为空矩阵；

2 **while** $\boldsymbol{F}$ 的列数未达到 UN_s **do**

3 $\quad \{u^{\rm opt},\boldsymbol{d}_r^{\rm opt},\boldsymbol{d}_t^{\rm opt}\}=\underset{u\in\mathcal{U},\boldsymbol{d}_r\in\mathcal{D}_r^u,\boldsymbol{d}_t\in\mathcal{D}_t}{\arg\max}\sum_{k=1}^{K}\left|\boldsymbol{d}_r^{\rm H}\boldsymbol{H}_u[k]\boldsymbol{d}_t\right|^2$;

4 $\quad \boldsymbol{M}_{u^{\rm opt}}=\left[\boldsymbol{M}_{u^{\rm opt}}|\boldsymbol{d}_r^{\rm opt}\right]$，$\boldsymbol{F}_{u^{\rm opt}}=\left[\boldsymbol{F}_{u^{\rm opt}}|\boldsymbol{d}_t^{\rm opt}\right]$;

5 $\quad \mathcal{D}_r^{u^{\rm opt}}=\mathcal{D}_r^{u^{\rm opt}}-\left\{\boldsymbol{d}_r|\boldsymbol{d}_r\in\mathcal{D}_r^{u^{\rm opt}},\left|\boldsymbol{d}_r^{\rm H}\boldsymbol{d}_r^{\rm opt}\right|\geqslant\beta\right\}$;

6 $\quad \mathcal{D}_t=\mathcal{D}_t-\left\{\boldsymbol{d}_t|\boldsymbol{d}_t\in\mathcal{D}_t,\left|\boldsymbol{d}_t^{\rm H}\boldsymbol{d}_t^{\rm opt}\right|\geqslant\beta\right\}$;

7 $\quad$ **if** $\boldsymbol{M}_{u^{\rm opt}}$ 的列数达到 N_s **then**

8 $\quad\quad \mathcal{U}=\mathcal{U}-u^{\rm opt}$;

9 $\quad$ **end**

10 **end**

11 **Return:** $\boldsymbol{F}=[\boldsymbol{F}_1,\boldsymbol{F}_2,\cdots,\boldsymbol{F}_U]$ 和 $\boldsymbol{M}_u$，$\forall u$

的数字波束赋形方案，而用“新数字方案”指代在第 4.3.2 小节中提出的考虑了优化归一化功率因子的数字波束赋形方案。

在图 4.9 中，仿真了所提波束赋形方案与对比方案的频率效率性能。从图中可以看到，在宽带条件下，所提出的基于过采样码本的模拟波束赋形方案也明显优于对比方案，可以实现更高的 ASE。同时，对比“旧数字方案”与“新数字方案”下的性能，可以发现，本节中所提出的考虑了优化归一化功率因子的“新数字方案”具有更好的 ASE 性能。进一步，在图 4.10 中仿真了所提波束赋形方案与对比方案的 BER 性能。可以发现，所提出的波束赋形方案在 BER 性能方面也要优于其对比方案，且可以进一步看出“新数字方案”相较“旧数字方案”的优势。

最后，考虑到信道矩阵在估计过程中会引入难以避免的扰动噪声，在图 4.11 中进一步考虑信道扰动（即在真实信道中加入了扰动高斯复噪声）对各个波束赋形方案性能的影响。从图 4.11 中可以发现，随着信道扰动比增加，各个波束赋形方案性能将会明显下降，而 S-GHP 方案没有明显变化，尽管如此，所提出的波束赋形方案还是要优于 S-GHP 方案。

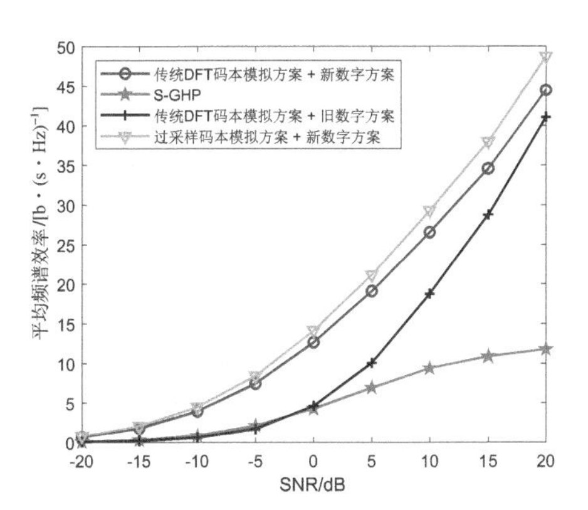

图 **4.9**　不同波束赋形方案随 **SNR** 变化的 **ASE** 性能对比（$U=4$，$N_s=2$。当使用所提基于过采样码本的模拟波束赋形方案时，设置 $\rho=4$，$\beta=0.15$）

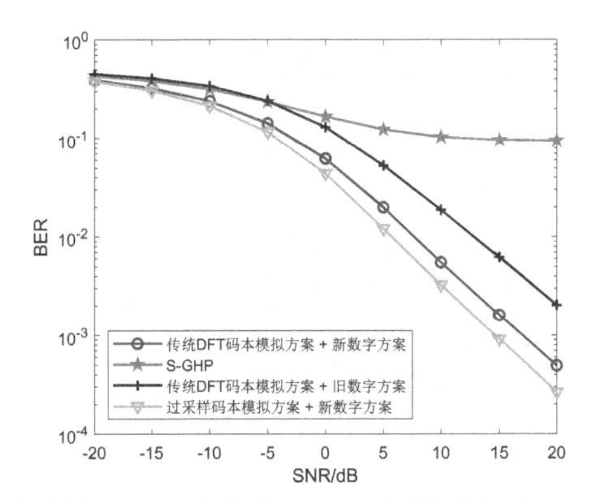

图 **4.10**　不同波束赋形方案随 **SNR** 变化的 **BER** 性能对比（$U=2$，$N_s=2$。当使用所提基于过采样码本的模拟波束赋形方案时，设置 $\rho=4$，$\beta=0.15$）

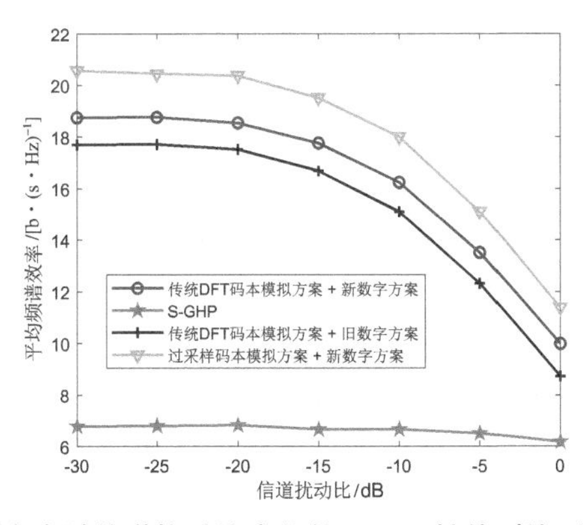

图 **4.11**　不同波束赋形方案随信道扰动比变化的 **ASE** 性能对比（**SNR** $=10$ **dB**，$U=4$，$N_s=1$）

4.4 基于部分连接结构的混合波束赋形设计

在前两节中，分别讨论在窄带平坦衰落信道和宽带频率选择性信道下的混合波束赋形设计，但值得注意的是，前面所考虑的是基于全连接结构的混合波束赋形架构，即每条射频链与所有天线相连，且每条相连的链路中需要配置一个专用的移相器。不难发现，全连接结构需要大量的移相器，这将给系统造成较大的硬件成本和能耗开销。为解决这一问题，需要重新考虑 RF 链路与天线的连接方式。部分连接结构是一种主流的解决思路，其主要特点是部分连接结构先将天线分组，然后每组天线仅与其对应的 RF 链路相连，而不与其他组对应的 RF 链路相连。通过这样的方式，混合架构中所需移相器的数量将大大减少。

对于部分连接结构，又可以分为固定子连接结构和动态子连接结构。其中，固定子连接中的天线分组是事先固定的，在实际工作阶段不会改变天线分组方式，这样会大大限制混合架构中波束赋形设计的自由度，从而使得系统性能明显下降；而动态子连接结构是根据实时 CSI 的变化而动态调整天线分组，通过这样的方式，在不额外增加移相器数量的前提下，能提高波束赋形设计自由度，保障系统性能。在图 4.12 中，列举了不同 RF 链路与天线之间连接方式的示意图。

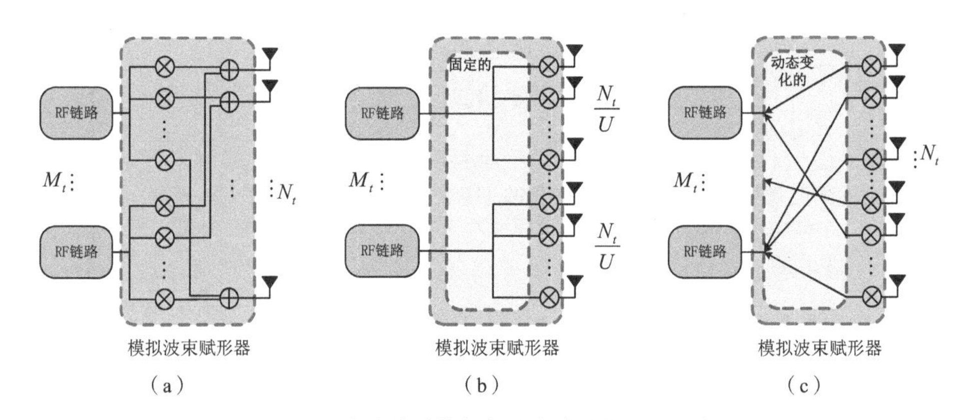

图 4.12 全连接结构与部分连接结构对比示意图
(a) 全连接结构；(b) 固定子连接结构；(c) 动态子连接结构

本节将考虑在部分连接架构下混合波束赋形设计，由于部分连接结构相比于全连接结构的主要区别在于射频域，即模拟波束赋形，而此前提出的数字波束赋形方案均可在模拟波束赋形方案确定后直接应用，因此将不再赘述数字波束赋形方案。同时，考虑到宽带情况下波束赋形设计可以很容易特殊化为窄带波束赋形设计（例如，仅考虑宽带情况下的一个子载波信道上的情况，便可以转化成窄带情况），在本节仅关注宽带情况下的波束赋形设计。

4.4.1　系统模型

总体上仍然沿用前两节中的符号定义。为简化分析，在本节中假设所有用户均采用单 RF 链路，且其与用户端天线之间采用全连接的连接方式，即 $N_s = M_r = 1$。基站端，考虑基于部分连接结构的混合波束赋形架构，保证 $U = M_t$。那么，第 u 个用户在第 k 个子载波信道上接收的信号可以表示为

$$\boldsymbol{y}_u[k] = \boldsymbol{m}_u^{\mathrm{H}}\left(\boldsymbol{H}_u[k]\boldsymbol{F}\boldsymbol{W}[k]\boldsymbol{x}[k] + \boldsymbol{n}_u[k]\right) \tag{4–30}$$

其中，$\boldsymbol{m}_u \in \mathbb{C}^{N_r}$ 表示第 u 个用户处的波束赋形器，而 $\boldsymbol{F} = [\boldsymbol{f}_1, \boldsymbol{f}_2, ..., \boldsymbol{f}_U]$ 表示基站处的波束赋形器。注意，由于用户采用单 RF 链路，一些与用户相关的波束赋形器将变为由向量（而不是矩阵）来表示。与前两节不同的是，由于基站端采用部分连接结构，因此可能会出现 $\left|[\boldsymbol{F}]_{i,j}\right| = 0$ 的情况，这表明第 i 根天线与第 j 条 RF 链路之间没有连接。为方便描述，用集合 $\mathcal{S} = \{1, 2, ..., N_t\}$ 表示所有天线的索引，而用集合 $\mathcal{S}_u \subseteq \mathcal{S}$，$u = 1, 2, ..., U$，表示服务第 u 个用户（即与第 u 条 RF 链路相连）的天线的索引。

4.4.2　固定子连接结构下的模拟波束赋形设计

对于固定子连接而言，所有天线分组集合 $\{\mathcal{S}_u\}_{u=1}^{U}$ 是固定的。在本节中，考虑当基站天线阵列采用 UPA 结构时的四种固定分组方式，如图 4.13 所示，其中，考虑基站天线数为 8×8 并服务 4 个用户。

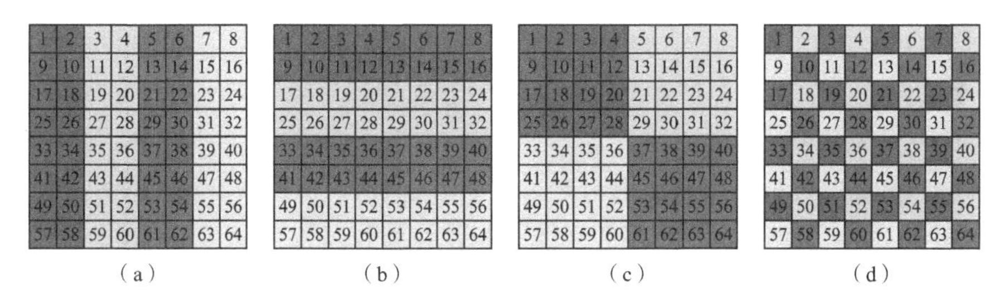

图 4.13　四种典型的固定子连接分组方式。依次为 (a) 垂直型；(b) 水平型；(c) 方格型和 (d) 嵌入型。相同颜色代表服务同一个用户，而不同颜色代表服务不同用户

根据不同的分组方式，可以获得不同的天线分组集合 $\{\mathcal{S}_u\}_{u=1}^{U}$。针对一种特定的天线分组方式，定义如下对角矩阵 $\boldsymbol{D}_u \in \mathbb{C}^{N_t \times N_t}$ 作为天线分组矩阵

$$[\boldsymbol{D}_u]_{i,i} = \begin{cases} 1, & i \in \mathcal{S}_u \\ 0, & i \notin \mathcal{S}_u \end{cases} \tag{4–31}$$

据此，可以将算法 4.3 扩展为在固定子连接结构下可用的模拟波束赋形方案，即算法 4.4。

算法 4.4: 固定子连接结构下模拟波束赋形设计（每个用户单数据流）

输入： 相关因子 β，基站端码本 $\mathcal{D}_t$，用户端码本 $\mathcal{D}_r^u$，$\forall u$，天线分组矩阵 $\boldsymbol{D}_u$，$\forall u$，以及信道 $\boldsymbol{H}_u[k]$，$\forall u, k$

输出： 模拟波束赋形器 $\boldsymbol{F} = [\boldsymbol{f}_1, \boldsymbol{f}_2, \cdots, \boldsymbol{f}_U]$ 和 $\boldsymbol{M}_u$，$\forall u$

1 **初始化**：用户集合 $\mathcal{U} = \{1, 2, ..., U\}$，$\boldsymbol{F}$ 和 $\boldsymbol{M}_u$，$\forall u$ 均设为空矩阵；

2 **while** $\boldsymbol{F}$ 的列数未达到 UN_s **do**

3 $\quad \{u^{\text{opt}}, \boldsymbol{d}_r^{\text{opt}}, \boldsymbol{d}_t^{\text{opt}}\} = \underset{u\in\mathcal{U}, \boldsymbol{d}_r\in\mathcal{D}_r^u, \boldsymbol{d}_t\in\mathcal{D}_t}{\arg\max} \sum_{k=1}^{K} \left|\boldsymbol{d}_r^{\text{H}} \boldsymbol{H}_u[k] \boldsymbol{D}_u \boldsymbol{d}_t\right|^2$;

4 $\quad \boldsymbol{M}_{u^{\text{opt}}} = \left[\boldsymbol{M}_{u^{\text{opt}}} | \boldsymbol{d}_r^{\text{opt}}\right]$，$\boldsymbol{f}_{u^{\text{opt}}} = \boldsymbol{D}_u \boldsymbol{d}_t^{\text{opt}}$;

5 $\quad \mathcal{D}_t = \mathcal{D}_t - \left\{\boldsymbol{d}_t | \boldsymbol{d}_t \in \mathcal{D}_t, \left|\boldsymbol{d}_t^{\text{H}} \boldsymbol{d}_t^{\text{opt}}\right| \geqslant \beta\right\}$;

6 $\quad \mathcal{U} = \mathcal{U} - u^{\text{opt}}$;

7 **end**

8 **Return**：$\boldsymbol{F} = [\boldsymbol{f}_1, \boldsymbol{f}_2, \cdots, \boldsymbol{f}_U]$ 和 $\boldsymbol{M}_u$，$\forall u$

4.4.3 动态子连接结构下的模拟波束赋形设计

上一节中考虑的固定子连接虽然能减少移相器数量来达到降低硬件成本和功耗的目的，但是固定子连接的分组方式无法动态调节，很难适应信道环境的变化。为解决这一问题，可以在部分连接结构的基础上，在天线与 RF 链路之间加一个天线选择网络，即动态子连接结构，如图 4.12(c) 所示。动态子连接结构让每条 RF 链路跟天线之间的连接方式可以动态调整，这样，整个系统将会更加灵活地适应不同的信道环境，从而实现系统性能、硬件成本与功耗之间的良好权衡。更具体地，假设 $N_{\text{sub}} = N_t/U$ 是一个整数，每条 RF 链路仅连接 N_{sub} 根天线，且各 RF 链路连接的天线不重叠，即 $|\mathcal{S}_u|_c = N_{\text{sub}}$，$\mathcal{S}_u \cap \mathcal{S}_{u'} = \varnothing$，$\forall u \neq u'$。可以看出，一旦连接方案 $\mathcal{S}_u$，即 $\boldsymbol{D}_u$，$\forall u$ 确定了，那么动态子连接下的模拟波束设计也就跟上一节的固定子连接下的模拟波束赋形完全相同。因此，首先关注如何根据 CSI 来设计动态子连接结构中的连接方案。根据此前获得的结论，可以最大化各用户的等效基带信道（在本节所假设的单数据流情况下等效于一个标量）的对角元素平方和 $\left|\boldsymbol{m}_u^{\text{H}} \boldsymbol{H}_u[k] \boldsymbol{D}_u \boldsymbol{f}_u\right|^2$ 来设计 MMSE 准则下的各个模拟波束赋形器。考虑到

$$\begin{aligned}\left|\boldsymbol{m}_u^{\mathrm{H}}\boldsymbol{H}_u[k]\boldsymbol{D}_u\boldsymbol{f}_u\right|^2 &\leqslant \|\boldsymbol{m}_u\|_2^2\|\boldsymbol{H}_u[k]\boldsymbol{D}_u\|_2^2\|\boldsymbol{f}_u\|_2^2\\ &=\|\boldsymbol{H}_u[k]\boldsymbol{D}_u\|_2^2\\ &=\sigma_{\max^2}(\boldsymbol{H}_u[k]\boldsymbol{D}_u)\end{aligned} \tag{4-32}$$

其中，$\|\boldsymbol{H}_u[k]\boldsymbol{D}_u\|_2$ 代表矩阵 $\boldsymbol{H}_u[k]\boldsymbol{D}_u$ 的 L_2 范数（谱范数），也等价于其最大奇异值 $\sigma_{\max}(\boldsymbol{H}_u[k]\boldsymbol{D}_u)$。式（4–32）的推导过程中利用了矩阵的 L_2 范数与向量 l_2 的相容性 [129] 以及 $\|\boldsymbol{m}_u\|_2^2=1$，$\|\boldsymbol{f}_u\|_2^2=1$。式（4–32）启发可以通过设计 $\boldsymbol{D}_u$ 以最大化 $\sigma_{\max}(\boldsymbol{H}_u[k]\boldsymbol{D}_u)$ 的方法来使得 $\left|\boldsymbol{m}_u^{\mathrm{H}}\boldsymbol{H}_u[k]\boldsymbol{D}_u\boldsymbol{f}_u\right|^2$ 尽量大。为进一步化简 $\sigma_{\max}(\boldsymbol{H}_u[k]\boldsymbol{D}_u)$，引入记号 $\boldsymbol{H}_u^{\langle j\rangle}[k]$ 表示将 $\boldsymbol{H}_u[k]$ 中除第 j 列外的全部元素置零后获得的矩阵，而 $\boldsymbol{h}_u^{(j)}[k]$ 表示 $\boldsymbol{H}_u[k]$ 的第 j 列列向量，于是有 [129]

$$\sigma_{\max}\left(\boldsymbol{H}_u^{\langle j\rangle}[k]\right)=\left\|\boldsymbol{h}_u^{(j)}[k]\right\|_2 \tag{4-33}$$

以及

$$\sigma_{\max}(\boldsymbol{H}_u[k])\leqslant\sigma_{\max}\left(\boldsymbol{H}_u^{\langle j\rangle}[k]\right)+\sigma_{\max}\left(\boldsymbol{H}_u[k]-\boldsymbol{H}_u^{\langle j\rangle}[k]\right) \tag{4-34}$$

由以上两式，可得

$$\begin{aligned}\sigma_{\max}(\boldsymbol{H}_u[k]\boldsymbol{D}_u)&=\sigma_{\max}\left(\boldsymbol{H}_u[k]-\sum_{j\notin\mathcal{S}_u}\boldsymbol{H}_u^{\langle j\rangle}[k]\right)\\ &\geqslant\sigma_{\max}(\boldsymbol{H}_u[k])-\sum_{j\notin\mathcal{S}_u}\sigma_{\max}\left(\boldsymbol{H}_u^{\langle j\rangle}[k]\right)\\ &=\sigma_{\max}(\boldsymbol{H}_u[k])-\sum_{j\notin\mathcal{S}_u}\left\|\boldsymbol{h}_u^{(j)}[k]\right\|_2\end{aligned} \tag{4-35}$$

可以看到，为使得 $\sigma_{\max}(\boldsymbol{H}_u[k]\boldsymbol{D}_u)$ 最大化，可以最大化其下限 $\sigma_{\max}(\boldsymbol{H}_u[k])-\sum_{j\notin\mathcal{S}_u}\left\|\boldsymbol{h}_u^{(j)}[k]\right\|_2$，即从 $\boldsymbol{H}_u[k]$ 将 l_2 范数最小的 N_t-N_{sub} 个列向量置零。反之，也就获得了设计天线分组的方法，即选取 $\boldsymbol{H}_u[k]$ 中 l_2 范数最大的 N_{sub} 个列向量，并把它们所对应的天线分配给第 u 个用户。

根据以上分析，把提出的动态子连接结构下的天线分组设计方案总结在算法 4.5 中。注意，在宽带情况下，将综合考虑所有子载波上的信道进行天线分组（如算法 4.5 的行 3 所示）。当根据算法 4.5 得到天线分组方案 $\mathcal{S}_u$，$\forall u$ 后，便可将对应的天线分组矩阵 $\boldsymbol{D}_u$，$\forall u$ 代入算法 4.4 中获得模拟波束赋形器的解，从而完成动态子连接结构下模拟波束赋形的全过程。

算法 4.5: 动态子连接结构下多用户天线分组设计

输入： 相信道 $\boldsymbol{H}_u[k]$，$\forall u, k$

输出： 天线分组方案 $\mathcal{S}_u$，$\forall u$

1 **初始化:** $\mathcal{S} = \{1, 2, ..., N_t\}$，$\mathcal{U} = \{1, 2, ..., U\}$，$\mathcal{S}_u$，$\forall u$ 均设为空矩阵；

2 **while** $\mathcal{U}$ 不是空集 **do**

3 　$\{u^{\text{opt}}, i^{\text{opt}}\} = \underset{u \in \mathcal{U}, i \in \mathcal{S}}{\arg\max} \sum_{k=1}^{K} \left\| \boldsymbol{h}_u^{(i)}[k] \right\|_2$;

4 　$\mathcal{S}_{u^{\text{opt}}} = \mathcal{S}_{u^{\text{opt}}} \cup \{i^{\text{opt}}\}$;

5 　$\mathcal{S} = \mathcal{S} - i^{\text{opt}}$;

6 　**if** $\|\mathcal{S}_{u^{\text{opt}}}\|_c = N_{\text{sub}}$ **then**

7 　　$\mathcal{U} = \mathcal{U} - u^{\text{opt}}$;

8 　**end**

9 **end**

10 **Return:** $\mathcal{S}_u$，$\forall u$

4.4.4 仿真分析

本节将对所提出的部分连接结构下的波束赋形方案进行相应的仿真分析。假设子载波数 $K = 32$，延时偏移 $\tau_{il}^{u} \sim \mathcal{U}(0, \tau_{\max})$，其中最大延时扩展 $\tau_{\max} = 80$ ns。其余参数取值与第 4.3.4 小节中的设置相同。

在图 4.14 和图 4.15 中，分别对比了部分连接结构下和全连接结构下的混合波束赋形方案在窄带平坦衰落信道中的频率效率性能和 BER 性能。从图中可以看出，使用了更多硬件资源的全连接波束赋形方案无论是 ASE 还是 BER 性能，都成为所有方案的性能上界。注意，此时全连接结构需要移相器数量为 256，而部分连接（固定/动态子连接）结构需要移相器数量为 64，这仅是前者所需移相器数量的 25%，而且这一数值将随用户数量的增加而进一步降低。同时，动态子连接结构下的波束赋形方案显著优于固定子连接结构下的波束赋形方案，这表明动态子连接结构能实现系统性能与成本功耗的良好权衡。另外，在图 4.16 和图 4.17 中分别对比了部分连接结构下和全连接结构下的混合波束赋形方案在宽带频率选择性信道中的频率效率性能和 BER 性能，并可以得到与窄带情况下相似的结论，即能耗较高的全连接结构性能最好，而动态子连接结构相比固定子连接结构性能更好。

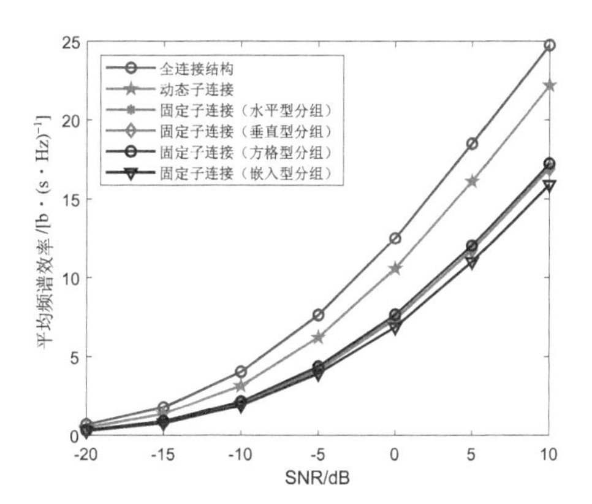

图 **4.14**　窄带平坦衰落信道条件下不同混合 **MIMO** 结构随 **SNR** 变化的 **ASE** 性能对比（$U = 4$）

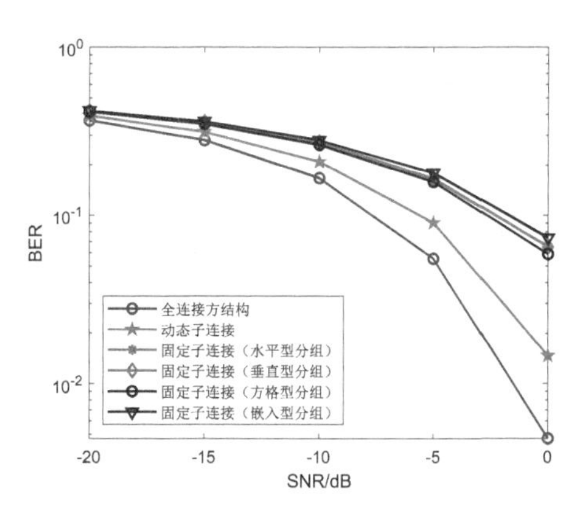

图 **4.15**　窄带平坦衰落信道条件下不同混合 **MIMO** 结构随 **SNR** 变化的 **BER** 性能对比（$U = 4$）

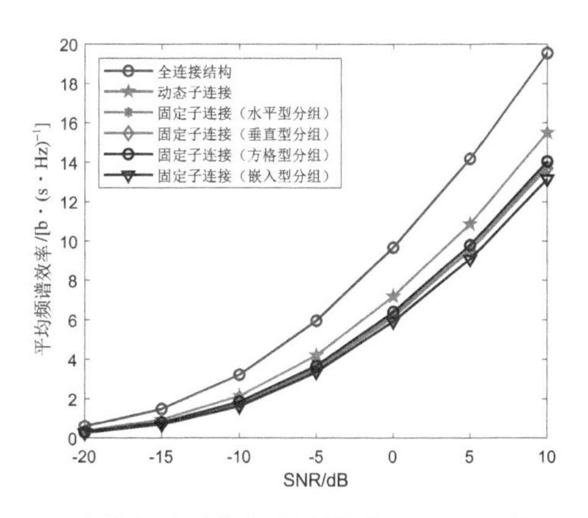

图 **4.16**　宽带频率选择性信道条件下不同混合 **MIMO** 结构随 **SNR** 变化的 **ASE** 性能对比（$U = 4$）

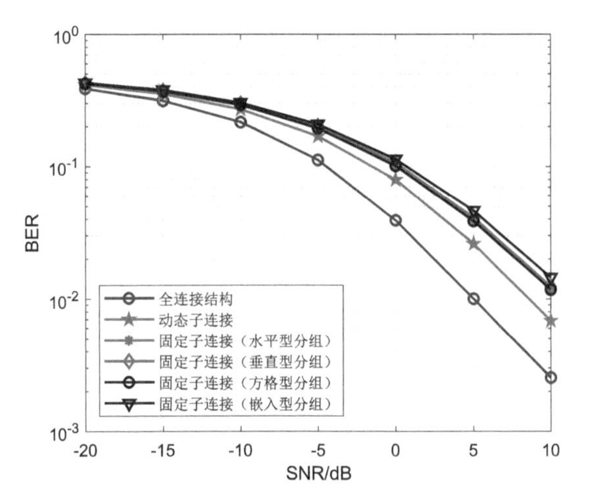

图 4.17 宽带频率选择性信道条件下不同混合 MIMO 结构随 SNR 变化的 BER 性能对比（$U=4$）

在图 4.18 中，为验证用户数量变化对混合波束赋形方案的 ASE 性能的影响，在宽带频率选择性信道条件下进行了相应仿真。注意，因为方格型分组和嵌入型分组在不同用户数量的情形下分组情况难以确定，所以，在图 4.18 的仿真中没有考虑这两种固定子连接方式。从图 4.18 中可以看出，随着用户数量的增加，所有方案的 ASE 均有上升，且全连接结构下波束赋形方案上升最快，而固定子连接结构下波束赋形方案上升最慢，这再次表明动态子连接结构能实现系统性能与成本功耗的良好权衡。

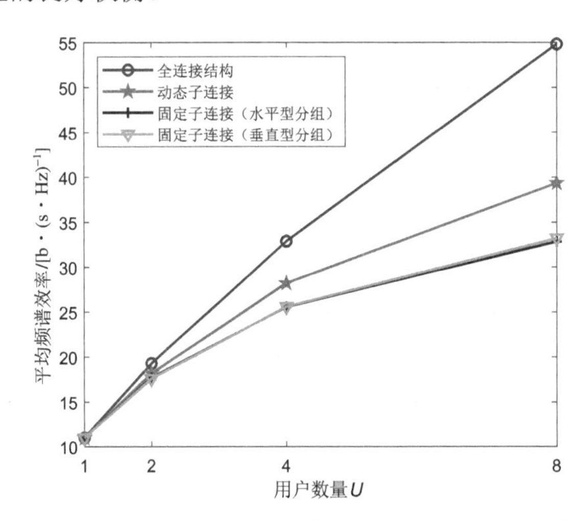

图 4.18 宽带频率选择性信道下不同混合 MIMO 结构随用户数量 U 变化的频率效率性能对比

4.5　本章小结

在本章中，分别针对窄带平坦衰落信道/宽带频率选择性信道，以及全连接结构/部分连接结构中的混合波束赋形问题模型和方案设计进行了探讨。根据这些不同的通信场景，设计了一系列混合波束赋形算法，并通过相关数学推导证明所提方案的合理性。此外，通过仿真分析，并与其他波束赋形方案进行性能对比，验证了所提混合波束赋形方案具有较好的性能，能实现系统性能、硬件复杂度和功耗之间的良好权衡。

毫无疑问，混合波束赋形设计依然存在许多需要进一步解决的问题。例如，在本章中考虑的信道是静态的，没有考虑用户的移动性。如何在时变信道中快速、准确且鲁棒地设计相应的波束赋形是一项极具挑战性的研究问题。另外，随着天线数量增加，CSI 的维度将越来越大，这将给 CSI 获取以及后续的混合波束赋形工作带来很大的计算和反馈负担。目前基于深度学习的算法能通过相关的数据训练，在线下建立模型，可以很低的复杂度和开销实现线上的 CSI 获取和反馈。将深度学习应用于混合波束赋形这一研究，还有很长的路要走。

第 5 章 毫米波 XL-MIMO 系统中基于压缩感知的联合活跃用户检测与信道估计

5.1 引言

海量多址接入及其典型物联网（Internet of Things, IoT）应用场景旨在通过连接每平方千米内数百万台设备以实现未来超五代（Beyond Fifth Generation, B5G）以及第六代（Sixth Generation, 6G）无线通信网络中海量机器类通信（Massive Machine-Type Communications, mMTC）[8,9]。依据宽带多址的随时随地接入的强大能力，海量物联网接入技术将广泛应用于未来智慧城市的方方面面，包括智能工厂、智能家居、现代农业、智能交通等 [130,131]。随着近几年室内外物联网设备数量的爆炸式增长，海量物联网接入也在当前的 5G 移动通信系统中发挥着越来越重要的作用 [132]。

为保证物联网场景下众多用户设备（User Equipment, UE）的可靠接入和服务质量，海量物联网接入系统需要首先在基站端（Base Station, BS）实现准确的上行超可靠低时延信号检测和信道估计（Channel Estimation, CE）[133,134]。当前物联网场景中有两种随机接入方式，即传统的基于授权的随机接入协议和新兴的免授权随机接入协议 [130,133,134]。具体来说，基于授权的随机接入协议中，用户在接入网络之前需要完成多次控制信令信息交互，以实现物理资源的调度和授权；而免授权随机接入协议中，用户可以直接将发送其导频和数据信号给基站，而无需事先的接入授权，从而避免额外的信令开销 [133]。尽管基于免授权协议的海量物联网接入系统可以灵活地接入海量的设备，但如果大量的用户设备同时接入，依然会给系统带来信号处理上的巨大压力。幸运的是，海量物联网接入的众多用户设备具有零星流量的关键特征，即在任何给定的相干时间内，只有少数潜在的用户处于活跃状态 [73]。

考虑到当前的海量物联网接入场景中的联合活跃用户检测（Active User Detection, AUD）与 CE 方案 [67−83] 均考虑的是室外远场条件且基站端采用全数字收发机架构的低频段多输入多输出（Multiple-Input Multiple-Output, MIMO）或者大规模 MIMO，而这些适用于室外的联合 AUD 与 CE 方案是与室外具体的上行接入场景相匹配的，因而不能直接应用于室内海量设备的接入。另外，6 GHz 以下低频段无线通信系统能提供的频谱资源已经变得越来越稀缺，因此，海量物联网接入场景需要引入有着丰富频谱资源的毫米波甚至太赫兹通信技术，以满足未来室内智能物联网设备的超高数据速率需求，比如增强现实、混合现实数字孪生以及全息影响等新兴技术所对应的应用场景。然而，高频段电磁（Electromagnetic, EM）信号在自由空间传播时会面临着如更高的路径损耗，更易受障碍物遮挡，以及反射衰减更强等诸多问题[2]。室内短距离传输可以避免高频毫米波信号因室外远距离的上行接入而导致的过高路损问题。考虑到远场距离是与阵列孔径的平方成正比，且与载波波长成反比[135]，那么，对于收发机采用大规模天线阵列（阵元数可达成百上千）的毫米波/太赫兹通信系统，室内短距离上行接入可能会面临着明显的近场效应，也就是说，传统远场 EM 信号传播过程中的平面波假设已不再适用。此外，最近关于近场空间非平稳（Spatial Non-Stationary, SNS）条件下超大孔径（Extra-Large Scale, XL）-MIMO 的研究[35,36,84−90,136]并不涉及海量物联网接入的问题。文献 [137] 考虑了空间非平稳 XL-MIMO 系统中免授权海量接入的联合 AUD 和 CE 问题，但其采用的是平面波假设下服从伯努利-高斯分布的信道模型，而非由 XL-MIMO 阵列所导致的近场球面波信道。因此，目前还鲜有研究考虑毫米波 XL-MIMO 系统中近场 SNS 条件下的室内海量物联网接入场景以及设计相应的联合 AUD 和 CE 方案。

根据以上分析，本章面向需要超高系统吞吐率的未来 6G 工业物联网中典型的室内智能工厂环境下的上行海量物联网接入场景，如图 5.1 所示，其中利用了大带宽的毫米波通信技术和 XL-MIMO 阵列来提高海量用户接入时的数据传输速率。由于室内毫米波信号的易遮挡以及强反射衰减等特点，基站端配备的毫米波 XL-MIMO 阵列将采用一种分布式的天线结构，即可将整个毫米波 XL-MIMO 阵列拆分成多个子阵列，且相邻子阵列考虑超宽间距，以保证每个用户与基站端的 XL-MIMO 之间有直射径（Line-of-Sight, LoS）。显然，对于整个毫米波 XL-MIMO 阵列来说，室内海量物联网设备均处于近场环境中，且由于该阵列的超大孔径以及室内遮挡等因素，使得并不是所有天线均能接收到信号，故基于毫米波 XL-MIMO 的大规模多址信道呈现出了空间非平稳特性。此外，基站端将采用部分子连接的混合波束赋形架构，以降低毫米波 XL-MIMO 系统的硬件成本和功耗，从而减轻收发机设计时的负担[35]。值得一提的是，这里所设计分布式的毫米波 XL-MIMO 阵列的一种简单可行的实现方式是灵活易部署的无线条带天线，即一种带状的有源超大规模阵列[138,139]。

具体来说，本章针对室内近场 XL-MIMO 系统中的上行海量物联网接入场景，设计了一种基于压缩感知（Compressive Sensing, CS）与分布式压缩感知

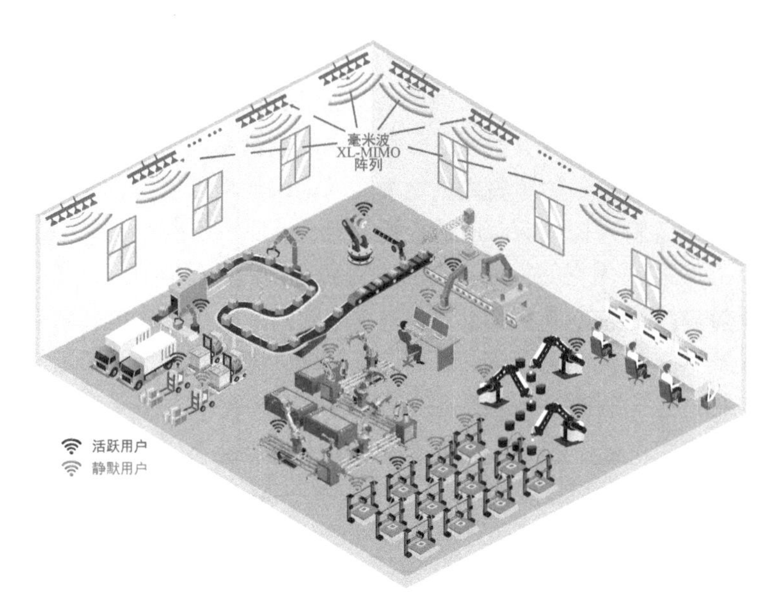

图 5.1　典型室内智能工厂中的上行海量物联网接入，其中大规模部署于室内墙壁上的毫米波 XL-MIMO 阵列可以利用可通过简单灵活的无线条带天线[138,139]来实现，而装备该毫米波 XL-MIMO 阵列的基站可以为众多用户终端（包括活跃用户和静默用户）提供海量接入业务

（Distributed Compressive Sensing, DCS）的联合 AUD 和 CE 方案，其中考虑了毫米波 XL-MIMO 信道的近场空间非平稳性。首先，针对基于毫米波 XL-MIMO 的室内海量物联网接入场景，建立了混合波束赋形架构下上行用户大规模接入时的信号传输模型。其次，根据毫米波 XL-MIMO 阵列的超大孔径结构，给出了包含近场球面波形式的毫米波 XL-MIMO 信道模型，其中，该 XL-MIMO 信道呈现出明显的空间非平稳性，且因分布式天线结构设计而存在远场条件和近场条件共存的情况。接着，根据毫米波 XL-MIMO 信道的频域共同支撑集可将联合 AUD 和 CE 问题表示为多矢量观测（Multiple-Measurement-Vector, MMV）-CS 和广义 MMV（Generalized MMV, GMMV）-CS 问题，其中，对于 MMV-CS 和 GMMV-CS，可分别设计相应的感知矩阵。然后，利用毫米波 XL-MIMO 信道在空间域以及角度域上的共同结构化块稀疏性分别针对 MMV-CS 和 GMMV-CS 问题提出了两种联合 AUD 和 CE 算法，即 MMV-分块同时正交匹配追踪（Blocked Simultaneous Orthogonal Matching Pursuit, BSOMP）算法和 GMMV-BSOMP 算法，其中，对于活跃用户数未知的情况，则考虑采用预先设定的迭代终止阈值来自适应地获取活跃用户支撑集。最后，仿真结果表明，所提 MMV-BSOMP 算法和 GMMV-BSOMP 算法的用户活跃性检测和信道估计性能均要优于现有 CS 算法。

与现有基于贪婪算法的联合 AUD 和 CE 方案 [75−78] 相比，本章所设计方案的主要贡献总结为以下三点：

- **利用所设计的毫米波 XL-MIMO 阵列构建了室内近场海量物联网接入场景**。由于当前大多数的联合 AUD 与 CE 方案 [67−83] 均考虑的是室外远场条件下的海量物联网接入，而所设计的联合 AUD 与 CE 方案通过将室内毫米波通信与 XL-MIMO 阵列相结合，构建了室内近场的海量物联网接入场景。同时，先前所提方案大多在基站端使用单天线或者全数字架构的 MIMO 收发机，而毫米波 XL-MIMO 系统若继续考虑全数字架构，将会导致难以承受的硬件成本与功耗开销。为此，所设计的基于毫米波 XL-MIMO 的基站端收发机采用的是当前海量物联网接入相关研究中鲜有涉及的部分子连接混合波束赋形架构，其中，整个毫米波 XL-MIMO 阵列可拆分成彼此间距超宽的多个子阵列，以确保 LoS 传输。
- **对具有超大阵列孔径的近场海量物联网接入系统建立了毫米波XL-MIMO 信道建模**。由于毫米波 XL-MIMO 阵列有着分布式的天线结构，因此毫米波 XL-MIMO 信道模型呈现出明显的空间非平稳性以及远场条件和近场条件共存的情况 [89,90]。其中，远场条件产生子阵列所对应的传统导向矢量，而近场条件对应由整个 XL-MIMO 阵列中子阵列间不同距离而产生的球面波相位差。
- **设计的联合 AUD 和 CE 算法充分利用了毫米波 XL-MIMO 信道在空间域和角度域上的共同结构化块稀疏性**。在设计所提出的联合 AUD 和 CE 算法时，首先根据多个导频子载波上的共同支撑集来将联合 AUD 和 CE 问题描述为 MMV-CS 和 GMMV-CS 问题，并设计了相应的感知矩阵，然后利用毫米波 XL-MIMO 信道在空间域和角度域上呈现出的共同结构化块稀疏性提出了与毫米波 XL-MIMO 信道相匹配的 MMV-BSOMP 算法和 GMMV-BSOMP 算法，可获得比现有 CS 算法更鲁棒的 AUD 和 CE 性能。此外，当活跃用户数未知时，所提算法经过理论分析后，设计了以最大似然（Maximum-Likelihood, ML）角度来看理论上最优的迭代终止阈值，以自适应地获取活跃用户支撑集，且仿真结果也证明了该预设阈值的有效性。

5.2　系统模型

为了对抗毫米波通信中大带宽所导致的多径频率选择性衰落，这里考虑了正交频分复用（Orthogonal Frequency Division Multiplexing, OFDM）技术。本节首先建立了室内毫米波 XL-MIMO-OFDM 系统中上行海量物联网接入的信号传输以及毫米波 XL-MIMO 信道模型。图 5.2 描绘了基于毫米波 XL-MIMO-OFDM 的收发机结构，其中毫米波基站利用装备有毫米波 XL-MIMO 的收发机来为大量潜在用户设备中的活跃用户提供接入服务。考虑到高频毫米波信号的高路损易遮挡特性，可将毫米波基站所配备的毫米波 XL-MIMO 阵列划分为多个间距超宽的子阵列，以确保基站端均能接收到每个用户的 LoS 路径信号。具体来说，该室内海量物联网接入场景中有 K 个潜在的单天线用户设备。基站端的毫米波 XL-MIMO 阵列采用天线维度大小为 N_{BS} 的均匀线性阵列（Uniform Linear Array, ULA）结构，而这 N_{BS} 根天线可等分为 M 个子阵列，且每个子阵列的天线数量是 N_{s}。因此，天线总数为 $N_{\mathrm{BS}}=MN_{\mathrm{s}}$。此外，基站端配备了 M 个射频（Radio Frequency, RF）链路（对应 M 个子阵列），其中每个 RF 链路通过一个部分子连接相移网络（Phase Shift Network, PSN）连接到相应的子阵列。子阵列内相邻天线间距 d 设为波长 λ 的一半，即 $d=\lambda/2$，而相邻子阵列间的超大间距定义为 Δ（$\Delta \gg d$）。

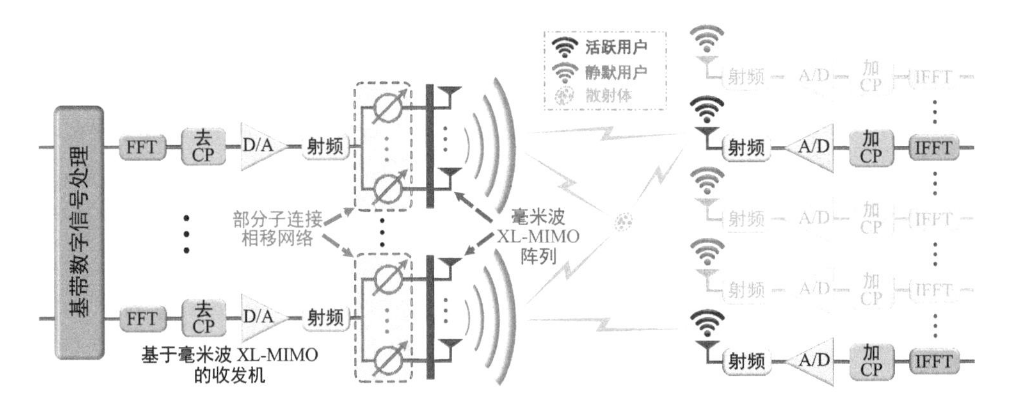

图 5.2 基于毫米波 XL-MIMO-OFDM 的上行海量物联网接入的收发机结构图，其中可将毫米波基站所装备的 XL-MIMO 阵列划分为多个子阵列，且每个子阵列通过部分子连接 PSN 与各自的 RF 链路连接。缩写词 FFT、IFFT、CP、D/A 以及 A/D 分别表示快速傅里叶变换（Fast Fourier Transformation, FFT）、逆快速傅里叶逆变换（Inverse FFT, IFFT）、循环前缀（Cyclic Prefix, CP）、数模转换（Digital-to-Analogue, D/A）以及模数转换（Analogue-to-Digital, A/D）

5.2.1 信号传输模型

根据海量物联网接入中用户设备的零星流量的关键特性，在某一相干时间内，K 个潜在用户设备中只有一小部分用户处于活跃状态且期望接入通信网络，即考虑 K_{a} 个（$K_{\mathrm{a}} \ll K$）活跃用户 [73]。在毫米波 XL-MIMO-OFDM 系统中，考虑 G 个连续的 OFDM 符号用于联合 AUD 和 CE，那么，基站端在第 g 个（$1 \leqslant g \leqslant G$）OFDM 符号的第 p 个导频子载波上接收到来自 K_{a} 个活跃用户的基带信号向量

$\boldsymbol{y}_p^{(g)} \in \mathbb{C}^M$ 可表示为

$$\begin{aligned}\boldsymbol{y}_p^{(g)} &= \left(\boldsymbol{W}_{\mathrm{RF}}^{(g)} \boldsymbol{W}_{\mathrm{BB},p}^{(g)}\right)^{\mathrm{H}} \sum_{k=1}^{K} \zeta_k \boldsymbol{h}_{k,p} s_{k,p}^{(g)} + \boldsymbol{n}_p^{(g)} \\ &= \left(\boldsymbol{W}_p^{(g)}\right)^{\mathrm{H}} \boldsymbol{H}_p \boldsymbol{s}_p^{(g)} + \boldsymbol{n}_p^{(g)}\end{aligned} \tag{5-1}$$

其中，$\boldsymbol{W}_p^{(g)} = \boldsymbol{W}_{\mathrm{RF}}^{(g)} \boldsymbol{W}_{\mathrm{BB},p}^{(g)} \in \mathbb{C}^{N_{\mathrm{BS}} \times M}$ 是由模拟和数字合并矩阵 $\boldsymbol{W}_{\mathrm{RF}}^{(g)} \in \mathbb{C}^{N_{\mathrm{BS}} \times M}$ 和 $\boldsymbol{W}_{\mathrm{BB},p}^{(g)} \in \mathbb{C}^{M \times M}$ 级联而成的基站端混合合并矩阵，以及 ζ_k 是一个二进制活跃性指示值，即当第 k 个用户处于活跃状态时，$\zeta_k = 1$，否则，$\zeta_k = 0$。在式（5–1）中，$\boldsymbol{h}_{k,p} \in \mathbb{C}^{N_{\mathrm{BS}}}$ 和 $\boldsymbol{s}_p^{(g)} = \left[s_{1,p}^{(g)}, s_{2,p}^{(g)}, \cdots, s_{K,p}^{(g)}\right]^{\mathrm{T}} \in \mathbb{C}^K$ 分别表示 XL-MIMO 信道和导频信号向量，以及 $\boldsymbol{n}_p^{(g)} = (\boldsymbol{W}_p^{(g)})^{\mathrm{H}} \bar{\boldsymbol{n}}_p^{(g)}$ 是合并后噪声向量，其中 $\bar{\boldsymbol{n}}_p^{(g)}$ 是服从分布 $\bar{\boldsymbol{n}}_p^{(g)} \sim \mathcal{CN}(\boldsymbol{0}_{N_{\mathrm{BS}}}, \sigma_{\mathrm{n}}^2 \boldsymbol{I}_{N_{\mathrm{BS}}})$ 的复加性高斯白噪声 (Additive White Gaussian Noise, AWGN)。此外，式（5–1）中的 $\boldsymbol{H}_p = [\zeta_1 \boldsymbol{h}_{1,p}, \zeta_2 \boldsymbol{h}_{2,p}, \cdots, \zeta_K \boldsymbol{h}_{K,p}] \in \mathbb{C}^{N_{\mathrm{BS}} \times K}$ 表示集合后的信道矩阵。定义活跃性指示向量集合为 $\boldsymbol{\zeta} = [\zeta_1, \zeta_2, \cdots, \zeta_K]^{\mathrm{T}} \in \mathbb{R}^K$ 且 $|\boldsymbol{\zeta}|_0 = K_{\mathrm{a}}$，则 $\boldsymbol{H}_p$ 也可以写成 $\boldsymbol{H}_p = \bar{\boldsymbol{H}}_p \boldsymbol{D}_\zeta$，其中 $\bar{\boldsymbol{H}}_p = [\boldsymbol{h}_{1,p}, \boldsymbol{h}_{2,p}, \cdots, \boldsymbol{h}_{K,p}]$ 以及 $\boldsymbol{D}_\zeta = \mathrm{diag}\,(\boldsymbol{\zeta})$。

5.2.2　毫米波 XL-MIMO 信道模型

由于毫米波频段的系统带宽相当大以及近场通信场景中用户到 XL-MIMO 阵列中各个子阵列间的传输距离不同，可采用 OFDM 技术来对抗基站端多径时延对上行海量物联网接入的影响。为了提高数据传输的效率，可考虑从总的 N_{c} 个子载波中均匀抽取 P 个导频子载波，用于联合 AUD 和 CE 阶段发射所需导频信号。给定系统带宽 f_{s} 和最大时延扩展 $\tau_{\max}$ 时，相邻子载波间隔和相干带宽可以分别计算为 $\Delta f = f_{\mathrm{s}}/N_{\mathrm{c}}$ 和 $\Delta B = 1/\tau_{\max}$。因此，相邻导频子载波之间的间隔数为 $\bar{P} = \lceil \Delta B/\Delta f \rceil$，那么，导频子载波即为 $P = \lceil N_{\mathrm{c}}/\bar{P} \rceil$。接下来即为毫米波 XL-MIMO 信道的具体建模。

对于具有超大孔径的毫米波 XL-MIMO 阵列来说，该阵列中的所有阵元可能无法接收到同一个信号，因此，毫米波 XL-MIMO 信道将呈现固有的近场空间非平稳性 [35,88,89,136]。考虑到第 k 个（$1 \leqslant k \leqslant K$）用户有 L_k 个多径分量（Multipath Component, MPC），则第 p 个导频子载波上的上行近场 SNS 信道向量 $\boldsymbol{h}_{k,p} \in \mathbb{C}^{N_{\mathrm{BS}}}$ 可表示为

$$\boldsymbol{h}_{k,p} = \sqrt{\frac{\gamma_k}{\gamma_k + 1}} \alpha_{k,1} \boldsymbol{a}_{k,p,1} + \sqrt{\frac{1}{\gamma_k + 1}} \sum_{l=2}^{L_k} \alpha_{k,l} \boldsymbol{a}_{k,p,l} \tag{5-2}$$

其中，γ_k 是用于唯一 LoS 路径和多个 NLoS 多径分量之间功率分配的莱斯因子，$\alpha_{k,l}\sim\mathcal{CN}(0,\sigma_\alpha^2)$ 且 $\sigma_\alpha^2=1$ 表示第 k 个用户的第 l 个（$1\leqslant l\leqslant L_k$）多径分量的小尺度衰落系数，以及 $\boldsymbol{a}_{k,p,l}\in\mathbb{C}^{N_{\rm BS}}$ 是毫米波 XL-MIMO 阵列在第 p 个子载波上对应于第 l 个（$1\leqslant l\leqslant L_k$）多径分量的 SNS 阵列响应向量。

如图 5.3(a) 所示，受室内海量物联网接入场景中无处不在的障碍物影响，毫米波 XL-MIMO 信道呈现出固有的近场空间非平稳特性，即来自同一活跃用户的 LoS 路径和/或 NLoS 多径分量的可传输区域可能无法覆盖由多个子阵列组成的整个毫米波 XL-MIMO 阵列。因此，这里可定义一个由 0 和 1 组成的二进制近场 SNS 向量 $\boldsymbol{b}_{k,l}\in\mathbb{C}^{M}$，以此来说明基站端的 XL-MIMO 阵列中子阵列是否可以接收到来自第 k 个用户的第 l 个多径分量的信号。于是，式（5–2）中第 l 个（$1\leqslant l\leqslant L_k$）多径分量所对应的 SNS 阵列响应向量 $\boldsymbol{a}_{k,p,l}$ 可进一步写为

$$\boldsymbol{a}_{k,p,l}=(\boldsymbol{b}_{k,l}\otimes\boldsymbol{1}_{N_{\rm s}})\circ\left[\boldsymbol{c}_{k,p,l,1}^{\rm T},\boldsymbol{c}_{k,p,l,2}^{\rm T},\cdots,\boldsymbol{c}_{k,p,l,M}^{\rm T}\right]^{\rm T} \tag{5–3}$$

其中，$\boldsymbol{c}_{k,p,l,m}\in\mathbb{C}^{N_{\rm s}}$ 是与第 m 个（$1\leqslant m\leqslant M$）子阵列相关联的阵列响应子向量。

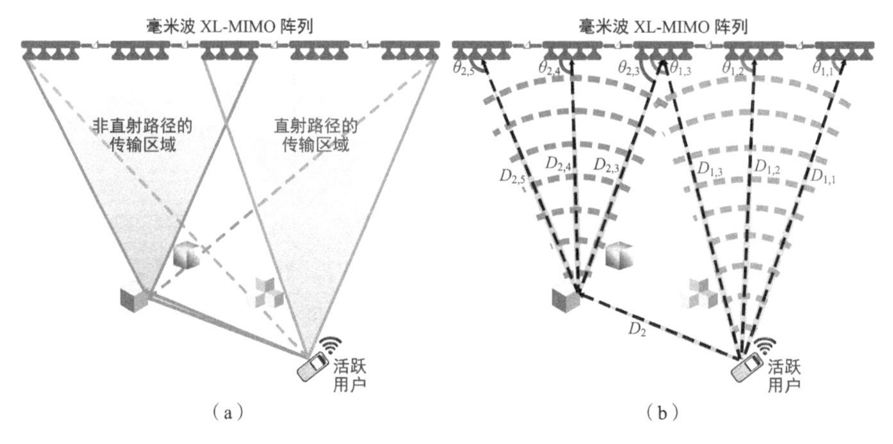

图 5.3　由 LoS 路径和 NLoS 多径分量所组成的毫米波 XL-MIMO 信道中的固有特性示意图

(a) 近场空间非平稳性；(b) 远场和近场区域并存

更进一步地说，考虑到瑞利距离（也称为远场距离）的影响，基于毫米波 XL-MIMO 的室内近场海量物联网接入场景将存在如图 5.3(b) 所示的远场和近场区域并存的情况[89,90]。换句话说，在一个长、宽均为数十米的室内空间中，对于单个子阵列来说，用户和散射体的位置均满足远场条件，而对于包含多个子阵

列的 XL-MIMO 阵列，用户和散射体又都位于近场区域内①。因此，式（5–3）中的阵列响应子向量 $\boldsymbol{c}_{k,p,l,m}$ 不仅包含了每个子阵列所对应的远场导向矢量，而且还具有对于整个毫米波 XL-MIMO 阵列来说近场区域内球面波信号的相位差。具体来说，$\boldsymbol{c}_{k,p,l,m}$ 对于 LoS 路径和 NLoS 多径分量有着不同的表达式。首先就 LoS 路径（即 $l=1$）来说，$\boldsymbol{c}_{k,p,1,m}$ 的表达式如下 [89,136]

$$\boldsymbol{c}_{k,p,1,m} = \sqrt{\beta_{k,1,m}}\underbrace{\mathrm{e}^{\mathrm{j}\frac{2\pi D_{k,1,m}}{\lambda}}}_{\text{近场分量}}\mathrm{e}^{-\mathrm{j}2\pi\tau_{k,1,m}\left(-\frac{f_{\mathrm{s}}}{2}+\frac{[(p-1)\bar{P}+1]f_{\mathrm{s}}}{N_{\mathrm{c}}}\right)}\underbrace{\boldsymbol{e}\left(\theta_{k,1,m}\right)}_{\text{远场导向矢量}} \tag{5–4}$$

其中，$D_{k,1,m}$ 和 $\theta_{k,1,m}$ 分别是如图 5.3(b) 所示第 m 个子阵列和第 k 个用户之间的传输距离和对应的到达角（Angle of Arrival, AoA），以及 $\beta_{k,1,m}=\dfrac{G_{\mathrm{s}}\lambda^2}{(4\pi D_{k,1,m})^2}$ 和 $\tau_{k,1,m}=\dfrac{D_{k,1,m}}{v_{\mathrm{c}}}$ 分别是大尺度衰落系数和路径时延，且 G_{s} 和 v_{c} 分别是天线增益和光速。在式（5–4）中，$\mathrm{e}^{\mathrm{j}\frac{2\pi D_{k,1,m}}{\lambda}}$ 对应于近场球面波分量，而 $\boldsymbol{e}\left(\theta_{k,1,m}\right)\in\mathbb{C}^{N_{\mathrm{s}}}$ 是与 AoA 相关的远场导向矢量，可表示为 [73]

$$\boldsymbol{e}(\theta_{k,1,m}) = \left[1, \mathrm{e}^{\mathrm{j}\frac{2\pi d}{\lambda}\sin(\theta_{k,1,m})}, \cdots, \mathrm{e}^{\mathrm{j}(N_{\mathrm{s}}-1)\frac{2\pi d}{\lambda}\sin(\theta_{k,1,m})}\right]^{\mathrm{T}} \tag{5–5}$$

对于 NLoS 多径分量（即 $2\leqslant l\leqslant L_k$）来说，$\boldsymbol{c}_{k,p,l,m}$ 另一个详细的表达式为

$$\boldsymbol{c}_{k,p,l,m} = \underbrace{\sqrt{\beta_{k,l}^{(1)}}\mathrm{e}^{\mathrm{j}\frac{2\pi D_{k,l}^{(1)}}{\lambda}}}_{\text{用户到散射体}}\cdot\underbrace{\sqrt{\beta_{k,l,m}^{(2)}}\mathrm{e}^{\mathrm{j}\frac{2\pi D_{k,l,m}^{(2)}}{\lambda}}}_{\text{散射体到子阵列}}\mathrm{e}^{-\mathrm{j}2\pi\tau_{k,l,m}\left(-\frac{f_{\mathrm{s}}}{2}+\frac{[(p-1)\bar{P}+1]f_{\mathrm{s}}}{N_{\mathrm{c}}}\right)}\boldsymbol{e}\left(\theta_{k,l,m}\right) \tag{5–6}$$

其中，$D_{k,l}^{(1)}$ 和 $D_{k,l,m}^{(2)}$ 分别是从第 k 个用户到第 l 个散射体以及从该散射体到第 m 个子阵列之间的传输距离，$\beta_{k,l}^{(1)}=\dfrac{\lambda^2}{\left(4\pi D_{k,l}^{(1)}\right)^2}$ 和 $\beta_{k,l,m}^{(2)}=\dfrac{G_{\mathrm{s}}\lambda^2}{\left(4\pi D_{k,l,m}^{(2)}\right)^2}$ 是相对应的大尺度衰落系数，以及 $\tau_{k,l,m}=\dfrac{D_{k,l}^{(1)}+D_{k,l,m}^{(2)}}{v_{\mathrm{c}}}$ 是第 l 个多径分量从第 k 个用户到第 m 个子阵列总的路径时延。在式（5–6）中，$\sqrt{\beta_{k,l}^{(1)}}\mathrm{e}^{\mathrm{j}\frac{2\pi D_{k,l}^{(1)}}{\lambda}}$ 和 $\sqrt{\beta_{k,l,m}^{(2)}}\mathrm{e}^{\mathrm{j}\frac{2\pi D_{k,l,m}^{(2)}}{\lambda}}$ 分别对应于从用户到散射体以及从该散射体到子阵列的近场球面波分量，而远场

① 举一个具体的例子来说明该远场和近场并存的情况。根据文献 [135]，瑞利距离 L_{Rd} 可以计算为 $L_{\mathrm{Rd}}=2A^2/\lambda$，其中 A 表示阵列孔径大小。考虑如下系统参数，载频 $f_{\mathrm{c}}=28$ GHz，每个子阵列天线数 $N_{\mathrm{s}}=8$，天线间隔为半波长，相邻子阵列间距为 $\Delta=5$ m，那么，单个子阵列和由两个子阵列所组成的 XL-MIMO 阵列的孔径分别为 $A_1=N_{\mathrm{s}}\lambda/2\approx 0.042\,86$ m，以及 $A_2=\Delta+2A_1\approx 5.085\,7$ m。于是，两者相对应的瑞利距离可分别计算为 $L_{\mathrm{Rd},1}=2A_1^2/\lambda\approx 0.342\,86$ m，以及 $L_{\mathrm{Rd},2}=2A_1^2/\lambda\approx 4\,828$ m。显然，对于一个长、宽均为数十米的室内空间内的用户设备，用户和散射体到单个子阵列的距离将大于 $L_{\mathrm{Rd},1}$ 且远小于 $L_{\mathrm{Rd},2}$。

导向矢量 $\boldsymbol{e}(\theta_{k,l,m})$ 和角度 $\theta_{k,l,m}$ 与之前定义的相应变量有着类似的表达式，这里不再赘述。

5.3 基于压缩感知的联合 AUD 与 CE 方案设计

5.3.1 压缩感知问题描述

从式（5–1）可看出，要想从接收信号中检测出活跃性指示向量 $\boldsymbol{\zeta}$，并估计到集合后的信道矩阵 $\boldsymbol{H}_p$ 中活跃用户所对应的信道，还需要进一步将该过程描述为一个联合 AUD 和 CE 问题。根据海量物联网接入中用户设备零星活跃的特点 [70,73]，信道矩阵 $\boldsymbol{H}_p$ 在空间域上将会呈现出结构化块稀疏性，那么，所描述的联合 AUD 和 CE 也是一个基于 CS 的稀疏信号恢复问题。因此，本小节将对联合 AUD 与 CE 的 CS 问题进行详细的公式化表示。由于稀疏活跃用户所导致的空间域 XL-MIMO 信道稀疏性与频域是不相关的，故所考虑的 OFDM 系统中频域上的多个导频子载波有着共同的稀疏支撑集，其中毫米波 XL-MIMO 信道的这种共同结构化块稀疏性将在第 5.3.2 小节中详细描述。于是，通过联合利用多个导频子载波上的观测，该 CS 问题又可以进一步描述为 MMV-CS 问题或者 GMMV-CS 问题，这样可获得比单测量矢量（Single Measurement Vector, SMV）更鲁棒的检测与估计性能 [140]。接下来将根据感知矩阵的不同设计方式，分别描述 MMV-CS 和 GMMV-CS 两种问题构建方式。

5.3.1.1 基于 MMV-CS 的问题式化

首先，将式（5–1）中第 g 个（$1\leqslant g\leqslant G$）OFDM 符号的第 p 个（$1\leqslant p\leqslant P$）导频子载波上的接收信号向量 $\boldsymbol{y}_p^{(g)}$ 向量化为

$$\boldsymbol{y}_p^{(g)}=\boldsymbol{F}_p^{(g)}\boldsymbol{h}_p+\boldsymbol{n}_p^{(g)} \tag{5–7}$$

其中，$\boldsymbol{F}_p^{(g)}=(\boldsymbol{s}_p^{(g)})^{\mathrm{T}}\otimes(\boldsymbol{W}_p^{(g)})^{\mathrm{H}}\in\mathbb{C}^{M\times KN_{\mathrm{BS}}}$，以及 $\boldsymbol{h}_p=\mathrm{vec}(\boldsymbol{H}_p)=(\boldsymbol{D}_\zeta\otimes\boldsymbol{I}_{N_{\mathrm{BS}}})\bar{\boldsymbol{h}}_p\in\mathbb{C}^{KN_{\mathrm{BS}}}$ 且 $\bar{\boldsymbol{h}}_p=\mathrm{vec}(\bar{\boldsymbol{H}}_p)=\left[\boldsymbol{h}_{1,p}^{\mathrm{T}},\boldsymbol{h}_{2,p}^{\mathrm{T}},\cdots,\boldsymbol{h}_{K,p}^{\mathrm{T}}\right]^{\mathrm{T}}\in\mathbb{C}^{KN_{\mathrm{BS}}}$。

进一步考虑在所有导频子载波上采用相同的信号向量以及混合合并矩阵①，即对于 $\forall p$，$\boldsymbol{s}^{(g)}=\boldsymbol{s}_p^{(g)}$ 以及 $\boldsymbol{W}^{(g)}=\boldsymbol{W}_p^{(g)}$，使得 $\boldsymbol{F}^{(g)}=\boldsymbol{F}_p^{(g)}$。集合第 g 个 OFDM 符号中的 P 个导频子载波上的信号向量，可得接收信号矩阵 $\boldsymbol{Y}^{(g)}\in\mathbb{C}^{M\times P}$，其表

① 由于 OFDM 系统中会因所有导频子载波上采用相同的信号而造成过高的峰均比（Peak-to-Average Power Ratio, PAPR），故可利用文献 [141] 中所设计的伪随机扰码序列来预处理这些子载波信号，以便有效地降低高 PAPR。

达式为

$$\begin{aligned}\boldsymbol{Y}^{(g)} &= \left[\boldsymbol{y}_1^{(g)}, \boldsymbol{y}_2^{(g)}, \cdots, \boldsymbol{y}_P^{(g)}\right] \\ &= \boldsymbol{F}^{(g)}\boldsymbol{H} + \boldsymbol{N}^{(g)}\end{aligned} \tag{5-8}$$

其中，$\boldsymbol{H}=[\boldsymbol{h}_1,\boldsymbol{h}_2,\cdots,\boldsymbol{h}_P]=(\boldsymbol{D}_\zeta \otimes \boldsymbol{I}_{N_{\mathrm{BS}}})\,\bar{\boldsymbol{H}}\in\mathbb{C}^{KN_{\mathrm{BS}}\times P}$ 表示集合后的信道矩阵且 $\bar{\boldsymbol{H}}=\left[\bar{\boldsymbol{h}}_1,\bar{\boldsymbol{h}}_2,\cdots,\bar{\boldsymbol{h}}_P\right]\in\mathbb{C}^{KN_{\mathrm{BS}}\times P}$，以及 $\boldsymbol{N}^{(g)}$ 为集合后的噪声矩阵。考虑到基站端采用的是部分子连接的混合 XL-MIMO 架构，接收机在一个 OFDM 符号内仅能获得有限的 M（$M\ll N_{\mathrm{BS}}$）个有效观测，故需要联合利用 G 个 OFDM 符号所集合到的信号以提高联合 AUD 和 CE 的性能。于是，联合利用所有 G 个 OFDM 符号的接收信号矩阵 $\{\boldsymbol{Y}^{(g)}\}_{g=1}^{G}$，可获得堆叠后的信号矩阵 $\boldsymbol{Y}\in\mathbb{C}^{GM\times P}$ 为

$$\begin{aligned}\boldsymbol{Y} &= \left[(\boldsymbol{Y}^{(1)})^{\mathrm{T}}, (\boldsymbol{Y}^{(2)})^{\mathrm{T}}, \cdots, (\boldsymbol{Y}^{(G)})^{\mathrm{T}}\right]^{\mathrm{T}} \\ &= \boldsymbol{F}\boldsymbol{H} + \boldsymbol{N}\end{aligned} \tag{5-9}$$

其中，$\boldsymbol{F}=\left[(\boldsymbol{F}^{(1)})^{\mathrm{T}},(\boldsymbol{F}^{(2)})^{\mathrm{T}},\cdots,(\boldsymbol{F}^{(G)})^{\mathrm{T}}\right]^{\mathrm{T}}\in\mathbb{C}^{GM\times KN_{\mathrm{BS}}}$ 为需要设计的感知矩阵且其维度满足 $GM\ll KN_{\mathrm{BS}}$，以及 $\boldsymbol{N}$ 为相应的噪声矩阵。于是，式（5–9）即为基于 MMV-CS 的联合 AUD 和 CE 问题的式化表示。

5.3.1.2　基于 GMMV-CS 的问题式化

在描述表示基于 GMMV-CS 的联合 AUD 和 CE 问题之前，需要先对虚拟角度域的毫米波 XL-MIMO 信道进行说明。针对分成 M 个子阵列的毫米波 XL-MIMO 阵列，这里定义了一个分块离散傅里叶变换（Discrete Fourier Transform, DFT）矩阵为 $\boldsymbol{D}_{\mathrm{F}}=\boldsymbol{I}_M\otimes\boldsymbol{F}_{N_{\mathrm{s}}}\in\mathbb{C}^{N_{\mathrm{BS}}\times N_{\mathrm{BS}}}$，其中 $\boldsymbol{F}_{N_{\mathrm{s}}}\in\mathbb{C}^{N_{\mathrm{s}}\times N_{\mathrm{s}}}$ 是 N_{s} 维的归一化 DFT 矩阵。于是，利用该分块 DFT 矩阵 $\boldsymbol{D}_{\mathrm{F}}$，可将式（5–2）中的空间域 XL-MIMO 信道向量 $\boldsymbol{h}_{k,p}$ 进一步变换为虚拟角度域信道向量 $\widetilde{\boldsymbol{h}}_{p,k}\in\mathbb{C}^{N_{\mathrm{BS}}}$，即

$$\widetilde{\boldsymbol{h}}_{p,k} = \boldsymbol{D}_{\mathrm{F}}^{\mathrm{H}}\boldsymbol{h}_{k,p} \tag{5-10}$$

这里，式（5–10）也等价于 $\boldsymbol{h}_{k,p}=\boldsymbol{D}_{\mathrm{F}}\widetilde{\boldsymbol{h}}_{p,k}$。利用以上变换关系，可将式（5–1）中的第 g 个（$1\leqslant g\leqslant G$）OFDM 符号的第 p 个（$1\leqslant p\leqslant P$）导频子载波上的接收信号向量 $\boldsymbol{y}_p^{(g)}$ 进一步写为

$$\boldsymbol{y}_p^{(g)} = \left(\boldsymbol{W}_p^{(g)}\right)^{\mathrm{H}}\boldsymbol{D}_{\mathrm{F}}\widetilde{\boldsymbol{H}}_p\boldsymbol{s}_p^{(g)} + \boldsymbol{n}_p^{(g)} \tag{5-11}$$

其中，$\widetilde{\boldsymbol{H}}_p=\boldsymbol{D}_{\mathrm{F}}^{\mathrm{H}}\boldsymbol{H}_p=[\zeta_1\widetilde{\boldsymbol{h}}_{1,p},\zeta_2\widetilde{\boldsymbol{h}}_{2,p},\cdots,\zeta_K\widetilde{\boldsymbol{h}}_{K,p}]$ 是集合后信道矩阵 $\boldsymbol{H}_p$ 的虚拟角

度域表示。那么，对式（5–11）中的 $\boldsymbol{y}_p^{(g)}$ 进行向量化，可得到

$$\boldsymbol{y}_p^{(g)} = \boldsymbol{Z}_p^{(g)}\widetilde{\boldsymbol{h}}_p + \boldsymbol{n}_p^{(g)} \tag{5–12}$$

其中，$\boldsymbol{Z}_p^{(g)} = (\boldsymbol{s}_p^{(g)})^{\mathrm{T}} \otimes \left((\boldsymbol{W}_p^{(g)})^{\mathrm{H}}\boldsymbol{D}_{\mathrm{F}}\right) \in \mathbb{C}^{M\times KN_{\mathrm{BS}}}$ 以及 $\widetilde{\boldsymbol{h}}_p = \mathrm{vec}(\widetilde{\boldsymbol{H}}_p) = \left(\boldsymbol{D}_\zeta \otimes \boldsymbol{D}_{\mathrm{F}}^{\mathrm{H}}\right)\bar{\boldsymbol{h}}_p \in \mathbb{C}^{KN_{\mathrm{BS}}}$。通过联合利用所有 G 个 OFDM 符号的接收信号向量 $\{\boldsymbol{y}_p^{(g)}\}_{g=1}^{G}$，可获得堆叠后的信号向量 $\boldsymbol{y}_p \in \mathbb{C}^{GM}$，可表示为

$$\begin{aligned}\boldsymbol{y}_p &= \left[(\boldsymbol{y}_p^{(1)})^{\mathrm{T}}, (\boldsymbol{y}_p^{(2)})^{\mathrm{T}}, \cdots, (\boldsymbol{y}_p^{(G)})^{\mathrm{T}}\right]^{\mathrm{T}} \\ &= \boldsymbol{Z}_p\widetilde{\boldsymbol{h}}_p + \boldsymbol{n}_p\end{aligned} \tag{5–13}$$

其中，$\boldsymbol{Z}_p = \left[(\boldsymbol{Z}_p^{(1)})^{\mathrm{T}}, (\boldsymbol{Z}_p^{(2)})^{\mathrm{T}}, \cdots, (\boldsymbol{Z}_p^{(G)})^{\mathrm{T}}\right]^{\mathrm{T}} \in \mathbb{C}^{GM\times KN_{\mathrm{BS}}}$ 是需要设计的对应第 p 个导频子载波的感知矩阵且其维度满足 $GM \ll KN_{\mathrm{BS}}$，以及 $\boldsymbol{n}_p = \left[(\boldsymbol{n}_p^{(1)})^{\mathrm{T}}, (\boldsymbol{n}_p^{(2)})^{\mathrm{T}}, \cdots, (\boldsymbol{n}_p^{(G)})^{\mathrm{T}}\right]^{\mathrm{T}} \in \mathbb{C}^{GM}$ 是堆叠后的噪声向量。考虑 P 个导频子载波可用来实现联合 AUD 和 CE，那么，最后可获得 P 个信号向量以及相对应的感知矩阵，即 $\{\boldsymbol{y}_p\}_{p=1}^{P}$ 和 $\{\boldsymbol{Z}_p\}_{p=1}^{P}$，这也就是对基于 GMMV-CS 的联合 AUD 和 CE 问题的式化表示。

5.3.2 XL-MIMO 信道的共同结构化块稀疏性

由于活跃用户的数量仅占用户设备总数的一小部分（即 $|\boldsymbol{\zeta}|_0 = K_{\mathrm{a}} \ll K$），式（5–1）中集合后的信道矩阵 $\boldsymbol{H}_p$ 只有对应于活跃用户支撑集 $\mathrm{supp}\{\boldsymbol{\zeta}\}$ 中索引的这些列才包含非零元素。因此，对于基于毫米波 XL-MIMO 的海量物联网接入系统来说，式（5–7）中的空间域 XL-MIMO 信道向量 $\boldsymbol{h}_p = (\boldsymbol{D}_\zeta \otimes \boldsymbol{I}_{N_{\mathrm{BS}}})\bar{\boldsymbol{h}}_p$ 以及式（5–12）中的虚拟角度域信道向量 $\widetilde{\boldsymbol{h}}_p = \left(\boldsymbol{D}_\zeta \otimes \boldsymbol{D}_{\mathrm{F}}^{\mathrm{H}}\right)\bar{\boldsymbol{h}}_p$ 将呈现出独特的结构化块稀疏特性。此外，将 P 个子载波上的虚拟角度域信道向量 $\{\widetilde{\boldsymbol{h}}_p\}_{p=1}^{P}$ 组合成相应的角度域信道矩阵，可表示为 $\widetilde{\boldsymbol{H}} = [\widetilde{\boldsymbol{h}}_1, \widetilde{\boldsymbol{h}}_2, \cdots, \widetilde{\boldsymbol{h}}_P] = \left(\boldsymbol{D}_\zeta \otimes \boldsymbol{D}_{\mathrm{F}}^{\mathrm{H}}\right)\bar{\boldsymbol{H}} \in \mathbb{C}^{KN_{\mathrm{BS}}\times P}$。由于对所有 P 个子载波来说，支撑集 $\mathrm{supp}\{\boldsymbol{\zeta}\}$ 是相同的，那么，式（5–8）中的空间域信道矩阵 $\boldsymbol{H} = (\boldsymbol{D}_\zeta \otimes \boldsymbol{I}_{N_{\mathrm{BS}}})\bar{\boldsymbol{H}}$ 以及角度域信道矩阵 $\widetilde{\boldsymbol{H}}$ 的列，也就是 $\{\boldsymbol{h}_p\}_{p=1}^{P}$ 和 $\{\widetilde{\boldsymbol{h}}_p\}_{p=1}^{P}$，也分别表现出共同的频域稀疏支撑集，即

$$\mathrm{supp}\{\boldsymbol{h}_1\} = \mathrm{supp}\{\boldsymbol{h}_2\} = \cdots = \mathrm{supp}\{\boldsymbol{h}_P\} \tag{5–14}$$

$$\mathrm{supp}\{\widetilde{\boldsymbol{h}}_1\} = \mathrm{supp}\{\widetilde{\boldsymbol{h}}_2\} = \cdots = \mathrm{supp}\{\widetilde{\boldsymbol{h}}_P\} \tag{5–15}$$

需要指出的是，对于室内海量物联网接入场景，受毫米波 XL-MIMO 信道的近场空间非平稳性的影响，$\{\boldsymbol{h}_p\}_{p=1}^{P}$ 和 $\{\widetilde{\boldsymbol{h}}_p\}_{p=1}^{P}$ 的支撑集满足以下关系

$$\left|\mathrm{supp}\{\widetilde{\boldsymbol{h}}_p\}\right|_c \leqslant |\mathrm{supp}\{\boldsymbol{h}_p\}|_c \leqslant K_{\mathrm{a}}N_{\mathrm{BS}} \ll KN_{\mathrm{BS}}, \forall p \tag{5-16}$$

图 5.4 描绘了空间域和角度域信道矩阵的共同结构化块稀疏性，其中考虑的系统参数为子阵列数 $M=10$、子阵列天线数 $N_{\mathrm{s}}=8$、总用户设备数 $K=20$、活跃用户数 $K_{\mathrm{a}}=4$，以及导频子载波数 $P=67$。显然，从图 5.4 中可看出，所有导频子载波上的空间域和角度域信道有着共同的稀疏支撑集。此外，如图 5.4(b) 所示，单个用户的空间域 XL-MIMO 信道呈现出标志性的近场空间非平稳特性，即在维度为 $N_{\mathrm{BS}}=80$ 的毫米波 XL-MIMO 阵列所对应的信道上，不同子阵列的信道增益幅度均不相同，而每个子阵列内的信道增益幅度几乎是相同的，故呈现出阶梯状的空间非平稳性。另外，图 5.4(d) 中单个用户的角度域 XL-MIMO 信

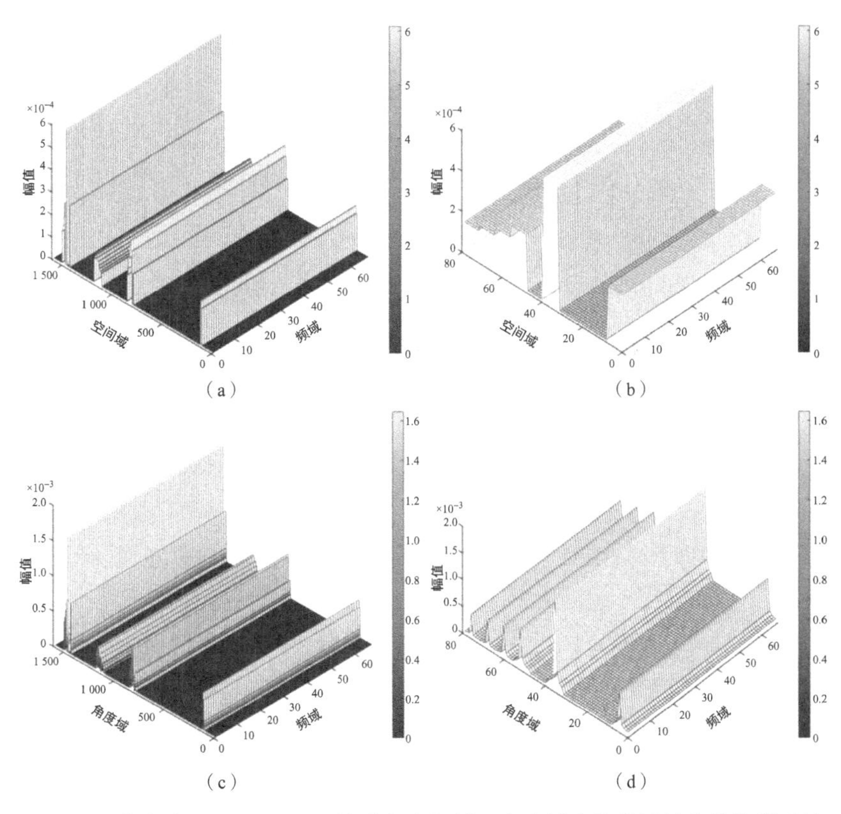

图 5.4　毫米波 XL-MIMO 信道在空间域和角度域上的共同结构化块稀疏性

(a) 空间域 XL-MIMO 信道矩阵 $\boldsymbol{H}$；(b) 对应第 4 个活跃用户的空间域信道矩阵；

(c) 角度域 XL-MIMO 信道矩阵 $\widetilde{\boldsymbol{H}}$；(d) 对应第 4 个活跃用户的角度域信道矩阵

道具有比空间域信道更明显的稀疏性。因此，根据上述毫米波 XL-MIMO 信道的共同结构化块稀疏性，式（5–9）和式（5–13）中的联合 AUD 和 CE 问题分别是 CS 和 DCS 理论框架下基于 MMV-CS 和 GMMV-CS 的支撑集检测和稀疏信号恢复问题模型 [140,142]。

5.3.3 感知矩阵设计

为了获得稀疏信号的可靠压缩与重构性能，需要精心设计式（5–9）和式（5–13）中的感知矩阵 $\boldsymbol{F}$ 和 $\{\boldsymbol{Z}_p\}_{p=1}^{P}$，以确保其满足合理的有限等距性质（Restricted Isometry Property, RIP）[142]。具体来说，对于第 g 个（$1\leqslant g\leqslant G$）OFDM 符号的第 p 个（$1\leqslant p\leqslant P$）导频子载波，所有用户所发射的导频信号向量 $\boldsymbol{s}_p^{(g)}$ 和基站端的混合合并矩阵 $\boldsymbol{W}_p^{(g)}$ 将共同组成感知矩阵 $\boldsymbol{F}_p^{(g)}$ 和 $\boldsymbol{Z}_p^{(g)}$，故它们分别有如下设计。首先，随机设定 $\boldsymbol{s}_p^{(g)}$ 的第 k 项（$1\leqslant k\leqslant K$）元素，即 $s_{k,p}^{(g)}$，为 $s_{k,p}^{(g)}=\sqrt{P_{\mathrm{tx}}}\mathrm{e}^{\mathrm{j}\phi_{k,p}^{(g)}}$，其中 P_{tx} 是每个用户的发射功率，且相位 $\phi_{k,p}^{(g)}\sim\mathcal{U}(0,2\pi)$。其次，$\boldsymbol{W}_p^{(g)}=\boldsymbol{W}_{\mathrm{RF}}^{(g)}\boldsymbol{W}_{\mathrm{BB},p}^{(g)}$ 由模拟和数字合并矩阵 $\boldsymbol{W}_{\mathrm{RF}}^{(g)}$ 和 $\boldsymbol{W}_{\mathrm{BB},p}^{(g)}$ 两部分组成。一方面，由于毫米波基站的收发机采用的是由部分子连接相移网络构成的混合 XL-MIMO 架构，那么，模拟合并矩阵 $\boldsymbol{W}_{\mathrm{RF}}^{(g)}$ 具有块对角形式，即 $\boldsymbol{W}_{\mathrm{RF}}^{(g)}=\mathrm{Bdiag}\left([\boldsymbol{w}_{\mathrm{RF},1}^{(g)},\boldsymbol{w}_{\mathrm{RF},2}^{(g)},\cdots,\boldsymbol{w}_{\mathrm{RF},M}^{(g)}]\right)$，其中，对应于第 m 个（$1\leqslant m\leqslant M$）子阵列的模拟合并向量 $\boldsymbol{w}_{\mathrm{RF},m}^{(g)}\in\mathbb{C}^{N_{\mathrm{s}}}$ 中的第 n 项（$1\leqslant n\leqslant N_{\mathrm{s}}$）元素可设计为 $\{\boldsymbol{w}_{\mathrm{RF},m}^{(g)}\}_n=\dfrac{1}{\sqrt{N_{\mathrm{s}}}}\mathrm{e}^{\mathrm{j}\varphi_{m,n}^{(g)}}$，且 $\varphi_{m,n}^{(g)}\sim\mathcal{U}(0,2\pi)$。显然，$\boldsymbol{W}_{\mathrm{RF}}^{(g)}$ 是一个半酉矩阵，即满足 $(\boldsymbol{W}_{\mathrm{RF}}^{(g)})^{\mathrm{H}}\boldsymbol{W}_{\mathrm{RF}}^{(g)}=\boldsymbol{I}_M,\forall g$。另一方面，数字合并矩阵 $\boldsymbol{W}_{\mathrm{BB},p}^{(g)}$ 可考虑选择为单位矩阵，即 $\boldsymbol{W}_{\mathrm{BB},p}^{(g)}=\boldsymbol{I}_M,\forall p,g$。因此，以上设计的混合合并矩阵满足 $\boldsymbol{W}^{(g)}=\boldsymbol{W}_p^{(g)}=\boldsymbol{W}_{\mathrm{RF}}^{(g)},\forall p$，故 $\boldsymbol{W}^{(g)}$ 也是一个半酉矩阵。

需要指出的是，在 MMV-CS 问题中，所有导频子载波上均考虑了相同的感知矩阵，即 $\boldsymbol{F}^{(g)}=\boldsymbol{F}_p^{(g)}=(\boldsymbol{s}_p^{(g)})^{\mathrm{T}}\otimes(\boldsymbol{W}^{(g)})^{\mathrm{H}},\forall p$，而在 GMMV-CS 问题中，感知矩阵 $\boldsymbol{Z}_p^{(g)}=(\boldsymbol{s}_p^{(g)})^{\mathrm{T}}\otimes\left((\boldsymbol{W}^{(g)})^{\mathrm{H}}\boldsymbol{D}_{\mathrm{F}}\right)$ 对于所有 P 个子载波都是不同的，且 $\{\boldsymbol{F}^{(g)}\}_{p=1}^{P}$ 和 $\{\boldsymbol{Z}_p^{(g)}\}_{p=1}^{P}$ 分别组成了式（5–9）和式（5–13）中的感知矩阵 $\boldsymbol{F}$ 和 $\boldsymbol{Z}_p$。于是，根据文献 [140] 中的 CS 理论，所设计的 $\boldsymbol{s}_p^{(g)}$ 和 $\boldsymbol{W}_p^{(g)}$ 可使得感知矩阵 $\boldsymbol{F}$ 和 $\boldsymbol{Z}_p$ 中的每一项元素服从独立同分布（independent and identically distributed, i.i.d.）的零均值单位方差的复高斯分布 [142]，也就是 i.i.d. $\mathcal{CN}(0,1)$，进而能保证更准确的支撑集检测和信号重建结果。

5.3.4 所提出的联合 AUD 和 CE 算法

根据第 5.3.1 小节中的 CS 问题描述（包括 MMV-CS 问题和 GMMV-CS 问题）以及第 5.3.3 小节中所设计的感知矩阵，这里将利用第 5.3.2 小节中描述的毫米波 XL-MIMO 信道在空间域和角度域上呈现出共同结构化块稀疏性的特点，并在传统的同时正交匹配追踪（Simultaneous Orthogonal Matching Pursuit, SOMP）算法 [140] 基础上进一步设计了与毫米波 XL-MIMO 信道相匹配的联合 AUD 和 CE 算法，即 MMV-BSOMP 算法和 GMMV-BSOMP 算法。

5.3.4.1 基于 MMV-BSOMP 的联合 AUD 和 CE 算法

根据以上分析，对于式（5–9）中的 MMV-CS 问题，可通过算法 5.1 中提出的 MMV-BSOMP 算法来实现联合 AUD 和 CE，其中假设了已知稀疏度，即活跃用户数 K_{a}。具体来说，所提出的 MMV-BSOMP 算法通过利用毫米波 XL-MIMO 信道的空间结构化块稀疏性和共同频域稀疏支撑集，在行 6 中计算了感知块矩阵 $\boldsymbol{F}_k$ 和残差矩阵 $\boldsymbol{R}^{i-1}$ 间的结构化块相关值，该处理可显著地提高活跃用户的检测精度。根据获取到的块索引 $k^\star$ 以及相对应的块索引集合 $\mathcal{I}^i$ 来分别更新活跃用户支撑集 $\mathcal{S}^i$ 和所选择的索引集合 $\mathcal{I}^i$，之后，行 15 中可利用最小二乘（Least Square, LS）估计器来获取块信道矩阵 $\boldsymbol{H}_{\mathrm{b}}$。显然，为了获得良好的信道估计性能，最后一次迭代（即 $i=K_{\mathrm{a}}$）过程在行 15 中的 LS 估计需要求根据 $\mathcal{I}^{K_{\mathrm{a}}}$ 所提取到的感知块矩阵 $\boldsymbol{F}_{\{:,\mathcal{I}^{K_{\mathrm{a}}}\}}\in\mathbb{C}^{GM\times K_{\mathrm{a}}N_{\mathrm{BS}}}$ 是方阵或“胖”矩阵，即其维度满足 $G\geqslant K_{\mathrm{a}}N_{\mathrm{s}}$，以避免 LS 计算矩阵求逆时出现缺秩的情况而严重影响信道估计性能。最后，经过赋值后可获得估计到的块索引集合 $\mathcal{S}^{K_{\mathrm{a}}}$ 以及块矩阵 $\boldsymbol{H}_{\mathrm{b}}$，可得到算法 5.1 的输出，即活跃性指示向量 $\boldsymbol{\zeta}$ 和信道矩阵 $\boldsymbol{H}$ 的估计，分别记为 $\widehat{\boldsymbol{\zeta}}$ 和 $\widehat{\boldsymbol{H}}$，这里估计到的活跃用户的支撑集即为 $\mathrm{supp}\{\boldsymbol{\zeta}\}$。

5.3.4.2 基于 GMMV-BSOMP 的联合 AUD 和 CE 算法

算法 5.2 给出了所提出的 GMMV-BSOMP 算法，可以解决式（5–13）中的 GMMV-CS 问题。与算法 5.1 中所提的 MMV-SSOMP 算法相比，所提 GMMV-BSOMP 算法利用了对应于不同子载波的不同感知矩阵来提高可达到的分集增益，以便能在 GMMV-CS 问题中获得更可靠的恢复性能。具体来说，所提出的 GMMV-BSOMP 算法通过利用毫米波 XL-MIMO 信道的角度域结构化块稀疏性和不同子载波上的共同支撑集，可在行 4 中计算分布式的结构化块相关性，然后在行 6 中获得对应最大投影的块索引，也即活跃用户索引 $k^\star$。更新完支撑集和索引集合之后，对每个子载波再进行分布式操作，以在行 13 和行 15 中分别利用 LS 估计块信道向量和更新残差向量。与算法 5.1 不同的是，所提 GMMV-BSOMP 算法通过计算行 18 中残差均值 ϵ 来实现基于残差的自适应终止准则，而不是利

算法 5.1: 所提出的 MMV-BSOMP 算法

输入： 接收信号矩阵 $\boldsymbol{Y}$，感知矩阵 $\boldsymbol{F}$，以及活跃用户数 K_{a}

输出： 估计到的活跃性指示向量 $\widehat{\zeta}$ 以及信道矩阵 $\widehat{\boldsymbol{H}}$

1 **初始化：** 迭代索引 $i=1$，活跃用户支撑集 $\mathcal{S}^0=\varnothing$，所选择的索引集合 $\mathcal{I}^0=\varnothing$，残差矩阵 $\boldsymbol{R}^0=\boldsymbol{Y}$;

2 将 $\boldsymbol{F}$ 拆分为 K 个维度相同的块矩阵 $\boldsymbol{F}_k\in\mathbb{C}^{GM\times N_{\mathrm{BS}}},1\leqslant k\leqslant K$，即 $\boldsymbol{F}=[\boldsymbol{F}_1,\boldsymbol{F}_2,\cdots,\boldsymbol{F}_K]$;

3 **while** $i\leqslant K_{\mathrm{a}}$ **do**

4 　% 计算结构化块相关 %

5 　**for** $k=1,2,\cdots,K$ **do**

6 　　$d_k=\sum_j\sum_n\left|\left\{\boldsymbol{F}_k^{\mathrm{H}}\boldsymbol{R}^{i-1}\right\}_{j,n}\right|$;

7 　**end**

8 　% 寻找最大投影的块索引 %

9 　$k^\star=\max\left\{[d_1,d_2,\cdots,d_K]^{\mathrm{T}}\right\}$;

10 　% 设置块索引集合 %

11 　$\widetilde{\mathcal{I}}=\left\{(k^\star-1)N_{\mathrm{BS}}+1,(k^\star-1)N_{\mathrm{BS}}+2,\cdots,k^\star N_{\mathrm{BS}}\right\}$;

12 　% 更新活跃用户支撑集与所选择的索引集合 %

13 　$\mathcal{S}^i=\mathcal{S}^{i-1}\cup k^\star$ 以及 $\mathcal{I}^i=\mathcal{I}^{i-1}\cup\widetilde{\mathcal{I}}$;

14 　% 利用 LS 估计块信道矩阵 %

15 　$\boldsymbol{H}_{\mathrm{b}}=\boldsymbol{F}_{\{:,\mathcal{I}^i\}}^{\dagger}\boldsymbol{Y}$;

16 　% 更新残差矩阵 %

17 　$\boldsymbol{R}^i=\boldsymbol{Y}-\boldsymbol{F}_{\{:,\mathcal{I}^i\}}\boldsymbol{H}_{\mathrm{b}}$;

18 　$i=i+1$;

19 **end**

20 % 获取估计到的活跃性指示向量 %

21 初始化 $\widehat{\zeta}=\boldsymbol{0}_K$，然后令 $\widehat{\zeta}_{\{\mathcal{S}^{K_{\mathrm{a}}}\}}=\boldsymbol{1}_{K_{\mathrm{a}}}$;

22 % 获取估计到的信道矩阵 %

23 将 $\boldsymbol{H}_{\mathrm{b}}$ 拆分为堆叠的 K_a 个维度相同的块矩阵 $\boldsymbol{H}_{\mathrm{b},k}\in\mathbb{C}^{N_{\mathrm{BS}}\times P},1\leqslant k\leqslant K_{\mathrm{a}}$，即 $\boldsymbol{H}_{\mathrm{b}}=\left[\boldsymbol{H}_{\mathrm{b},1}^{\mathrm{T}},\boldsymbol{H}_{\mathrm{b},2}^{\mathrm{T}},\cdots,\boldsymbol{H}_{\mathrm{b},K_{\mathrm{a}}}^{\mathrm{T}}\right]^{\mathrm{T}}$;

24 初始化 $\widehat{\boldsymbol{H}}=\boldsymbol{O}_{KN_{\mathrm{BS}}\times P}$;

25 **for** $k=1,2,\cdots K_{\mathrm{a}}$ **do**

26 　定义 $\widetilde{k}=\{\mathcal{S}^{K_{\mathrm{a}}}\}_k$，并令 $\mathcal{I}_k=\left\{(\widetilde{k}-1)N_{\mathrm{BS}}+1,(\widetilde{k}-1)N_{\mathrm{BS}}+2,\cdots,\widetilde{k}N_{\mathrm{BS}}\right\}$;

27 　$\widehat{\boldsymbol{H}}_{\{\mathcal{I}_k,:\}}=\boldsymbol{H}_{\mathrm{b},k}$;

28 **end**

29 **Return:** $\widehat{\zeta}$ 以及 $\widehat{\boldsymbol{H}}$

用已知的活跃用户数。经过足够多次的迭代后，可以获得行 22 中组合后的角度域块信道矩阵 $\widetilde{\boldsymbol{H}}_{\mathrm{b}}$，以及在行 24 中确定估计到的活跃用户数，记为 $\widehat{K}_{\mathrm{a}}$。最后，对获得的块索引集合 $\mathcal{S}^{\widehat{K}_{\mathrm{a}}}$ 以及块信道矩阵 $\widetilde{\boldsymbol{H}}_{\mathrm{b}}$ 进行赋值处理，并将角度域信道转换到空间域信道，即可得到算法 5.2 的输出，即估计到的活跃性指示向量 $\widehat{\boldsymbol{\zeta}}$ 以及信道矩阵 $\widehat{\boldsymbol{H}}$。

根据 DCS 理论，所提 GMMV-BSOMP 算法中的上述分布式处理步骤可以利用多样化的感知矩阵获得足够多的分集增益。与 MMV-BSOMP 算法相比，GMMV-BSOMP 算法在相同观测数和稀疏度条件下能获得更准确的支撑集检测结果以及 LS 估计性能 [142]，故其联合 AUD 和 CE 的性能会更好，这在后续的仿真结果中也能得到验证。此外，角度域 XL-MIMO 信道能呈现出比空间域信道更稀疏的共同支撑集，这有利于降低算法 5.2 中信道估计的计算复杂度。需要指出的是，由于活跃用户的数量 K_{a} 对基站来说通常是未知的，因此，为了自适应地获取活跃用户的支撑集，所提 GMMV-BSOMP 算法采用的是预先设定的且与 AWGN 噪声相关的阈值 ϵ_{th} 作为终止条件。下面将详细说明如何确定该阈值 ϵ_{th}。

首先分析噪声方差 σ_{n}^2 的 ML 估计，记为 $\widehat{\sigma}_{\mathrm{n}}^2$。令 $\boldsymbol{x}_p = \boldsymbol{Z}_p\widetilde{\boldsymbol{h}}_p$ 作为有效信号向量，那么式（5–13）也可以写成 $\boldsymbol{y}_p = \boldsymbol{x}_p + \boldsymbol{n}_p$。此外，根据式（5–1）中合并后的噪声向量 $\boldsymbol{n}_p^{(g)} = (\boldsymbol{W}_p^{(g)})^{\mathrm{H}}\bar{\boldsymbol{n}}_p^{(g)}$ 以及 $\boldsymbol{W}^{(g)} = \boldsymbol{W}_p^{(g)}, \forall p$，可将式（5–13）中堆叠后的噪声向量 $\boldsymbol{n}_p$ 进一步写成 $\boldsymbol{n}_p = \overline{\boldsymbol{W}}^{\mathrm{H}}\bar{\boldsymbol{n}}_p$，其中 $\bar{\boldsymbol{W}} = \mathrm{Bdiag}\left(\left[\boldsymbol{W}^{(1)}, \boldsymbol{W}^{(2)}, \cdots, \boldsymbol{W}^{(G)}\right]\right) \in \mathbb{C}^{GN_{\mathrm{BS}}\times GM}$ 和 $\bar{\boldsymbol{n}}_p = \left[(\bar{\boldsymbol{n}}_p^{(1)})^{\mathrm{T}}, (\bar{\boldsymbol{n}}_p^{(2)})^{\mathrm{T}}, \cdots, (\bar{\boldsymbol{n}}_p^{(G)})^{\mathrm{T}}\right]^{\mathrm{T}}$ 分别是块对角合并矩阵和堆叠后的 AWGN 向量。由于 $\boldsymbol{n}_p, 1 \leqslant p \leqslant P$ 是独立同分布的，可进一步考虑将所有 P 个子载波堆叠，以获得观测向量 $\boldsymbol{y} \in \mathbb{C}^{GMP}$，即 $\boldsymbol{y} = \left[\boldsymbol{y}_1^{\mathrm{T}}, \boldsymbol{y}_2^{\mathrm{T}}, \cdots, \boldsymbol{y}_P^{\mathrm{T}}\right]^{\mathrm{T}} = \boldsymbol{x} + \boldsymbol{n}$，其中 $\boldsymbol{x} = \left[\boldsymbol{x}_1^{\mathrm{T}}, \boldsymbol{x}_2^{\mathrm{T}}, \cdots, \boldsymbol{x}_P^{\mathrm{T}}\right]^{\mathrm{T}}$ 以及 $\boldsymbol{n} = \left[\boldsymbol{n}_1^{\mathrm{T}}, \boldsymbol{n}_2^{\mathrm{T}}, \cdots, \boldsymbol{n}_P^{\mathrm{T}}\right]^{\mathrm{T}}$。这里 $\boldsymbol{n}$ 可以进一步表示为 $\boldsymbol{n} = \overline{\boldsymbol{W}}^{\mathrm{H}}\bar{\boldsymbol{n}}$，其中 $\overline{\boldsymbol{W}} = \boldsymbol{I}_P \otimes \bar{\boldsymbol{W}} \in \mathbb{C}^{GN_{\mathrm{BS}}P\times GMP}$ 和 $\bar{\boldsymbol{n}} = \left[\bar{\boldsymbol{n}}_1^{\mathrm{T}}, \bar{\boldsymbol{n}}_2^{\mathrm{T}}, \cdots, \bar{\boldsymbol{n}}_P^{\mathrm{T}}\right]^{\mathrm{T}}$。显然，堆叠后的噪声向量 $\boldsymbol{n}$ 仍然服从均值向量为 $\boldsymbol{0}_{GMP}$ 且协方差矩阵为 $\sigma_{\mathrm{n}}^2\boldsymbol{C}_{\mathrm{n}}$ 的复高斯分布，即 $\boldsymbol{n} \sim \mathcal{CN}(\boldsymbol{0}_{GMP}, \sigma_{\mathrm{n}}^2\boldsymbol{C}_{\mathrm{n}})$，且该协方差矩阵可分解为 $\boldsymbol{C}_{\mathrm{n}} = \overline{\boldsymbol{W}}^{\mathrm{H}}\overline{\boldsymbol{W}} = \boldsymbol{I}_P \otimes \left(\bar{\boldsymbol{W}}^{\mathrm{H}}\bar{\boldsymbol{W}}\right) \in \mathbb{C}^{GMP\times GMP}$。因此，将噪声方差 σ_{n}^2 作为一个待估计的参数，观测向量 $\boldsymbol{y}$ 的似然函数，记为 $\mathcal{P}(\boldsymbol{y}; \sigma_{\mathrm{n}}^2)$，可表示为

$$\begin{aligned}\mathcal{P}(\boldsymbol{y}; \sigma_{\mathrm{n}}^2) &= \frac{1}{\pi^{GMP}\det\left(\sigma_{\mathrm{n}}^2\boldsymbol{C}_n\right)}\exp\left(-(\boldsymbol{y}-\boldsymbol{x})^{\mathrm{H}}\left(\sigma_{\mathrm{n}}^2\boldsymbol{C}_{\mathrm{n}}\right)^{-1}(\boldsymbol{y}-\boldsymbol{x})\right)\\ &\overset{(a)}{=} \frac{1}{(\pi\sigma_{\mathrm{n}}^2)^{GMP}\left(\det\left(\bar{\boldsymbol{W}}^{\mathrm{H}}\bar{\boldsymbol{W}}\right)\right)^P}\times\\ &\quad\exp\left(-\frac{1}{\sigma_{\mathrm{n}}^2}\sum_{p=1}^{P}(\boldsymbol{y}_p-\boldsymbol{x}_p)^{\mathrm{H}}\left(\bar{\boldsymbol{W}}^{\mathrm{H}}\bar{\boldsymbol{W}}\right)^{-1}(\boldsymbol{y}_p-\boldsymbol{x}_p)\right)\end{aligned} \tag{5–17}$$

算法 5.2: 所提出的 GMMV-BSOMP 算法

输入： 接收信号向量 $\{\boldsymbol{y}_p\}_{p=1}^P$，感知矩阵 $\{\boldsymbol{Z}_p\}_{p=1}^P$，预设的迭代终止阈值 ϵ_{th}，以及块 DFT 矩阵 $\boldsymbol{D}_{\text{F}}$

输出： 估计到的活跃性指示向量 $\widehat{\boldsymbol{\zeta}}$ 以及信道矩阵 $\widehat{\boldsymbol{H}}$

1 **初始化:** 迭代索引 $i=1$，残差均值 $\epsilon=2\epsilon_{\text{th}}$，活跃用户支撑集 $\mathcal{S}^0=\varnothing$，所选择的索引集合 $\mathcal{I}^0=\varnothing$，残差向量 $\boldsymbol{r}_p^0=\boldsymbol{y}_p, 1\leqslant p\leqslant P$;

2 **while** $\epsilon>\epsilon_{\text{th}}$ **do**

3 　% 计算分布式的结构化块相关 %

4 　$\boldsymbol{d}=\sum_{p=1}^P\left|\boldsymbol{Z}_p^{\text{H}}\boldsymbol{r}_p^{i-1}\right|$ 并令 $\boldsymbol{D}=\text{mat}(\boldsymbol{d};N_{\text{BS}},K)$;

5 　% 寻找最大投影的块索引 %

6 　$k^\star=\max\left\{\sum_{n=1}^{N_{\text{BS}}}\boldsymbol{D}_{\{n,:\}}\right\}$;

7 　% 设置块索引集合 %

8 　$\widetilde{\mathcal{I}}=\left\{(k^\star-1)N_{\text{BS}}+1,(k^\star-1)N_{\text{BS}}+2,\cdots,k^\star N_{\text{BS}}\right\}$;

9 　% 更新活跃用户支撑集与所选择的索引集合 %

10 　$\mathcal{S}^i=\mathcal{S}^{i-1}\cup k^\star$ 以及 $\mathcal{I}^i=\mathcal{I}^{i-1}\cup\widetilde{\mathcal{I}}$;

11 　**for** $p=1,2,\cdots,P$ **do**

12 　　% 利用 LS 估计块信道向量 %

13 　　$\widetilde{\boldsymbol{h}}_{\text{b},p}^i=\boldsymbol{Z}_{p_{\{:,\mathcal{I}^i\}}}^{\dagger}\boldsymbol{y}_p$;

14 　　% 更新残差向量 %

15 　　$\boldsymbol{r}_p^i=\boldsymbol{y}_p-\boldsymbol{Z}_{p_{\{:,\mathcal{I}^i\}}}\widetilde{\boldsymbol{h}}_{\text{b},p}^i$;

16 　**end**

17 　% 计算残差均值 %

18 　$\epsilon=\frac{1}{GMP}\sum_{p=1}^P\left(\boldsymbol{r}_p^i\right)^{\text{H}}\boldsymbol{r}_p^i$;

19 　$i=i+1$;

20 **end**

21 % 组合角度域块信道矩阵 %

22 $\widetilde{\boldsymbol{H}}_{\text{b}}=\left[\widetilde{\boldsymbol{h}}_{\text{b},1}^{i-1},\widetilde{\boldsymbol{h}}_{\text{b},2}^{i-1},\cdots,\widetilde{\boldsymbol{h}}_{\text{b},P}^{i-1}\right]$;

23 % 获取估计到的活跃性指示向量 %

24 确定活跃用户数 $\widehat{K}_{\text{a}}=\left|\mathcal{S}^{i-1}\right|_c$，初始化 $\widehat{\boldsymbol{\zeta}}=\boldsymbol{0}_K$，然后令 $\widehat{\boldsymbol{\zeta}}_{\{\mathcal{S}^{\widehat{K}_{\text{a}}}\}}=\boldsymbol{1}_{\widehat{K}_{\text{a}}}$;

25 % 获取估计到的信道矩阵 %

26 将 $\widetilde{\boldsymbol{H}}_{\text{b}}$ 拆分为堆叠的 $\widehat{K}_{\text{a}}$ 个维度相同的块矩阵 $\widetilde{\boldsymbol{H}}_{\text{b},k}\in\mathbb{C}^{N_{\text{BS}}\times P},1\leqslant k\leqslant\widehat{K}_{\text{a}}$，即 $\widetilde{\boldsymbol{H}}_{\text{b}}=\left[\widetilde{\boldsymbol{H}}_{\text{b},1}^{\text{T}},\widetilde{\boldsymbol{H}}_{\text{b},2}^{\text{T}},\cdots,\widetilde{\boldsymbol{H}}_{\text{b},\widehat{K}_{\text{a}}}^{\text{T}}\right]^{\text{T}}$;

27 初始化 $\widehat{\boldsymbol{H}}=\boldsymbol{O}_{KN_{\text{BS}}\times P}$;

28 **for** $k=1,2,\cdots,\widehat{K}_{\text{a}}$ **do**

29 　定义 $\widetilde{k}=\{\mathcal{S}^{\widehat{K}_{\text{a}}}\}_k$，并令 $\mathcal{I}_k=\left\{(\widetilde{k}-1)N_{\text{BS}}+1,(\widetilde{k}-1)N_{\text{BS}}+2,\cdots,\widetilde{k}N_{\text{BS}}\right\}$;

30 　$\widehat{\boldsymbol{H}}_{\{\mathcal{I}_k,:\}}=\boldsymbol{D}_{\text{F}}\widetilde{\boldsymbol{H}}_{\text{b},k}$;

31 **end**

32 **Return:** $\widehat{\boldsymbol{\zeta}}$ 以及 $\widehat{\boldsymbol{H}}$

其中，等式 (a) 中使用了恒等变换 $\det(\boldsymbol{A}_{m\times m}\otimes\boldsymbol{B}_{n\times n})=(\det(\boldsymbol{A}))^{n}(\det(\boldsymbol{B}))^{m}$[115]。那么，$\boldsymbol{y}$ 的对数似然函数可进一步写为

$$\begin{aligned}\mathcal{L}(\boldsymbol{y};\sigma_{\mathrm{n}}^2)=&\ln\mathcal{P}(\boldsymbol{y};\sigma_{\mathrm{n}}^2)\\=&-GMP\ln\left(\pi\sigma_{\mathrm{n}}^2\right)-P\ln\left(\det\left(\bar{\boldsymbol{W}}^{\mathrm{H}}\bar{\boldsymbol{W}}\right)\right)-\\&\frac{1}{\sigma_{\mathrm{n}}^2}\sum_{p=1}^{P}(\boldsymbol{y}_p-\boldsymbol{x}_p)^{\mathrm{H}}\left(\bar{\boldsymbol{W}}^{\mathrm{H}}\bar{\boldsymbol{W}}\right)^{-1}(\boldsymbol{y}_p-\boldsymbol{x}_p)\end{aligned}\tag{5–18}$$

根据 ML 准则，通过求解对数似然方程 $\partial\mathcal{L}(\boldsymbol{y};\sigma_{\mathrm{n}}^2)/\partial\sigma_{\mathrm{n}}^2=0$ 即可获得噪声方差 σ_{n}^2 的 ML 估计 $\widehat{\sigma}_{\mathrm{n}}^2$，也就是

$$\begin{aligned}\widehat{\sigma}_{\mathrm{n}}^2=&\frac{1}{GMP}\sum_{p=1}^{P}(\boldsymbol{y}_p-\boldsymbol{x}_p)^{\mathrm{H}}\left(\bar{\boldsymbol{W}}^{\mathrm{H}}\bar{\boldsymbol{W}}\right)^{-1}(\boldsymbol{y}_p-\boldsymbol{x}_p)\\\overset{(\mathrm{b})}{=}&\frac{1}{GMP}\sum_{p=1}^{P}(\boldsymbol{y}_p-\boldsymbol{x}_p)^{\mathrm{H}}(\boldsymbol{y}_p-\boldsymbol{x}_p)\end{aligned}\tag{5–19}$$

其中，等式 (b) 考虑到第 5.3.3 节中设计的混合合并矩阵 $\boldsymbol{W}^{(g)},\forall g$ 是半酉矩阵，故由 $\{\boldsymbol{W}^{(g)}\}_{g=1}^{G}$ 组成的块对角合并矩阵 $\bar{\boldsymbol{W}}$ 也满足半酉性质，即 $\bar{\boldsymbol{W}}^{\mathrm{H}}\bar{\boldsymbol{W}}=\boldsymbol{I}_{GM}$。

接下来，利用投影分析理论可将式（5–19）中的噪声方差估计 $\widehat{\sigma}_{\mathrm{n}}^2$ 与算法 5.2 中预设的迭代终止阈值 ϵ_{th} 联系起来。具体来说，针对第 i 次迭代中第 p 个子载波的处理过程，通过利用在行13 中块信道向量的 LS 估计，即 $\widetilde{\boldsymbol{h}}_{\mathrm{b},p}^{i}=\boldsymbol{Z}_{p\{:,\mathcal{I}^i\}}^{\dagger}\boldsymbol{y}_p$，将有效信号向量 $\boldsymbol{x}_p$ 在第 i 次迭代中所获得的估计定义为 $\widehat{\boldsymbol{x}}_p^i$，可由下式给出

$$\widehat{\boldsymbol{x}}_p^i=\boldsymbol{Z}_{p\{:,\mathcal{I}^i\}}\widetilde{\boldsymbol{h}}_{\mathrm{b},p}^{i}=\boldsymbol{Z}_{p\{:,\mathcal{I}^i\}}\boldsymbol{Z}_{p\{:,\mathcal{I}^i\}}^{\dagger}\boldsymbol{y}_p=\boldsymbol{P}_p^i\boldsymbol{y}_p\tag{5–20}$$

其中 $\boldsymbol{P}_p^i=\boldsymbol{Z}_{p\{:,\mathcal{I}^i\}}\boldsymbol{Z}_{p\{:,\mathcal{I}^i\}}^{\dagger}\in\mathbb{C}^{GM\times GM}$ 为所选定感知矩阵 $\boldsymbol{Z}_{p\{:,\mathcal{I}^i\}}$ 的投影矩阵。那么，观测向量 $\boldsymbol{y}_p$ 与 $\widehat{\boldsymbol{x}}_p^i$ 之间的估计误差向量 $\boldsymbol{r}_p^i$（也就是算法 5.2 中的残差向量）可以表示为

$$\boldsymbol{r}_p^i=\boldsymbol{y}_p-\widehat{\boldsymbol{x}}_p^i=\left(\boldsymbol{I}_{GM}-\boldsymbol{P}_p^i\right)\boldsymbol{y}_p=\left(\boldsymbol{P}_p^i\right)^{\perp}\boldsymbol{y}_p\tag{5–21}$$

其中，$\left(\boldsymbol{P}_p^i\right)^{\perp}=\boldsymbol{I}_{GM}-\boldsymbol{P}_p^i$ 是 $\boldsymbol{P}_p^i$ 的正交投影矩阵。式（5–20）和式（5–21）的物理解释是估计到的有效信号向量 $\widehat{\boldsymbol{x}}_p^i$ 和估计误差向量 $\boldsymbol{r}_p^i$ 分别是接收信号向量 $\boldsymbol{y}_p$ 在由感知矩阵 $\boldsymbol{Z}_{p\{:,\mathcal{I}^i\}}$ 张成的子空间上的投影和正交投影 [115,143]。因此，所提 GMMV-BSOMP 算法的联合 AUD 和 CE 过程就是不断迭代地寻找接收信号向量在由所选定的感知矩阵张成的子空间上的正交投影，在此期间，可以同时实

现活跃用户的支撑集检测以及信道向量的估计。当完成了足够多次（即 $i \geqslant K_{\rm a}$）的迭代时，$\boldsymbol{y}_p$ 在由 $\boldsymbol{Z}_{p_{\{:,\mathcal{I}^{K_{\rm a}}\}}}$ 所张成的子空间上的正交投影，记为 $\boldsymbol{r}_p^{K_{\rm a}}$，将不再包含来自活跃用户的有用信号，而仅包含噪声。倘若所获得的活跃用户支撑集和信道向量足够准确，则可以将估计到的有效信号向量 $\widehat{\boldsymbol{x}}_p^{K_{\rm a}}$ 近似为真实信号向量 $\boldsymbol{x}_p$，即

$$\boldsymbol{x}_p \approx \widehat{\boldsymbol{x}}_p^{K_{\rm a}} = \boldsymbol{Z}_{p_{\{:,\mathcal{I}^{K_{\rm a}}\}}} \widetilde{\boldsymbol{h}}_{{\rm b},p}^{K_{\rm a}} \tag{5-22}$$

将式（5–22）代入式（5–19）中，即可获得

$$\begin{aligned}\widehat{\sigma}_{\rm n}^2 &\approx \frac{1}{GMP}\sum_{p=1}^{P}\left(\boldsymbol{y}_p - \boldsymbol{Z}_{p_{\{:,\mathcal{I}^{K_{\rm a}}\}}} \widetilde{\boldsymbol{h}}_{{\rm b},p}^{K_{\rm a}}\right)^{\rm H}\left(\boldsymbol{y}_p - \boldsymbol{Z}_{p_{\{:,\mathcal{I}^{K_{\rm a}}\}}} \widetilde{\boldsymbol{h}}_{{\rm b},p}^{K_{\rm a}}\right) \\ &= \frac{1}{GMP}\sum_{p=1}^{P}\left(\boldsymbol{r}_p^{K_{\rm a}}\right)^{\rm H}\boldsymbol{r}_p^{K_{\rm a}}\end{aligned} \tag{5-23}$$

从算法 5.2 中行 18 可看出，最后一次迭代（即 $i = K_{\rm a}$）所计算出的残差均值为 $\epsilon = \frac{1}{GMP}\sum_{p=1}^{P}\left(\boldsymbol{r}_p^{K_{\rm a}}\right)^{\rm H}\boldsymbol{r}_p^{K_{\rm a}}$。对比式（5–23）中的结果，可得 $\widehat{\sigma}_{\rm n}^2 \approx \epsilon$，也就是，残余均值 ϵ 最终将会逼近估计到的噪声方差 $\widehat{\sigma}_{\rm n}^2$。从 ML 角度来看，将真实的噪声方差当作迭代终止条件的预设阈值是最优的。因此，可将接收信号中真实噪声的方差 $\sigma_{\rm n}^2$ 设定为阈值 $\epsilon_{\rm th}$，即 $\epsilon_{\rm th} = \sigma_{\rm n}^2$。更直观地说，当活跃用户支撑集和信道向量估计得足够准确时，残差向量中除噪声外的有用信号分量将被迭代地剔除。于是，噪声的功率（即噪声方差）可以近似计算为所有残差项（P 个维度为 GM 的残差向量共计 GMP 个残差项）的能量均值。

5.3.5 计算复杂度分析

对于算法 5.1 和算法 5.2 中所提出的 MMV-BSOMP 算法和 GMMV-BSOMP 算法，它们的计算复杂度主要由以下三个部分组成，这里主要考虑所提算法在第 i 迭代过程中的计算复杂度，即

1) 计算（分布式的）结构化块相关。

算法 5.1（行 6）及算法 5.2（行 4）：$O(KN_{\rm BS}GMP)$。

2) 利用 LS 估计块信道矩阵或者向量。

算法 5.1（行 15）：$O(2i^2N_{\rm BS}^2GM + i^3N_{\rm BS}^3 + iN_{\rm BS}GMP)$。

算法 5.2（行 13）：$O(2i^2N_{\rm BS}^2GMP + i^3N_{\rm BS}^3P + iN_{\rm BS}GMP)$。

3) 更新残差矩阵或者向量。

算法 5.1（行 17）及算法 5.2（行 15）：$O(GMiN_{\rm BS}P)$。

对于算法 5.2 来说，还有行 18 中“计算残差均值”步骤，其计算复杂度为

$O(GMP)$。此外，算法 5.2 在迭代完之后，将角度域信道变换到空间域信道时的计算复杂度为 $O(\widehat{K}_{\rm a}N_{\rm BS}^2P)$。通过比较以上所提两种算法的计算复杂度可发现，算法 5.2 中 LS 估计的计算复杂度要高于算法 5.1，这是因为所提 GMMV-BSOMP 算法对不同的子载波采用了不同的感知矩阵，因此，在算法迭代过程中，需要对所选定的感知矩阵进行 P 次伪逆运算来获得 P 个子载波上块信道向量的 LS 估计，而算法 5.1 只需要执行一次该伪逆运算。

表 5.1 比较了所提 MMV-BSOMP 算法和 GMMV-BSOMP 算法以及如块稀疏自适应匹配追踪（Block Sparsity Adaptive Matching Pursuit, BSAMP）算法 [142]、块子空间追踪（Block Subspace Pursuit, BSP）算法 [77] 和块正交匹配追踪（Block Orthogonal Matching Pursuit, BOMP）算法 [75] 这些传统贪婪 CS 恢复算法在每次迭代过程中的计算复杂度。从表 5.1 中可以看出，所有算法中，LS 信道估计的矩阵伪逆运算占据了绝大部分的计算复杂度。此外，通过比较这些算法的计算复杂度可发现，所提 MMV-BSOMP 算法的复杂度最低，其次是 BSAMP 和 BSP 算法，而由于多次矩阵伪逆运算，BOMP 算法和所提 GMMV-BSOMP 算法的复杂度要高于上述三种算法。需要指出的是，所提 GMMV-BSOMP 算法利用了更稀疏的角度域 XL-MIMO 信道中的共同结构化块稀疏性，这可以降低 LS 信道估计的计算复杂度。

表 5.1 不同联合 AUD 和 CE 算法的计算复杂度比较

联合 AUD 和 CE	每次迭代的计算复杂度
BSAMP 算法 [142]	$O\left(\left(KN_{\rm BS}+3jN_{\rm BS}+4j^2N_{\rm BS}^2/P\right)GMP+2j^3N_{\rm BS}^3\right)$
BSP 算法 [77]	$O\left(\left(KN_{\rm BS}+3K_{\rm a}N_{\rm BS}+4K_{\rm a}^2N_{\rm BS}^2/P\right)GMP+2K_{\rm a}^3N_{\rm BS}^3\right)$
BOMP 算法 [75]	$O\left(\left(KN_{\rm BS}+2iN_{\rm BS}+2i^2N_{\rm BS}^2\right)GMP+i^3N_{\rm BS}^3P\right)$
所提 MMV-BSOMP 算法	$O\left(\left(KN_{\rm BS}+2iN_{\rm BS}+2i^2N_{\rm BS}^2/P\right)GMP+i^3N_{\rm BS}^3\right)$
所提 GMMV-BSOMP 算法	$O\left(\left(KN_{\rm BS}+2iN_{\rm BS}+2i^2N_{\rm BS}^2+1\right)GMP+i^3N_{\rm BS}^3P\right)$

注意：i 和 j 分别表示迭代索引和阶段索引。

5.4 仿真结果

针对室内 XL-MIMO-OFDM 系统，本节评估了所提基于 MMV-BSOMP 算法和 GMMV-BSOMP 算法的联合 AUD 和 CE 方案用于上行海量物联网接入时

的性能。为了简化仿真场景，这里考虑如图 5.5 中的二维笛卡儿坐标示意图，其中整个三维室内空间可以压缩成一个大小为 $\overline{OC}\times\overline{OE}$ 的二维平面。嵌入屋顶或墙壁的毫米波 XL-MIMO 阵列装备有 M 个子阵列，且相邻子阵列间距为 Δ。用户设备的随机分布区域覆盖 $\{(x,y)|0\leqslant x\leqslant\overline{OD}\cup\overline{OB}\leqslant y\leqslant\overline{OC}\}$，而散射体的随机分布区域为 $\{(x,y)|0\leqslant x\leqslant\overline{OD}\cup\overline{OA}\leqslant y\leqslant\overline{OC}\}$。图 5.5 中典型的长度可分别选取为 $\overline{OA}=1$ m，$\overline{OB}=3$ m，$\overline{OD}=M\Delta$，以及 $\overline{OC}=3\overline{OD}/5$。主要的仿真参数设置详见表 5.2 。考虑到最大时延扩展受 EM 信号传播距离的影响，可将最大传输距离认为是室内空间长边 $\overline{OD}$ 的两倍，以生成 $\tau_{\max}$，即 $\tau_{\max}=2\overline{OD}/v_{\rm c}$，而由 $\tau_{\max}$ 就可以确定所需导频子载波的个数 P。此外，第 5.2.2 小节中定义的传输距离和 AoA 可根据随机生成的用户及散射体位置的二维坐标来精确计算得到。

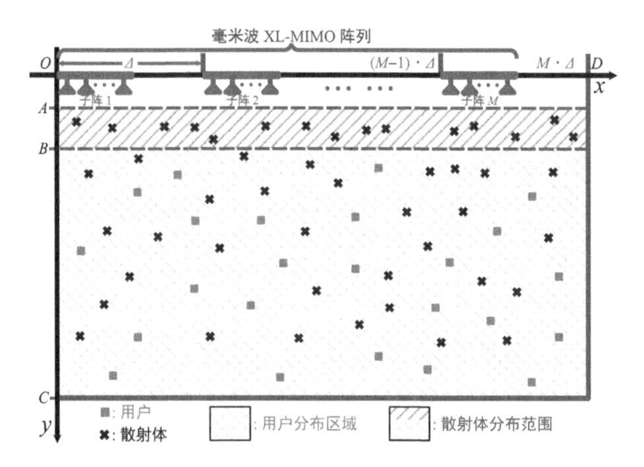

图 5.5　基于毫米波 XL-MIMO 的室内近场海量物联网接入仿真场景示意图

为了评估所提基于 MMV-BSOMP 算法和 GMMV-BSOMP 算法的联合 AUD 和 CE 方案的性能，这里考虑以下两个性能评价指标，即 AUD 的检测错误概率 P_e 和 CE 的归一化均方误差（Normalized Mean Square Error, NMSE），可分别表示为

$$P_e=\left\|\boldsymbol{\zeta}-\widehat{\boldsymbol{\zeta}}\right\|_1/K \tag{5-24}$$

$$\text{NMSE}=10\log_{10}\left(\mathbb{E}\left(\left\|\boldsymbol{H}-\widehat{\boldsymbol{H}}\right\|_F^2/\|\boldsymbol{H}\|_F^2\right)\right) \tag{5-25}$$

在本节的仿真中，为了验证预设的迭代终止阈值 $\epsilon_{\rm th}$ 的有效性，所提基于 MMV-BSOMP 算法和 GMMV-BSOMP 算法的联合 AUD 和 CE 方案均考虑了活跃用户数 $K_{\rm a}$ 已知和未知两种情形，其中，对于 $K_{\rm a}$ 未知的情形，在图例中标记有“$\epsilon_{\rm th}$”。此外，仿真时考虑的对比基线方案包括基于 BSAMP[142]、BSP[77] 以及

表 5.2　主要的仿真参数设置

参数	值
载波频率 f_c	28 GHz
系统带宽 f_s	200 MHz
子阵列数（RF 链路数）M	10
每个子阵列中天线数 N_{s}	8
相邻子阵列间距 $\varDelta$	5 m
子载波总数 N_{c}	2 048
总用户数 K	60
活跃用户数 K_{a}	6
多径数 L_k	等概率选取 1 ~ 5 之间的整数
莱斯因子 γ_k	等概率选取 10 ~ 20 之间的整数
散射体数	等概率选取 5 ~ 15 之间的整数
背景噪声的功率谱密度 [144]	−174 dBm/Hz

BOMP[75] 这些传统 CS 算法的联合 AUD 和 CE 方案。同时，还可以考虑将已知活跃用户支撑集情况下的先验 LS 算法作为信道估计中 NMSE 性能的下界。

图 5.6 比较了不同联合 AUD 和 CE 方案随发射功率 P_{tx} 变化时的 AUD 检测错误概率 P_e 和 NMSE 性能，其中考虑固定的时间开销 $G=50$。从图 5.6 可以看出，所提出的 GMMV-BSOMP 算法的 P_e 和 NMSE 性能随 P_{tx} 有明显的提高，这表明，在室内近场海量物联网接入场景中，所提 GMMV-BSOMP 算法在已知和未知 K_{a} 时均能充分利用角度域毫米波 XL-MIMO 信道的共同结构化块稀疏性以及由足够的多样化感知矩阵带来的分集增益，以获得更准确的用户活跃性检测和信道估计结果。在联合 AUD 和 CE 过程中，AUD 性能越准确，获得的 CE 结果越好，反之亦然。因此，基于图 5.6 (a) 中优异的 AUD 性能，所提 GMMV-BSOMP 算法在图 5.6(b) 中的 NMSE 性能非常接近先验 LS 算法，并且它们的 NMSE 曲线随着 P_{tx} 的增加呈线性下降趋势，这也验证了在第 5.3.4.2 小节中所设计迭代终止阈值 ϵ_{th} 的有效性。相比之下，由于缺乏足够的分集增益，所提 MMV-BSOMP 算法和其余三种基于贪婪算法的对比方案的用户活跃性检测能力有限。于是，即使 P_{tx} 很大时，它们的 NMSE 性能也不能随着 P_{tx} 的增加而有效提高，这反过来又限制了 AUD 性能。在图 5.6 中，所提 MMV-BSOMP 算法在已知 K_{a} 时的联合 AUD 和 CE 性能要优于其余三种对比算法，且注意到

尽管所提 MMV-BSOMP 算法在未知 K_a 时与 BOMP 算法有相近的 NMSE 曲线，但该算法仍然具有 P_e 性能上的优势。此外，BSAMP 算法和 BSP 算法由于不能有效地利用毫米波 XL-MIMO 信道的共同结构化块稀疏性，因此没能很好地完成用户活跃性检测，从而导致信道估计性能较差。

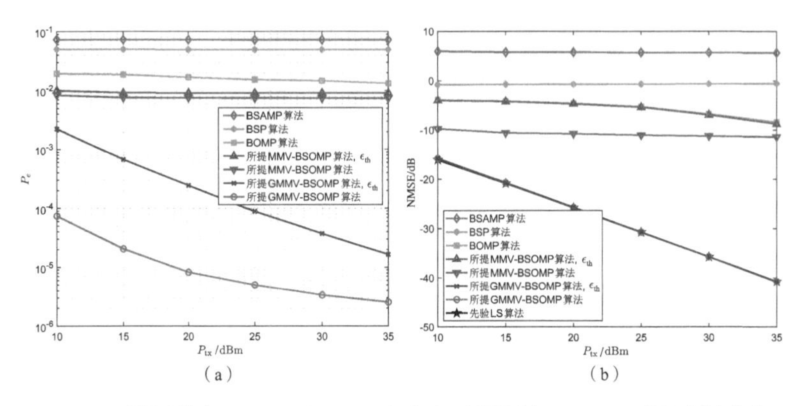

图 5.6　不同联合 AUD 和 CE 方案在时间开销 $G=50$ 时随发射功率 P_{tx} 变化时的性能对比

(a)AUD 检测错误概率 P_e;(b)NMSE

图 5.7 比较了不同联合 AUD 和 CE 方案随时间开销 G 变化时的 AUD 检测错误概率 P_e 和 NMSE 性能，其中考虑固定的发射功率 $P_{\mathrm{tx}}=25$ dBm。从图 5.7 中可观察到，由于 BSAMP 算法和 BSP 算法在空间结构化块稀疏性和毫米波 XL-MIMO 信道条件下的活跃用户支撑集检测不够准确，因而它们的 P_e 和 NMSE 性能与其他算法存在明显的差距。此外，在图 5.7 (a) 中，如果 OFDM 符号数 $G<42$，所提 GMMV-BSOMP 算法在未知 K_a 时的 P_e 要优于该算法在已知 K_a 时的性能，而当 $G\geqslant 46$ 时，该情况会发生逆转，并且所提 GMMV-BSOMP 算法在未知 K_a 时 P_e 会随着时间开销 G 的增加而出现性能平台。在图 5.7(b) 中，它们的 NMSE 性能曲线几乎与先验 LS 算法曲线重叠在一起。这是因为所提 GMMV-BSOMP 算法利用其多样化感知矩阵所带来的分集增益，可尽可能地减小虚警和漏检的概率，以获得更准确的 AUD 性能，并提高信道估计的准确性。因此，本章提出的 GMMV-BSOMP 算法在 $G<66$ 时的 P_e 和 NMSE 性能要明显优于其他算法，这表明该算法能够以较少的时间开销实现良好的室内近场海量物联网接入效果，有利于推动未来 B5G/6G 无线通信网络中超可靠低延迟通信（Ultra-Reliable Low-Latency Communications, uRLLC）这一目标向前发展。此外，所提 MMV-BSOMP 算法的 P_e 和 NMSE 性能也要优于其余三种基于贪婪算法的对比方案。由于更多的时间开销可以确保在所提 MMV-BSOMP 算法和 BOMP 算法的迭代过程中获取更准确活跃用户支撑集和 LS 估计结果，因此，当

G 足够大时，它们在图 5.7(b) 中的 NMSE 性能将接近所提 GMMV-BSOMP 算法及先验 LS 算法。

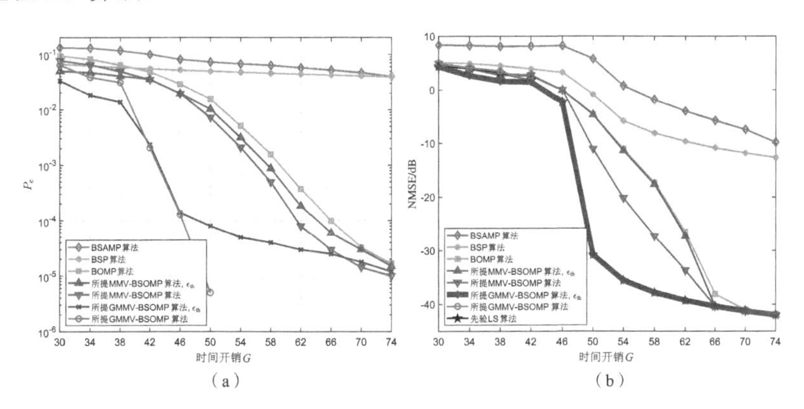

图 5.7　不同联合 AUD 和 CE 方案在发射功率 $P_{\mathrm{tx}}=25$ dBm 时随时间开销 G 变化时的性能对比

(a)AUD 检测错误概率 P_e;(b)NMSE

为了衡量不同联合 AUD 和 CE 方案在不同稀疏度下的有效性，图 5.8 比较了这些方案随活跃用户数 K_{a} 变化时的 AUD 检测错误概率 P_e 和 NMSE 性能，其中考虑固定的发射功率 $P_{\mathrm{tx}}=25$ dBm 和总用户数 $K=60$。由于基于贪婪类 CS 方案在估计信道增益时采用了 LS 估计器，故时间开销 G 需要满足 $G \geqslant K_{\mathrm{a}}N_{\mathrm{s}}$ 的约束来确保 LS 求逆运算时不会出现缺秩的情况，从而能获得可靠的联合 AUD 和 CE 性能，这里可直接考虑临界条件 $G=K_{\mathrm{a}}N_{\mathrm{s}}$。从图 5.8 中可看出，虽然所有算法的 AUD 和 CE 性能均随着稀疏度的增加而有所降低，但所提 GMMV-BSOMP 和 MMV-BSOMP 算法的 P_e 和 NMSE 性能仍然明显优于其他对比算法。结合图 5.8(a) 和图 5.8 (b) 可看出，尽管所提 GMMV-BSOMP 算法在已知 K_{a} 时的 P_e 性能要好于该算法在未知 K_{a} 时的性能，但两者的 NMSE 性能几乎一致，接近于先验 LS 算法性能。

为了说明近场环境变化对室内海量物联网接入的影响，图 5.9 比较了不同联合 AUD 和 CE 方案随相邻子阵列间距 Δ 变化时的 AUD 检测错误概率 P_e 和 NMSE 性能，其中考虑固定的发射功率 $P_{\mathrm{tx}}=25$ dBm、时间开销 $G=50$ 以及子阵列数 $M=10$。为体现室内近场环境的变化，这里考虑用不同的 $\overline{OC}\times\overline{OE}$ 来改变空间大小，并用相应的相邻子阵列间距 Δ 来适应这些变化。具体来说，由于子阵列数固定为 $M=10$，$\overline{OD}=M\Delta$ 的长度会随着 Δ 增加而增加，于是，可计算相应的 $\overline{OC}=3\overline{OD}/5$ 和 $\tau_{\max}=2\overline{OD}/v_{\mathrm{c}}$，以及导频子载波数 P。从图 5.9 中可发现，随着 Δ 的增加，所提 GMMV-BSOMP 算法的 P_e 和 NMSE 性能均有一定程度的下降。这是因为室内空间越大，毫米波信号在自由空间传播中由大尺度衰

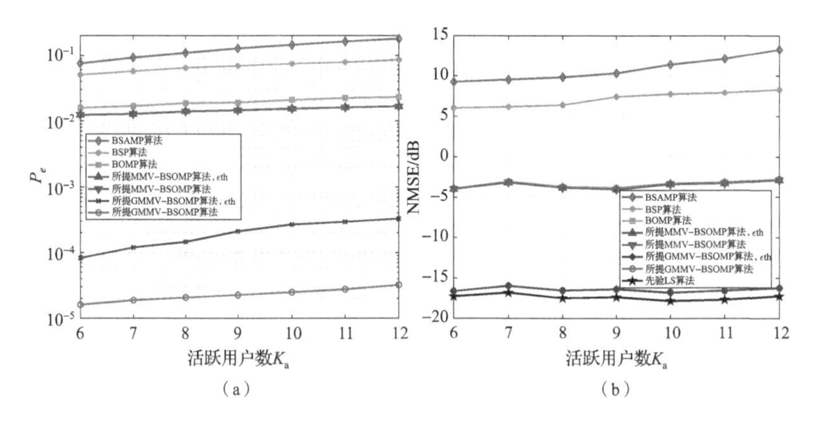

图 5.8　不同联合 AUD 和 CE 方案在发射功率 $P_{\text{tx}}=25$ dBm 和总用户数 $K=60$ 时随活跃用户数 K_{a} 变化时的性能对比

(a)AUD 检测错误概率 P_e;(b)NMSE

落所导致的路径损耗会越严重，使得基于 XL-MIMO 的毫米波基站接收到的信号强度就越弱。根据图 5.6 中的结论，即所提 GMMV-BSOMP 算法的性能会随着发射功率 P_{tx} 的增加而显著提高，可知所提算法对接收信号的强弱有一定敏感性，而其他算法由于自身检测和估计的能力有限而对接收到的信号强度不是很敏感。此外，通过比较不同联合 AUD 和 CE 方案的 P_e 和 NMSE 曲线，从图 5.9 中可以得出与图 5.6 所观察到的相似的结论，即本章所提出的 GMMV-BSOMP 和 MMV-BSOMP 算法要优于其他算法。因此，本章所提解决方案不局限于室内小范围内的海量物联网接入场景，在大空间、高密度的智能工厂环境中也能取得很好的效果。

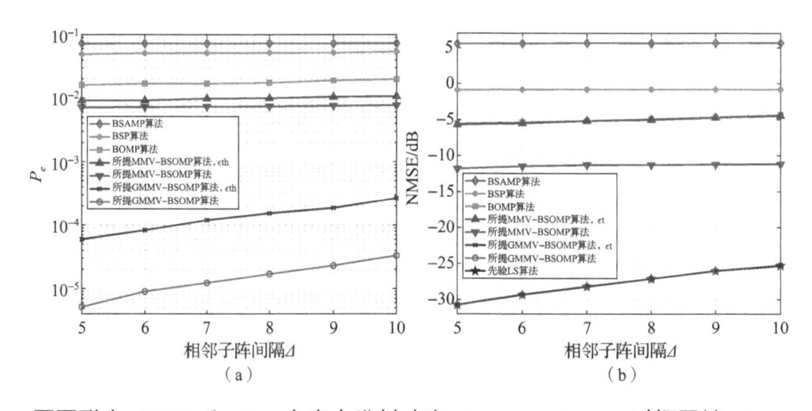

图 5.9　不同联合 AUD 和 CE 方案在发射功率 $P_{\text{tx}}=25$ dBm、时间开销 $G=50$ 以及子阵列数 $M=10$ 时随相邻子阵列间距 Δ 变化时的性能对比

(a)AUD 检测错误概率 P_e;(b)NMSE

5.5 本章小结

针对室内近场上行海量物联网接入场景，本章提出了一种基于毫米波 XL-MIMO 的联合 AUD 和 CE 方案，其中考虑了毫米波 XL-MIMO 信道的近场空间非平稳性。在所提方案中，首先建立了上行大规模接入的信号传输模型以及包含近场球面波形式的毫米波 XL-MIMO 信道，其中，该信道中既呈现出明显的空间非平稳性，又存在远场条件和近场条件共存的情况。接着根据毫米波 XL-MIMO 信道在多个导频子载波上的共同支撑集将联合 AUD 和 CE 问题表示为 MMV-CS 和 GMMV-CS 问题。然后利用毫米波 XL-MIMO 信道在空间域以及角度域上的共同结构化块稀疏性设计了 MMV-BSOMP 算法和 GMMV-BSOMP 算法，其中，当活跃用户数未知时，可考虑采用预设好的迭代终止阈值来自适应地获取活跃用户支撑集。最后，仿真结果表明，与现有 CS 算法相比，所提 MMV-BSOMP 算法和 GMMV-BSOMP 算法能获得更好的联合 AUD 和 CE 性能。

第 6 章 空天地一体化网络中基于太赫兹 UM-MIMO 的信道估计与数据传输

6.1 引言

作为未来第六代（6G）无线通信系统的潜在关键技术，太赫兹（THz）通信能为现代生活提供无处不在的连接服务，以实现目前 5G 网络无法达到的更深更广覆盖 [18]。由于太赫兹频带范围为 0.1～10 THz，故它能提供远超毫米波频段的巨大带宽，进而可支持多达数十吉赫兹的超大带宽通信以及太比特每秒的超高峰值数据速率 [3,14,145]。同时，太赫兹通信也有利于实现装备有成千上万个天线阵元（甚至是大小为 1 024×1 024 的均匀平面阵列 [30]）的超大规模（Ultra-Massive MIMO, UM-MIMO）系统，以便能有效地对抗太赫兹信号在自由空间传播时严重路径损耗所造成的影响，从而可利用波束赋形技术来进一步延长通信链路的距离 [4,19,146]。因此，太赫兹 UM-MIMO 技术将成为未来 6G 移动通信系统中极具潜力的候选技术之一 [18]。然而，由于太赫兹信号在传播过程中存在严重的大气分子吸收（比如典型的大气水分子）以及雨衰现象 [19,147]，限制了太赫兹通信在诸多应用场景中的实际通信链路距离，比如应用场景局限于在室内短距离通信 [148,149]。幸运的是，太赫兹信号的大气分子吸收与雨衰现象大多发生在 10 km 以下的对流层中，而这些负面因素在平流层及其以上空间范围所造成的影响几乎可以忽略不计 [5,150,151]。

另外，未来的 6G 无线通信系统将无缝地整合空天网络与地面移动蜂窝网络。在这样的背景下，空天地一体化网络（Space-Air-Ground Integrated Network, SAGIN）的概念被提出，并引起了学术界和工业界的广泛的关注以及开展了相关的研究 [152,153]。如图 6.1所示，典型的 SAGIN 包含了三层网络结构，即外层空间网络（或星载网络）、临近空间网络（或机载网络）以及地面网络 [153]。具体来说，工作在不同高度的地球同步轨道（Geostationary Earth Orbit, GEO）、中地球轨道（Medium Earth Orbit, MEO）以及近地轨道（Low Earth Orbit, LEO）等卫星共同构成了外层空间的星载网络，而在临近空间范围内，由诸如气球、飞艇等众多空基基站（Base Station, BS）构成的机载平台网络可联合服务于各种各样的飞机和无人机（Unmanned Aerial Vehicle, UAV）。于是乎，大量的低轨卫星、空基基站、飞机以及 UAV 将共同构建以“云端互联网”为目标的航空自组网 [154,155]。对于星载网络和机载网络所在的外层空间，太赫兹信号基本可做到无损的传播，这使得太赫兹通信系统能以较小的发射功率实现超远距离的通信传输 [156]。那么，航空自组网中的卫星、飞艇、UAV 等天基平台和空基平台便可以搭载太赫兹通信系统，以作为无线通信基站或者中继设备，这就需要太赫兹 UM-MIMO 技术来提供可靠且高效的空间通信服务。考虑到民航飞机内大量乘客有高数据速率的通信需要，且民航飞机大部分飞行时间处于对流层以上、平流层底部附近区域，其相对稳定的飞行状态有利于建立太赫兹通信链路。因此，本章主要研究装备有太赫兹 UM-MIMO 通信系统且处于平流层的民航飞机与空基基站之间的航空通信。

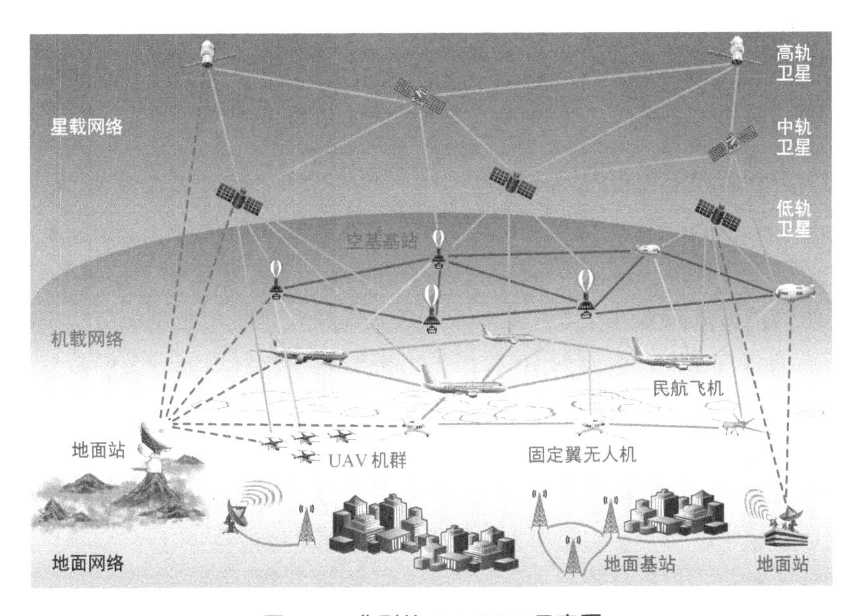

图 6.1　典型的 SAGIN 示意图

为了确保基于太赫兹 UM-MIMO 航空通信的服务质量，系统收发端获取可靠的信道状态信息（Channel State Information, CSI）是必不可少的过程 [157]。然而，由于飞机或 UAV 在飞行时的高速移动性以及空基基站的晃动，空中通信链路呈现出剧烈的快时变衰落特性，这就使得系统想要获取到准确的信道估计与跟踪结果十分具有挑战性。现有的高动态快时变信道估计与跟踪方案 [91−97] 考虑的是常见毫米波大规模 MIMO 系统或者室内短距离太赫兹通信中的信道估计和跟踪问题，并没有涉及与 UM-MIMO 阵列相关的信道估计。因此，这些信道估计解决方案均难以直接应用于面临着空前的超大阵列孔径、超大系统宽带以及超高移动速度等严峻挑战的航空太赫兹 UM-MIMO 系统中。

6.2 航空太赫兹 UM-MIMO 系统中的信道估计与数据传输

6.2.1 三重时延-波束-多普勒偏移效应

与所装备天线阵列孔径和带宽均有限的 6 GHz 以下无线通信系统或者毫米波大规模 MIMO 系统相比，航空太赫兹 UM-MIMO 信道呈现出独特的三重时延-波束-多普勒偏移效应。具体来说，空基基站和飞机上所装备的均匀平面阵列（Uniform Planar Array, UPA）形式的太赫兹 UM-MIMO 阵列即使在一个小的物理尺寸内，也能在单个水平或垂直维度上集成多达数百个天线。倘若信号的到达方向并不垂直于阵列面板，那么，可观察到相同的接收信号在经过整个阵列孔径时将在不同天线阵元上产生不同的传播时延。同时，太赫兹通信所采用的超大系统带宽将导致天线阵列上第一根至最后一根天线间的传播时延可能达到数个符号周期，这也就意味着即便对于 LoS 路径，符号间干扰也是不可忽略的。以上这种现象可称之为太赫兹 UM-MIMO 的时延偏移效应（也有称之为空间宽带效应[100,100]或者雷达系统里的孔径渡越时间效应[158]）。对于太赫兹 UM-MIMO 系统来说，时延偏移效应是不可避免的一项挑战。此外，这种时延偏移效应将进一步引入波束偏移效应，这时发射/接收波束方向将是工作频率的一个函数。产生这种波束偏移效应的主要原因是不同频率的电磁波在经过相同传播距离时会累积不同的相位差，而阵列中相邻天线间的距离是根据中心载频的波长而设计好的固定间距。因此，波束偏移效应将在所采用超大带宽内的边缘载频信号上产生偏离预期方向的波束。此外，航空通信中机载通信设备的高移动性将会引发严重的多普勒频移现象，而受太赫兹超大带宽的影响，不同载频所对应的多普勒频移的大小也是不同的，这种现象称之为多普勒偏移效应。因此，航空太赫兹 UM-MIMO 系统会受到三重时延-波束-多普勒偏移效应的影响。

然而，针对上述问题，最近的一些相关研究方向[59,159−162]主要集中在单一的波束偏移效应对毫米波或太赫兹系统造成的影响。具体而言，文献 [59] 研究了波束偏移效应对压缩子空间估计和频率平坦波束赋形的最优性的影响。文献 [159] 提出了几种混合发射预编码（Transmit Precoding，TPC）设计方案，该方案可将所有频率投影到中心频率来为所有子载波构建通用的模拟 TPC 矩阵，用于降低波束偏移效应的影响。此外，文献 [160-162] 提出了多种毫米波信道估计方案，通过利用受波束偏移影响的毫米波信道特性来估计宽带大规模 MIMO 信道，但其中实际波束偏移效应本身并没有被很好地消除。综上所述，由于这种会显著降低基于太赫兹 UM-MIMO 的航空通信中数据传输性能的三重时延-波束-多普勒偏移效应在当前所提出的信道估计和混合波束赋形解决方案中很少被考虑 [59,91–97,100,159–162]。因此，急需提出一种适用于航空太赫兹 UM-MIMO 系统的有效信道估计和数据传输信号处理范式。

6.2.2 所提信道估计与跟踪方案概述

针对 SAGIN，本章主要研究了连接飞机与空基基站间的基于太赫兹 UM-MIMO 的航空通信链路，同时考虑了实际太赫兹 UM-MIMO 信道中所面临的三重时延-波束-多普勒偏移效应的影响①。具体来说，对于图 6.1 中临近空间的机载网络，民航飞机通常是沿着如图 6.2 所示的固定航线执行规律的飞行任务。基于这一事实，可在这些航线的附近部署一系列空基基站，以确保多架飞机能同时与多个空基基站建立可靠的通信链路，以便构建航空自组网。由于在高空的平流层中除了用于提供太赫兹航空通信服务的高空平台外，几乎没有其他散射体，故本章主要关注空基基站与飞机之间仅包含直射径的太赫兹 UM-MIMO 信道，这里具体考虑多个空基基站可以通过各自的太赫兹直射链路共同服务一架高速移动的飞机，并且这些空基基站的协作可以通过连接不同空基基站的太赫兹空对空骨干链路或者空对地骨干链路来实现。

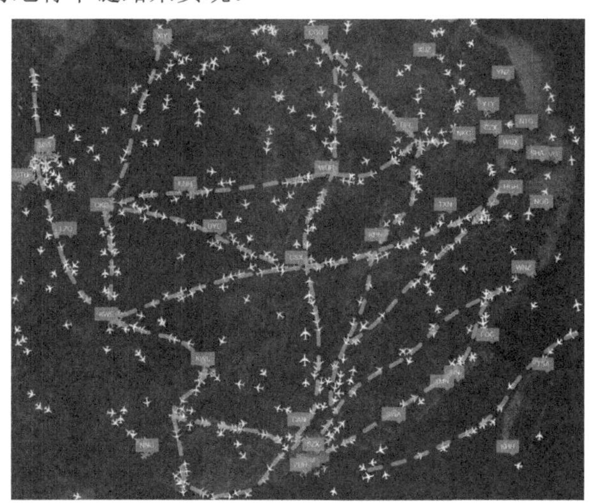

图 6.2 中国南方地区民航飞机的实时飞行跟踪快照②

① 本章所提出的针对民航飞机的信号处理解决方案还可以应用于 UAV 与多个空基基站之间、飞机/UAV 与多颗低轨卫星之间等的空对空/空对天链路，以及建立在高海拔山上的地面站与空天网络之间的传输链路。

② 该实时飞行快照可通过以下网页链接获取：https://flightadsb.variflight.com/tracker/112.761836,29.084716/6。

为了对抗飞机端由多个太赫兹直射链路引起的多径效应，可将正交频分复用（Orthogonal Frequency Division Multiplexing, OFDM）技术应用于该航空通信系统中①。如之前分析所述，由于航空通信信道因收发端存在相对的高速移动而呈现出快时变衰落特性，因此，如何建立连接飞机和空基基站的太赫兹航空通信链路是极具挑战性的难题。一方面，航空通信系统通过利用空基基站和飞机所获取到的诸如导航定位以及飞行的速度、方向和姿态等先验信息来提取出一些信道参数（譬如，角度和多普勒频移等）的粗略估计，以便建立初始的太赫兹通信链路。另一方面，由于航空太赫兹 UM-MIMO 通信中超远链路传输距离和极窄的辐射波束宽度，定位精度误差和安装在收发机上天线阵列的姿态旋转所造成的轻微偏差都将导致偏离目标方向的波束指向，那么，仅依靠这些粗略的信道参数估计值，还不足以建立高效、稳定的数据传输链路。因此，如何在航空太赫兹 UM-MIMO 通信系统中有效地利用以上先验信息来建立并跟踪快时变的通信链路是至关重要的。

6.2.2.1 所提方案的流程

针对基于太赫兹 UM-MIMO 的航空通信系统，本章提出了一种低开销的信道估计与跟踪方案。为了便于理解所提解决方案的整个过程，这里给出了图 6.3 中所描绘的帧结构。从图中可以看出，该方案分为以下三个阶段，首先是初始的信道估计（用于建立太赫兹通信链路），其次是数据辅助的信道跟踪（在信道跟踪的同时实现数据传输），最后是导频辅助的信道跟踪（提高收发端角度估计精度，以保证稳定可靠的太赫兹通信链路）。具体的过程如下：

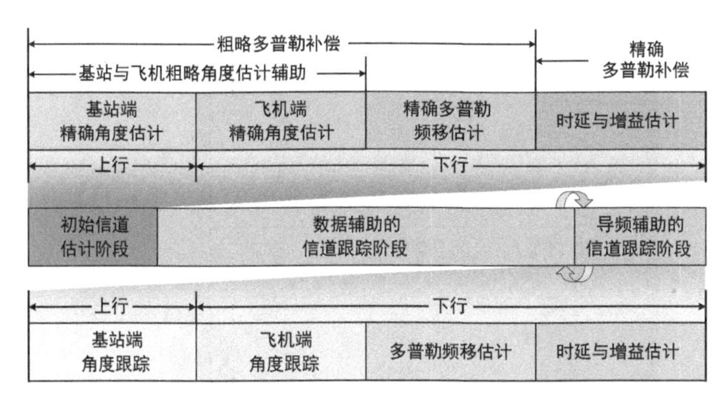

图 6.3 本章所提信道估计与跟踪解决方案的帧结构示意图

① 为了同时满足飞机上数百人的高质量服务需求，本章利用了相对复杂的高阶调制方法，即 OFDM 和正交幅度调制（Quadrature Amplitude Modulation, QAM），来提高航空通信系统的数据传输速率和吞吐率。此外，由于 OFDM 系统的峰均比（Peak-to-Average Power Ratio, PAPR）较高，离散傅里叶变换（Discrete Fourier Transformation, DFT）-扩频-OFDM（DFT-S-OFDM）技术也可以作为基于太赫兹 UM-MIMO 的航空通信系统中 OFDM 技术的潜在替代方案。

1）首先，在初始信道估计阶段，基站端和飞机端可根据各自所获取到的定位以及飞行姿态信息来提取出角度的粗估计，以便设计粗略的发射波束赋形和接收合并来建立有效的太赫兹 UM-MIMO 通信链路。同时，发射机和接收机利用各自所设计的分组实时延迟单元（Grouping True-Time Delay Unit, GTTDU）模块可显著地降低延-波束偏移效应的影响。

2）其次，在建立太赫兹通信链路之后，可依次在基站端和飞机端获得各自对应的方位角和俯仰角的精确估计，以及在飞机端获得多普勒和时延的精确估计，其中，在获得角度和多普勒精确估计期间，多普勒频移的粗略估计可被用来补偿接收信号，以提高参数估计的准确性。具体来说，为了获得方位角/俯仰角的精确估计，可利用子阵列选择方案中特定连接模式下的可重构射频（Radio Frequency, RF）选择网络来将超大规模混合阵列等效为低维全数字阵列。基于所获得的等效模型，可使用所提出的先验辅助的迭代角度估计算法在基站端和飞机端分别获得方位角/俯仰角的准确估计。这些精确的角度估计不仅可用于实现更精细的波束对准，还可用于优化收发机上所设计的 GTTDU 模块，以进一步消除时延-波束偏移效应的影响。同时，由于 UM-MIMO 阵列所提供的足够高的波束对准增益以及接收信噪比（Signal-to-Noise Ratio, SNR），基于所提出先验辅助的迭代多普勒频移估计算法可以更准确地估计多普勒频移，其中多普勒偏移效应可以利用起初获得的粗略多普勒频移估计来补偿接收到的信号来减弱其影响。路径时延和信道增益可以在获得精确角度和多普勒频移基础上相继估计获得，其中的多普勒偏移效应则可通过精细补偿来尽可能地消除影响。

3）再次，在数据传输阶段，利用所提基于数据辅助判决反馈（Data-Aided Decision-Directed, DADD）的信道跟踪算法来实时跟踪波束对准后的等效信道。在该方法中，检测到的数据将被当作已知信号，用于之后的信道估计，而估计到的信道又可用于之后的数据检测，两者交替进行，直到该数据辅助的信道跟踪方法失效而进入导频辅助的信道跟踪阶段。

4）最后，在导频辅助的信道跟踪阶段，通过重新构建子阵列选择方案中射频选择网络的连接模式，可将超大规模混合阵列等效为全数字稀疏阵列，其中可借助接收机先前估计到的角度来有效处理由稀疏阵列产生的角度模糊问题。一旦再次实现了精确的波束对准，多普勒频移和路径时延估计可通过类似于初始信道估计阶段的操作来获得，再之后，收发机将进入数据传输阶段。倘若导频辅助的信道跟踪阶段不能准确获得收发端对应的角度，导致建立太赫兹通信链路失败，则认定所提信道估计与跟踪方案失效，那么将重新获取粗略的角度和多普勒频移估计，并继续执行后续操作。

6.2.2.2 所提方案的贡献

本章所提信道估计与跟踪方案的主要贡献总结为以下四点：

- **提出了一种低开销的有效信道估计和跟踪方案来应对基于太赫兹 UM-MIMO 的航空通信信道所呈现出的巨大空间维度和超快时变性**。在该方案中的初始信道估计和导频辅助信道跟踪阶段，所提方案通过利用先验辅助的迭代角度和迭代多普勒频移估计算法可获得方位角/俯仰角、多普勒频移以及路径时延的精确估计值，其中信道参数（比如角度、多普勒频移等）的粗略估计可被用来提高估计精度，同时降低所需的导频开销。在数据传输阶段，所提出的基于 DADD 的信道跟踪算法能可靠地跟踪波束对准后的快时变等效信道，以便进一步减少所需的导频开销。

- **所提方案能有效地处理航空太赫兹 UM-MIMO 信道中特有的三重时延-波束-多普勒偏移效应**。需要指出的是，在阵列孔径和系统带宽均有限的 6 GHz 以下无线通信系统以及毫米波大规模 MIMO 系统中，几乎不能观察到这种三重偏移效应，因此无法对这种效应有充分的后续研究。为了处理时延-波束偏移效应，收发机所设计的低成本 GTTDU 模块可以借助导航信息来有效地补偿不同天线组的信号传输时延。基于此，可在显著地减弱时延-波束偏移效应影响的同时提高接收信噪比，进而保证在信道参数估计前建立起可靠的太赫兹通信链路。第 6.4 节中所设计的基于 Rotman 透镜的 GTTDU 模块为这种基于可调真实延迟单元（True-Time Delay Unit, TTDU）模块的相移网络（Phase Shift Network, PSN）提供了一种可行的实现架构，这将是未来相关研究工作的潜在方向。此外，所提先验辅助的迭代角度和迭代多普勒频移估计算法可以进一步消除经过以上处理后的残余波束和多普勒偏移效应，从而获得可用于后续数据传输的精确角度和多普勒频移估计。

- **通过设计接收机中子阵列选择方案可将超大规模混合阵列等效为低维全数字（稀疏）阵列**。基于此，可利用如二维酉借助旋转不变技术估计信号参数法（Estimating Signal Parameters via Rotational Invariance Techniques, ESPRIT）算法 [113,141] 等这类鲁棒的阵列信号处理技术来准确地估计和跟踪到收发机的方位角和俯仰角。此外，通过调整子阵列选择方案中可重构 RF 选择网络的特定连接模式而获得的低维等效全数字稀疏阵列，可显著地提高导频辅助的信道跟踪阶段的角度估计准确性，且可以利用先前估计到的角度来很好地处理由稀疏阵列所导致的角度模糊问题。

- **根据有效接收信号模型推导了主要信道参数的克拉美罗下界（Cramér-Rao Lower Bound, CRLB）**。这里的主要参数包括角度、多普勒频移以及路径时延。根据性能分析，导频辅助的信道跟踪阶段中所推导的角度 CRLB 理论上验证了采用稀疏阵列可显著提高角度估计准确性这一结论。同时，仿真结果也表明所提方案的信道参数估计性能很好地吻合了相应的 CRLB，这也验证了所提方案的良好性能。

6.3　系统模型

本节首先对基于太赫兹 UM-MIMO 的航空通信的信号传输过程以及太赫兹 UM-MIMO 信道进行系统建模，其中利用 UPA 的全维 UM-MIMO 信道模型涉及了方位角和俯仰角 [141,163]。航空通信场景考虑了图 6.4 中所描绘的具体场景，即 L 个空基基站通过各自的太赫兹 LoS 路径联合为一架飞机提供服务。基站和飞机均采用部分子连接 PSN 形式的混合波束赋形架构 [14,147]，其中基站端的部分子连接 PSN 形式可简化为模拟波束赋形来服务于所指定的飞机。收发端天线阵列的具体配置如下。基站端 UM-MIMO 天线阵列上的天线总数为 $N_{\rm BS}=N_{\rm BS}^{\rm h}N_{\rm BS}^{\rm v}$，其中，$N_{\rm BS}^{\rm h}$ 和 $N_{\rm BS}^{\rm v}$ 分别是该阵列在水平和垂直方向上的天线数。由于飞机端采用了部分子连接的 PSN，这里定义 $\widetilde{I}_{\rm AC}^{\rm h}$（$M_{\rm AC}^{\rm h}$）和 $\widetilde{I}_{\rm AC}^{\rm v}$（$M_{\rm AC}^{\rm v}$）分别为飞机端在水平和垂直方向上子阵列（每个子阵列内天线）的数量，且 $N_{\rm AC}^{\rm h}=\widetilde{I}_{\rm AC}^{\rm h}M_{\rm AC}^{\rm h}$ 和 $N_{\rm AC}^{\rm v}=\widetilde{I}_{\rm AC}^{\rm v}M_{\rm AC}^{\rm v}$ 分别是其在整个阵列水平和垂直方向上的天线数。那么，飞机端每个子阵列和整个天线阵列的天线总数分别为 $M_{\rm AC}=M_{\rm AC}^{\rm h}M_{\rm AC}^{\rm v}$ 和 $N_{\rm AC}=N_{\rm AC}^{\rm h}N_{\rm AC}^{\rm v}$。此外，飞机端配备了 $L=\widetilde{I}_{\rm AC}^{\rm h}\widetilde{I}_{\rm AC}^{\rm v}$ 个 RF 链路，且其每个 RF 链路及相对应的子阵列均分配给所指定的且只装备一个 RF 链路的基站。

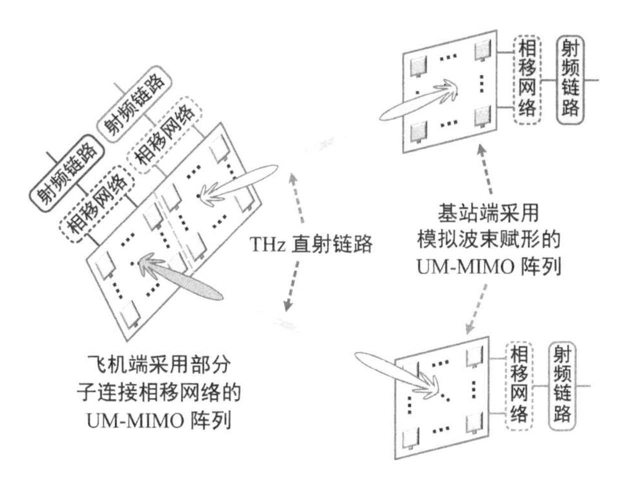

图 6.4　收发机 UM-MIMO 天线阵列结构图，其中 $L=2$ 个使用模拟波束赋形的基站通过各自的太赫兹 LoS 链路与采用部分子连接 PSN 的飞机进行通信

6.3.1 信号传输模型

根据图 6.3 中的帧结构，航空通信系统分别在上行链路（Uplink, UL）和下行链路（Downlink, DL）分别估计基站端和飞机端的方位角与俯仰角，且 OFDM 技术采用了 K 个子载波。对于上行链路中第 l（$1 \leqslant l \leqslant L$）个基站来说，第 m 个 OFDM 符号的第 k（$1 \leqslant k \leqslant K$）个子载波上的接收基带信号 $y_{\mathrm{UL},l}^{[m]}[k]$ 可表示为

$$y_{\mathrm{UL},l}^{[m]}[k] = \sqrt{P_l}\boldsymbol{q}_{\mathrm{RF},l}^{\mathrm{H}}\boldsymbol{H}_{\mathrm{UL},l}^{[m]}[k]\boldsymbol{P}_{\mathrm{RF}}\boldsymbol{P}_{\mathrm{BB}}^{[m]}[k]\boldsymbol{s}_{\mathrm{UL}}^{[m]}[k] + \boldsymbol{q}_{\mathrm{RF},l}^{\mathrm{H}}\boldsymbol{n}_{\mathrm{UL},l}^{[m]}[k] \tag{6-1}$$

其中，P_l 是发射功率。在式（6–1）中，$\boldsymbol{q}_{\mathrm{RF},l} \in \mathbb{C}^{N_{\mathrm{BS}}}$ 是对应第 l 个基站端的模拟合并向量，$\boldsymbol{P}_{\mathrm{RF}} \in \mathbb{C}^{N_{\mathrm{AC}} \times L}$ 和 $\boldsymbol{P}_{\mathrm{BB}}^{[m]}[k] \in \mathbb{C}^{L \times L}$ 分别是飞机端的模拟和数字预编码矩阵，$\boldsymbol{H}_{\mathrm{UL},l}^{[m]}[k] \in \mathbb{C}^{N_{\mathrm{BS}} \times N_{\mathrm{AC}}}$ 为上行基带信道矩阵，$\boldsymbol{s}_{\mathrm{UL}}^{[m]}[k] \in \mathbb{C}^{L}$ 为发射信号向量，$\boldsymbol{n}_{\mathrm{UL},l}^{[m]}[k] \in \mathbb{C}^{N_{\mathrm{BS}}}$ 是协方差矩阵为 $\sigma_n^2 \boldsymbol{I}_{N_{\mathrm{BS}}}$ 的复加性高斯白噪声 (Additive White Gaussian Noise, AWGN) 向量，即满足分布 $\boldsymbol{n}_{\mathrm{UL},l}^{[m]}[k] \sim \mathcal{CN}(\boldsymbol{0}_{N_{\mathrm{BS}}}, \sigma_n^2 \boldsymbol{I}_{N_{\mathrm{BS}}})$。类似地，飞机在下行链路中第 n 个 OFDM 符号的第 k 个子载波上接收到的基带信号向量 $\boldsymbol{y}_{\mathrm{DL}}^{[n]}[k] \in \mathbb{C}^{L}$ 可由下式给出

$$\boldsymbol{y}_{\mathrm{DL}}^{[n]}[k] = (\boldsymbol{W}_{\mathrm{BB}}^{[n]}[k])^{\mathrm{H}}\boldsymbol{W}_{\mathrm{RF}}^{\mathrm{H}}\left(\sum_{l=1}^{L}\sqrt{P_l}\boldsymbol{H}_{\mathrm{DL},l}^{[n]}[k]\boldsymbol{f}_{\mathrm{RF},l}s_{\mathrm{DL},l}^{[n]}[k] + \boldsymbol{n}_{\mathrm{DL}}^{[n]}[k]\right) \tag{6-2}$$

其中，$\boldsymbol{W}_{\mathrm{RF}} \in \mathbb{C}^{N_{\mathrm{AC}} \times L}$ 和 $\boldsymbol{W}_{\mathrm{BB}}^{[n]}[k] \in \mathbb{C}^{L \times L}$ 分别是飞机端的模拟和数字合并矩阵，$\boldsymbol{f}_{\mathrm{RF},l} \in \mathbb{C}^{N_{\mathrm{BS}}}$ 是对应第 l 个基站的模拟预编码向量，$\boldsymbol{H}_{\mathrm{DL},l}^{[n]}[k] \in \mathbb{C}^{N_{\mathrm{AC}} \times N_{\mathrm{BS}}}$ 为下行基带信道矩阵，以及 $s_{\mathrm{DL},l}^{[n]}[k]$ 和 $\boldsymbol{n}_{\mathrm{DL},l}^{[n]}[k] \in \mathbb{C}^{N_{\mathrm{AC}}}$ 分别是发射的导频信号（或调制/编码后的数据）和 AWGN 向量（与 $\boldsymbol{n}_{\mathrm{UL},l}^{[m]}[k]$ 分布相同）。

6.3.2 太赫兹 UM-MIMO 信道模型

首先，以图 6.5 所示的基站端的天线阵列为例来说明太赫兹 UM-MIMO 信道的时延偏移效应。具体来说，指定该 UPA 中第 $(1,1)$ 根天线为参考点，并定义 $\boldsymbol{r} = (\sin(\theta_l^{\mathrm{BS}})\cos(\varphi_l^{\mathrm{BS}}), \sin(\varphi_l^{\mathrm{BS}}), \cos(\theta_l^{\mathrm{BS}})\cos(\varphi_l^{\mathrm{BS}}))$ 为单位方向向量，其中，θ_l^{BS} 和 φ_l^{BS} 分别是与第 l 个基站端所对应的方位角和俯仰角。将第 $(n_{\mathrm{BS}}^{\mathrm{h}}, n_{\mathrm{BS}}^{\mathrm{v}})$ 根天线表示成第 n_{BS} 根天线，且 $n_{\mathrm{BS}} = (n_{\mathrm{BS}}^{\mathrm{v}} - 1)N_{\mathrm{BS}}^{\mathrm{h}} + n_{\mathrm{BS}}^{\mathrm{h}}$，那么，其相对于参考天线的方向向量为 $\boldsymbol{p} = \left((n_{\mathrm{BS}}^{\mathrm{h}} - 1)d, (n_{\mathrm{BS}}^{\mathrm{v}} - 1)d, 0\right)$，其中 d 表示半波长的相邻天线间距。由于第 n_{BS} 根天线与第 1 根天线之间的波程差，记为 $\Delta D_{n_{\mathrm{BS}}}$，等于这两根天线所对应等相面间的距离，则可计算为 $\Delta D_{n_{\mathrm{BS}}} = \langle \boldsymbol{r}, \boldsymbol{p} \rangle = (n_{\mathrm{BS}}^{\mathrm{h}} - 1)d\sin(\theta_l^{\mathrm{BS}})\cos(\varphi_l^{\mathrm{BS}}) + (n_{\mathrm{BS}}^{\mathrm{v}} - 1)d\sin(\varphi_l^{\mathrm{BS}})$。设 $\tau_l^{[n_{\mathrm{BS}}]}$ 为该波程差所导致的传输时延，则可得到 $\tau_l^{[n_{\mathrm{BS}}]} = \Delta D_{n_{\mathrm{BS}}}/c$，

其中 c 为光速。需要指出的是，$\tau_l^{[n_{\rm BS}]}$ 的大小与天线索引、方位角、俯仰角均有直接关系。当信号到达阵列的方向不垂直于阵列平面且 $n_{\rm BS}$ 很大时，$\tau_l^{[n_{\rm BS}]}$ 甚至可以大于符号周期 T_s①，这对采用模拟或者混合波束赋形架构收发机的信号处理提出了更高的要求。因此，航空太赫兹 UM-MIMO 系统需要考虑时延偏移效应所造成的影响。

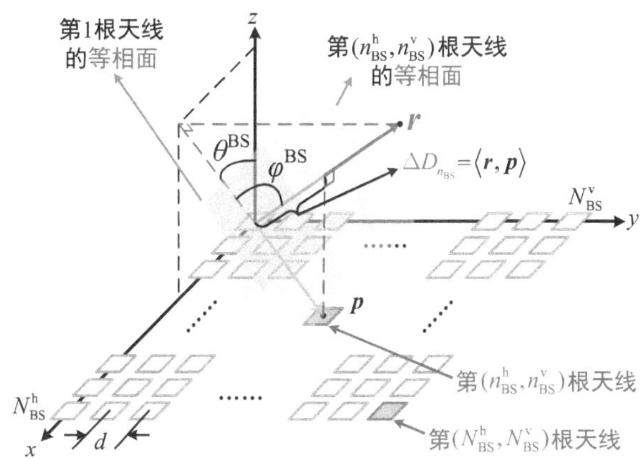

图 6.5 太赫兹 UM-MIMO 阵列的时延偏移效应示意图，这里以基站端所采用的大小为 $N_{\rm BS}^{\rm h}\times N_{\rm BS}^{\rm v}$ 的天线阵列为例

考虑到时分双工（Time Division Duplex, TDD）系统中的信道互易性，本小节主要以下行链路的信道矩阵为主进行建模。根据文献 [161,164] 中的信道模型，可将第 l 个基站在时刻 t 时所对应的空间-时延域下行通带信道矩阵定义为 $\bar{\boldsymbol{H}}_{{\rm DL},l}^{(t)}(\tau)\in\mathbb{C}^{N_{\rm AC}\times N_{\rm BS}}$，其第 $(n_{\rm AC}, n_{\rm BS})$ 项（$1\leqslant n_{\rm AC}\leqslant N_{\rm AC}$ 且 $1\leqslant n_{\rm BS}\leqslant N_{\rm BS}$）元素可进一步表示为

$$\{\bar{\boldsymbol{H}}_{{\rm DL},l}^{(t)}(\tau)\}_{n_{\rm AC},n_{\rm BS}} = \sqrt{G_l}\alpha_l{\rm e}^{{\rm j}2\pi\psi_l t}\delta\Big(\tau-\tau_l-\underbrace{(\tau_l^{[n_{\rm AC}]}+\tau_l^{[n_{\rm BS}]})}_{\text{时延偏移分量}}\Big) \tag{6-3}$$

其中，G_l 和 $\alpha_l\sim\mathcal{CN}(0,\sigma_\alpha^2)$ 分别是通信链路的大尺度衰落增益和信道增益②，$\psi_l=\underline{v}_l/\lambda_c$ 表示多普勒频移，且 $\underline{v}_l$ 和 λ_c 分别是相对径向速度和载波波长，f_c 是对应的载波频率，$\tau_l^{[n_{\rm AC}]}$ 表示第 $n_{\rm AC}$ 根天线（$n_{\rm AC}=(n_{\rm AC}^{\rm v}-1)N_{\rm AC}^{\rm h}+n_{\rm AC}^{\rm h}$，也是飞机端 UPA 的第 $(n_{\rm AC}^{\rm h}, n_{\rm AC}^{\rm v})$ 根天线）与所选择参考点之间的传输时延，以及 $\delta(\cdot)$

① 考虑一种极端的情况，即信号的波达方向（Direction-of-Arrival, DoA）为 UPA（维度为 $n_{\rm BS}\times n_{\rm BS}$）的对角线方向，则该 UPA 的 $n_{\rm BS}$ 根对角线天线可等价成大小为 $n_{\rm BS}$ 且天线间隔为 $\sqrt{2}d$ 的均匀线性阵列（Uniform Linear Array, ULA）。当采用典型的角度 $\theta_l^{\rm BS}=60^\circ$，载波频率 $f_c=0.1\,{\rm THz}$，系统带宽 $f_s=1\,{\rm GHz}$，以及 $n_{\rm BS}=200$ 等参数时，对应于整个阵列的传输时延可计算为 $\tau_l^{[n_{\rm BS}]}=\sqrt{2}(n_{\rm BS}-1)\sin(\theta_l^{\rm BS})/(2f_c)\approx1.219\,T_s$。

② 对于平流层及以上空间中的太赫兹通信链路，诸如大气分子吸收、雨衰等与频率相关的信号衰减，可忽略不计 [150,151]，信道增益 α_l 可以建模为频率平坦的信道系数，这不同于文献 [164,165] 中所考虑的频率相关信道系数。

和 τ_l 分别是狄拉克脉冲函数和路径时延。在式（6–3）中，飞机端和基站端的传输时延 $\tau_l^{[n_{\mathrm{AC}}]}$ 和 $\tau_l^{[n_{\mathrm{BS}}]}$ 共同组成了**时延偏移分量**。

经过一系列公式变换后，式（6–2）中第 n 个 OFDM 符号的第 k 个子载波上对应的下行空间-频域信道矩阵 $\boldsymbol{H}_{\mathrm{DL},l}^{[n]}[k]$ 可表示为

$$\boldsymbol{H}_{\mathrm{DL},l}^{[n]}[k]=\sqrt{G_l}\alpha_l \mathrm{e}^{\mathrm{j}2\pi\psi_{l,k}(n-1)T_{\mathrm{sym}}}e^{-\mathrm{j}2\pi\left(\frac{k-1}{K}-\frac{1}{2}\right)f_s\tau_l}\boldsymbol{A}_{\mathrm{DL},l}[k] \tag{6–4}$$

其中，T_{sym} 和 f_s 分别表示 OFDM 符号的持续时间和系统带宽，$\psi_{l,k}=\psi_{z,l}+\dfrac{v_l}{c}\left(\dfrac{k-1}{K}-\dfrac{1}{2}\right)f_s$ 是第 k 个子载波对应的频率相关多普勒频移，且 $\psi_{z,l}$ 为中心载频 f_z（对应波长 λ_z）处的多普勒频移，而 $\dfrac{v_l}{c}\left(\dfrac{k-1}{K}-\dfrac{1}{2}\right)f_s$ 是由太赫兹通信中超大带宽而导致的**多普勒偏移分量**，以及 $\boldsymbol{A}_{\mathrm{DL},l}[k]\in\mathbb{C}^{N_{\mathrm{AC}}\times N_{\mathrm{BS}}}$ 是与飞机和第 l 个基站的阵列响应向量相关联的下行阵列响应矩阵，其表达式为

$$\boldsymbol{A}_{\mathrm{DL},l}[k]=\underbrace{\left(\boldsymbol{a}_{\mathrm{AC}}(\mu_l^{\mathrm{AC}},\nu_l^{\mathrm{AC}})\boldsymbol{a}_{\mathrm{BS}}^{\mathrm{H}}(\mu_l^{\mathrm{BS}},\nu_l^{\mathrm{BS}})\right)}_{\boldsymbol{A}_{\mathrm{DL},l}}\circ\underbrace{\left(\bar{\boldsymbol{a}}_{\mathrm{AC}}(\mu_l^{\mathrm{AC}},\nu_l^{\mathrm{AC}},k)\bar{\boldsymbol{a}}_{\mathrm{BS}}^{\mathrm{H}}(\mu_l^{\mathrm{BS}},\nu_l^{\mathrm{BS}},k)\right)}_{\bar{\boldsymbol{A}}_{\mathrm{DL},l}[k]\ \text{(波束偏移分量)}} \tag{6–5}$$

在式（6–5）中，$\mu_l^{\mathrm{AC}}=\pi\sin(\theta_l^{\mathrm{AC}})\cos(\varphi_l^{\mathrm{AC}})$（$\mu_l^{\mathrm{BS}}=\pi\sin(\theta_l^{\mathrm{BS}})\cos(\varphi_l^{\mathrm{BS}})$）和 $\nu_l^{\mathrm{AC}}=\pi\sin(\varphi_l^{\mathrm{AC}})$（$\nu_l^{\mathrm{BS}}=\pi\sin(\varphi_l^{\mathrm{BS}})$）分别定义为飞机端（第 l 个基站端）的水平和垂直虚拟角度，$\boldsymbol{A}_{\mathrm{DL},l}$ 是在收发端均不受偏移效应影响时的传统下行阵列响应矩阵，而 $\bar{\boldsymbol{A}}_{\mathrm{DL},l}[k]$ 是在考虑波束偏移效应时相对应的阵列响应偏移矩阵，即**波束偏移分量**。此外，式（6–5）中的 $\boldsymbol{a}_{\mathrm{AC}}(\mu_l^{\mathrm{AC}},\nu_l^{\mathrm{AC}})=\boldsymbol{a}_{\mathrm{v}}(\nu_l^{\mathrm{AC}},N_{\mathrm{AC}}^{\mathrm{v}})\otimes\boldsymbol{a}_{\mathrm{h}}(\mu_l^{\mathrm{AC}},N_{\mathrm{AC}}^{\mathrm{h}})$ 和 $\boldsymbol{a}_{\mathrm{BS}}(\mu_l^{\mathrm{BS}},\nu_l^{\mathrm{BS}})=\boldsymbol{a}_{\mathrm{v}}(\nu_l^{\mathrm{BS}},N_{\mathrm{BS}}^{\mathrm{v}})\otimes\boldsymbol{a}_{\mathrm{h}}(\mu_l^{\mathrm{BS}},N_{\mathrm{BS}}^{\mathrm{h}})$ 分别是飞机端和第 l 个基站端在一般意义上的阵列响应向量 [112,141]，而 $\bar{\boldsymbol{a}}_{\mathrm{AC}}(\mu_l^{\mathrm{AC}},\nu_l^{\mathrm{AC}},k)=\bar{\boldsymbol{a}}_{\mathrm{v}}(\nu_l^{\mathrm{AC}},N_{\mathrm{AC}}^{\mathrm{v}},k)\otimes\bar{\boldsymbol{a}}_{\mathrm{h}}(\mu_l^{\mathrm{AC}},N_{\mathrm{AC}}^{\mathrm{h}},k)$ 和 $\bar{\boldsymbol{a}}_{\mathrm{BS}}(\mu_l^{\mathrm{BS}},\nu_l^{\mathrm{BS}},k)=\bar{\boldsymbol{a}}_{\mathrm{v}}(\nu_l^{\mathrm{BS}},N_{\mathrm{BS}}^{\mathrm{v}},k)\otimes\bar{\boldsymbol{a}}_{\mathrm{h}}(\mu_l^{\mathrm{BS}},N_{\mathrm{BS}}^{\mathrm{h}},k)$ 分别是相对应的频率相关的阵列响应偏移向量。同时，可进一步定义 $\boldsymbol{a}_{\mathrm{h}}(\mu_l^{\mathrm{AC}},N_{\mathrm{AC}}^{\mathrm{h}})$ 和 $\boldsymbol{a}_{\mathrm{v}}(\nu_l^{\mathrm{AC}},N_{\mathrm{AC}}^{\mathrm{v}})$ 分别为水平和垂直导向矢量，其形式如下

$$\boldsymbol{a}_{\mathrm{h}}(\mu_l^{\mathrm{AC}},N_{\mathrm{AC}}^{\mathrm{h}})=\left[1\ \mathrm{e}^{\mathrm{j}\mu_l^{\mathrm{AC}}}\ \cdots\ \mathrm{e}^{\mathrm{j}(N_{\mathrm{AC}}^{\mathrm{h}}-1)\mu_l^{\mathrm{AC}}}\right]^{\mathrm{T}} \tag{6–6}$$

$$\boldsymbol{a}_{\mathrm{v}}(\nu_l^{\mathrm{AC}},N_{\mathrm{AC}}^{\mathrm{v}})=\left[1\ \mathrm{e}^{\mathrm{j}\nu_l^{\mathrm{AC}}}\ \cdots\ \mathrm{e}^{\mathrm{j}(N_{\mathrm{AC}}^{\mathrm{v}}-1)\nu_l^{\mathrm{AC}}}\right]^{\mathrm{T}} \tag{6–7}$$

以及定义 $\bar{\boldsymbol{a}}_{\mathrm{h}}(\mu_l^{\mathrm{AC}},N_{\mathrm{AC}}^{\mathrm{h}},k)$ 和 $\bar{\boldsymbol{a}}_{\mathrm{v}}(\nu_l^{\mathrm{AC}},N_{\mathrm{AC}}^{\mathrm{v}},k)$ 分别为有如下形式的水平和垂直导向偏移向量，即

$$\bar{\boldsymbol{a}}_{\mathrm{h}}(\mu_l^{\mathrm{AC}},N_{\mathrm{AC}}^{\mathrm{h}},k)=\left[1\ \mathrm{e}^{\mathrm{j}\left(\frac{k-1}{K}-\frac{1}{2}\right)\frac{f_s}{f_z}\mu_l^{\mathrm{AC}}}\ \cdots\ \mathrm{e}^{\mathrm{j}\left(\frac{k-1}{K}-\frac{1}{2}\right)\frac{f_s}{f_z}(N_{\mathrm{AC}}^{\mathrm{h}}-1)\mu_l^{\mathrm{AC}}}\right]^{\mathrm{T}} \tag{6–8}$$

$$\bar{\boldsymbol{a}}_{\mathrm{v}}(\nu_l^{\mathrm{AC}}, N_{\mathrm{AC}}^{\mathrm{v}}, k) = \left[1\ \mathrm{e}^{\mathrm{j}\left(\frac{k-1}{K}-\frac{1}{2}\right)\frac{f_s}{f_z}\nu_l^{\mathrm{AC}}}\ \cdots\ \mathrm{e}^{\mathrm{j}\left(\frac{k-1}{K}-\frac{1}{2}\right)\frac{f_s}{f_z}(N_{\mathrm{AC}}^{\mathrm{v}}-1)\nu_l^{\mathrm{AC}}}\right]^{\mathrm{T}} \tag{6-9}$$

需要注意的是，诸如 $\boldsymbol{a}_{\mathrm{h}}(\mu_l^{\mathrm{BS}}, N_{\mathrm{BS}}^{\mathrm{h}})$、$\boldsymbol{a}_{\mathrm{v}}(\nu_l^{\mathrm{BS}}, N_{\mathrm{BS}}^{\mathrm{v}})$、$\bar{\boldsymbol{a}}_{\mathrm{h}}(\mu_l^{\mathrm{BS}}, N_{\mathrm{BS}}^{\mathrm{h}}, k)$，以及 $\bar{\boldsymbol{a}}_{\mathrm{v}}(\nu_l^{\mathrm{BS}}, N_{\mathrm{BS}}^{\mathrm{v}}, k)$ 等对应基站端的向量与式（6–6）～ 式（6–9）中有相似的定义和表达式，这里为简洁起见，不再多做赘述。式（6–4）中下行空间-频域信道矩阵 $\boldsymbol{H}_{\mathrm{DL},l}^{[n]}[k]$ 的详细推导见附录 E。

与式（6–4）类似，对于第 l 个基站，式（6–1）中第 m 个 OFDM 符号的第 k 个子载波上所对应的上行空间-频域基带信道矩阵 $\boldsymbol{H}_{\mathrm{UL},l}^{[m]}[k]$ 可以表示为

$$\boldsymbol{H}_{\mathrm{UL},l}^{[m]}[k] = \sqrt{G_l}\alpha_l \mathrm{e}^{\mathrm{j}2\pi\psi_{l,k}(m-1)T_{\mathrm{sym}}}\boldsymbol{A}_{\mathrm{UL},l}[k] \tag{6-10}$$

其中，上行阵列响应矩阵 $\boldsymbol{A}_{\mathrm{UL},l}[k] \in \mathbb{C}^{N_{\mathrm{BS}}\times N_{\mathrm{AC}}}$ 由下式给出

$$\boldsymbol{A}_{\mathrm{UL},l}[k] = \underbrace{\left(\boldsymbol{a}_{\mathrm{BS}}(\mu_l^{\mathrm{BS}}, \nu_l^{\mathrm{BS}})\boldsymbol{a}_{\mathrm{AC}}^{\mathrm{H}}(\mu_l^{\mathrm{AC}}, \nu_l^{\mathrm{AC}})\right)}_{\boldsymbol{A}_{\mathrm{UL},l}} \circ \underbrace{\left(\bar{\boldsymbol{a}}_{\mathrm{BS}}(\mu_l^{\mathrm{BS}}, \nu_l^{\mathrm{BS}}, k)\bar{\boldsymbol{a}}_{\mathrm{AC}}^{\mathrm{H}}(\mu_l^{\mathrm{AC}}, \nu_l^{\mathrm{AC}}, k)\right)}_{\bar{\boldsymbol{A}}_{\mathrm{UL},l}[k]\ (\text{波束偏移分量})} \tag{6-11}$$

6.4　初始信道估计阶段

如图 6.3 所示，在初始信道估计阶段，基站端和飞机端可以依次估计精确的方位角/俯仰角、多普勒频移以及路径时延。在这个阶段，航空系统可以根据获取到的定位和飞行姿态信息等提取出一些粗略的信道参数估计（比如，角度和多普勒频移等），并以此来建立最初的太赫兹 UM-MIMO 通信链路。然而，由于安装在空基基站和飞机上的天线阵列的定位精度误差和姿态旋转等因素的影响，这些粗略的角度和多普勒频移估计对于数据传输来说是不够准确的。因此，准确地估计主要信道参数仍然是必不可少的过程。

为了解决太赫兹 UM-MIMO 阵列所面临的时延-波束偏移效应，最好的处理方式是采用全数字 MIMO 架构，但由于需要给每根天线配备一个专用的射频链路，故其硬件成本和功耗都是难以承受的。而针对混合波束赋形架构中的时延-波束偏移效应，文献 [59,159-162] 提出的信道估计方案仅利用一些信号处理方法来减弱该效应对信道估计结果的影响，而不是在信号传输过程中消除该效应所造成的影响。因此，这些处理方法仅适用于有大量散射体存在的地面毫米波或太赫兹蜂窝网络，这是因为对于短距离传输（最多数百米）的地面蜂窝网络来说，即使

发射的毫米波/太赫兹信号受到时延-波束偏移效应的影响，接收机仍然能接收到通信范围内所有载频上所对应的信号。然而，考虑到基于太赫兹 UM-MIMO 的航空通信系统中几乎没有多余的散射体且通信传输的 LoS 链路距离很远（可达数百公里），这时，在太赫兹 UM-MIMO 阵列所辐射出波束宽度极窄的铅笔状波束（Pencil Beams）以及（甚至是轻微的）时延-波束偏移效应的双重作用下，接收机很可能仅能接收到中心载频附近的信号，而边缘载频上信号所对应的波束已经远远偏离了预期的方向。因此，除了必不可少的信号处理外，航空通信系统还需精心设计收发机的结构，以消除时延-波束偏移效应的影响，进而确保有效带宽内的所有载频均能建立可靠的太赫兹通信链路。

一种常见的时延-波束偏移效应处理方法是利用 TTDU 模块来设计收发机 [166,167]。最优的 TTDU 模块是给每根天线均分配一个专用的实时延迟单元 [168]，但这种设计会导致过高的硬件复杂度和成本。因此，本节设计了一种如图 6.6 所示的次优的 TTDU 模块实现方式，即基于 GTTDU 模块的收发机结构。从图 6.6 可观察到，除了 UM-MIMO 天线阵列外，这个收发机还包含一个 GTTDU 模块和一个由部分子连接 PSN 与天线开关网络（Antenna Switching Network, ASN）所组成的可重构 RF 选择网络 [169]，其中，该 ASN 可以控制天线阵元的激活状态，以便能在角度估计阶段保证 RF 选择网络可形成多种不同的连接模式。在该 GTTDU 模块中，由一组天线共用同一个 TTDU 所产生的硬件限制可以在后续的信号处理算法中得到很好的处理。这里需要指出的是，尽管整个 UM-MIMO 阵列的时延-波束偏移效应不可忽略，但对一个组内天线来说，这种效应的影响相对较弱。因此，所设计的 GTTDU 模块可以减弱不同天线组之间的时延-波束偏移效应，且每个组天线内的残余相位偏差可使用 PSN 中各自对应的移相器来进一步消除。

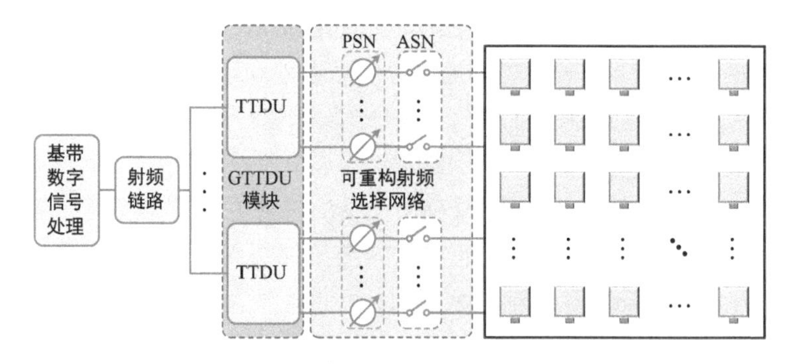

图 6.6　所设计的基于 GTTDU 模块的收发机结构，其中考虑的单个 RF 链路通过 GTTDU 模块以及由部分子连接的 PSN 和 ASN 组成的可重构 RF 选择网络与天线阵列相连接

此外，为了说明图 6.6 中设计的收发机结构的可行性，这里还给出了如图 6.7 中一种包含了基于 Rotman 透镜的 GTTDU 模块的可行收发机结构实现方式，其中基于 Rotman 透镜的 GTTDU 模块是一种实用的光学实现方式 [171]，它利用了电磁波的光学特性来将可调的 TTDU 模块等效为一个宽带移相器（即针对不同载频能自适应调整相移值），可用来精确地消除波束偏移效应所造成的影响 [172,173]。在图 6.7 中，分组天线端口总数与图 6.6 中所设计 GTTDU 模块的天线组数是一致的，且第一层和第二层 Rotman 透镜所对应的波束端口分别用于控制波束的水平和垂直两个方向，而这级联的两层 Rotman 透镜可用来实现全维波束赋形 [170]。

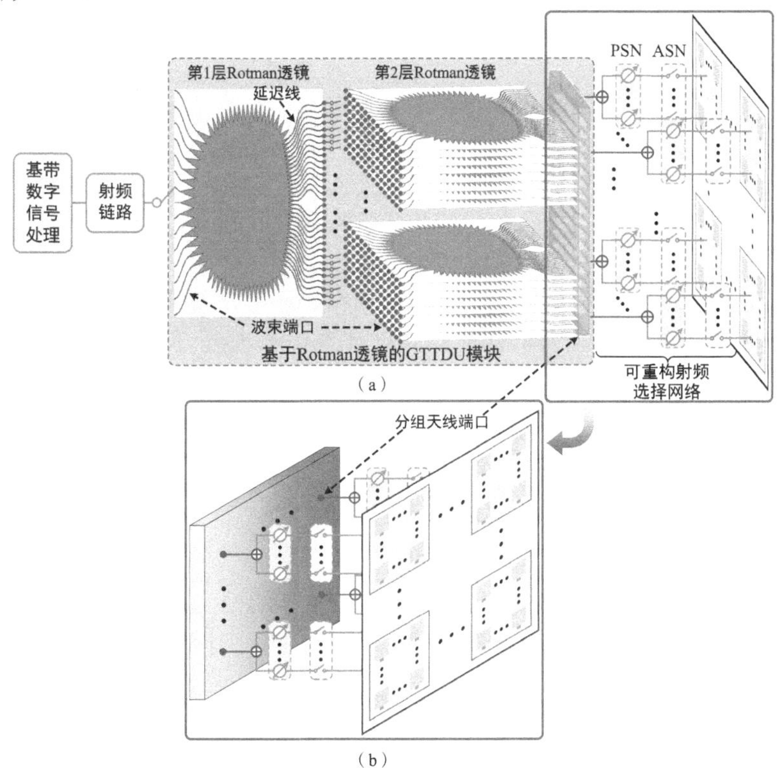

图 6.7　(a) 所设计的一种与图 6.6 相对应的可行收发机结构实现，其中基于 Rotman 透镜的 GTTDU 模块可用于实现实际的可调 TTDU 模块 [170]；(b) 射频前端（实线方框中模块）的两个立面侧面图，包括分组天线端口、可重构 RF 选择网络以及太赫兹 UM-MIMO 阵列

当获取到的角度信息足够准确时，所设计的基于 GTTDU 模块的收发机可显著地减弱时延-波束偏移效应的影响。具体来说，根据从基于从导航信息中获取到的先验信息，基站端（飞机端）的方位角和俯仰角的粗略估计值可分别定义为 $\{\widetilde{\theta}_l^{\mathrm{BS}}\}_{l=1}^L$（$\{\widetilde{\theta}_l^{\mathrm{AC}}\}_{l=1}^L$）和 $\{\widetilde{\varphi}_l^{\mathrm{BS}}\}_{l=1}^L$（$\{\widetilde{\varphi}_l^{\mathrm{AC}}\}_{l=1}^L$），则相应的水平和垂直虚拟角

度可分别表示为 $\{\widetilde{\mu}_l^{\rm BS}\}_{l=1}^L$（$\{\widetilde{\mu}_l^{\rm AC}\}_{l=1}^L$）和 $\{\widetilde{\nu}_l^{\rm BS}\}_{l=1}^L$（$\{\widetilde{\nu}_l^{\rm AC}\}_{l=1}^L$）。

根据式（6–4）中的 $\boldsymbol{H}_{{\rm DL},l}^{[n]}[k]$，下面的引理 6.1 给出了理想 TTDU 模块处理后的下行信道矩阵的闭式表达，记为 $\widetilde{\boldsymbol{H}}_{{\rm DL},l}^{[n]}[k]$，该引理的具体证明过程详见附录 F。

引理 6.1: 根据以上角度参数的粗略估计值，基站端和飞机端所装备太赫兹 UM-MIMO 阵列上的天线传输时延可利用理想 TTDU 模块进行补偿，且补偿后的下行空间-频域信道矩阵 $\widetilde{\boldsymbol{H}}_{{\rm DL},l}^{[n]}[k]$ 可以表示为

$$\widetilde{\boldsymbol{H}}_{{\rm DL},l}^{[n]}[k] = \sqrt{G_l}\alpha_l {\rm e}^{{\rm j}2\pi\psi_{l,k}(n-1)T_{\rm sym}} {\rm e}^{-{\rm j}2\pi\left(\frac{k-1}{K}-\frac{1}{2}\right)f_s\tau_l} \widetilde{\boldsymbol{A}}_{{\rm DL},l}[k] \tag{6–12}$$

其中矩阵 $\widetilde{\boldsymbol{A}}_{{\rm DL},l}[k]$ 可进一步表示为

$$\widetilde{\boldsymbol{A}}_{{\rm DL},l}[k] = \boldsymbol{A}_{{\rm DL},l}[k] \circ \underbrace{\left(\bar{\boldsymbol{a}}_{\rm AC}(\widetilde{\mu}_l^{\rm AC}, \widetilde{\nu}_l^{\rm AC}, k)\bar{\boldsymbol{a}}_{\rm BS}^{\rm H}(\widetilde{\mu}_l^{\rm BS}, \widetilde{\nu}_l^{\rm BS}, k)\right)^*}_{\widetilde{\bar{\boldsymbol{A}}}_{{\rm DL},l}[k]} \tag{6–13}$$

通过比较式（6–13）中的 $\widetilde{\bar{\boldsymbol{A}}}_{{\rm DL},l}[k]$ 和式（6–5）中的 $\bar{\boldsymbol{A}}_{{\rm DL},l}[k]$ 可发现，倘若收发端均能获得完全准确的角度信息，波束偏移成分 $\bar{\boldsymbol{A}}_{{\rm DL},l}[k]$ 就可以完全被消除，即当 $\widetilde{\mu}_l^{\rm AC}=\mu_l^{\rm AC}$、$\widetilde{\nu}_l^{\rm AC}=\nu_l^{\rm AC}$、$\widetilde{\mu}_l^{\rm BS}=\mu_l^{\rm BS}$，以及 $\widetilde{\nu}_l^{\rm BS}=\nu_l^{\rm BS}$ 时，会使得 $\widetilde{\bar{\boldsymbol{A}}}_{{\rm DL},l}[k]=\bar{\boldsymbol{A}}_{{\rm DL},l}[k]$，于是，便有 $\widetilde{\boldsymbol{A}}_{{\rm DL},l}[k]=\boldsymbol{A}_{{\rm DL},l}$。此外，根据式（6–10）和式（6–11），补偿后的上行空间-频域信道矩阵 $\widetilde{\boldsymbol{H}}_{{\rm UL},l}^{[m]}[k]$ 有着与式（6–12）类似的表达式，这里为简洁起见，不再多做赘述。此外，以上推导的理想 TTDU 模块补偿后的闭式表达能为信道参数估计或数据传输提供性能的上界，而本章所提解决方案可以设计所采用的次优 GTTDU 模块和相应的信号处理算法来尽可能地逼近该性能上界，且由 GTTDU 模块所补偿的实际下行/上行空间-频域信道矩阵可以从式（6–12）和式（6–13）推导而来。具体来说，假设 GTTDU 模块中所有天线分组均具有相同的大小，那么，基站端和飞机端的任意一个组所分配到的天线子阵列维度分别记为 $\widetilde{M}_{\rm BS}^{\rm h}\times\widetilde{M}_{\rm BS}^{\rm v}$ 和 $\widetilde{M}_{\rm AC}^{\rm h}\times\widetilde{M}_{\rm AC}^{\rm v}$，每个子阵列中最中央的天线可以作为设计相应 TTDU 模块时该组天线传输时延的基准。同时，为了尽可能地减少由天线分组导致的部分波束偏移效应，可以使用低成本的 PSN 来逐一补偿每组中除最中央天线外其余天线的相位偏差，其中这些偏差值只能以中心载频处的相位值作为基准来计算。为后续表达方便起见，利用 GTTDU 模块补偿后的上行和下行空间-频域信道矩阵也可以分别表示为 $\widetilde{\boldsymbol{H}}_{{\rm UL},l}^{[m]}[k]$ 和 $\widetilde{\boldsymbol{H}}_{{\rm DL},l}^{[n]}[k]$。

这里需要指出的是，本章所提的信道参数估计阶段（包括本节中的初始信道估计阶段和后续的导频辅助的信道跟踪阶段）均采用的是正交频分多址（Orthogonal Frequency Division Multiple Access, OFDMA）方式来区分不同基站所发射的导频信号，用于提高所估计到信道参数的准确性。因此，K 个子载波可以平均分配给 L 个基站，具体可考虑等间隔交替的子载波索引分配方案，那么，分配给第 l 个基站的排序子载波索引集可记为 $\mathcal{K}_l$，且其基数为 $K_l=|\mathcal{K}_l|_c$。此外，所提方案可在上行链路中估计基站端的方位角/俯仰角，而在上行链路中获取到其余的主要信道参数。

6.4.1　基于可重构 RF 选择网络的精确角度估计

6.4.1.1　基站端精确角度估计

由于基站端收发机仅使用了单个 RF 链路，只利用单个 OFDM 符号并不能获得足够的有效观测值，因此需要在时域中累积多个 OFDM 符号的接收观测来估计角度。同时，为了减弱一个 OFDM 符号内由较大的多普勒频移所引起的载波间干扰，首先可利用所获得的粗略多普勒频移估计对收发信号进行补偿，以使得补偿后的信道在多个 OFDM 符号内呈现出慢时变特性。考虑图 6.6 和图 6.7 中所设计的可重构 RF 选择网络，可以观察到这样一个有趣的现象，即如果发射机在连续多个 OFDM 符号内均采用相同的配置发射信号，接收机则在不同 OFDM 符号内可采用设计好的不同子阵列来接收信号，那么接收信号间将会存在一个设定好的相位差，于是，可将所获得的这些有规律的相位差组合起来，便能构造出低维等效全数字阵列所对应的阵列响应向量。为此，这里设计了如图 6.8 所示的适用于初始信道估计阶段的子阵列选择方案。该方案通过利用接收机的可重构 RF 选择网络来设计不同时间段的特定连接模式，这样，接收端既能获得太赫兹 UM-MIMO 阵列所提供的巨大波束赋形增益，又能将超大规模混合阵列等效为低维全数字阵列，以便后续的信号处理。从图 6.8 所给出的接收机 UPA 维度为 5×5 的例子可看出，通过控制可重构 RF 选择网络，以在连续 4 个 OFDM 符号中选择出 4 个维度为 4×4 的子阵列，那么，接收到的信号可以构建出一个 2×2 大小的低维等效全数字阵列所对应的阵列响应向量。

具体来说，基站端角度估计需要使用 I_{BS} 个 OFDM 符号，且每个 OFDM 符号采用设计好的天线连接模式（即相对应的所选子阵列）。通过利用在飞机端和基站端获得的粗略的角度估计，可首先设计收发端的模拟预编码和合并向量，即 $\boldsymbol{p}_{\mathrm{RF},l}$ 和 $\boldsymbol{q}_{\mathrm{RF},l}^{[m]}$（$1\leqslant l\leqslant L$，$1\leqslant m\leqslant I_{\mathrm{BS}}$）。就 $\boldsymbol{p}_{\mathrm{RF},l}$ 而言，可先将 $\boldsymbol{p}_{\mathrm{RF},l}$ 初始化为 $\boldsymbol{p}_{\mathrm{RF},l}=\boldsymbol{0}_{N_{\mathrm{AC}}}$，然后令 $\boldsymbol{p}_{\mathrm{RF},l\{\mathcal{I}_{\mathrm{AC},l}\}}=\dfrac{1}{\sqrt{M_{\mathrm{AC}}}}\boldsymbol{a}_{\mathrm{AC}}(\widetilde{\mu}_l^{\mathrm{AC}},\widetilde{\nu}_l^{\mathrm{AC}})_{\{\mathcal{I}_{\mathrm{AC},l}\}}$ 即可。根据图 6.4 中飞机端每个子阵列仅与其对应的基站进行通信，这里的 $\mathcal{I}_{\mathrm{AC},l}$ 表示对应第 l 个基站的飞机端子阵列在整个飞机端阵列中的天线索引集合且其基数为 $M_{\mathrm{AC}}=|\mathcal{I}_{\mathrm{AC},l}|_c$。为了设计 $\{\boldsymbol{q}_{\mathrm{RF},l}^{[m]}\}_{m=1}^{I_{\mathrm{BS}}}$，可以将基站端的 UM-MIMO 阵列

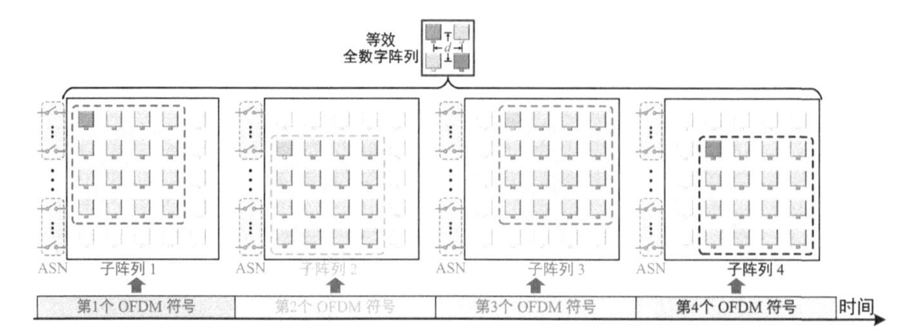

图 6.8　初始角度估计阶段的子阵列选择方案示意图，可通过控制可重构 RF 选择网络中 ASN 的开关状态，以形成不同的天线连接模式。以大小为 5×5 的 UPA 为例，该 UPA 可以划分为 4 个大小为 4×4 的子阵列，且每个子阵列间的间隔是一根天线的宽度。同一个 RF 链路可在 4 个连续的 OFDM 符号中依次选择设计好的子阵列来接收信号，而这些接收到的信号将等价于维度为 2×2 且天线间距为 d（即临界半波长）的低维全数字阵列所接收到的信号

划分为 $I_{\rm BS}=I_{\rm BS}^{\rm h}I_{\rm BS}^{\rm v}$ 个略小的子阵列，以产生大小为 $I_{\rm BS}^{\rm h}\times I_{\rm BS}^{\rm v}$ 的低维等效全数字阵列所对应的阵列响应向量，其中，这些子阵列的维度为 $\bar{M}_{\rm BS}^{\rm h}\times\bar{M}_{\rm BS}^{\rm v}$（这里 $\bar{M}_{\rm BS}^{\rm h}=N_{\rm BS}^{\rm h}-I_{\rm BS}^{\rm h}+1$ 以及 $\bar{M}_{\rm BS}^{\rm v}=N_{\rm BS}^{\rm v}-I_{\rm BS}^{\rm v}+1$），且子阵列的天线总数为 $\bar{M}_{\rm BS}=\bar{M}_{\rm BS}^{\rm h}\bar{M}_{\rm BS}^{\rm v}$。定义 $m=(i_{\rm BS}^{\rm v}-1)I_{\rm BS}^{\rm h}+i_{\rm BS}^{\rm h}$ 且 $i_{\rm BS}^{\rm h}$ 和 $i_{\rm BS}^{\rm v}$ 联合表示二维平面上第 $(i_{\rm BS}^{\rm h},i_{\rm BS}^{\rm v})$ 个（$1\leqslant i_{\rm BS}^{\rm h}\leqslant I_{\rm BS}^{\rm h}$，$1\leqslant i_{\rm BS}^{\rm v}\leqslant I_{\rm BS}^{\rm v}$）子阵列，那么，第 m 个（$1\leqslant m\leqslant I_{\rm BS}$）所选子阵列（对应于第 m 个 OFDM 符号）的天线索引集合可以表示为 $\mathcal{I}_{\rm BS}^{[m]}$ 且其基数为 $\bar{M}_{\rm BS}=|\mathcal{I}_{\rm BS}^{[m]}|_c$。之后，也可以将 $\boldsymbol{q}_{{\rm RF},l}^{[m]}$ 初始化为 $\boldsymbol{q}_{{\rm RF},l}^{[m]}=\boldsymbol{0}_{N_{\rm BS}}$，然后令 $\boldsymbol{q}_{{\rm RF},l\{\mathcal{I}_{\rm BS}^{[m]}\}}^{[m]}=\dfrac{1}{\sqrt{\bar{M}_{\rm BS}}}\boldsymbol{a}_{\rm BS}(\widetilde{\mu}_l^{\rm BS},\widetilde{\nu}_l^{\rm BS})_{\{\mathcal{I}_{\rm BS}^{[1]}\}}$。

根据式（6–1）中上行信号传输模型，第 l 个（$1\leqslant l\leqslant L$）基站端在第 m 个 OFDM 符号的第 k_l 个子载波上的接收信号 $y_{{\rm UL},l}^{[m]}[k_l]$ 可以表示为

$$y_{{\rm UL},l}^{[m]}[k_l]=\sqrt{P_l}(\boldsymbol{q}_{{\rm RF},l}^{[m]})^{\rm H}\widetilde{\boldsymbol{H}}_{{\rm UL},l}^{\prime[m]}[k_l]\boldsymbol{p}_{{\rm RF},l}s_{{\rm UL},l}^{[m]}[k_l]+n_{{\rm UL},l}^{[m]}[k_l] \tag{6–14}$$

其中，$k_l\in\mathcal{K}_l$，$1\leqslant m\leqslant I_{\rm BS}$，$\widetilde{\boldsymbol{H}}_{{\rm UL},l}^{\prime[m]}[k_l]$ 是利用 GTTDU 模块和粗略的多普勒频移估计补偿后的信道矩阵，以及 $s_{{\rm UL},l}^{[m]}[k_l]$ 和 $n_{{\rm UL},l}^{[m]}[k_l]$ 分别是发射导频信号和噪声。将 K_l 个子载波上的接收信号集合为信号向量 $\boldsymbol{y}_{{\rm UL},l}^{[m]}\in\mathbb{C}^{K_l}$，之后再将式（6–10）中的上行信道矩阵代入 $\boldsymbol{y}_{{\rm UL},l}^{[m]}$，可得

$$\begin{aligned}\boldsymbol{y}_{{\rm UL},l}^{[m]}&=\left[y_{{\rm UL},l}^{[m]}[\{\mathcal{K}_l\}_1]\cdots y_{{\rm UL},l}^{[m]}[\{\mathcal{K}_l\}_{K_l}]\right]^{\rm T}\\&=\sqrt{P_lG_l}\alpha_l(\boldsymbol{q}_{{\rm RF},l}^{[m]})^{\rm H}\boldsymbol{A}_{{\rm UL},l}\boldsymbol{p}_{{\rm RF},l}\boldsymbol{s}_{{\rm UL},l}^{[m]}\circ\widetilde{\boldsymbol{y}}_{{\rm UL},l}^{[m]}+\boldsymbol{n}_{{\rm UL},l}^{[m]}\end{aligned} \tag{6–15}$$

其中，$\boldsymbol{s}_{{\rm UL},l}^{[m]}=\left[s_{{\rm UL},l}^{[m]}[\{\mathcal{K}_l\}_1]\cdots s_{{\rm UL},l}^{[m]}[\{\mathcal{K}_l\}_{K_l}]\right]^{\rm T}\in\mathbb{C}^{K_l}$，$\widetilde{\boldsymbol{y}}_{{\rm UL},l}^{[m]}$ 是包括了由不准确的

先验信息所导致的残余波束偏移在内的误差向量，以及 $\boldsymbol{n}_{\mathrm{UL},l}^{[m]}$ 是对应的噪声向量。此外，连续的 I_{BS} 个 OFDM 符号将采用相同的发射导频信号，即对于 $\forall m$，$s_{\mathrm{UL},l}[k_l]=s_{\mathrm{UL},l}^{[m]}[k_l]$ 以及 $\boldsymbol{s}_{\mathrm{UL},l}=\boldsymbol{s}_{\mathrm{UL},l}^{[m]}$。之后，求取从 I_{BS} 个 OFDM 符号中接收到的 $\{\boldsymbol{y}_{\mathrm{UL},l}^{[m]}\}_{m=1}^{I_{\mathrm{BS}}}$ 的转置，并将它们堆叠为 $\boldsymbol{Y}_{\mathrm{UL},l}\in\mathbb{C}^{I_{\mathrm{BS}}\times K_l}$，即

$$\begin{aligned}\boldsymbol{Y}_{\mathrm{UL},l}&=\left[\boldsymbol{y}_{\mathrm{UL},l}^{[1]}\cdots\boldsymbol{y}_{\mathrm{UL},l}^{[I_{\mathrm{BS}}]}\right]^{\mathrm{T}}\\&=\sqrt{P_lG_l}\alpha_l\left(\boldsymbol{Q}_{\mathrm{RF},l}^{\mathrm{H}}\boldsymbol{A}_{\mathrm{UL},l}\boldsymbol{p}_{\mathrm{RF},l}\boldsymbol{s}_{\mathrm{UL},l}^{\mathrm{T}}\right)\circ\widetilde{\boldsymbol{Y}}_{\mathrm{UL},l}+\boldsymbol{N}_{\mathrm{UL},l}\end{aligned}\tag{6-16}$$

其中，$\boldsymbol{Q}_{\mathrm{RF},l}=\left[\boldsymbol{q}_{\mathrm{RF},l}^{[1]}\cdots\boldsymbol{q}_{\mathrm{RF},l}^{[I_{\mathrm{BS}}]}\right]\in\mathbb{C}^{N_{\mathrm{BS}}\times I_{\mathrm{BS}}}$ 和 $\widetilde{\boldsymbol{Y}}_{\mathrm{UL},l}=\left[\widetilde{\boldsymbol{y}}_{\mathrm{UL},l}^{[1]}\cdots\widetilde{\boldsymbol{y}}_{\mathrm{UL},l}^{[I_{\mathrm{BS}}]}\right]$ 分别是模拟合并矩阵和残余的波束偏移矩阵，以及 $\boldsymbol{N}_{\mathrm{UL},l}$ 是噪声矩阵。

通过利用该模拟合并矩阵 $\boldsymbol{Q}_{\mathrm{RF},l}$，即可形成低维等效全数字阵列所对应的阵列响应向量。具体来说，与式（6–15）中当 $m=1$ 时的 $(\boldsymbol{q}_{\mathrm{RF},l}^{[1]})^{\mathrm{H}}\boldsymbol{a}_{\mathrm{BS}}(\mu_l^{\mathrm{BS}},\nu_l^{\mathrm{BS}})$ 相比，对于 $2\leqslant m\leqslant I_{\mathrm{BS}}$ 且 $m=(i_{\mathrm{BS}}^{\mathrm{v}}-1)I_{\mathrm{BS}}^{\mathrm{h}}+i_{\mathrm{BS}}^{\mathrm{h}}$（$1\leqslant i_{\mathrm{BS}}^{\mathrm{h}}\leqslant I_{\mathrm{BS}}^{\mathrm{h}}$，$1\leqslant i_{\mathrm{BS}}^{\mathrm{v}}\leqslant I_{\mathrm{BS}}^{\mathrm{v}}$）来说，$(\boldsymbol{q}_{\mathrm{RF},l}^{[m]})^{\mathrm{H}}\boldsymbol{a}_{\mathrm{BS}}(\mu_l^{\mathrm{BS}},\nu_l^{\mathrm{BS}})$ 相当于乘上了一个额外的相移值 $\mathrm{e}^{\mathrm{j}\left((i_{\mathrm{BS}}^{\mathrm{h}}-1)\mu_l^{\mathrm{BS}}+(i_{\mathrm{BS}}^{\mathrm{v}}-1)\nu_l^{\mathrm{BS}}\right)}$。于是，可将这些有规律的相移值组合成大小为 $I_{\mathrm{BS}}^{\mathrm{h}}\times I_{\mathrm{BS}}^{\mathrm{v}}$ 的等效全数字阵列所对应的有效阵列响应向量，即 $\bar{\bar{\boldsymbol{a}}}_{\mathrm{BS}}(\mu_l^{\mathrm{BS}},\nu_l^{\mathrm{BS}})=\boldsymbol{a}_{\mathrm{v}}(\nu_l^{\mathrm{BS}},I_{\mathrm{BS}}^{\mathrm{v}})\otimes\boldsymbol{a}_{\mathrm{h}}(\mu_l^{\mathrm{BS}},I_{\mathrm{BS}}^{\mathrm{h}})\in\mathbb{C}^{I_{\mathrm{BS}}}$。因此，式（6–16）中的上行接收信号矩阵 $\boldsymbol{Y}_{\mathrm{UL},l}$ 可以重写为

$$\boldsymbol{Y}_{\mathrm{UL},l}=\gamma_{\mathrm{UL},l}\left(\bar{\bar{\boldsymbol{a}}}_{\mathrm{BS}}(\mu_l^{\mathrm{BS}},\nu_l^{\mathrm{BS}})\boldsymbol{s}_{\mathrm{UL},l}^{\mathrm{T}}\right)\circ\widetilde{\boldsymbol{Y}}_{\mathrm{UL},l}+\boldsymbol{N}_{\mathrm{UL},l}\tag{6-17}$$

其中，$\gamma_{\mathrm{UL},l}=\sqrt{P_lG_l}\alpha_l(\boldsymbol{q}_{\mathrm{RF},l}^{[1]})^{\mathrm{H}}\boldsymbol{A}_{\mathrm{UL},l}\boldsymbol{p}_{\mathrm{RF},l}$ 为波束对准后的上行等效信道增益。

对于式（6–17）中的接收信号模型，本小节提出了如下先验辅助的迭代角度估计算法。首先，在第一次迭代时，即 $i_{\mathrm{BS}}=1$，通过将二维酉 ESPRIT 算法 [113,141] 应用于接收信号矩阵 $\boldsymbol{Y}_{\mathrm{UL},l}$ 中，可分别获得第 l 个（$1\leqslant l\leqslant L$）基站端的方位角和俯仰角估计为 $\widehat{\theta}_l^{(i_{\mathrm{BS}})}$ 和 $\widehat{\varphi}_l^{(i_{\mathrm{BS}})}$，以及相应的水平和垂直虚拟角度估计分别为 $\widehat{\mu}_l^{(i_{\mathrm{BS}})}$ 和 $\widehat{\nu}_l^{(i_{\mathrm{BS}})}$。接着，为了最小化 $\widetilde{\boldsymbol{Y}}_{\mathrm{UL},l}$ 对式（6–17）中接收信号 $\boldsymbol{Y}_{\mathrm{UL},l}$ 的影响，可在随后的迭代过程（即 $i_{\mathrm{BS}}\geqslant 2$）中用上述估计到的角度来进一步补偿 $\boldsymbol{Y}_{\mathrm{UL},l}$，以便获得更精确的角度估计。具体来说，对于第 i_{BS} 次迭代，根据最初所获得的粗略角度估计 $\widetilde{\mu}_l^{\mathrm{BS}}$ 和 $\widetilde{\nu}_l^{\mathrm{BS}}$，以及在第 $(i_{\mathrm{BS}}-1)$ 次迭代中获得的较为精确的 $\widehat{\mu}_l^{(i_{\mathrm{BS}}-1)}$ 和 $\widehat{\nu}_l^{(i_{\mathrm{BS}}-1)}$，可设计一个角度补偿矩阵 $\widetilde{\boldsymbol{Y}}_{\mathrm{UL},l}^{(i_{\mathrm{BS}}-1)}=\left[\widetilde{\boldsymbol{y}}_{\mathrm{UL},l}^{(i_{\mathrm{BS}}-1)}[\{\mathcal{K}_l\}_1]\cdots\widetilde{\boldsymbol{y}}_{\mathrm{UL},l}^{(i_{\mathrm{BS}}-1)}[\{\mathcal{K}_l\}_{K_l}]\right]$，其第 k_l 列向量 $\widetilde{\boldsymbol{y}}_{\mathrm{UL},l}^{(i_{\mathrm{BS}}-1)}[k_l]\in\mathbb{C}^{I_{\mathrm{BS}}}$可由下式给出

$$\begin{aligned}\widetilde{\boldsymbol{y}}_{\mathrm{UL},l}^{(i_{\mathrm{BS}}-1)}[k_l]=&\left(\bar{\boldsymbol{a}}_{\mathrm{v}}(\widetilde{\nu}_l^{\mathrm{BS}},I_{\mathrm{BS}}^{\mathrm{v}},k_l)\otimes\bar{\boldsymbol{a}}_{\mathrm{h}}(\widetilde{\mu}_l^{\mathrm{BS}},I_{\mathrm{BS}}^{\mathrm{h}},k_l)\right)^{*}\circ\\&\left(\bar{\boldsymbol{a}}_{\mathrm{v}}(\widehat{\nu}_l^{(i_{\mathrm{BS}}-1)},I_{\mathrm{BS}}^{\mathrm{v}},k_l)\otimes\bar{\boldsymbol{a}}_{\mathrm{h}}(\widehat{\mu}_l^{(i_{\mathrm{BS}}-1)},I_{\mathrm{BS}}^{\mathrm{h}},k_l)\right)\end{aligned}\tag{6-18}$$

于是，利用所设计的角度补偿矩阵 $\widetilde{\boldsymbol{Y}}_{\mathrm{UL},l}^{(i_{\mathrm{BS}}-1)}$ 处理后的矩阵 $\boldsymbol{Y}_{\mathrm{UL},l}^{(i_{\mathrm{BS}})}=\left(\widetilde{\boldsymbol{Y}}_{\mathrm{UL},l}^{(i_{\mathrm{BS}}-1)}\right)^{*}\circ$ $\boldsymbol{Y}_{\mathrm{UL},l}$ 可写成

$$\boldsymbol{Y}_{\mathrm{UL},l}^{(i_{\mathrm{BS}})}=\gamma_{\mathrm{UL},l}\left(\bar{\bar{\boldsymbol{a}}}_{\mathrm{BS}}(\mu_{l}^{\mathrm{BS}},\nu_{l}^{\mathrm{BS}})\boldsymbol{s}_{\mathrm{UL},l}^{\mathrm{T}}\right)\circ\left(\widetilde{\boldsymbol{Y}}_{\mathrm{UL},l}\circ\left(\widetilde{\boldsymbol{Y}}_{\mathrm{UL},l}^{(i_{\mathrm{BS}}-1)}\right)^{*}\right)+\boldsymbol{N}_{\mathrm{UL},l}^{(i_{\mathrm{BS}})} \tag{6–19}$$

其中，$\boldsymbol{N}_{\mathrm{UL},l}^{(i_{\mathrm{BS}})}$ 是处理后的噪声矩阵。之后，可再次对获得的矩阵 $\{\boldsymbol{Y}_{\mathrm{UL},l}^{(i_{\mathrm{BS}})}\}_{l=1}^{L}$ 应用二维酉 ESPRIT 算法即可估计到更精确的方位角和俯仰角。以上过程迭代进行，直到达到最大迭代次数 $i_{\mathrm{BS}}^{\max}$，即 $i_{\mathrm{BS}}=i_{\mathrm{BS}}^{\max}$。最后，第 l 个（$1\leqslant l\leqslant L$）基站端估计到的方位角和俯仰角及其所对应虚拟角度可以分别表示为 $\widehat{\theta}_{l}^{\mathrm{BS}}=\widehat{\theta}_{l}^{(i_{\mathrm{BS}}^{\max})}$ 和 $\widehat{\varphi}_{l}^{\mathrm{BS}}=\widehat{\varphi}_{l}^{(i_{\mathrm{BS}}^{\max})}$，以及 $\widehat{\mu}_{l}^{\mathrm{BS}}=\widehat{\mu}_{l}^{(i_{\mathrm{BS}}^{\max})}$ 和 $\widehat{\nu}_{l}^{\mathrm{BS}}=\widehat{\nu}_{l}^{(i_{\mathrm{BS}}^{\max})}$。以上所提先验辅助的迭代角度估计算法总结在算法 6.1 中，该算法通过迭代的设计角度补偿矩阵可有效地解决波束偏移效应。

注 1: 根据以上分析，在初始角度估计阶段，一方面，利用所设计的子阵列选择方案可以调整可重构 RF 选择网络中天线连接模式，以设计所需的子阵列，于是可将超大规模混合阵列等效为低维全数字阵列，进而可以利用鲁棒的阵列信号处理技术来获得准确的角度估计。另一方面，以上所选择的每个子阵列的维度 $\bar{M}_{\mathrm{BS}}^{\mathrm{h}}\times\bar{M}_{\mathrm{BS}}^{\mathrm{v}}$ 依然是足够大的，这说明了即使在初始角度估计阶段，也可以借助粗略的角度估计来获得足够大的全维度波束赋形增益，以便能有效地对抗太赫兹通信链路因超远距离传输而导致的严重路径损耗，进而有效地提高接收信噪比。

6.4.1.2 飞机端精确角度估计

根据下行链路和上行链路的信道互易性，飞机下行角度估计阶段中获取精确角度估计的过程类似于上述第 6.4.1.1 小节中基站端估计精确的角度。在该阶段，基站端不再使用粗略的角度估计，而是直接利用其所获取到的精确方位角和俯仰角估计来设计基站端的模拟预编码向量实现发射端波束对准，以提高飞机端的接收信噪比，同时，优化基站端的 GTTDU 模块以进一步减弱时延-波束偏移效应的影响。具体来说，飞机端考虑使用 $I_{\mathrm{AC}}=I_{\mathrm{AC}}^{\mathrm{h}}I_{\mathrm{AC}}^{\mathrm{v}}$ 个 OFDM 符号来估计精确的方位角和俯仰角，其中所等效的低维全数字阵列大小为 $I_{\mathrm{AC}}^{\mathrm{h}}\times I_{\mathrm{AC}}^{\mathrm{v}}$。第 l 个（$1\leqslant l\leqslant L$）基站端可利用其估计到的 $\{\widehat{\mu}_{l}^{\mathrm{BS}},\widehat{\nu}_{l}^{\mathrm{BS}}\}_{l=1}^{L}$ 来设计模拟预编码向量为 $\boldsymbol{f}_{\mathrm{RF},l}=\boldsymbol{a}_{\mathrm{BS}}(\widehat{\mu}_{l}^{\mathrm{BS}},\widehat{\nu}_{l}^{\mathrm{BS}})$。对于飞机端的第 l 个（$1\leqslant l\leqslant L$）子阵列（与第 l 个基站相对应）第 n 个（$1\leqslant n\leqslant I_{\mathrm{AC}}$）OFDM 符号，通过利用可重构 RF 选择网络所选择的天线索引可表示为 $\mathcal{I}_{\mathrm{AC},l}^{[n]}$，且其基数为 $\bar{M}_{\mathrm{AC}}=|\mathcal{I}_{\mathrm{AC},l}^{[n]}|_{c}$。那么，飞机端的模拟合并向量可先初始化为 $\boldsymbol{w}_{\mathrm{RF},l}^{[n]}=\boldsymbol{0}_{N_{\mathrm{AC}}}$，然后令 $\boldsymbol{w}_{\mathrm{RF},l\{\mathcal{I}_{\mathrm{AC},l}^{[n]}\}}^{[n]}=\dfrac{1}{\sqrt{\bar{M}_{\mathrm{AC}}}}\boldsymbol{a}_{\mathrm{AC}}(\widetilde{\mu}_{l}^{\mathrm{AC}},\widetilde{\nu}_{l}^{\mathrm{AC}})_{\{\mathcal{I}_{\mathrm{AC},l}^{[1]}\}}$。

根据式（6–2）中的下行信号传输，飞机端的第 l 个（$1\leqslant l\leqslant L$）RF 链路在

算法 6.1: 先验辅助的迭代角度估计算法

输入 : 粗略的虚拟角度估计 $\{\widetilde{\mu}_l^{\mathrm{BS}},\widetilde{\nu}_l^{\mathrm{BS}},\widetilde{\mu}_l^{\mathrm{AC}},\widetilde{\nu}_l^{\mathrm{AC}}\}$，发射导频信号 $\boldsymbol{s}_{\mathrm{UL},l}$，最大迭代次数 $i_{\mathrm{BS}}^{\max}$，以及维度参数 $\{N_{\mathrm{AC}},M_{\mathrm{AC}},\bar{M}_{\mathrm{BS}},I_{\mathrm{BS}},I_{\mathrm{BS}}^{\mathrm{h}},I_{\mathrm{BS}}^{\mathrm{v}},K_l\}$

输出 : 精确的方位角/俯仰角估计 $\{\widehat{\theta}_l^{\mathrm{BS}},\widehat{\varphi}_l^{\mathrm{BS}}\}$ 以及所对应的虚拟角度估计 $\{\widehat{\mu}_l^{\mathrm{BS}},\widehat{\nu}_l^{\mathrm{BS}}\}$

1 %% 子阵列选择与导频信号传输 %%

2 确定飞机端子阵列天线索引 $\mathcal{I}_{\mathrm{AC},l}$;

3 初始化模拟预编码向量 $\boldsymbol{p}_{\mathrm{RF},l}=\boldsymbol{0}_{N_{\mathrm{AC}}}$，并令 $\boldsymbol{p}_{\mathrm{RF},l\{\mathcal{I}_{\mathrm{AC},l}\}}=\frac{1}{\sqrt{M_{\mathrm{AC}}}}\boldsymbol{a}_{\mathrm{AC}}(\widetilde{\mu}_l^{\mathrm{AC}},\widetilde{\nu}_l^{\mathrm{AC}})_{\{\mathcal{I}_{\mathrm{AC},l}\}}$;

4 **for** $m=1,\cdots,I_{\mathrm{BS}}$ **do**

5 　　确定基站端所选子阵列的天线索引 $\mathcal{I}_{\mathrm{BS}}^{[m]}$;

6 　　初始化模拟预编码向量 $\boldsymbol{q}_{\mathrm{RF},l}^{[m]}=\boldsymbol{0}_{N_{\mathrm{BS}}}$，并令 $\boldsymbol{q}_{\mathrm{RF},l\{\mathcal{I}_{\mathrm{BS}}^{[m]}\}}^{[m]}=\frac{1}{\sqrt{\bar{M}_{\mathrm{BS}}}}\boldsymbol{a}_{\mathrm{BS}}(\widetilde{\mu}_l^{\mathrm{BS}},\widetilde{\nu}_l^{\mathrm{BS}})_{\{\mathcal{I}_{\mathrm{BS}}^{[1]}\}}$;

7 　　发射导频信号向量 $\boldsymbol{s}_{\mathrm{UL},l}$，并获得式（6–15）中的接收信号向量 $\boldsymbol{y}_{\mathrm{UL},l}^{[m]}$;

8 **end**

9 堆叠 $\{\boldsymbol{y}_{\mathrm{UL},l}^{[m]}\}_{m=1}^{I_{\mathrm{BS}}}$ 为式（6–16）和式（6–17）中的 $\boldsymbol{Y}_{\mathrm{UL},l}=\left[\boldsymbol{y}_{\mathrm{UL},l}^{[1]}\cdots\boldsymbol{y}_{\mathrm{UL},l}^{[I_{\mathrm{BS}}]}\right]^{\mathrm{T}}$;

10 %% 先验辅助的迭代角度估计 %%

11 **for** $i_{\mathrm{BS}}=1,\cdots,i_{\mathrm{BS}}^{\max}$ **do**

12 　　**if** $i_{\mathrm{BS}}=1$ **then**

13 　　　　对接收信号矩阵 $\boldsymbol{Y}_{\mathrm{UL},l}$ 应用二维酉 ESPRIT 算法 [113,141];

14 　　　　获得第 $i_{\mathrm{BS}}=1$ 次迭代的角度估计 $\{\widehat{\theta}_l^{(i_{\mathrm{BS}})},\widehat{\varphi}_l^{(i_{\mathrm{BS}})}\}$ 以及相应的 $\{\widehat{\mu}_l^{(i_{\mathrm{BS}})},\widehat{\nu}_l^{(i_{\mathrm{BS}})}\}$;

15 　　**else**

16 　　　　设计角度补偿矩阵 $\widetilde{\boldsymbol{Y}}_{\mathrm{UL},l}^{(i_{\mathrm{BS}}-1)}$，其第 k_l 列为式（6–18）中的 $\widetilde{\boldsymbol{y}}_{\mathrm{UL},l}^{(i_{\mathrm{BS}}-1)}[k_l]$;

17 　　　　获得式（6–19）中的补偿后接收信号矩阵 $\boldsymbol{Y}_{\mathrm{UL},l}^{(i_{\mathrm{BS}})}=\left(\widetilde{\boldsymbol{Y}}_{\mathrm{UL},l}^{(i_{\mathrm{BS}}-1)}\right)^{*}\circ\boldsymbol{Y}_{\mathrm{UL},l}$;

18 　　　　对 $\boldsymbol{Y}_{\mathrm{UL},l}^{(i_{\mathrm{BS}})}$ 应用二维酉 ESPRIT 算法;

19 　　　　获得第 i_{BS} 次迭代的角度估计 $\{\widehat{\theta}_l^{(i_{\mathrm{BS}})},\widehat{\varphi}_l^{(i_{\mathrm{BS}})}\}$ 以及相应的 $\{\widehat{\mu}_l^{(i_{\mathrm{BS}})},\widehat{\nu}_l^{(i_{\mathrm{BS}})}\}$;

20 　　**end**

21 **end**

22 **Return:** $\widehat{\theta}_l^{\mathrm{BS}}=\widehat{\theta}_l^{(i_{\mathrm{BS}}^{\max})}$，$\widehat{\varphi}_l^{\mathrm{BS}}=\widehat{\varphi}_l^{(i_{\mathrm{BS}}^{\max})}$，$\widehat{\mu}_l^{\mathrm{BS}}=\widehat{\mu}_l^{(i_{\mathrm{BS}}^{\max})}$，以及 $\widehat{\nu}_l^{\mathrm{BS}}=\widehat{\nu}_l^{(i_{\mathrm{BS}}^{\max})}$

n 个（$1\leqslant n\leqslant I_{\mathrm{AC}}$）OFDM 符号的第 k_l 个（$k_l\in\mathcal{K}_l$）子载波上接收到来自第 l 个基站的信号 $y_{\mathrm{DL},l}^{[n]}[k_l]$ 为

$$y_{\mathrm{DL},l}^{[n]}[k_l]=\sqrt{P_l}(\boldsymbol{w}_{\mathrm{RF},l}^{[n]})^{\mathrm{H}}\widetilde{\boldsymbol{H}}_{\mathrm{DL},l}^{'[n]}[k_l]\boldsymbol{f}_{\mathrm{RF},l}s_{\mathrm{DL},l}^{[n]}[k_l]+n_{\mathrm{DL},l}^{[n]}[k_l] \tag{6–20}$$

其中，$\widetilde{\boldsymbol{H}}'^{[n]}_{\mathrm{DL},l}[k_l]$ 是补偿后的下行信道矩阵，$s^{[n]}_{\mathrm{DL},l}[k_l]$ 和 $n^{[n]}_{\mathrm{DL},l}[k_l]$ 分别是发射导频信号和噪声。考虑在 I_{AC} 个 OFDM 符号的所有 K_l 个子载波上的接收信号，得到的下行接收信号矩阵 $\boldsymbol{Y}_{\mathrm{DL},l}\in\mathbb{C}^{I_{\mathrm{AC}}\times K_l}$ 表示为

$$\boldsymbol{Y}_{\mathrm{DL},l}=\sqrt{P_lG_l}\alpha_l\mathrm{e}^{\mathrm{j}\pi f_s\tau_l}\big(\bar{\boldsymbol{W}}^{\mathrm{H}}_{\mathrm{RF},l}\boldsymbol{A}_{\mathrm{DL},l}\boldsymbol{f}_{\mathrm{RF},l}\underbrace{(\boldsymbol{a}_{\tau}(\mu_l^{\tau},K_l)\circ\boldsymbol{s}_{\mathrm{DL},l})^{\mathrm{T}}}_{\bar{\boldsymbol{s}}_{\mathrm{DL},l}}\big)\circ\widetilde{\boldsymbol{Y}}_{\mathrm{DL},l}+\boldsymbol{N}_{\mathrm{DL},l}\tag{6–21}$$

其中，$\bar{\boldsymbol{W}}_{\mathrm{RF},l}=\left[\boldsymbol{w}^{[1]}_{\mathrm{RF},l}\cdots\boldsymbol{w}^{[I_{\mathrm{AC}}]}_{\mathrm{RF},l}\right]\in\mathbb{C}^{N_{\mathrm{AC}}\times I_{\mathrm{AC}}}$ 和 $\widetilde{\boldsymbol{Y}}_{\mathrm{DL},l}$ 分别是模拟合并矩阵和残余的波束偏移矩阵，$\boldsymbol{s}_{\mathrm{DL},l}=\boldsymbol{s}^{[n]}_{\mathrm{DL},l}=\left[s^{[n]}_{\mathrm{DL},l}[\{\mathcal{K}_l\}_1]\cdots s^{[n]}_{\mathrm{DL},l}[\{\mathcal{K}_l\}_{K_l}]\right]^{\mathrm{T}}\in\mathbb{C}^{K_l}$（对于 $\forall n$），以及 $\boldsymbol{N}_{\mathrm{DL},l}$ 是对应的噪声矩阵。此外，在式（6–21）中定义了与路径时延 τ_l 相关的导向矢量为 $\boldsymbol{a}_{\tau}(\mu_l^{\tau},K_l)=\left[\mathrm{e}^{\mathrm{j}(\{\mathcal{K}_l\}_1-1)\mu_l^{\tau}}\ \mathrm{e}^{\mathrm{j}(\{\mathcal{K}_l\}_2-1)\mu_l^{\tau}}\ \cdots\mathrm{e}^{\mathrm{j}(\{\mathcal{K}_l\}_{K_l}-1)\mu_l^{\tau}}\right]^{\mathrm{T}}$ 且 $\mu_l^{\tau}=-2\pi f_s\tau_l/K$ 表示虚拟时延。与式（6–17）类似，$\boldsymbol{Y}_{\mathrm{DL},l}$ 可以重写为

$$\boldsymbol{Y}_{\mathrm{DL},l}=\gamma_{\mathrm{DL},l}\left(\bar{\bar{\boldsymbol{a}}}_{\mathrm{AC}}(\mu_l^{\mathrm{AC}},\nu_l^{\mathrm{AC}})\bar{\boldsymbol{s}}^{\mathrm{T}}_{\mathrm{DL},l}\right)\circ\widetilde{\boldsymbol{Y}}_{\mathrm{DL},l}+\boldsymbol{N}_{\mathrm{DL},l}\tag{6–22}$$

其中，$\gamma_{\mathrm{DL},l}=\sqrt{P_lG_l}\alpha_l\mathrm{e}^{\mathrm{j}\pi f_s\tau_l}(\boldsymbol{w}^{[1]}_{\mathrm{RF},l})^{\mathrm{H}}\boldsymbol{A}_{\mathrm{DL},l}\boldsymbol{f}_{\mathrm{RF},l}$ 是波束对准后的下行等效信道增益，以及 $\bar{\bar{\boldsymbol{a}}}_{\mathrm{AC}}(\mu_l^{\mathrm{AC}},\nu_l^{\mathrm{AC}})=\boldsymbol{a}_{\mathrm{v}}(\nu_l^{\mathrm{AC}},I^{\mathrm{v}}_{\mathrm{AC}})\otimes\boldsymbol{a}_{\mathrm{h}}(\mu_l^{\mathrm{AC}},I^{\mathrm{h}}_{\mathrm{AC}})\in\mathbb{C}^{I_{\mathrm{AC}}}$ 表示飞机端第 l 个子阵列的低维等效全数字阵列所对应的有效阵列响应向量。对于式（6–22）中的接收信号模型，这里也可以利用算法 6.1 中所提出的先验辅助迭代角度估计算法来获得更准确的角度估计。通过用飞机端角度估计所需参数 $\{\widehat{\mu}_l^{\mathrm{BS}},\widehat{\nu}_l^{\mathrm{BS}},\{\mathcal{I}^{[n]}_{\mathrm{AC},l}\}_{n=1}^{I_{\mathrm{AC}}},\boldsymbol{s}_{\mathrm{DL},l},\bar{M}_{\mathrm{AC}},I_{\mathrm{AC}},I^{\mathrm{h}}_{\mathrm{AC}},I^{\mathrm{v}}_{\mathrm{AC}},i_{\mathrm{AC}},i^{\max}_{\mathrm{AC}}\}$ 来替换基站端角度估计对应的输入参数 $\{\widetilde{\mu}_l^{\mathrm{BS}},\widetilde{\nu}_l^{\mathrm{BS}},\{\mathcal{I}^{[m]}_{\mathrm{BS}}\}_{m=1}^{I_{\mathrm{BS}}},\boldsymbol{s}_{\mathrm{UL},l},\bar{M}_{\mathrm{BS}},I_{\mathrm{BS}},I^{\mathrm{h}}_{\mathrm{BS}},I^{\mathrm{v}}_{\mathrm{BS}},i_{\mathrm{BS}},i^{\max}_{\mathrm{BS}}\}$，即可在飞机端获得对应第 l 个（$1\leqslant l\leqslant L$）基站的精确方位角和俯仰角估计以及对应的虚拟角度估计，分别记为 $\widehat{\theta}_l^{\mathrm{AC}}=\widehat{\theta}_l^{(i^{\max}_{\mathrm{AC}})}$，$\widehat{\varphi}_l^{\mathrm{AC}}=\widehat{\varphi}_l^{(i^{\max}_{\mathrm{AC}})}$，$\widehat{\mu}_l^{\mathrm{AC}}=\widehat{\mu}_l^{(i^{\max}_{\mathrm{AC}})}$，以及 $\widehat{\nu}_l^{\mathrm{AC}}=\widehat{\nu}_l^{(i^{\max}_{\mathrm{AC}})}$。

6.4.2 多普勒偏移效应下的精确多普勒频移估计

根据以上获得的精确角度估计，飞机端可设计其 L 个子阵列的模拟合并向量与 L 个基站完成波束对准，即对于第 L 个（$1\leqslant l\leqslant L$）向量，先初始化 $\boldsymbol{w}_{\mathrm{RF},l}$ 为 $\boldsymbol{w}_{\mathrm{RF},l}=\boldsymbol{0}_{N_{\mathrm{AC}}}$，然后令 $\boldsymbol{w}_{\mathrm{RF},l\{\mathcal{I}_{\mathrm{AC},l}\}}=\dfrac{1}{\sqrt{M_{\mathrm{AC}}}}\boldsymbol{a}_{\mathrm{AC}}(\widehat{\mu}_l^{\mathrm{AC}},\widehat{\nu}_l^{\mathrm{AC}})_{\{\mathcal{I}_{\mathrm{AC},l}\}}$。同时，飞机端也可利用这些角度信息来优化其 GTTDU 模块，以进一步减弱时延-波束偏移效应。由于最初获得的粗略多普勒频移估计对于数据传输来说仍不够精确，本小节将在下行链路中使用 N_{do} 个 OFDM 符号来获得多普勒偏移效应影响下的精确多普勒频移估计。为保证飞机端能准静态地观测多个 OFDM 符号内的有效信

道，基站的发射机在此阶段仍需对发射信号进行粗略的多普勒频移预补偿。

根据补偿后的下行信道矩阵 $\widetilde{\boldsymbol{H}}_{\mathrm{DL},l}^{'[\bar{m}]}[k_l]$，从飞机端第 l 个（$1\leqslant l\leqslant L$）射频链观测到第 $\bar{m}$（$1\leqslant\bar{m}\leqslant N_{\mathrm{do}}$）个 OFDM 符号的第 k_l（$k_l\in\mathcal{K}_l$）个子载波上的接收信号 $y_{\mathrm{do},l}^{[\bar{m}]}[k_l]$可以表示为

$$\begin{aligned}y_{\mathrm{do},l}^{[\bar{m}]}[k_l] &= \sqrt{P_l}\boldsymbol{w}_{\mathrm{RF},l}^{\mathrm{H}}\widetilde{\boldsymbol{H}}_{\mathrm{DL},l}^{'[\bar{m}]}[k_l]\boldsymbol{f}_{\mathrm{RF},l}s_{\mathrm{do},l}^{[\bar{m}]}[k_l]+n_{\mathrm{do},l}^{[\bar{m}]}[k_l]\\ &= \underbrace{\sqrt{P_lG_l}\alpha_l\mathrm{e}^{\mathrm{j}\pi f_s\tau_l}}_{\gamma_{\mathrm{do},l}}\mathrm{e}^{\mathrm{j}2\pi\Delta\widetilde{\psi}_{l,k_l}(\bar{m}-1)T_{\mathrm{sym}}}\underbrace{\boldsymbol{w}_{\mathrm{RF},l}^{\mathrm{H}}\widetilde{\boldsymbol{A}}_{\mathrm{DL},l}[k_l]\boldsymbol{f}_{\mathrm{RF},l}\mathrm{e}^{\mathrm{j}(k_l-1)\mu_l^{\tau}}s_{\mathrm{do},l}[k_l]}_{\bar{s}_{\mathrm{do},l}[k_l]}+\\ &\quad\ n_{\mathrm{do},l}^{[\bar{m}]}[k_l]\end{aligned} \tag{6–23}$$

其中，$\Delta\widetilde{\psi}_{l,k_l}=\psi_{l,k_l}-\widetilde{\psi}_{l,k_l}$ 表示用第 k_l 子载波对应的粗略多普勒频移估计 $\widetilde{\psi}_{l,k_l}$ 补偿后的残余多普勒频移，$s_{\mathrm{do},l}[k_l]=s_{\mathrm{do},l}^{[\bar{m}]}[k_l]$（$\forall\bar{m}$）和 $n_{\mathrm{do},l}^{[\bar{m}]}[k_l]$ 分别是发射导频信号和噪声。由于 $\Delta\widetilde{\psi}_{l,k_l}$ 本身的值太小而导致无法仅利用少数几个 OFDM 符号来有效地估计精确的多普勒频移，因此，可移除式（6–23）中 $y_{\mathrm{do},l}^{[\bar{m}]}[k_l]$ 所补偿的相位差 $\mathrm{e}^{-\mathrm{j}2\pi\widetilde{\psi}_{l,k_l}(\bar{m}-1)T_{\mathrm{sym}}}$，从而获得

$$\bar{y}_{\mathrm{do},l}^{[\bar{m}]}[k_l]=\gamma_{\mathrm{do},l}\mathrm{e}^{\mathrm{j}(\bar{m}-1)\nu_l^{\psi}}\bar{s}_{\mathrm{do},l}[k_l]\underbrace{\mathrm{e}^{\mathrm{j}\frac{2\pi f_s\underline{v}_l}{c}\left(\frac{k_l-1}{K}-\frac{1}{2}\right)(\bar{m}-1)T_{\mathrm{sym}}}}_{\widetilde{y}_{\mathrm{do},l}^{[\bar{m}]}[k_l](\underline{v}_l)}+\bar{n}_{\mathrm{do},l}^{[\bar{m}]}[k_l] \tag{6–24}$$

其中，$\nu_l^{\psi}=2\pi\psi_{z,l}T_{\mathrm{sym}}$ 表示虚拟多普勒频移，$\widetilde{y}_{\mathrm{do},l}^{[\bar{m}]}[k_l]$ 和 $\bar{n}_{\mathrm{do},l}^{[\bar{m}]}[k_l]$ 分别是多普勒偏移值和噪声。考虑 N_{do} 个 OFDM 符号的 K_l 个子载波上的信号，则可得到接收信号矩阵 $\boldsymbol{Y}_{\mathrm{do},l}\in\mathbb{C}^{N_{\mathrm{do}}\times K_l}$，其表达式为

$$\boldsymbol{Y}_{\mathrm{do},l}=\gamma_{\mathrm{do},l}\left(\boldsymbol{a}_{\psi}(\nu_l^{\psi},N_{\mathrm{do}})\bar{\boldsymbol{s}}_{\mathrm{do},l}^{\mathrm{T}}\right)\circ\widetilde{\boldsymbol{Y}}_{\mathrm{do},l}(\underline{v}_l)+\boldsymbol{N}_{\mathrm{do},l} \tag{6–25}$$

其中，$\boldsymbol{a}_{\psi}(\nu_l^{\psi},N_{\mathrm{do}})=\left[1\ \mathrm{e}^{\mathrm{j}\nu_l^{\psi}}\cdots\mathrm{e}^{\mathrm{j}(N_{\mathrm{do}}-1)\nu_l^{\psi}}\right]^{\mathrm{T}}\in\mathbb{C}^{N_{\mathrm{do}}}$ 表示与多普勒频移相关的导向矢量，$\widetilde{\boldsymbol{Y}}_{\mathrm{do},l}(\underline{v}_l)$ 是多普勒偏移矩阵且其第 $(\bar{m},k_l)$ 项元素为 $\{\widetilde{\boldsymbol{Y}}_{\mathrm{do},l}(\underline{v}_l)\}_{\bar{m},k_l}=\widetilde{y}_{\mathrm{do},l}^{[\bar{m}]}[k_l](\underline{v}_l)$，以及 $\boldsymbol{N}_{\mathrm{do},l}$ 为噪声矩阵。

对于式（6–25）中的接收的信号模型，以及为了减弱多普勒偏移矩阵 $\widetilde{\boldsymbol{Y}}_{\mathrm{do},l}(\underline{v}_l)$ 对接收信号矩阵 $\boldsymbol{Y}_{\mathrm{do},l}$ 的影响，本小节提出了以下先验辅助的迭代多普勒频移估计算法。首先将中心载频处的粗略多普勒频移估计定义为 $\widetilde{\psi}_{z,l}$，可获得初始相对径向速度为 $\widehat{\underline{v}}_l^{(0)}=\widetilde{\psi}_{z,l}\lambda_z$。在第 i_{do} 次迭代过程中，可利用在第 $(i_{\mathrm{do}}-1)$ 次迭代所获得的 $\widehat{\underline{v}}_l^{(i_{\mathrm{do}}-1)}$ 来设计多普勒补偿矩阵为 $\widetilde{\boldsymbol{Y}}_{\mathrm{do},l}(\widehat{\underline{v}}_l^{(i_{\mathrm{do}}-1)})$，其第 $(\bar{m},k_l)$ 项元素为 $\widetilde{y}_{\mathrm{do},l}^{[\bar{m}]}[k_l](\widehat{\underline{v}}_l^{(i_{\mathrm{do}}-1)})$，且该值可通过将 $\widehat{\underline{v}}_l^{(i_{\mathrm{do}}-1)}$ 替换掉式（6–24）中 $\widetilde{y}_{\mathrm{do},l}^{[\bar{m}]}[k_l](\underline{v}_l)$ 的 $\underline{v}_l$ 而获得。补偿后的矩阵 $\boldsymbol{Y}_{\mathrm{do},l}^{(i_{\mathrm{do}})}=\widetilde{\boldsymbol{Y}}_{\mathrm{do},l}^{*}(\widehat{\underline{v}}_l^{(i_{\mathrm{do}}-1)})\circ\boldsymbol{Y}_{\mathrm{do},l}$ 可进一步重写为

$$\boldsymbol{Y}_{\mathrm{do},l}^{(i_{\mathrm{do}})}=\gamma_{\mathrm{do},l}\left(\boldsymbol{a}_{\psi}(\nu_l^{\psi},\bar{m})\bar{\boldsymbol{s}}_{\mathrm{do},l}^{\mathrm{T}}\right)\circ\left(\widetilde{\boldsymbol{Y}}_{\mathrm{do},l}(\underline{v}_l)\circ\widetilde{\boldsymbol{Y}}_{\mathrm{do},l}^{*}(\widehat{\underline{v}}_l^{(i_{\mathrm{do}}-1)})\right)+\boldsymbol{N}_{\mathrm{do},l}^{(i_{\mathrm{do}})} \tag{6-26}$$

其中，$\boldsymbol{N}_{\mathrm{do},l}^{(i_{\mathrm{do}})}$ 是相应的噪声矩阵。根据式（6–26）中的 $\boldsymbol{Y}_{\mathrm{do},l}^{(i_{\mathrm{do}})}$，即可利用总最小二乘 ESPRIT（Total Least Squares ESPRIT, TLS-ESPRIT）来获得第 i_{do} 次迭代在中心载频处的多普勒频移估计 [174]。根据该估计到的 $\widehat{\psi}_{z,l}^{(i_{\mathrm{do}})}$ 可计算出精确的相对径向速度，即 $\widehat{\underline{v}}_l^{(i_{\mathrm{do}})}=\widehat{\psi}_{z,l}^{(i_{\mathrm{do}})}\lambda_z$，于是，所提算法可更新多普勒补偿矩阵，以进一步提高多普勒估计的准确性。以上过程迭代进行，直到达到最大迭代次数 $i_{\mathrm{do}}^{\max}$，即 $i_{\mathrm{do}}=i_{\mathrm{do}}^{\max}$。最后，可获得第 l 个（$1\leqslant l\leqslant L$）基站端所对应的精确多普勒频移估计 $\widehat{\psi}_{z,l}=\widehat{\psi}_{z,l}^{(i_{\mathrm{do}}^{\max})}$，且该估计值可扩展到所有子载波 $\{\widehat{\psi}_{l,k}\}_{k=1}^{K}$。以上所提先验辅助的迭代多普勒频移估计算法总结在算法 6.2 中，该算法通过迭代地设计多普勒补偿矩阵可有效地解决多普勒偏移效应。

6.4.3 路径时延与信道增益估计

路径时延估计阶段可利用以上估计到的精确多普勒频移完成图 6.3 中的精确多普勒补偿处理，并将在下行链路中使用 N_{de} 个 OFDM 符号来估计路径时延。这里重申式（6–21）中的 $\boldsymbol{a}_{\tau}(\mu_l^{\tau},K_l)=\left[\mathrm{e}^{\mathrm{j}(\{\mathcal{K}_l\}_1-1)\mu_l^{\tau}}\ \mathrm{e}^{\mathrm{j}(\{\mathcal{K}_l\}_2-1)\mu_l^{\tau}}\cdots\mathrm{e}^{\mathrm{j}(\{\mathcal{K}_l\}_{K_l}-1)\mu_l^{\tau}}\right]^{\mathrm{T}}$，表示与路径时延相关的导向矢量且 $\mu_l^{\tau}=-2\pi f_s\tau_l/K$。那么，第 $\bar{n}$ 个（$1\leqslant\bar{n}\leqslant N_{\mathrm{de}}$）OFDM 符号的第 k_l 个（$k_l\in\mathcal{K}_l$）子载波上的下行接收信号 $y_{\mathrm{de},l}^{[\bar{n}]}[k_l]$可以表示为

$$\begin{aligned}y_{\mathrm{de},l}^{[\bar{n}]}[k_l]&=\sqrt{P_l}\boldsymbol{w}_{\mathrm{RF},l}^{\mathrm{H}}\widetilde{\boldsymbol{H}}_{\mathrm{DL},l}^{\prime[\bar{n}]}[k_l]\boldsymbol{f}_{\mathrm{RF},l}s_{\mathrm{de},l}^{[\bar{n}]}[k_l]+n_{\mathrm{de},l}^{[\bar{n}]}[k_l]\\&=\underbrace{\sqrt{P_lG_l}\alpha_l\mathrm{e}^{\mathrm{j}\pi f_s\tau_l}\boldsymbol{w}_{\mathrm{RF},l}^{\mathrm{H}}\boldsymbol{A}_{\mathrm{DL},l}\boldsymbol{f}_{\mathrm{RF},l}}_{\gamma_{\mathrm{de},l}}\mathrm{e}^{\mathrm{j}(k_l-1)\mu_l^{\tau}}\underbrace{\mathrm{e}^{\mathrm{j}2\pi(\psi_{z,l}-\widehat{\psi}_{z,l})(\bar{n}-1)T_{\mathrm{sym}}}s_{\mathrm{de},l}^{[\bar{n}]}}_{\bar{s}_{\mathrm{de},l}^{[\bar{n}]}}\cdot\\&\quad\widetilde{y}_{\mathrm{de},l}^{[\bar{n}]}[k_l]+n_{\mathrm{de},l}^{[\bar{n}]}[k_l]\end{aligned} \tag{6-27}$$

其中，$s_{\mathrm{de},l}^{[\bar{n}]}=s_{\mathrm{de},l}^{[\bar{n}]}[k_l]$（$\forall k_l\in\mathcal{K}_l$）是发射导频信号①，$\widetilde{y}_{\mathrm{de},l}^{[\bar{n}]}[k_l]$ 是包括了由信道估计误差引起的残余波束-多普勒偏移在内的误差项，以及 $n_{\mathrm{de},l}^{[\bar{n}]}[k_l]$ 是噪声项。通过将所有 K_l 个子载波上的接收信号集合到向量 $\boldsymbol{y}_{\mathrm{de},l}^{[\bar{n}]}\in\mathbb{C}^{K_l}$ 中，有

① 需要注意的是，由于时延估计阶段假设了 K_l 个子载波均采用相同的导频信号，这可能会导致 OFDM 系统中出现过高的峰均比（Peak-to-Average Power Ratio, PAPR）。于是，这里可采用文献 [141] 中所设计的预定义扰码序列扩展在所有子载波上，以有效地降低过高的峰均比。

算法 6.2: 先验辅助的迭代多普勒频移估计算法

输入： 估计到的虚拟角度 $\{\widehat{\mu}_l^{\rm BS},\widehat{\nu}_l^{\rm BS},\widehat{\mu}_l^{\rm AC},\widehat{\nu}_l^{\rm AC}\}$，粗略的多普勒频移估计 $\widetilde{\psi}_{z,l}$ 及其子载波扩展 $\{\widetilde{\psi}_{l,k_l}\}_{k_l=1}^{K_l}$，导频信号 $\{s_{{\rm do},l}[k_l]\}_{k_l=1}^{K_l}$，最大迭代次数 $i_{\rm do}^{\max}$，中心载频处波长 λ_z，以及维度参数 $\{N_{\rm AC},M_{\rm AC},N_{\rm do},K_l\}$

输出： 中心载频处精确的多普勒频移估计 $\widehat{\psi}_{z,l}$ 及其子载波扩展 $\{\widehat{\psi}_{l,k}\}_{k=1}^K$

1 %% 导频信号传输与预处理 %%
2 确定飞机端天线索引 $\mathcal{I}_{{\rm AC},l}$，并初始化 $\boldsymbol{w}_{{\rm RF},l}=\boldsymbol{0}_{N_{\rm AC}}$;
3 令 $\boldsymbol{w}_{{\rm RF},l\{\mathcal{I}_{{\rm AC},l}\}}=\frac{1}{\sqrt{M_{\rm AC}}}\boldsymbol{a}_{\rm AC}(\widehat{\mu}_l^{\rm AC},\widehat{\nu}_l^{\rm AC})_{\{\mathcal{I}_{{\rm AC},l}\}}$ 以及 $\boldsymbol{f}_{{\rm RF},l}=\boldsymbol{a}_{\rm BS}(\widehat{\mu}_l^{\rm BS},\widehat{\nu}_l^{\rm BS})$;
4 **for** $\bar{m}=1,\cdots,N_{\rm do}$ **do**
5 　**for** $k_l=1,\cdots,K_l$ **do**
6 　　发射导频信号向量 $s_{{\rm do},l}[k_l]$，并获得式（6–23）中的接收信号 $y_{{\rm do},l}^{[\bar{m}]}[k_l]$;
7 　　移除接收信号 $y_{{\rm do},l}^{[\bar{m}]}[k_l]$ 中的补偿相位 ${\rm e}^{-{\rm j}2\pi\widetilde{\psi}_{l,k_l}(\bar{m}-1)T_{\rm sym}}$，以获得式（6–24）中的 $\bar{y}_{{\rm do},l}^{[\bar{m}]}[k_l]$;
8 　**end**
9 **end**
10 集合所有预处理后的信号 $\{\{\bar{y}_{{\rm do},l}^{[\bar{m}]}[k_l]\}_{k_l=1}^{K_l}\}_{\bar{m}=1}^{N_{\rm do}}$，以构建式（6–25）中的 $\mathbf{Y}_{{\rm do},l}$;
11 %% 先验辅助的迭代多普勒频移估计 %%
12 初始化：$i_{\rm do}=0$ 以及 $\widehat{\underline{v}}_l^{(0)}=\widetilde{\psi}_{z,l}\lambda_z$;
13 **while** $i_{\rm do}\leqslant i_{\rm do}^{\max}$ **do**
14 　**if** $i_{\rm do}=0$ **then**
15 　　对 $\mathbf{Y}_{{\rm do},l}$ 应用 TLS-ESPRIT 算法 [174] 来获得估计 $\widehat{\psi}_{z,l}^{(0)}$（将用于后续仿真对比）;
16 　**else**
17 　　设计多普勒补偿矩阵 $\widetilde{\mathbf{Y}}_{{\rm do},l}(\widehat{\underline{v}}_l^{(i_{\rm do}-1)})$，其第 $(\bar{m},k_l)$ 项元素为 $\widetilde{y}_{{\rm do},l}^{[\bar{m}]}[k_l](\widehat{\underline{v}}_l^{(i_{\rm do}-1)})$;
18 　　获得式（6–26）中补偿后的信号矩阵 $\mathbf{Y}_{{\rm do},l}^{(i_{\rm do})}=\widetilde{\mathbf{Y}}_{{\rm do},l}^{*}(\widehat{\underline{v}}_l^{(i_{\rm do}-1)})\circ\mathbf{Y}_{{\rm do},l}$;
19 　　对 $\mathbf{Y}_{{\rm do},l}^{(i_{\rm do})}$ 应用 TLS-ESPRIT 算法;
20 　　获得第 $i_{\rm do}$ 次迭代的多普勒频移估计 $\widehat{\psi}_{z,l}^{(i_{\rm do})}$，并计算 $\widehat{\underline{v}}_l^{(i_{\rm do})}=\widehat{\psi}_{z,l}^{(i_{\rm do})}\lambda_z$;
21 　**end**
22 　$i_{\rm do}=i_{\rm do}+1$;
23 **end**
24 **Return:** $\widehat{\psi}_{z,l}=\widehat{\psi}_{z,l}^{(i_{\rm do}^{\max})}$，并扩展到所有子载波 $\{\widehat{\psi}_{l,k}\}_{k=1}^K$

$$\begin{aligned}\boldsymbol{y}_{{\rm de},l}^{[\bar{n}]}&=\left[y_{{\rm de},l}^{[\bar{n}]}[\{\mathcal{K}_l\}_1]\cdots y_{{\rm de},l}^{[\bar{n}]}[\{\mathcal{K}_l\}_{K_l}]\right]^{\rm T}\\&=\gamma_{{\rm de},l}\boldsymbol{a}_\tau(\mu_l^\tau,K_l)\bar{s}_{{\rm de},l}^{[\bar{n}]}\circ\widetilde{\boldsymbol{y}}_{{\rm de},l}^{[\bar{n}]}+\boldsymbol{n}_{{\rm de},l}^{[\bar{n}]}\end{aligned}\tag{6–28}$$

其中，$\widetilde{\boldsymbol{y}}_{{\rm de},l}^{[\bar{n}]}=\left[\widetilde{y}_{{\rm de},l}^{[\bar{n}]}[\{\mathcal{K}_l\}_1]\cdots\widetilde{y}_{{\rm de},l}^{[\bar{n}]}[\{\mathcal{K}_l\}_{K_l}]\right]^{\rm T}$ 和 $\boldsymbol{n}_{{\rm de},l}^{[\bar{n}]}$ 分别表示相应的误差向量和噪声向量。考虑 $N_{\rm de}$ 个 OFDM 符号内所接收到的信号，可获得矩

阵$\boldsymbol{Y}_{\mathrm{de},l} \in \mathbb{C}^{K_l \times N_{\mathrm{de}}}$ 为

$$\begin{aligned}\boldsymbol{Y}_{\mathrm{de},l} &= \left[\boldsymbol{y}_{\mathrm{de},l}^{[1]} \cdots \boldsymbol{y}_{\mathrm{de},l}^{[N_{\mathrm{de}}]}\right] \\ &= \gamma_{\mathrm{de},l}\left(\boldsymbol{a}_{\tau}(\mu_l^{\tau}, K_l)\bar{\boldsymbol{s}}_{\mathrm{de},l}^{\mathrm{T}}\right) \circ \widetilde{\boldsymbol{Y}}_{\mathrm{de},l} + \boldsymbol{N}_{\mathrm{de},l}\end{aligned} \tag{6-29}$$

其中，$\bar{\boldsymbol{s}}_{\mathrm{de},l} = \left[\bar{s}_{\mathrm{de},l}^{[1]} \cdots \bar{s}_{\mathrm{de},l}^{[N_{\mathrm{de}}]}\right]^{\mathrm{T}} \in \mathbb{C}^{N_{\mathrm{de}}}$，以及 $\widetilde{\boldsymbol{Y}}_{\mathrm{de},l} = \left[\widetilde{\boldsymbol{y}}_{\mathrm{de},l}^{[1]} \cdots \widetilde{\boldsymbol{y}}_{\mathrm{de},l}^{[N_{\mathrm{de}}]}\right]$ 和 $\boldsymbol{N}_{\mathrm{de},l}$ 分别是残余的波束-多普勒偏移矩阵和噪声矩阵。根据式（6–29）中的接收信号模型，即可利用 TLS-ESPRIT 算法 [174] 来获得对应于 L 个基站的路径时延估计，即 $\{\widehat{\tau}_l\}_{l=1}^{L}$。此外，从式（6–29）中可观察到，路径时延估计的准确性取决于角度和多普勒频移的估计精度，而该结论可在第 6.8.2 小节中的仿真结果中得到验证。

最后，可利用式（6–29）中的接收信号矩阵 $\boldsymbol{Y}_{\mathrm{de},l}$ 来估计信道增益。具体来说，可以将该矩阵拆分为 $\boldsymbol{Y}_{\mathrm{de},l} = \bar{\alpha}_l \bar{\boldsymbol{Y}}_{\mathrm{de},l}$，其中，$\bar{\alpha}_l = \sqrt{P_l G_l}\alpha_l$ 表示等效信道增益，而矩阵 $\bar{\boldsymbol{Y}}_{\mathrm{de},l}$ 为 $\boldsymbol{Y}_{\mathrm{de},l}$ 中除 $\bar{\alpha}_l$ 外的剩余部分。忽略 $\boldsymbol{Y}_{\mathrm{de},l}$ 中残余的波束-多普勒偏移矩阵和噪声矩阵，那么，可利用先前估计到的主要信道参数（即收发端方位角/俯仰角、多普勒频移以及路径时延）来重建矩阵 $\bar{\boldsymbol{Y}}_{\mathrm{de},l}$，定义为 $\widehat{\bar{\boldsymbol{Y}}}_{\mathrm{de},l}$。于是，所获得的 $\bar{\alpha}_l$ 的估计，记为 $\widehat{\alpha}_l$，有如下表达式

$$\widehat{\alpha}_l = \frac{1}{N_{\mathrm{de}}K_l}\sum_{\bar{n}=1}^{N_{\mathrm{de}}}\sum_{k_l=1}^{K_l}\left[\boldsymbol{Y}_{\mathrm{de},l}\right]_{k_l,\bar{n}} \Big/ \left[\widehat{\bar{\boldsymbol{Y}}}_{\mathrm{de},l}\right]_{k_l,\bar{n}} \tag{6-30}$$

6.5 数据辅助的信道跟踪阶段

在第 6.4 节中，初始信道参数估计阶段所获得的主要信道参数的估计，将用于接下来的数据传输与信道跟踪阶段。尽管太赫兹 UM-MIMO 的航空通信信道因其大的多普勒频移而呈现出快时变衰落特性，但包括角度、时延、多普勒频移本身以及信道增益在内主要信道参数的变化在极短的符号持续时间 T_{sym} 内可认为是相对平缓的，于是可将 N_{C} 个 OFDM 符号的持续时间合理地视为一个时间间隔，并且假设该时间间隔内的信道参数是不变的。值得注意的是，在经过粗略或精确多普勒补偿后，同一个时间间隔内每个 OFDM 符号所对应的信道还是会因多普勒补偿的误差在发生缓慢的变化。那么，在较长时间的积累后，信道将会发生明显的变化，若不能及时更新 CSI 信息，则会严重影响接收数据的检测精度。

为了提高数据传输的可靠性和效率，本节提出了一种基于 DADD 的信道跟踪算法来实时地跟踪波束对准后的等效信道，可避免频繁估计时变的信道，从

而节省了大量的导频开销。所提基于 DADD 的信道跟踪算法利用了两个相邻 OFDM 符号的信道相关性，其中可近似地将前一个符号中估计到的等效信道认为是下一个符号的实时信道，依次进行数据检测。同时，所提方法还利用了诸如 Turbo 或者低密度奇偶校验码（Low-Density-Parity-Check, LDPC）等信道编码的强大纠错能力来纠正部分的错误检测数据，以最大限度地减少判决反馈过程中的误差传播。需要指出的是，在数据传输阶段，为了最大化利用时频资源来提高系统的频谱效率以及吞吐率，L 个基站需利用相同的时频资源联合为飞机提供通信服务，而不再是利用初始信道估计阶段的 OFDMA 接入方式。这时，根据航空通信中基站零散分布的特点，飞机端可利用估计到的精确角度信息以及太赫兹 UM-MIMO 阵列卓越的波束赋形能力来分别对准不同基站方向，以空间域区分与不同基站相关联的信号，以降低飞机端多个 RF 链路所接收到的信号间的干扰。所提基于 DADD 的信道跟踪算法的流程图详见图 6.9 所示。

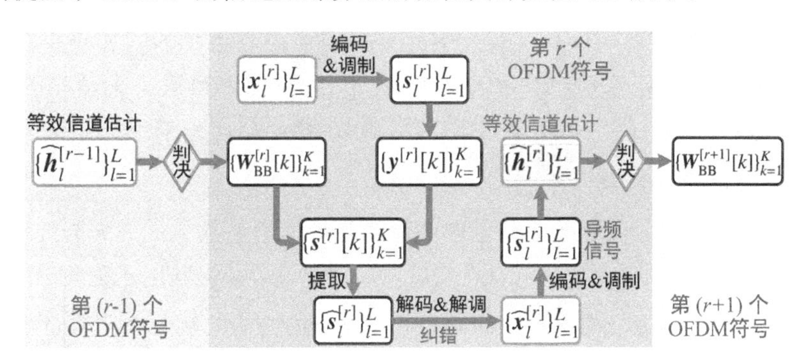

图 6.9　基于 DADD 的信道跟踪算法流程图

具体来说，考虑第 q 个时间间隔内的第 p 个 OFDM 符号，记为第 r 个（即 $r=(q-1)N_{\mathrm{C}}+p$）OFDM 符号，那么，式（6–4）中的下行信道矩阵 $\boldsymbol{H}_{\mathrm{DL},l}^{[n]}[k]$ 可重写为 $\boldsymbol{H}_{\mathrm{DL},l}^{[r]}[k]$，该矩阵由信道参数 $G_l^{[q]}$、$\alpha_l^{[q]}$、$\psi_{z,l}^{[q]}$、$\underline{v}_l^{[q]}$、$\tau_l^{[q]}$、$\theta_l^{\mathrm{AC}}[q]$、$\varphi_l^{\mathrm{AC}}[q]$、$\theta_l^{\mathrm{BS}}[q]$，以及 $\varphi_l^{\mathrm{BS}}[q]$ 构成。定义第 l 个（$1\leqslant l\leqslant L$）基站的第 r 个 OFDM 符号中发送的初始数据序列为 $\boldsymbol{x}_l^{[r]}$，且该序列可以经过信道编码和调制映射到 K 个子载波上，从而得到初始的发射信号向量 $\boldsymbol{s}_l^{[r]}=\left[s_l^{[r]}[1]\cdots s_l^{[r]}[K]\right]^{\mathrm{T}}\in\mathbb{C}^K$。飞机端在第 r 个 OFDM 符号的第 k 个（$1\leqslant k\leqslant K$）子载波上接收到的下行基带信号向量 $\boldsymbol{y}^{[r]}[k]\in\mathbb{C}^L$ 可以表示为

$$
\begin{aligned}
\boldsymbol{y}^{[r]}[k] &= \left[y_1^{[r]}[k]\cdots y_L^{[r]}[k]\right]^{\mathrm{T}} \\
&= \boldsymbol{W}_{\mathrm{RF}}^{\mathrm{H}}\left(\sum_{l=1}^{L}\sqrt{P_l}\widetilde{\boldsymbol{H}}_{\mathrm{DL},l}^{\prime[r]}[k]\boldsymbol{f}_{\mathrm{RF},l}s_l^{[r]}[k]+\boldsymbol{n}^{[r]}[k]\right)
\end{aligned}
\tag{6–31}
$$

其中，$\boldsymbol{W}_{\mathrm{RF}}=[\boldsymbol{w}_{\mathrm{RF},1}\cdots\boldsymbol{w}_{\mathrm{RF},L}]$，以及 $\boldsymbol{n}^{[r]}[k]$ 是噪声向量。在式（6–31）中，信号向量 $\boldsymbol{y}^{[r]}[k]$ 的第 l 个接收信号 $y_l^{[r]}[k]$（对应于第 l 个基站的发射信号）可进一步给出

$$y_l^{[r]}[k]=\underbrace{\sqrt{P_l}\boldsymbol{w}_{\mathrm{RF},l}^{\mathrm{H}}\widetilde{\boldsymbol{H}}_{\mathrm{DL},l}^{\prime[r]}[k]\boldsymbol{f}_{\mathrm{RF},l}}_{h_l^{[r]}[k]}s_l^{[r]}[k]+\underbrace{\boldsymbol{w}_{\mathrm{RF},l}^{\mathrm{H}}\sum_{\substack{l'=1\\l'\neq l}}^{L}\sqrt{P_{l'}}\widetilde{\boldsymbol{H}}_{\mathrm{DL},l'}^{\prime[r]}[k]\boldsymbol{f}_{\mathrm{RF},l'}s_{l'}^{[r]}[k]+n_l^{[r]}[k]}_{z_l^{[r]}[k]} \tag{6–32}$$

其中，第二项为来自其他基站的干扰信号，$n_l^{[r]}[k]$ 为合并噪声，以及 $h_l^{[r]}[k]$ 和 $z_l^{[r]}[k]$ 分别是波束对准后的等效信道系数和干扰加噪声。由于不同基站之间存在较大的角度差异和飞机端利用太赫兹 UM-MIMO 阵列来辐射极窄的波束可减弱基站间信号的干扰，式（6–32）中的干扰项可被直接视为附加噪声。于是式（6–32）可简化为 $y_l^{[r]}[k]=h_l^{[r]}[k]s_l^{[r]}[k]+z_l^{[r]}[k]$。对于来自第 l 个基站的第 r 个 OFDM 符号，可将 K 个子载波上的信道系数 $\{h_l^{[r]}[k]\}_{k=1}^{K}$ 集合为波束对准后的真实等效信道向量 $\boldsymbol{h}_l^{[r]}=\left[h_l^{[r]}[1]\cdots h_l^{[r]}[K]\right]^{\mathrm{T}}\in\mathbb{C}^K$。

根据第 $(r-1)$ 个 OFDM 符号中估计的等效信道系数 $\{\widehat{h}_l^{[r-1]}[k]\}_{l=1}^{L}$，可设计数字合并矩阵为 $\boldsymbol{W}_{\mathrm{BB}}^{[r]}[k]=\mathrm{diag}(\widehat{h}_1^{[r-1]}[k]\cdots\widehat{h}_L^{[r-1]}[k])$，并将其用于处理式（6–31）中的基带信号向量 $\boldsymbol{y}^{[r]}[k]$，以获得信号向量 $\boldsymbol{s}^{[r]}[k]=\left[s_1^{[r]}[k]\cdots s_L^{[r]}[k]\right]\in\mathbb{C}^L$ 的估计，表示为

$$\widehat{\boldsymbol{s}}^{[r]}[k]=\left[\widehat{s}_1^{[r]}[k]\cdots\widehat{s}_L^{[r]}[k]\right]^{\mathrm{T}}=\left(\boldsymbol{W}_{\mathrm{BB}}^{[r]}[k]\right)^{\mathrm{H}}\boldsymbol{y}^{[r]}[k] \tag{6–33}$$

其中，$\widehat{\boldsymbol{s}}^{[r]}[k]$ 的第 l 项元素 $\widehat{s}_l^{[r]}[k]$ 可进一步写为

$$\widehat{s}_l^{[r]}[k]=\frac{\widehat{h}_l^{[r]}[k]}{\widehat{h}_l^{[r-1]}[k]}s_l^{[r]}[k]+\frac{z_l^{[r]}[k]}{\widehat{h}_l^{[r-1]}[k]} \tag{6–34}$$

通过提取第 l（$1\leqslant l\leqslant L$）个 RF 链路所处理的接收信号，并集合所有 K 个子载波上的信号，可获得发射信号向量 $\boldsymbol{s}_l^{[r]}$ 的估计，记为 $\widehat{\boldsymbol{s}}_l^{[r]}\in\mathbb{C}^K$。之后，为了跟踪当前第 r 个 OFDM 符号的等效信道（即 $\boldsymbol{h}_l^{[r]}$），可对该信号向量 $\boldsymbol{s}_l^{[r]}$ 依次进行解调和解码来获得检测到的数据序列 $\widehat{\boldsymbol{x}}_l^{[r]}$（也就是初始数据序列 $\boldsymbol{x}_l^{[r]}$ 的估计）。然后对该检测数据序列 $\widehat{\boldsymbol{x}}_l^{[r]}$ 再次编码和调制，以重建发射信号向量 $\widetilde{\boldsymbol{s}}_l^{[r]}$（对应于初始的发射信号向量 $\boldsymbol{s}_l^{[r]}$）。由于该步骤利用了信道编码的纠错能力，重建的 $\widetilde{\boldsymbol{s}}_l^{[r]}$ 应该要比估计的 $\widehat{\boldsymbol{s}}_l^{[r]}$ 更准确。于是可将 $\widetilde{\boldsymbol{s}}_l^{[r]}$ 当作已知的导频信号用于估计当前 OFDM 符号所对应的等效信道，具体地，将 $\widetilde{\boldsymbol{s}}_l^{[r]}$ 的第 k 个（$1\leqslant k\leqslant K$）元素（记

为 $\widetilde{s}_l^{[r]}[k]$）代入式（6−32）中的接收信号 $y_l^{[r]}[k]$，可获得等效信道系数 $h_l^{[r]}[k]$ 的估计，也就是，$\widehat{h}_l^{[r]}[k]=y_l^{[r]}[k]/\widetilde{s}_l^{[r]}[k]$。最后，考虑所有 K 个子载波，则可得对应第 l 个基站的第 r 个 OFDM 符号上的等效信道向量的估计，即 $\widehat{\boldsymbol{h}}_l^{[r]}\in\mathbb{C}^K$。相应地，可进一步将第 $(r+1)$ 个 OFDM 符号中第 k 个子载波上的数字合并矩阵 $\boldsymbol{W}_{\rm BB}^{[r+1]}[k]$ 设计为 $\boldsymbol{W}_{\rm BB}^{[r+1]}[k]={\rm diag}(\widehat{h}_1^{[r]}[k]\cdots\widehat{h}_L^{[r]}[k])$，以用于执行后续的信道均衡。此外，通过利用在先前初始信道估计阶段估计到的信道参数来重建初始时刻（即 $r=0$ 时）对应的波束对准后的等效信道向量的估计 $\{\widehat{\boldsymbol{h}}_l^{[0]}\}_{l=1}^L$，其中，$\widehat{\boldsymbol{h}}_l^{[0]}$ 的第 k 项元素 $\widehat{h}_l^{[0]}[k]$ 可表示为

$$\widehat{h}_l^{[0]}[k]=\widehat{\alpha}_l{\rm e}^{-{\rm j}2\pi\left(\frac{k-1}{K}-\frac{1}{2}\right)f_s\widehat{\tau}_l}\boldsymbol{w}_{{\rm RF},l}^{\rm H}\widehat{\boldsymbol{A}}_{{\rm DL},l}\boldsymbol{f}_{{\rm RF},l} \tag{6-35}$$

其中，$1\leqslant k\leqslant K$，$1\leqslant l\leqslant L$，以及 $\widehat{\boldsymbol{A}}_{{\rm DL},l}$ 是式（6−5）中利用精确的角度估计而重建的下行阵列响应矩阵。

随着时间的推移，先前所估计的信道参数将逐渐与当前的等效信道不再相匹配。因此，这里通过利用前后两个相邻 OFDM 符号的时间相关性来实时监测数据辅助信道跟踪阶段所跟踪的等效信道向量的质量，以判断是否终止上述跟踪过程。具体来说，对于第 r 个 OFDM 符号中估计到的等效信道向量 $\widehat{\boldsymbol{h}}_l^{[r]}$，当它的第 k 个信道系数 $\widehat{h}_l^{[r]}[k]$ 满足如下不等式关系时，可认定其为错误的估计，即

$$\left|\widehat{h}_l^{[r]}[k]-\widehat{h}_l^{[r-1]}[k]\right|>\frac{\varepsilon}{K}\sum\nolimits_{k=1}^{K}\left|\widehat{h}_l^{[r-1]}[k]\right| \tag{6-36}$$

其中，ε 是预设的阈值比率。于是，可将满足以上条件的错误估计所对应子载波的索引组成一个集合 $\widetilde{\mathcal{K}}_l^{[r]}$，并定义 $\widetilde{K}$ 为可容忍的错误估计数，那么，$\forall l$，$|\widetilde{\mathcal{K}}_l^{[r]}|_c>\widetilde{K}$ 成立时，则表示触发终止条件，并进入第 6.6 节中导频辅助的信道跟踪阶段。算法 6.3 中总结了以上所提出的基于 DADD 的信道跟踪算法。

6.6　导频辅助的信道跟踪阶段

根据前面的分析，包括角度、多普勒频移在内的这些信道参数是缓慢渐变的，通常不会发生剧烈的突变，因此，本节将利用第 6.4 节中估计到的信道参数当作导频辅助的信道跟踪阶段的先验信息，且与初始信道估计阶段所获取到的信道参数相比，在此阶段跟踪到的信道参数将更准确。导频辅助的信道跟踪过程类似于第 6.4 节中初始信道估计阶段，两者的区别在于本节中基站端和飞机端的方位角与俯仰角是通过构建低维等效全数字稀疏阵列的阵列响应向量来估计的，而初始

算法 6.3: 基于 DADD 的信道跟踪算法

输入： 估计到的信道参数 $\{\widehat{\theta}_l^{\mathrm{BS}},\widehat{\varphi}_l^{\mathrm{BS}},\widehat{\theta}_l^{\mathrm{AC}},\widehat{\varphi}_l^{\mathrm{AC}},\widehat{\psi}_{z,l},\widehat{\tau}_l,\widehat{\alpha}_l\}_{l=1}^{L}$，维度参数 $\{K,L,N_{\mathrm{C}},\widetilde{K}\}$，以及预设阈值 ε

输出： 估计到的等效信道向量 $\{\widehat{\boldsymbol{h}}_l^{[r]}\}_{l=1}^{L}$ 和检测到的数据序列 $\{\widehat{\boldsymbol{x}}_l^{[r]}\}_{l=1}^{L},r=1,2,3,\cdots$

1 **初始化:** $\widetilde{\mathcal{K}}_l^{[0]}=\varnothing$ 以及式（6–35）中的 $\{\widehat{\boldsymbol{h}}_l^{[0]}\}_{l=1}^{L},1\leqslant k\leqslant K,1\leqslant l\leqslant L$ ，以获得 $\{\widehat{\boldsymbol{h}}_l^{[0]}\}_{l=1}^{L}$;
2 **for** $q=1,2,3,\cdots$ **do**
3 　**for** $p=1,\cdots,N_{\mathrm{C}}$ **do**
4 　　$r=(q-1)N_{\mathrm{C}}+p$;
5 　　**if** $\left|\widetilde{\mathcal{K}}_l^{[r-1]}\right|_c\leqslant\widetilde{K},\forall l$ **then**
6 　　　将初始数据序列 $\{\boldsymbol{x}_l^{[r]}\}_{l=1}^{L}$ 经编码及调制后映射为发射信号向量 $\{\boldsymbol{s}_l^{[r]}\}_{l=1}^{L}$;
7 　　　获得式（6–31）中的基带信号向量 $\{\boldsymbol{y}^{[r]}[k]\}_{k=1}^{K}$，其第 l 项元素为式（6–32）中的 $y_l^{[r]}[k]$;
8 　　　设计数字合并矩阵 $\boldsymbol{W}_{\mathrm{BB}}^{[r]}[k]=\mathrm{diag}(\widehat{h}_1^{[r-1]}[k]\cdots\widehat{h}_L^{[r-1]}[k]),1\leqslant k\leqslant K$;
9 　　　获得式（6–33）中的 $\{\widehat{\boldsymbol{s}}^{[r]}[k]\}_{k=1}^{K}$，提取 $\{\widehat{\boldsymbol{s}}_l^{[r]}\}_{l=1}^{L}$ 并解调与解码后，得到数据序列的估计 $\{\widehat{\boldsymbol{x}}_l^{[r]}\}_{l=1}^{L}$;
10 　　　对 $\{\widehat{\boldsymbol{x}}_l^{[r]}\}_{l=1}^{L}$ 再次编码和调制来重建发射信号向量 $\{\widetilde{\boldsymbol{s}}_l^{[r]}\}_{l=1}^{L}$;
11 　　　以 $\widetilde{s}_l^{[r]}[k]$ 作为已知导频信号，并将其代入式（6–32）中，以获得当前等效信道估计 $\widehat{h}_l^{[r]}[k]=y_l^{[r]}[k]/\widetilde{s}_l^{[r]}[k],1\leqslant k\leqslant K,1\leqslant l\leqslant L$;
12 　　　获得等效信道向量估计 $\{\widehat{\boldsymbol{h}}_l^{[r]}\}_{l=1}^{L}$，并初始化 $\widetilde{\mathcal{K}}_l^{[r]}=\emptyset,1\leqslant l\leqslant L$;
13 　　　**for** $k=1,\cdots,K$ 及$l=1,\cdots,L$ **do**
14 　　　　若条件 $\left|\widehat{h}_l^{[r]}[k]-\widehat{h}_l^{[r-1]}[k]\right|>\dfrac{\varepsilon}{K}\sum_{k=1}^{K}\left|\widehat{h}_l^{[r-1]}[k]\right|$ 成立，则令 $\widetilde{\mathcal{K}}_l^{[r]}=\widetilde{\mathcal{K}}_l^{[r]}\cup k$;
15 　　　**end**
16 　　**else**
17 　　　**Return:** $\{\widehat{\boldsymbol{h}}_l^{[r]}\}_{l=1}^{L}$ 和 $\{\widehat{\boldsymbol{x}}_l^{[r]}\}_{l=1}^{L},r=1,2,3,\cdots$;
18 　　　终止当前算法并触发导频辅助的信道跟踪阶段
19 　　**end**
20 　**end**
21 **end**

信道估计阶段仅考虑了具有临界天线间距（即半波长）的等效全数字阵列。现有结论表明，利用稀疏阵列可以显著地提高角度估计的准确性，但所估计的角度会面临角度模糊难题 [175,176]。幸运的是，本章中可借助先前估计到的角度来解决该难题。这里为了简洁起见，本节将重点介绍基站端的导频辅助角度跟踪过程。

具体来说，基站端可利用 $I'_{\rm BS}$ 个 OFDM 符号来获得大小为 $I'^{\rm h}_{\rm BS}\times I'^{\rm v}_{\rm BS}$ 的等效全数字稀疏阵列，其中可利用子阵列选择方案来重新配置可重构 RF 选择网络中的天线连接模式，以获取设计好的 $I'_{\rm BS}=I'^{\rm h}_{\rm BS}I'^{\rm v}_{\rm BS}$ 个子阵列。定义 Ω 为相对于临界天线间距 d（即半波长）的稀疏间距倍数。考虑所选子阵列的大小为 $\bar{M}'^{\rm h}_{\rm BS}\times\bar{M}'^{\rm v}_{\rm BS}$ 且相应的天线总数为 $\bar{M}'_{\rm BS}=\bar{M}'^{\rm h}_{\rm BS}\bar{M}'^{\rm v}_{\rm BS}$，其中 $\bar{M}'^{\rm h}_{\rm BS}=N^{\rm h}_{\rm BS}-\Omega(I'^{\rm h}_{\rm BS}-1)$ 以及 $\bar{M}'^{\rm v}_{\rm BS}=N^{\rm v}_{\rm BS}-\Omega(I'^{\rm v}_{\rm BS}-1)$。图 6.10 描述了一个例子，即可将大小为 5×5 的 UPA 划分为 4 个大小为 3×3 的子阵列，则这些子阵列可构造出一个大小为 2×2 的低维等效全数字稀疏阵列所对应的阵列响应向量，且其稀疏间距为 $\Omega=2$。

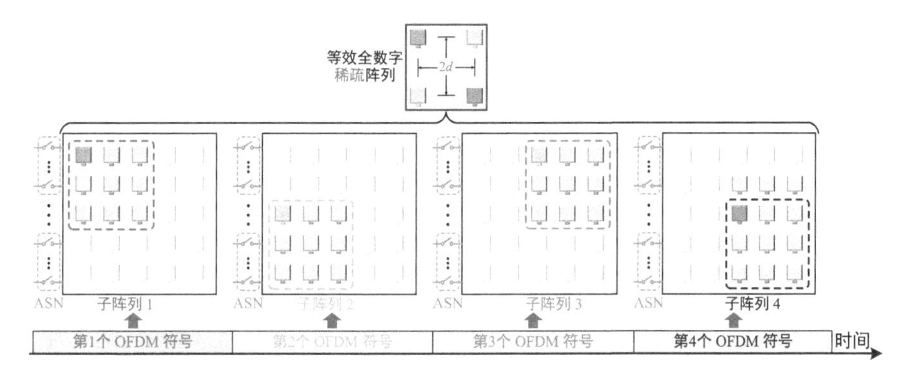

图 6.10　导频辅助的角度跟踪阶段的子阵列选择方案示意图，可通过控制可重构 RF 选择网络中 ASN 的开关状态，以形成不同的天线连接模式。以大小为 5×5 的 UPA 为例，该 UPA 可以划分为 4 个大小为 3×3 的子阵列，且每个子阵列间的间隔是两根天线的宽度。同一个 RF 链路可在 4 个连续的 OFDM 符号中依次选择设计好的子阵列来接收信号，而这些接收到的信号将等价于维度为 2×2 且天线间距为 2d（即稀疏间距为 Ω=2）的低维全数字阵列所接收到的信号

类似于第 6.4.1 小节中基站端的精确角度估计的信号处理过程，可获得式（6–17）中类似的上行接收信号矩阵 $\bar{\boldsymbol{Y}}_{{\rm UL},l}\in\mathbb{C}^{I'_{\rm BS}\times K_l}$，其中稀疏阵列对应的有效阵列响应向量可以表示为

$$\bar{\bar{\boldsymbol{a}}}_{\rm BS}(\bar{\mu}_l^{\rm BS},\bar{\nu}_l^{\rm BS})=\boldsymbol{a}_{\rm v}(\bar{\nu}_l^{\rm BS},I'^{\rm v}_{\rm BS})\otimes\boldsymbol{a}_{\rm h}(\bar{\mu}_l^{\rm BS},I'^{\rm h}_{\rm BS})\in\mathbb{C}^{I'_{\rm BS}} \tag{6–37}$$

其中，$\bar{\mu}_l^{\rm BS}=\Omega\mu_l^{\rm BS}$ 以及 $\bar{\nu}_l^{\rm BS}=\Omega\nu_l^{\rm BS}$。

如前述般利用算法 6.1 中所提先验辅助的迭代角度估计算法，可在每次迭代中分别获得 $\bar{\mu}_l^{\rm BS}$ 和 $\bar{\nu}_l^{\rm BS}$ 的估计为 $\widehat{\bar{\mu}}_l^{\rm BS}$ 和 $\widehat{\bar{\nu}}_l^{\rm BS}$，其中这里所获得的估计 $\widehat{\bar{\mu}}_l^{\rm BS}$ 和 $\widehat{\bar{\nu}}_l^{\rm BS}$ 会存在角度模糊问题。为了进一步解决该角度模糊问题，首先定义一个排序索引集合 $\mathcal{B}=\left\{-1,-1+\dfrac{1}{\Omega},-1+\dfrac{2}{\Omega},\cdots,1\right\}$，且其基数为 $|\mathcal{B}|_c=2\Omega+1$，并令 $\widetilde{\bar{\mu}}_l^{\rm BS}=\widehat{\bar{\mu}}_l^{\rm BS}/\Omega$ 以及 $\widetilde{\bar{\nu}}_l^{\rm BS}=\widehat{\bar{\nu}}_l^{\rm BS}/\Omega$。于是，可将对应于 $\widetilde{\bar{\mu}}_l^{\rm BS}$ 和 $\widetilde{\bar{\nu}}_l^{\rm BS}$ 的虚拟角

度的估计分别记为 $\widehat{\mu}_l'^{\mathrm{BS}}$ 和 $\widehat{\nu}_l'^{\mathrm{BS}}$，那么，它们将分别满足 $\widehat{\mu}_l'^{\mathrm{BS}}=\widetilde{\widetilde{\mu}}_l^{\mathrm{BS}}+b_\mu^\star\pi$ 和 $\widehat{\mu}_l'^{\mathrm{BS}}=\widetilde{\widetilde{\nu}}_l^{\mathrm{BS}}+b_\nu^\star\pi$，其中 $b_\mu^\star\in\mathcal{B}$ 和 $b_\nu^\star\in\mathcal{B}$ 表示最优角度所对应的索引。由于集合 $\mathcal{B}$ 中的元素有限，这里采用穷举法来搜索最优的索引 $b_\mu^\star$ 和 $b_\nu^\star$。将第 6.4.1 小节中估计到的虚拟角度 $\widehat{\mu}_l^{\mathrm{BS}}$ 和 $\widehat{\nu}_l^{\mathrm{BS}}$ 作为先验信息，即令 $\widetilde{\mu}_l^{\mathrm{BS}}=\widehat{\mu}_l^{\mathrm{BS}}$ 和 $\widetilde{\nu}_l^{\mathrm{BS}}=\widehat{\nu}_l^{\mathrm{BS}}$。然后，$b_\mu^\star$ 和 $b_\nu^\star$ 分别通过求解以下两个式子来搜索得到，即

$$b_\mu^\star=\arg\min_{b_\mu\in\mathcal{B}}\left|\widetilde{\widetilde{\mu}}_l^{\mathrm{BS}}+b_\mu\pi-\widetilde{\mu}_l^{\mathrm{BS}}\right| \tag{6-38}$$

$$b_\nu^\star=\arg\min_{b_\nu\in\mathcal{B}}\left|\widetilde{\widetilde{\nu}}_l^{\mathrm{BS}}+b_\nu\pi-\widetilde{\nu}_l^{\mathrm{BS}}\right| \tag{6-39}$$

根据获得的虚拟角度估计值 $\widehat{\mu}_l'^{\mathrm{BS}}$ 和 $\widehat{\nu}_l'^{\mathrm{BS}}$，可计算第 l 个（$1\leqslant l\leqslant L$）基站端更新后的方位角和俯仰角估计值，即 $\widehat{\theta}_l'^{\mathrm{BS}}$ 和 $\widehat{\varphi}_l'^{\mathrm{BS}}$。除了式（6–38）和式（6–39）中的穷举搜索外，其余步骤与第 6.4.1 小节中的相同。最后，基站端可获得方位角和俯仰角的精确估计，记为 $\{\widehat{\theta}_l^{\mathrm{BS}},\widehat{\varphi}_l^{\mathrm{BS}}\}_{l=1}^L$。以类似的处理方式，飞机端的精确方位角和俯仰角估计也可获得，为 $\{\widehat{\theta}_l^{\mathrm{AC}},\widehat{\varphi}_l^{\mathrm{AC}}\}_{l=1}^L$，其中考虑 $I_{\mathrm{AC}}'=I_{\mathrm{AC}}'^{\mathrm{h}}I_{\mathrm{AC}}'^{\mathrm{v}}$ 个 OFDM 符号来执行此步骤。再之后，利用先前估计到的多普勒频移，在导频辅助的信道跟踪阶段，更新后的多普勒频移估计 $\{\widehat{\psi}_{z,l}\}_{l=1}^L$ 将更准确，且路径时延和信道增益的估计 $\{\widehat{\tau}_l\}_{l=1}^L$ 和 $\{\widehat{\alpha}_l\}_{l=1}^L$ 也会呈现类似的情况。如图 6.3 所示，更新后的波束对准的等效信道可用于后续的数据传输阶段，且跟踪到的信道参数将又可作为下一次导频辅助的信道跟踪阶段的先验信息。

为了更直观地描述上述不同信道估计和跟踪阶段之间的联系，图 6.11 给出了所提信道估计和跟踪解决方案的流程图。简述其过程如下。首先，从航空导航

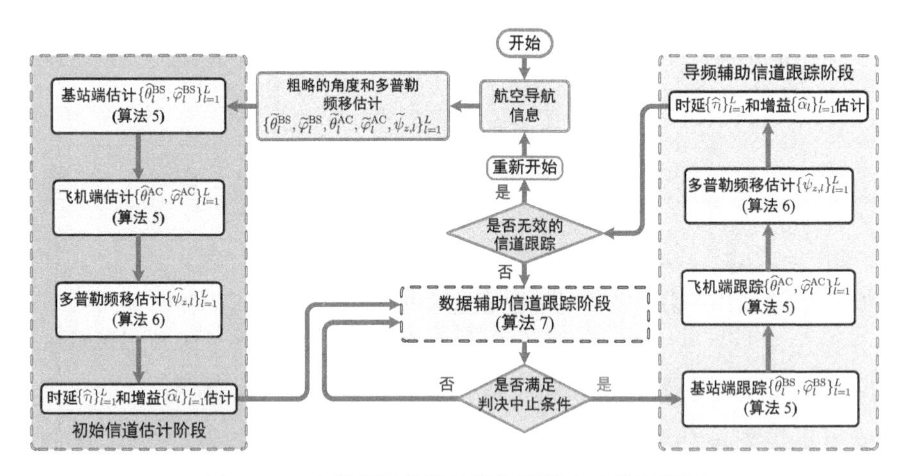

图 6.11　本章所提信道估计与跟踪方案的流程图

信息中获取到粗略的角度和多普勒估计，并将其作为初始信道估计阶段的先验信息。其次，利用算法 6.1 和算法 6.2 可分别估计到精确的方位角/俯仰角以及多普勒。之后，依次估计出路径时延和信道增益，即进入数据辅助的信道跟踪阶段，并根据算法 6.3 中的判决条件来判定是否终止该阶段。若满足条件，则触发导频辅助的信道跟踪阶段，且该阶段利用了等效稀疏阵列来提高角度估计精度，之后再依次估计多普勒、时延与增益。最后，判断此时是否为无效的信道跟踪结果（即判断基站端和用户端是否能建立稳定的太赫兹通信链路），也就是，若有效，则继续数据辅助的信道跟踪阶段，若无效，则重新获取航空导航信息，开启新一轮信道估计与跟踪过程。

6.7　性能分析

6.7.1　信道参数估计的 CRLB 分析

由于能提供任意无偏估计的方差的理论下界值，克拉美罗下界是在进行信道参数估计性能评估时的重要分析工具 [177]。根据第 6.4 节中获得的有效接收信号模型，本小节将研究主要信道参数（即基站端和飞机端的方位角/俯仰角、多普勒偏移以及路径时延）的克拉美罗下界。需要指出的是，在推导克拉美罗下界时，并没有考虑航空太赫兹 UM-MIMO 信道中实际三重时延-波束-多普勒偏移效应对信道参数估计精度所造成的影响，因此，这些克拉美罗下界能提供相应信道参数估计的下界。

6.7.1.1　基站端与飞机端角度估计的 CRLB

为了研究初始角度估计阶段及随后的角度跟踪阶段的估计性能，考虑大小为 $\bar{I}_{\rm BS}^{\rm h}\times\bar{I}_{\rm BS}^{\rm v}$ 的等效全数字稀疏阵列所对应的接收信号模型，其中稀疏间距 $\Omega\geqslant 1$。根据式（6–17）中的表达式，可将不考虑三重偏移效应时的有效接收信号模型记为 $\bar{\boldsymbol{Y}}_{{\rm UL},l}\in\mathbb{C}^{\bar{I}_{\rm BS}\times K_l}$，可以写成

$$
\begin{aligned}
\bar{\boldsymbol{Y}}_{{\rm UL},l} &= [\bar{\boldsymbol{y}}_{{\rm UL},l}[\{\mathcal{K}_l\}_1]\cdots\bar{\boldsymbol{y}}_{{\rm UL},l}[\{\mathcal{K}_l\}_{K_l}]] \\
&= \gamma_{{\rm UL},l}\bar{\bar{\boldsymbol{a}}}_{\rm BS}(\bar{\mu}_l^{\rm BS},\bar{\nu}_l^{\rm BS})\boldsymbol{s}_{{\rm UL},l}^{\rm T}+\bar{\boldsymbol{N}}_{{\rm UL},l}
\end{aligned}
\tag{6–40}
$$

其中，$1\leqslant l\leqslant L$，$\bar{I}_{\rm BS}=\bar{I}_{\rm BS}^{\rm h}\bar{I}_{\rm BS}^{\rm v}$，$\bar{\bar{\boldsymbol{a}}}_{\rm BS}(\bar{\mu}_l^{\rm BS},\bar{\nu}_l^{\rm BS})=\boldsymbol{a}_{\rm v}(\bar{\nu}_l^{\rm BS},\bar{I}_{\rm BS}^{\rm v})\otimes\boldsymbol{a}_{\rm h}(\bar{\mu}_l^{\rm BS},\bar{I}_{\rm BS}^{\rm h})\in\mathbb{C}^{\bar{I}_{\rm BS}}$ 且 $\bar{\mu}_l^{\rm BS}=\Omega\mu_l^{\rm BS}=\Omega\pi\sin(\theta_l^{\rm BS})\cos(\varphi_l^{\rm BS})$ 和 $\bar{\nu}_l^{\rm BS}=\Omega\nu_l^{\rm BS}=\Omega\pi\sin(\varphi_l^{\rm BS})$，以及 $\bar{\boldsymbol{N}}_{{\rm UL},l}$ 是噪声矩阵且其各项服从分布 $\mathcal{CN}(0,\sigma_n^2)$。式（6–40）中 $\bar{\boldsymbol{Y}}_{{\rm UL},l}$ 的似然函数为 $p(\bar{\boldsymbol{Y}}_{{\rm UL},l};\boldsymbol{\eta}_l)$，且通过定义 $\boldsymbol{\eta}_l=[\alpha_l,(\boldsymbol{\xi}_l^{\rm BS})^{\rm T}]^{\rm T}$ 且 $\boldsymbol{\xi}_l^{\rm BS}=[\bar{\nu}_l^{\rm BS},\bar{\mu}_l^{\rm BS}]^{\rm T}$，则相应的对数似然函数可表示为

$$\ln p(\bar{\boldsymbol{Y}}_{\mathrm{UL},l};\boldsymbol{\eta}_l) = -\bar{I}_{\mathrm{BS}}K_l\ln(\pi\sigma_n^2) - \frac{1}{\sigma_n^2}\sum_{k_l=1}^{K_l}\Big(\big[\bar{\boldsymbol{y}}_{\mathrm{UL},l}[\{\mathcal{K}_l\}_{k_l}] - \gamma_{\mathrm{UL},l}\bar{\bar{\boldsymbol{a}}}_{\mathrm{BS}}(\bar{\mu}_l^{\mathrm{BS}},\bar{\nu}_l^{\mathrm{BS}})s_{\mathrm{UL},l}[\{\mathcal{K}_l\}_{k_l}]\big]^{\mathrm{H}}\times \big[\bar{\boldsymbol{y}}_{\mathrm{UL},l}[\{\mathcal{K}_l\}_{k_l}] - \gamma_{\mathrm{UL},l}\bar{\bar{\boldsymbol{a}}}_{\mathrm{BS}}(\bar{\mu}_l^{\mathrm{BS}},\bar{\nu}_l^{\mathrm{BS}})s_{\mathrm{UL},l}[\{\mathcal{K}_l\}_{k_l}]\big]\Big) \tag{6-41}$$

那么，可进一步定义 Fisher 信息矩阵（Fisher Information Matrix, FIM）为 $\boldsymbol{G}(\boldsymbol{\eta}_l)$，且其第 (i,j) 项可由下式给出

$$\{\boldsymbol{G}(\boldsymbol{\eta}_l)\}_{i,j} = -\mathbb{E}\left(\frac{\partial^2\ln p(\bar{\boldsymbol{Y}}_{\mathrm{UL},l};\boldsymbol{\eta}_l)}{\partial\{\boldsymbol{\eta}_l\}_i\partial\{\boldsymbol{\eta}_l\}_j}\right) \tag{6-42}$$

于是，由虚拟角度 $\bar{\mu}_l^{\mathrm{BS}}$ 和 $\bar{\nu}_l^{\mathrm{BS}}$ 所组成的 $\boldsymbol{\xi}_l^{\mathrm{BS}}$ 的 CRLB 可表示为 [111,178]

$$\begin{aligned}\mathrm{CRLB}_{\boldsymbol{\xi}_l^{\mathrm{BS}}} &= \boldsymbol{G}^{-1}(\boldsymbol{\eta}_l)\\ &= \frac{\sigma_n^2}{2\left|\gamma_{\mathrm{UL},l}\right|^2}\left\{\sum_{k_l=1}^{K_l}\Re\left\{\boldsymbol{B}_{\mathrm{BS},k_l}^{\mathrm{H}}\boldsymbol{\varGamma}_{\mathrm{BS}}^{\mathrm{H}}\left(\boldsymbol{I}_{\bar{I}_{\mathrm{BS}}} - \boldsymbol{\varPhi}_{\mathrm{BS}}\right)\boldsymbol{\varGamma}_{\mathrm{BS}}\boldsymbol{B}_{\mathrm{BS},k_l}\right\}\right\}^{-1}\end{aligned} \tag{6-43}$$

其中，$\boldsymbol{B}_{\mathrm{BS},k_l} = \boldsymbol{I}_2\otimes s_{\mathrm{UL},l}[\{\mathcal{K}_l\}_{k_l}]$，$\boldsymbol{\varGamma}_{\mathrm{BS}} = \left[\boldsymbol{a}_{\mathrm{v}}(\bar{\nu}_l^{\mathrm{BS}},\bar{I}_{\mathrm{BS}}^{\mathrm{v}})\otimes\frac{\partial\boldsymbol{a}_{\mathrm{h}}(\bar{\mu}_l^{\mathrm{BS}},\bar{I}_{\mathrm{BS}}^{\mathrm{h}})}{\partial\bar{\mu}_l^{\mathrm{BS}}}, \frac{\partial\boldsymbol{a}_{\mathrm{v}}(\bar{\nu}_l^{\mathrm{BS}},\bar{I}_{\mathrm{BS}}^{\mathrm{v}})}{\partial\bar{\nu}_l^{\mathrm{BS}}}\otimes \boldsymbol{a}_{\mathrm{h}}(\bar{\mu}_l^{\mathrm{BS}},\bar{I}_{\mathrm{BS}}^{\mathrm{h}})\right]$，以及投影算子 $\boldsymbol{\varPhi}_{\mathrm{BS}} = \bar{\bar{\boldsymbol{a}}}_{\mathrm{BS}}(\bar{\mu}_l^{\mathrm{BS}},\bar{\nu}_l^{\mathrm{BS}})\left(\bar{\bar{\boldsymbol{a}}}_{\mathrm{BS}}^{\mathrm{H}}(\bar{\mu}_l^{\mathrm{BS}},\bar{\nu}_l^{\mathrm{BS}})\bar{\bar{\boldsymbol{a}}}_{\mathrm{BS}}(\bar{\mu}_l^{\mathrm{BS}},\bar{\nu}_l^{\mathrm{BS}})\right)^{-1}\times \bar{\bar{\boldsymbol{a}}}_{\mathrm{BS}}^{\mathrm{H}}(\bar{\mu}_l^{\mathrm{BS}},\bar{\nu}_l^{\mathrm{BS}})$。

为了进一步获得方位角和俯仰角对应的 CRLB，可以先定义虚拟角度与实际的物理角度之间的变换关系为

$$\boldsymbol{J}(\boldsymbol{\xi}_l^{\mathrm{BS}}) = \begin{bmatrix}\varphi_l^{\mathrm{BS}}\\ \theta_l^{\mathrm{BS}}\end{bmatrix} = \begin{bmatrix}\arcsin\left(\dfrac{\bar{\nu}_l^{\mathrm{BS}}}{\varOmega\pi}\right)\\ \arcsin\left(\dfrac{\bar{\mu}_l^{\mathrm{BS}}}{\varOmega\pi\cos(\varphi_l^{\mathrm{BS}})}\right)\end{bmatrix} \tag{6-44}$$

根据文献 [177] 中矢量参数变换的 CRLB，可再定义 $\partial\boldsymbol{J}(\boldsymbol{\xi}_l^{\mathrm{BS}})/\partial\boldsymbol{\xi}_l^{\mathrm{BS}}$ 为雅可比矩阵，那么，方位角 θ_l^{BS} 和俯仰角 φ_l^{BS} 的 CRLB 记为 $\mathrm{CRLB}_{\theta_l^{\mathrm{BS}}}(\varOmega)$ 和 $\mathrm{CRLB}_{\varphi_l^{\mathrm{BS}}}(\varOmega)$，可分别表示为

$$\mathrm{CRLB}_{\varphi_l^{\mathrm{BS}}}(\Omega)=\left[\frac{\partial \boldsymbol{J}(\boldsymbol{\xi}_l^{\mathrm{BS}})}{\partial \boldsymbol{\xi}_l^{\mathrm{BS}}}\mathrm{CRLB}_{\boldsymbol{\xi}_l^{\mathrm{BS}}}\frac{\partial \boldsymbol{J}(\boldsymbol{\xi}_l^{\mathrm{BS}})^{\mathrm{T}}}{\partial \boldsymbol{\xi}_l^{\mathrm{BS}}}\right]_{1,1}=\frac{\left[\mathrm{CRLB}_{\boldsymbol{\xi}_l^{\mathrm{BS}}}\right]_{1,1}}{\Omega^2\left(\pi^2-(\nu_l^{\mathrm{BS}})^2\right)} \quad (6\text{–}45)$$

$$\mathrm{CRLB}_{\theta_l^{\mathrm{BS}}}(\Omega)=\left[\frac{\partial \boldsymbol{J}(\boldsymbol{\xi}_l^{\mathrm{BS}})}{\partial \boldsymbol{\xi}_l^{\mathrm{BS}}}\mathrm{CRLB}_{\boldsymbol{\xi}_l^{\mathrm{BS}}}\frac{\partial \boldsymbol{J}(\boldsymbol{\xi}_l^{\mathrm{BS}})^{\mathrm{T}}}{\partial \boldsymbol{\xi}_l^{\mathrm{BS}}}\right]_{2,2}=\frac{\left[\mathrm{CRLB}_{\boldsymbol{\xi}_l^{\mathrm{BS}}}\right]_{2,2}}{\Omega^2\left(\pi^2\cos^2(\varphi_l^{\mathrm{BS}})-(\mu_l^{\mathrm{BS}})^2\right)} \quad (6\text{–}46)$$

最后，考虑 L 个基站端的方位角和俯仰角，其 CRLB 可分别获得为 $\mathrm{CRLB}_{\theta^{\mathrm{BS}}}(\Omega)=\frac{1}{L}\sum_{l=1}^{L}\mathrm{CRLB}_{\theta_l^{\mathrm{BS}}}(\Omega)$ 和 $\mathrm{CRLB}_{\varphi^{\mathrm{BS}}}(\Omega)=\frac{1}{L}\sum_{l=1}^{L}\mathrm{CRLB}_{\varphi_l^{\mathrm{BS}}}(\Omega)$。此外，通过类似的处理方式，飞机端方位角和俯仰角的 CRLB 也可分别获得为 $\mathrm{CRLB}_{\theta^{\mathrm{AC}}}(\Omega)$ 和 $\mathrm{CRLB}_{\varphi^{\mathrm{AC}}}(\Omega)$。为简洁起见，其具体推导过程不再赘述。

注 2: 根据式（6–43），如果收发端的系统参数配置除了稀疏间距 Ω 不同之外都相同，那么 $\boldsymbol{\xi}_l^{\mathrm{BS}}$ 的 CRLB，即 $\mathrm{CRLB}_{\boldsymbol{\xi}_l^{\mathrm{BS}}}$，是一个常数。因此，可从式（6–45）和式（6–46）中进一步观察到，$\mathrm{CRLB}_{\theta_l^{\mathrm{BS}}}(1)$ 和 $\mathrm{CRLB}_{\varphi_l^{\mathrm{BS}}}(1)$（即稀疏间距 $\Omega=1$ 时）的大小将是 $\mathrm{CRLB}_{\theta_l^{\mathrm{BS}}}(\Omega)$ 和 $\mathrm{CRLB}_{\varphi_l^{\mathrm{BS}}}(\Omega)$（即 $\Omega>1$ 时）值的 Ω^2 倍。换句话说，与采用临界（即半波长）天线间距的阵列相比，采用稀疏间距 $\Omega>1$ 时的稀疏阵列所对应的 CRLB 可以实现约 $20\lg\Omega$ dB 的均方误差（Mean Square Error, MSE）性能增益，这就在理论上证明了使用稀疏阵列可显著提高角度估计的准确性这一结论。

6.7.1.2 多普勒频移与路径时延估计的 CRLB

类似于角度估计的 CRLB 推导，根据式（6–25）和式（6–29）中的接收信号模型，虚拟多普勒 ν_l^{ψ} 和虚拟时延 μ_l^{τ} 的 CRLB 可分别直接表示为

$$\mathrm{CRLB}_{\nu_l^{\psi}}=\frac{\sigma_n^2}{2\left|\gamma_{\mathrm{do},l}\right|^2}\times \left\{\sum_{k_l=1}^{K_l}\Re\left\{\left|\bar{s}_{\mathrm{do},l}[\{\mathcal{K}_l\}_{k_l}]\right|^2\left(\frac{\partial \boldsymbol{a}_{\psi}(\nu_l^{\psi},N_{\mathrm{do}})}{\partial \nu_l^{\psi}}\right)^{\mathrm{H}}(\boldsymbol{I}_{N_{\mathrm{do}}}-\boldsymbol{\Phi}_{\mathrm{Do}})\frac{\partial \boldsymbol{a}_{\psi}(\nu_l^{\psi},N_{\mathrm{do}})}{\partial \nu_l^{\psi}}\right\}\right\}^{-1} \quad (6\text{–}47)$$

$$\mathrm{CRLB}_{\mu_l^{\tau}}=\frac{\sigma_n^2}{2\left|\gamma_{\mathrm{de},l}\right|^2}\left\{\sum_{n=1}^{N_{\mathrm{de}}}\Re\left\{\left|\bar{s}_{\mathrm{de},l}^{[n]}\right|^2\left(\frac{\partial \boldsymbol{a}_{\tau}(\mu_l^{\tau},K_l)}{\partial \mu_l^{\tau}}\right)^{\mathrm{H}}(\boldsymbol{I}_{N_{\mathrm{de}}}-\boldsymbol{\Phi}_{\mathrm{De}})\frac{\partial \boldsymbol{a}_{\tau}(\mu_l^{\tau},K_l)}{\partial \mu_l^{\tau}}\right\}\right\}^{-1} \quad (6\text{–}48)$$

其中，投影算子 $\boldsymbol{\Phi}_{\mathrm{Do}}$ 和 $\boldsymbol{\Phi}_{\mathrm{De}}$ 有着与式(6-43)中的 $\boldsymbol{\Phi}_{\mathrm{BS}}$ 类似的形式。再次根据矢量参数变换的 CRLB[177]，多普勒频移 $\psi_{z,l}$ 和归一化时延 $\bar{\tau}_l=f_s\tau_l$ 的 CRLB 可分别表示为 $\mathrm{CRLB}_{\psi_{z,l}}=\dfrac{\mathrm{CRLB}_{\nu_l^{\psi}}}{(2\pi T_{\mathrm{sym}})^2}$ 和 $\mathrm{CRLB}_{\bar{\tau}_l}=\dfrac{K^2\mathrm{CRLB}_{\mu_l^{\tau}}}{(2\pi)^2}$。最后，考虑 L 个基站时，多普勒频移和归一化时延所对应的 CRLB 分别为 $\mathrm{CRLB}_{\psi_z}=\dfrac{1}{L}\sum_{l=1}^{L}\mathrm{CRLB}_{\psi_{z,l}}$ 和 $\mathrm{CRLB}_{\bar{\tau}}=\dfrac{1}{L}\sum_{l=1}^{L}\mathrm{CRLB}_{\bar{\tau}_l}$。

6.7.2 计算复杂度分析

本章所提信道估计和跟踪方案的计算复杂度主要由两部分组成。第一部分是估计和跟踪信道参数，包括应用二维酉 ESPRIT 算法和 TLS-ESPRIT 算法来估计基站端和飞机端的方位角/俯仰角、多普勒频移以及路径时延。由于可以忽略大多数计算复杂度较小的琐碎计算过程，因此，这里仅关注涉及大量复数乘法运算的主要计算步骤。具体来说，对于基站端和飞机端的角度估计和跟踪阶段，它们的总计算复杂度为 $O(2LI_{\mathrm{BS}}K_l+2LI_{\mathrm{AC}}K_l+2LI'_{\mathrm{BS}}K_l+2LI'_{\mathrm{AC}}K_l)$。多普勒频移和路径时延估计的计算复杂度为 $O(8LN_{\mathrm{Do}}^2K_l+8LK_l^2N_{\mathrm{De}})$。第二部分是数据辅助的信道跟踪，其计算复杂度包括初始波束对准后等效信道向量的重建以及后续等效信道向量的跟踪，分别为 $O(L(N_{\mathrm{AC}}+N_{\mathrm{BS}}+3K))$ 和 $O(LK)$。

由上述分析可以看出，尽管基站端和飞机端均配备了天线阵元数可达数万个的太赫兹 UM-MIMO 阵列，但由于所提信道估计与跟踪解决方案只在接收机进行子载波数级别的低维有效信号处理，以估计和跟踪航空太赫兹 UM-MIMO 信道，故所提方案的计算复杂度是在多项式时间内的。

6.8 仿真数值评估

6.8.1 仿真参数设置

本节评估了所提基于太赫兹 UM-MIMO 的航空通信的信道估计和跟踪方案的性能，其中考虑的仿真场景如图 6.12 所示。为不失一般性，图 6.12(a) 中考虑 $L=2$ 个空基基站及一架飞机的参考高度分别为 20 km 和 $D_{\mathrm{AC}}=10$ km（位于对流层顶部或平流层底部），那么，基站与飞机间的垂直距离为 $D_{\mathrm{AB}}=10$ km，且两个基站间考虑距离为 $D_{\mathrm{BS}}=200$ km。将图 6.12(a) 中的真实通信场景进一步抽象为图 6.12(b) 中的空间坐标系，其中点 O 为坐标原点，且 A、B 以及 C 三点的空间坐标位置分别为 $(0,0,D_{\mathrm{AB}})$、$(0,D_{\mathrm{BS}},D_{\mathrm{AB}})$ 以及 $(D_{\mathrm{BS}}/2,D_{\mathrm{BS}}/2,0)$。飞机的位置坐标随机分布在以点 C 为圆心，$R_{\mathrm{a}}=50$ km 为半径的圆内，且飞机以

$v_{\mathrm{AC}}=200$ m/s 的速度水平飞行，其方向落在交叉角 $\angle OCD$ 内。此外，为了简化仿真场景，这里可认为空基基站和飞机的高度变化反映在角度随时间的变化上。

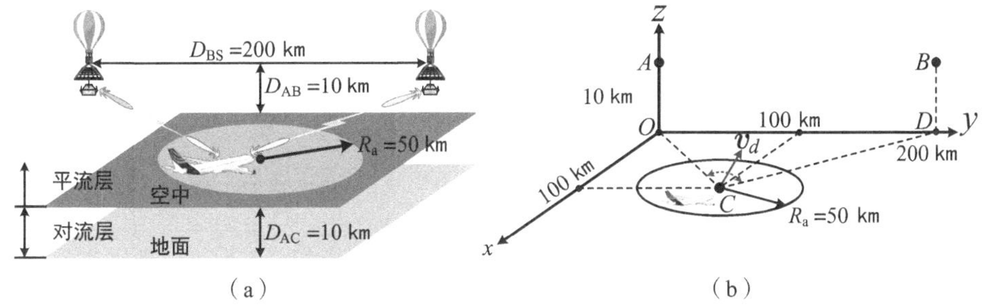

图 6.12　基于太赫兹 UM-MIMO 的航空通信系统的仿真场景

(a) 示意图；(b) 相对应的空间坐标表示

在仿真中，考虑中心载频为 $f_z=0.1$ THz，系统带宽 $f_s=1$ GHz，基站端和飞机端所有子阵列的水平/垂直天线数为 $N_{\mathrm{BS}}^{\mathrm{h}}=N_{\mathrm{BS}}^{\mathrm{v}}=M_{\mathrm{AC}}^{\mathrm{h}}=M_{\mathrm{AC}}^{\mathrm{v}}=200$，飞机端子阵列在水平和垂直方向的数量分别为 $\widetilde{I}_{\mathrm{AC}}^{\mathrm{h}}=1$ 和 $\widetilde{I}_{\mathrm{AC}}^{\mathrm{v}}=2$，以及所选择的等效全数字（稀疏）阵列的维度为 $I_{\mathrm{BS}}^{\mathrm{h}}=I_{\mathrm{BS}}^{\mathrm{v}}=I_{\mathrm{AC}}^{\mathrm{h}}=I_{\mathrm{AC}}^{\mathrm{v}}=5$（$I_{\mathrm{BS}}^{\prime\mathrm{h}}=I_{\mathrm{BS}}^{\prime\mathrm{v}}=I_{\mathrm{AC}}^{\prime\mathrm{h}}=I_{\mathrm{AC}}^{\prime\mathrm{v}}=5$）。此外，用于估计和跟踪多普勒频移和路径时延的 OFDM 符号数分别为 $N_{\mathrm{do}}=6$ 和 $N_{\mathrm{de}}=10$。子载波数设置为 $K=2\ 048$，且循环前缀（Cyclic Prefix, CP）的长度为 $N_{\mathrm{cp}}=128$。信道模型的参数选择考虑如下。基站端和飞机端的方位角和俯仰角 $\{\theta_l^{\mathrm{BS}},\varphi_l^{\mathrm{BS}},\theta_l^{\mathrm{AC}},\varphi_l^{\mathrm{AC}}\}_{l=1}^{L}$ 随机从 $[-\pi/3,\pi/3]$ 生成的。需要指出的是，由于相邻基站之间的距离较远，对应于不同基站的 $\{\theta_l^{\mathrm{AC}},\varphi_l^{\mathrm{AC}}\}_{l=1}^{L}$ 间会有较大的角度差别，且这些角度可以根据图 6.12(b) 中飞机的位置来具体设置。多普勒频移 $\{\psi_{z,l}\}_{l=1}^{L}$ 可以根据速度 $\boldsymbol{v}_d$ 以及基站和飞机的空间坐标间的关系来计算得到。路径时延 τ_l 服从均匀分布 $\mathcal{U}(0,N_{\mathrm{cp}}T_s)$，且第 l 个（$1\leqslant l\leqslant L$）信道增益 α_l 根据分布 $\mathcal{CN}(0,1)$ 随机生成（即 $\sigma_\alpha^2=1$）。考虑到实际航空通信系统中定位误差以及基站端和飞机端的阵列所装载平台的晃动等因素的影响，方位角/俯仰角的粗略估计 $\{\widetilde{\theta}_l^{\mathrm{BS}},\widetilde{\varphi}_l^{\mathrm{BS}},\widetilde{\theta}_l^{\mathrm{AC}},\widetilde{\varphi}_l^{\mathrm{AC}}\}_{l=1}^{L}$ 可从相对应的真实角度偏移 $\pm5^\circ$ 的范围内随机选择，而粗略的多普勒频移估计 $\{\widetilde{\psi}_{z,l}\}_{l=1}^{L}$ 可以从真实的 $\{\psi_{z,l}\}_{l=1}^{L}$ 中存在 $\pm0.01\psi_{z,l}$ 偏移量的范围中随机选择。此外，为了描述快时变衰落信道，这里可将以上这些信道参数在第 q 个和第 $(q+1)$ 个时间间隔之间的关系定义为 $x^{[q+1]}=x^{[q]}+s_{\mathrm{pm}}\rho_x N_{\mathrm{C}}T_{\mathrm{sym}}$，其中 x 可代表信道参数 α_l、τ_l、$\psi_{z,l}$、θ_l^{AC}、φ_l^{AC}、θ_l^{BS} 或者 φ_l^{BS}，且 ρ_x 是与变量 x 相关的变化率，s_{pm} 为从 1 或 -1 中随机选择的二进制变量，$N_{\mathrm{C}}=70$，$T_{\mathrm{sym}}=(N_{\mathrm{cp}}+K)T_s=2.176$ μs，以及一个时间间隔的持续时间为 $T_{\mathrm{TI}}=N_{\mathrm{C}}T_{\mathrm{sym}}=152.32$ μs。对每个项参数，ρ_x 可分别考虑为 $\rho_{\alpha_l}=\alpha_l^{(1)}/2$，$\rho_{\tau_l}=\tau_l^{(1)}/2$，$\rho_{\psi_{z,l}}=0.01\psi_{z,l}^{(1)}$，$\rho_\theta^{\mathrm{AC}}=\rho_\varphi^{\mathrm{AC}}=\pi/4$ 以及 $\rho_\theta^{\mathrm{BS}}=\rho_\varphi^{\mathrm{BS}}=\pi/12$。根据设定好的参数进行大致计算，一个时间间隔内角度变化的最大值可以近似为

$\frac{\pi}{4}\times T_{\rm TI}\approx 0.006\,9^{\circ}$，由于该值非常小，故第 6.5 节中关于时间间隔的假设是合理的。对于数据辅助的信道跟踪，可设定 $\varepsilon=0.2$ 以及 $\widetilde{K}=K/2$。由于等效信道增益 $\bar{\alpha}_l=\sqrt{P_lG_l}\alpha_l$ 中发射功率 P_l 和大尺度衰落增益 G_l 间的关系是互补的，因此，为不失一般性，假设经过发射功率补偿后，有 $P_lG_l=1$，那么，为了便于仿真评估，这里定义 $\sigma_\alpha^2/\sigma_n^2$ 为所有仿真中上/下行链路的发射信噪比且 σ_n^2 为噪声方差。

6.8.2 仿真结果

为了评估收发端估计到的信道参数的准确性，首先考虑初始信道估计的均方根误差（Root Mean Square Error, RMSE）准则，定义为 $\text{RMSE}_{\boldsymbol{x}}=\sqrt{\mathbb{E}\left(\frac{1}{L}\|\boldsymbol{x}-\widehat{\boldsymbol{x}}\|_2^2\right)}$，其中，$\boldsymbol{x}\in\mathbb{R}^L$ 和 $\widehat{\boldsymbol{x}}$ 分别表示真实的和估计的信道参数向量，且 $\{\boldsymbol{x}\}_l$ 可能为 $\theta_l^{\rm BS}$、$\varphi_l^{\rm BS}$、$\theta_l^{\rm AC}$、$\varphi_l^{\rm AC}$、$\psi_{z,l}$ 或者 τ_l。对于基站端和飞机端的角度估计，现有的信道估计和跟踪方案 [91–96,161] 均不适用于基于太赫兹 UM-MIMO 且呈现出快时变衰落特性的航空通信信道。因此，考虑将 IEEE 标准 802.11ad[37] 中的波束扫面方案（考虑三重时延-波束-多普勒偏移效应）作为仿真中的基准之一，其中，扫描范围为在基站端和飞机端所获得的相应粗略角度估计附近 $\pm 5^{\circ}$。

图 6.13 比较了在初始信道估计阶段基站端精确角度估计时的 RMSE 性能，其中研究了不同的处理方法。具体来说，图 6.13 中，标记有“无 TTDU 模块”和“理想 TTDU 模块”标签的曲线分别表示收发机不使用 TTDU 模块和使用理想 TTDU 模块，标记有“传统方案”标签的曲线表示在现有毫米波系统 [141] 中直接应用二维酉 ESPRIT 算法来估计角度的传统方案，而 $i_{\rm BS}^{\max}=1$ 和 $i_{\rm BS}^{\max}=2$ 表示所提算法 6.1（即先验辅助的迭代角度估计算法）中的最大迭代次数。从图 6.13 中可看出，所提算法 6.1 在 $i_{\rm BS}^{\max}=2$ 时与考虑理想 TTDU 模块的传统方案的 RMSE 性能几乎重叠，且在高信噪比下，它们非常接近方位角和俯仰角的 CRLB，因此，所提算法 6.1 仅需进行 $i_{\rm BS}^{\max}=2$ 次迭代即可达到因使用理想 TTDU 模块而没有时延-波束偏移效应的性能上限。如果传统方案没有使用 TTDU 模块来很好地处理时延-波束偏移效应，那么，其角度估计性能将在中高信噪比时存在明显的 RMSE 平台效应。此外，由于在快时变信道中的训练开销有限，这使得波束扫描方法在使用相同时频资源条件下的角度估计性能非常差。对于所提算法 6.1 在进行 $i_{\rm BS}^{\max}=1$ 次迭代时，会因最初获得的粗略角度估计不准确且仅利用了收发机的 GTTDU 模块进行补偿而在高信噪比时仍然存在 RMSE 平台效应。相比之下，所提算法 6.1 在进行 $i_{\rm BS}^{\max}=2$ 次迭代后，通过设计式（6–19）中的角度补偿矩阵 $\widetilde{\boldsymbol{Y}}_{{\rm UL},l}^{(1)}$ 来精确补偿式（6–17）中的接收信号矩阵 $\boldsymbol{Y}_{{\rm UL},l}$，以便进一步消除波束偏移误差的影响以及所导致的 RMSE 平台效应。

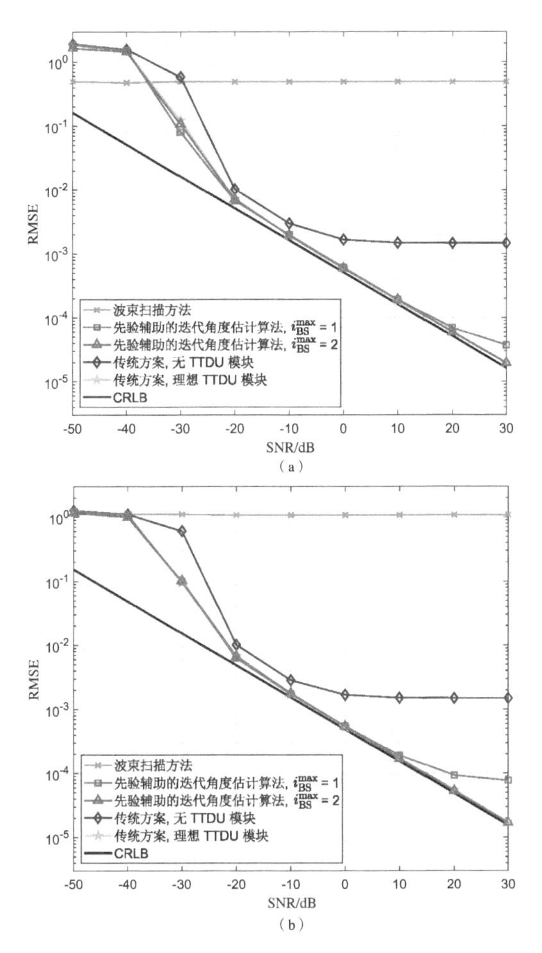

图 6.13　初始角度估计阶段，基站端角度 $\{\theta^{\mathrm{BS}},\varphi^{\mathrm{BS}}\}$ 的 RMSE 性能对比

(a) 方位角 θ^{BS}；(b) 俯仰角 φ^{BS}

图 6.14 比较了在初始信道估计阶段飞机端精确角度估计时的 RMSE 性能，这里 $\{\theta_l^{\mathrm{AC}},\varphi_l^{\mathrm{AC}}\}_{l=1}^{L}$ 的估计精度依赖于图 6.13 中 $\{\theta_l^{\mathrm{BS}},\varphi_l^{\mathrm{BS}}\}_{l=1}^{L}$ 的估计性能。为了分析基站端估计到的 $\{\theta_l^{\mathrm{BS}},\varphi_l^{\mathrm{BS}}\}_{l=1}^{L}$ 对飞机端估计 $\{\theta_l^{\mathrm{AC}},\varphi_l^{\mathrm{AC}}\}_{l=1}^{L}$ 时的影响大小，这里考虑了“方法 1”和“方法 2”两种情形，其中，“方法 1”采用的是基站端固定 SNR$=-20$ dB 时所估计到的 $\{\theta_l^{\mathrm{BS}},\varphi_l^{\mathrm{BS}}\}_{l=1}^{L}$，而“方法 2”针对基站端和飞机端均使用相同的信噪比来完成各自的角度估计①。从图 6.14 中除了可观察到与图 6.13 中类似的结论外，还可发现信噪比大于 -20 dB 时，“方法 2”将获得比“方法 1”更准确的角度估计性能。通过对比“方法 1”和“方法 2”中的

① 值得注意的是，由于基站端在低信噪比下估计到的角度甚至要差于先验的粗略角度估计，因此，为了确保“方法 2”在低信噪比下 CRLB 的合理性，当 SNR$\leqslant -20$ dB 时，考虑使用粗略的角度估计 $\{\widetilde{\theta}_l^{\mathrm{BS}},\widetilde{\varphi}_l^{\mathrm{BS}}\}_{l=1}^{L}$ 而不是估计到的 $\{\widehat{\theta}_l^{\mathrm{BS}},\widehat{\varphi}_l^{\mathrm{BS}}\}_{l=1}^{L}$ 来完成基站端的波束对准。

进行 $i_{\mathrm{AC}}^{\max}=2$ 次迭代的所提算法 6.1，采用理想 TTDU 模块的传统方法，以及 CRLB 三种曲线可发现，“方法 2”的 RMSE 性能在 SNR$\geqslant -10$ dB 后将超过“方法 1”，达到 12 dB。能获得这么大性能增益的原因是“方法 2”情形利用了基站端在高信噪比时所估计到的更准确的角度，以使其能获得比“方法 1”更大的波束对准增益。

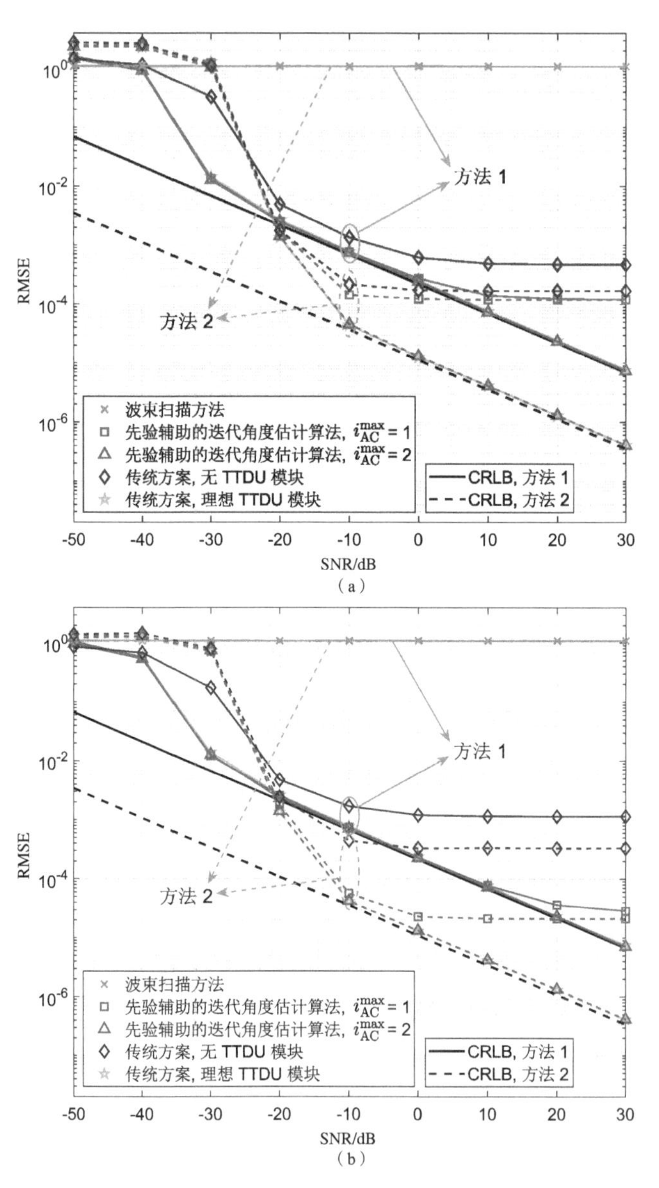

图 6.14　初始角度估计阶段，飞机端角度 $\{\theta^{\mathrm{AC}}, \varphi^{\mathrm{AC}}\}$ 的 RMSE 性能对比

(a) 方位角 θ^{AC}；(b) 俯仰角 φ^{AC}

图 6.15 比较了初始信道参数估计阶段精确多普勒频移估计时的 RMSE 性能，这里基站端和飞机端均考虑固定 SNR＝−20 dB 时所估计到的角度来完成波束对准。图 6.15 中标记有“无多普勒偏移”的曲线表示考虑的是没有多普勒偏移效应的信道模型，而标记为传统方案且 $i_{\text{do}}^{\max}=0$ 的曲线表示直接将 TLS-ESPRIT 算法应用于式（6−25）中的 $\boldsymbol{Y}_{\text{do},l}$，以获得所提算法 6.2（即先验辅助的迭代多普勒频移估计算法）中 $\widehat{\psi}_{z,l}^{(0)}$ 的估计。从图 6.15 中可观察到，收发端所采用的太赫兹 UM-MIMO 阵列可以提供巨大的波束对准增益，并显著地提高多普勒频移估计时的接收信噪比，使得其 RMSE 曲线在非常低的信噪比（甚至 SNR＝−100 dB）情况下也能有接近 CRLB 的估计性能。此外，所提算法 6.2 在 $i_{\text{do}}^{\max}=0$ 和 $i_{\text{do}}^{\max}=1$ 情形中，其 RMSE 在高信噪比时会存在 RMSE 平台，而所提算法 6.2 在进行 $i_{\text{do}}^{\max}=2$ 次迭代后，利用了精心设计的多普勒补偿矩阵处理，可极大地消除多普勒偏移效应的影响，当 SNR＞−80 dB 后，其 RMSE 可达到与传统方案且“无多普勒偏移”影响情形几乎相同的估计性能。

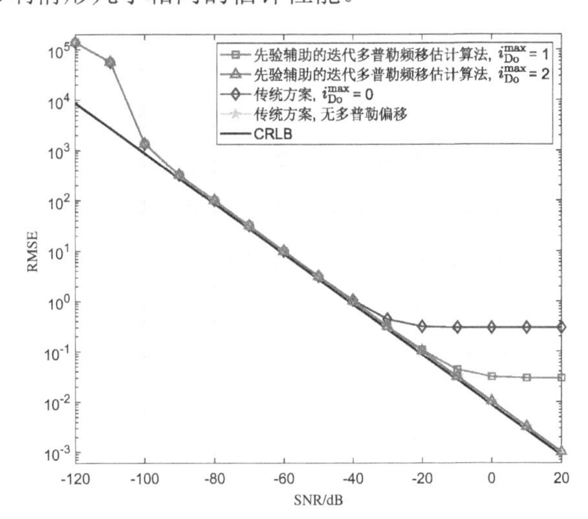

图 6.15　初始信道参数估计阶段，多普勒频移 ψ_z 的 RMSE 性能对比

图 6.16 比较了初始信道估计阶段提出的路径时延估计方案的 RMSE 性能，其中考虑了估计角度和多普勒频移时信噪比分别固定在 SNR＝−20 dB 和 SNR＝20 dB 两种情形，且标记有“三重偏移”和“无三重偏移”分别表示信道模型中考虑和不考虑实际三重偏移效应的影响。从图 6.16 中可明显看出，“三重偏移”在 SNR＝20 dB 时，因能获得更高精度的角度和多普勒估计，并以此来减弱三重偏移效应的影响，故能估计到比 SNR＝−20 dB 情形中更准确的路径时延。此外，由于先前所估计到的诸如 $\{\widehat{\theta}_l^{\text{BS}}, \widehat{\varphi}_l^{\text{BS}}, \widehat{\theta}_l^{\text{AC}}, \widehat{\varphi}_l^{\text{AC}}\}_{l=1}^L$ 以及 $\{\widehat{\psi}_{z,l}\}_{l=1}^L$ 等信道参数存在误差，故会对 $\{\bar{\tau}_l\}_{l=1}^L$ 的估计造成影响，从而导致归一化时延 $\bar{\tau}$ 的

RMSE 性能在高信噪比下出现平台。

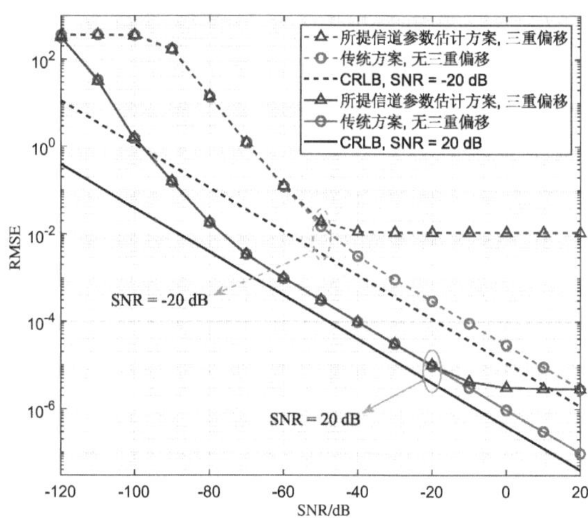

图 6.16　初始信道参数估计阶段，归一化时延 τ 的 RMSE 性能对比

根据以上估计到的信道参数，对于整个初始信道估计阶段，可用归一化均方误差（Normalized Mean Square Error, NMSE）来度量，其表达式为 [141]

$$\mathrm{NMSE}_{\boldsymbol{H}_{\mathrm{DL}}^{[2]}}=\mathbb{E}\left(\frac{1}{L}\sum\nolimits_{l=1}^{L}\left(\sum\nolimits_{k=1}^{K}\left\|\boldsymbol{H}_{\mathrm{DL},l}^{[2]}[k]-\widehat{\boldsymbol{H}}_{\mathrm{DL},l}^{[2]}[k]\right\|_F^2\Big/\sum\nolimits_{k=1}^{K}\left\|\boldsymbol{H}_{\mathrm{DL},l}^{[2]}[k]\right\|_F^2\right)\right) \tag{6–49}$$

其中，$\boldsymbol{H}_{\mathrm{DL},l}^{[2]}[k]$ 和 $\widehat{\boldsymbol{H}}_{\mathrm{DL},l}^{[2]}[k]$ 分别表示式（6–4）中第 2 个 OFDM 符号的第 k 个子载波上的空间-频域信道矩阵（因需要考虑多普勒频移估计结果的影响）和根据估计到的信道参数来重建出的信道矩阵。图 6.17 比较了在初始信道估计阶段不同系统带宽条件下的 NMSE 性能。从图 6.17 中可观察到，所提出的信道参数估计方案在考虑三重偏移效应影响时的信道估计性能与未考虑三重偏移效应时的性能非常接近，在 SNR = −20 dB 时的 NMSE 性能差距约为 1 dB。此外，图 6.17 中的结果表明，与系统带宽 $f_s=1$ GHz 相比，使用更大带宽 $f_s=5$ GHz 时并不会显著恶化所提出解决方案的 NMSE 性能。

此外，仿真中还考虑了数据传输阶段的平均频谱效率（Average Spectrum Efficiency, ASE）性能指标定义为 [141,179]

$$\mathrm{ASE}=\sum\nolimits_{l=1}^{L}\left(\frac{1}{K}\sum\nolimits_{k=1}^{K}\log_2\left(1+|h_l^{[2]}[k]|^2/|\mathbb{E}(z_l^{[2]}[k])|^2\right)\right) \tag{6–50}$$

其中，$h_l^{[2]}[k]$ 和 $z_l^{[2]}[k]$ 分别是第 2 个 OFDM 符号的第 k 个子载波上波束对准后的等效信道系数和干扰加噪声。图 6.18 比较了所提出的解决方案在不同

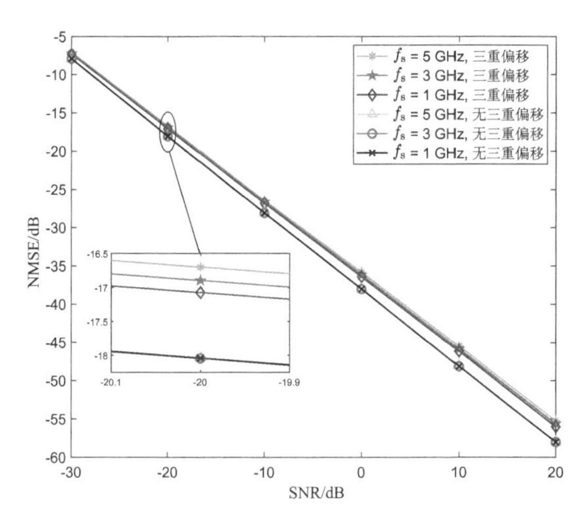

图 6.17　初始信道估计阶段，不同带宽 $f_s=\{1,3,5\}$ GHz 条件下的 NMSE 性能对比

CSI 条件下的 ASE 性能，其中可将基站端和飞机端均完全已知 CSI 的情形当作 ASE 性能的上界。从图 6.18 中可看出，无论是否考虑三重偏移效应的影响，当 SNR$\geqslant -14$ dB 时，使用估计 CSI 条件下的 ASE 曲线几乎均能达到性能上界。此外，由于实际的 GTTDU 模块仍然存在由时延-波束偏移效应引起的残余波束对准误差，因此，在考虑三重偏移效应时，所提解决方案在高信噪比下的 ASE 性能比不考虑三重偏移效应时的性能低 2.5 bit/(s・Hz) 左右。

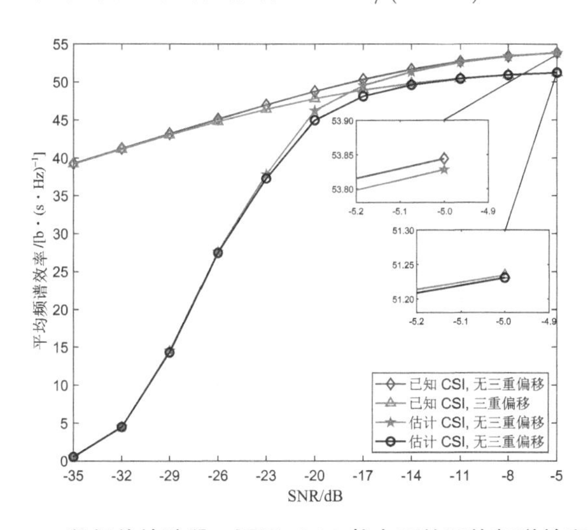

图 6.18　数据传输阶段，不同 CSI 状态下的平均频谱效率对比

图 6.19 比较了采用不同 TTDU 模块的太赫兹 UM-MIMO 系统的吞吐率性能，其中 Δf 表示相邻子载波间的频率间隔，考虑典型值为对于 $f_s=1$ GHz 且

$K=2\,048$，有 $\Delta f\approx0.488$ MHz。在图 6.19 (a) 中，在最大系统带宽 $f_s=1$ GHz 情况下，波束扫描方法和传统方案且“无 TTDU 模块”两种情形下随着带宽的增加，可观察到明显的吞吐率上限，换句话说，严重的时延-波束偏移效应将限制太赫兹 UM-MIMO 系统的吞吐率。与之相反，采用所提出的 GTTDU 模块以及理想 TTDU 模块的吞吐率随着带宽的增加而呈现线性增长趋势。此外，从图 6.19(b) 中还可观察到，与 $f_s=1$ GHz 时相比，波束扫描方法和传统方案且“无 TTDU 模块”两种情形下的带宽增加到 $f_s=5$ GHz 时，更严重的时延-波束偏移效应会使得太赫兹 UM-MIMO 系统中吞吐率的增加极为有限，这是因为无论带宽多大，接收端在时延-波束偏移效应影响下均仅能接收到中心载频附近子载波的信号。

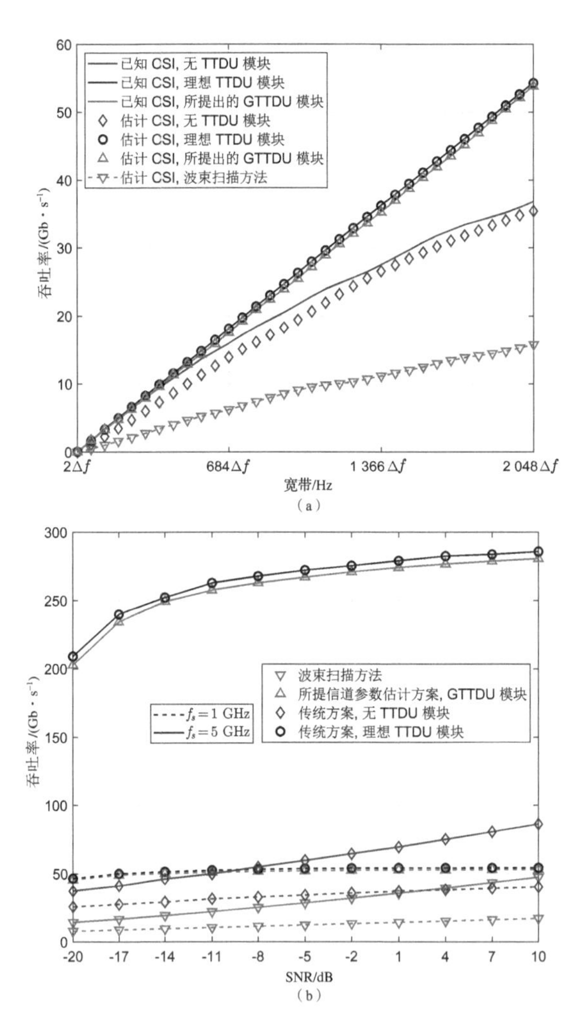

图 6.19 采用不同 TTDU 模块的太赫兹 UM-MIMO 系统的吞吐率性能对比

(a) 最大带宽 $f_s=1$ GHz 且 SNR $=10$ dB；(b) 考虑估计 CSI 条件

图 6.20 比较了太赫兹 UM-MIMO 系统收发端采用不同 UPA 维度下的吞吐率性能，其中，SNR = 10 dB，带宽 $f_s = 1$ GHz，且考虑相同的发射功率。从图 6.20 中可看出，在超远距离太赫兹航空通信中，仅使用大小为 16×16 的常规阵列已无法建立有效的通信链路。由于太赫兹 UM-MIMO 阵列能辐射出铅笔状且干扰较小的波束，故随着收发机上所配备的天线阵列维度的增加，系统吞吐率将显著提高。然而，从“无 TTDU 模块”对应曲线中观察到，阵列维度的增加会导致更明显的时延-波束偏移效应，这反过来会抑制吞吐率性能的提高。对于装备有大小为 256×256 UM-MIMO 阵列的收发机来说，采用本章所设计 GTTDU 模块的吞吐率接近“理想 TTDU 模块”的吞吐率，与采用 UPA 大小为 16×16 的收发机相比，可以实现 55 Gb/s 以上的吞吐率提升。因此，有必要在太赫兹航空通信中使用 UM-MIMO 阵列，以同时满足机舱内数百名用户的高数据速率需求。

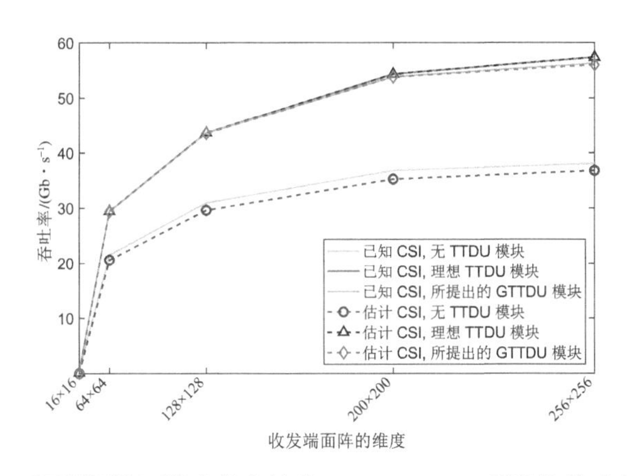

图 6.20　采用不同阵列维度的太赫兹 UM-MIMO 系统的吞吐率性能对比

为了评估数据传输阶段中所提基于 DADD 的信道跟踪算法的性能，可考虑等效信道的幅度和 NMSE 来度量，其中，第 r 个 OFDM 符号所对应等效信道的 NMSE 由下式给出

$$\mathrm{NMSE}_{\boldsymbol{h}^{[r]}} = \mathbb{E}\left(\frac{1}{L}\sum_{l=1}^{L}\left(\left\|\boldsymbol{h}_l^{[r]} - \widehat{\boldsymbol{h}}_l^{[r]}\right\|_2^2 \Big/ \left\|\boldsymbol{h}_l^{[r]}\right\|_2^2\right)\right) \tag{6-51}$$

图 6.21 比较了不同时间间隔数条件下算法 6.3（即基于 DADD 的信道跟踪算法）所跟踪到的等效信道的幅度（考虑 SNR = −20 dB）以及 NMSE 性能（考虑 SNR = {−20, −10, 0} dB），且数据传输过程中考虑 Turbo 信道编码和正交相移键控（Quadrature Phase-Shift Seying, QPSK）调制方式。从图 6.21(a) 中可观察到，等效信道的幅度随着时间的推移在迅速减小，且所提基于 DADD 的

信道跟踪算法可以实时跟踪真实等效信道的变化。这种幅度的减小意味着基站端和飞机端的波束对准增益在变小。另外，从图 6.21(b) 中还可观察到，所提基于 DADD 的信道跟踪算法的 NMSE 性能并没有如无跟踪过程的初始信道估计的 NMSE 般在开始数据传输后的几个时间间隔内迅速恶化，而是随着时间间隔数的增加在缓慢变差，这说明所提算法的跟踪性能依旧能保证可靠的太赫兹通信链路传输。

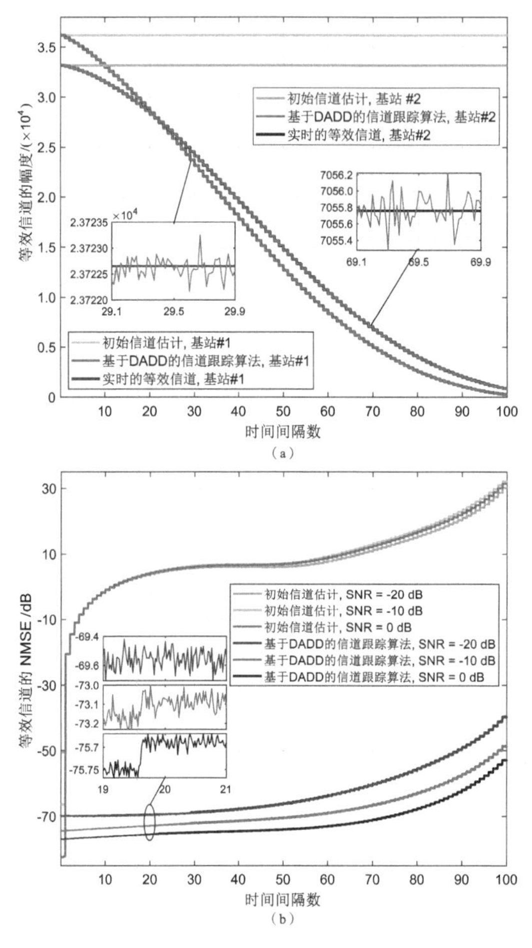

图 6.21　数据辅助的信道跟踪阶段，所提基于 DADD 的信道跟踪算法的性能对比

(a) 等效信道的幅度；(b) 等效信道的 NMSE

图 6.22 探究了所提导频辅助的精确角度跟踪方案在不同稀疏间距 $\Omega=\{1, 4, 16\}$ 条件下基站端和飞机端估计方位角的 RMSE 性能，这里飞机端的角度跟踪所采用的角度 $\{\widehat{\theta}_l^{\mathrm{BS}}, \widehat{\varphi}_l^{\mathrm{BS}}\}_{l=1}^L$ 是基站端在固定 SNR$=-60$ dB 条件下估计到的，且因俯仰角 φ^{BS} 和 φ^{AC} 有着与方位角相似的 RMSE 性能，故这里只考

虑了方位角 θ^{BS} 和 θ^{AC}。从图 6.22 中可看出，使用稀疏阵列可以显著提高角度估计的准确度，而这些结果验证了系统能获得的 RMSE 性能提升值与注 2 中的结论一致性，即，若所提解决方案使用稀疏间距为 Ω 的稀疏阵列，则可获得约 $20\lg\Omega$ dB 的性能增益。

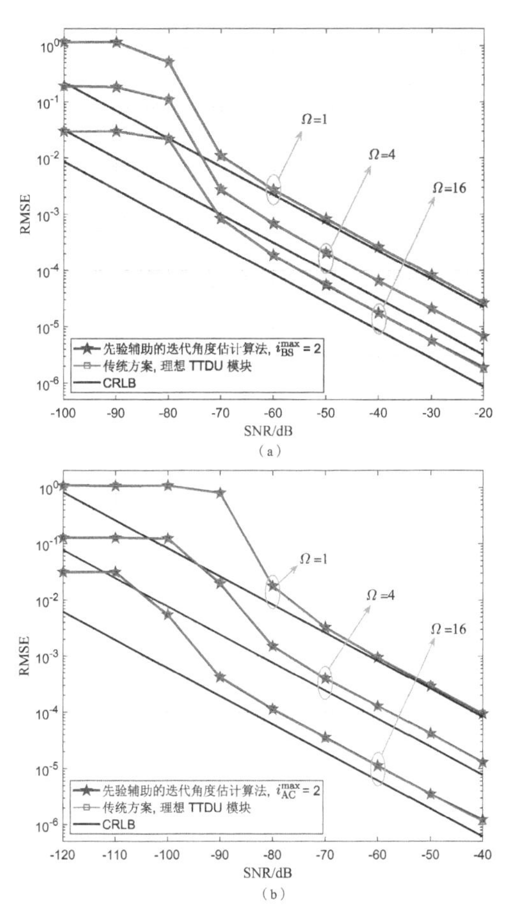

图 6.22 导频辅助的信道跟踪阶段，精确角度跟踪的 RMSE 性能对比

(a) 基站端方位角 θ^{BS}；(b) 飞机端方位角 θ^{AC}

6.9 本章小结

针对 SAGIN 中基于太赫兹 UM-MIMO 的航空通信系统，本章提出了一种低开销的信道估计和跟踪方案，以有效地解决 6 GHz 以下无线通信系统以及毫米波大规模 MIMO 系统中未曾考虑到的三重时延-波束-多普勒偏移效应。所提出的解决方案包括初始信道估计、数据辅助的信道跟踪和导频辅助的信道跟踪三个阶段。具体来说，根据从导航信息中获取的粗略角度估计，可以建立初始太赫兹 UM-MIMO 链路，其中通过采用所提出的 GTTDU 模块可以显著减弱收发机上时延-波束偏移效应的影响。通过利用所设计子阵列选择方案以及所提先验辅助的迭代角度估计算法，可以获得低维等效全数字阵列所对应方位角/俯仰角的精确估计，而这些估计到的角度不仅可用于实现高精度的收发端波束对准，还可用于优化收发端的 GTTDU 模块，以进一步消除时延-波束偏移效应。随后可利用所提先验辅助的迭代多普勒频移估计算法来精确估计受多普勒偏移效应影响的多普勒频移。在此基础上，便可以准确地估计相应的路径时延和信道增益。在数据传输阶段，所提基于 DADD 的信道跟踪算法可以在保证太赫兹通信链路可靠数据传输的同时，有效地跟踪波束对准后的等效信道。当数据辅助的信道跟踪无效时，可在所提导频辅助的信道跟踪阶段使用等效的全数字稀疏阵列重新估计收发端的角度，其中，由稀疏阵列衍生出的角度模糊问题根据先前估计到的角度来有效解决。最后，主要信道参数的 CRLB 和仿真结果验证了所提基于太赫兹 UM-MIMO 的航空通信解决方案的有效性。

第 7 章 总结与展望

7.1 研究总结

为了实现未来 6G 无线通信网络中的各项 KPI，本书研究了毫米波-亚太赫兹超大规模 MIMO 系统中的物理层关键技术。主要的研究内容包括宽带毫米波全维 MIMO 系统中的信道估计与波束赋形、室内毫米波超大规模 MIMO 系统中的联合 AUD 与 CE，以及航空太赫兹 UM-MIMO 系统中的信道估计与跟踪等具体问题。本书通过利用毫米波-亚太赫兹（超）大规模 MIMO 在各类通信场景中的具体特点，提出了与这些场景相匹配的信道估计与数据传输解决方案，以达到降低信道估计所需导频/训练开销的同时提高估计准确性，以及提高系统传输效率的研究目的。本书的最终愿景是为毫米波/太赫兹超大规模 MIMO 在未来 6G 移动通信系统中的实际应用以及相关无线通信标准的制定奠定坚实的理论基础，并提供具体的实现方案。本书的主要工作和贡献总结如下：

在第 2 章中，针对目前研究鲜有考虑的采用混合波束赋形架构的多用户宽带毫米波全维 MIMO 系统，提出了一种基于多维阵列信号处理的闭环稀疏信道估计方案。该闭环方案包含了向所有用户广播公共信号的下行信道估计阶段和各用户专用的上行信道估计阶段。在下行时，基站端充分利用其大发射功率优势来广播训练信号，以保证用户端准确估计角度；而在上行时，用户端利用估计到的角度来设计多波束发射预编码矩阵，以提高基站端的接收信噪比。在基站端和用户端分别设计的接收合并矩阵可将高维混合波束赋形 MIMO 阵列等效为全数字阵列，并在此基础上，利用毫米波 MIMO 信道中多径分量在角度域和时延域上的双重稀疏性，以有效地应用鲁棒的阵列信号处理技术来获得收发端的方位角/俯仰角以及时延的超分辨率估计。仿真结果表明，由于所提出的闭环信道估计方案能获取到更准确的信道参数估计，故其估计性能要显著优于当前基于 CS 的方案，且所提方案在降低计算复杂度和存储需求方面也有着较为明显的优势。

在第 3 章中，针对毫米波全维透镜天线阵列 MIMO 系统，提出了一种基于压缩感知（CS）的信道估计和导频设计方案。首先，介绍了透镜天线阵列以及 CS 的原理，为后续应用打下理论基础。随后，引入了一种适用于透镜天线阵列和天线选择网络的导频传输方案，保证在压缩观测下，导频信号可以对全空间范围内的信道进行探测，并以此将信道估计问题建模为 CS 问题。进一步，基于 CS 的要求，提出了一种冗余字典设计，将原本较为稀疏的信道重新表示为更加稀疏的形式，增强了基于 CS 的信道估计方案对信道多径数的鲁棒性。最后，利用 CS 理论中的感知矩阵优化理论，提出了一种基于最小化总互相关系数和的导频优化方案，对基带导频信号与基带合并器进行设计，并得到了闭式的优化结果。仿真结果表明，所提出的基于 CS 的信道估计方案可以有效地以低导频开销精确地估计全维透镜天线阵列的信道，且估计性能优于其对比方案。

在第 4 章中，针对毫米波大规模 MIMO 中混合波束赋形设计，提出了一种适用于窄带平坦衰落信道/宽带频率选择性衰落信道以及全连接结构/部分连接结构的混合波束赋形方案。首先，针对采用全连接结构的毫米波混合大规模 MIMO 系统，提出了一种适用于窄带平坦衰落信道下的混合波束赋形方案，将数字波束赋形器与模拟赋形器分开设计。具体而言，数字波束赋形器部分的设计以 MMSE 准则，经过数学推导，获得了具有闭合表达式的优化解；模拟波束赋形器则采用了一种基于过采样码本的方案，可以突破天线数量对空间分辨率的限制，提升模拟波束赋形设计的自由度。随后，上述提出的方案分别被扩展并应用到宽带频率选择性信道以及部分连接结构中的混合波束赋形。根据这些不同的通信场景，设计了一系列混合波束赋形算法，并通过相关数学推导证明所提方案的合理性。最后，通过仿真分析并与其他波束赋形方案进行性能对比，验证了所提混合波束赋形方案具有较好的性能，能实现系统性能、硬件复杂度和功耗之间的良好权衡。

在第 5 章中，针对近场空间非平稳条件下的室内海量物联网接入场景，提出了一种基于 CS 的联合 AUD 与 CE 方案。首先利用所设计的毫米波 XL-MIMO 阵列构建了室内近场海量物联网接入场景，并建立了包含近场球面波形式的毫米波超大规模 MIMO 信道模型。该信道模型因毫米波超大规模 MIMO 阵列的超大孔径结构而呈现出明显的空间非平稳性，且因分布式天线结构设计而存在远场条件和近场条件共存的情况。根据多个导频子载波有着共同支撑集的特点，可将联合 AUD 和 CE 问题描述为 MMV-CS 和 GMMV-CS 问题。之后，再利用毫米波超大规模 MIMO 信道在空间域和角度域上所呈现出的共同结构化块稀疏性，提出了与毫米波超大规模 MIMO 信道相匹配的 MMV-BSOMP 算法和 GMMV-BSOMP 算法。其中，当活跃用户数未知时，可采用预先设定的迭代终止阈值来自适应地获取活跃用户支撑集。仿真结果表明，所提两种基于 CS 的算法能获得比现有 CS 算法更优的用户活跃性检测和信道估计性能。

在第 6 章中，针对新兴的空天地一体化网络中基于亚太赫兹超大规模 MIMO

的航空通信系统，提出了一种低开销的信道估计和跟踪方案。该方案可以有效地解决目前低频无线通信系统以及毫米波大规模 MIMO 系统中均未曾考虑到的且为航空亚太赫兹超大规模 MIMO 信道中所特有的三重时延-波束-多普勒偏移效应。在该方案的初始信道估计和导频辅助信道跟踪阶段，利用所提先验辅助的迭代角度和迭代多普勒频移估计算法可获得方位角/俯仰角以及多普勒频移的精确估计值，并在此基础上估计路径时延。而在数据传输阶段，所提出的基于数据辅助判决反馈的信道跟踪算法可在保证完成可靠数据传输的同时，有效地跟踪波束对准后的等效信道。在角度估计时，通过利用所设计的子阵列选择方案可将超大规模混合阵列等效为低维全数字（稀疏）阵列，这样既可实现降维信号处理，又能估计精确的角度，且其中由稀疏阵列所导致的角度模糊问题也能由先前估计到的角度来很好地处理。最后，所推导主要信道参数的 CRLB 以及相应的仿真结果均验证了所提方案的有效性。

7.2　下一步研究方向

尽管本书探讨了毫米波-亚太赫兹（超）大规模 MIMO 系统中各类通信场景中的具体特点，并提出了与这些通信场景相匹配的物理层关键技术解决方案，但其中仍存在不少挑战性的难题，有待今后进一步深入开展。具体而言，在本书工作的基础上，可研究的内容包括以下几个方面：

1. 针对宽带毫米波全维 MIMO 系统中闭环稀疏信道估计的未来研究方向。

• 针对用户数较多的场景，设计有效的上行多用户调度方案。

• 针对空基基站与地面用户间的大规模 MIMO 信道呈现出快时变的场景，需要额外考虑多普勒频移在信道估计时造成的影响，同时，还需估计各路径所对应的多普勒频移。

2. 针对毫米波透镜天线阵列 MIMO 系统的未来研究方向。

• 针对多用户、大带宽的场景，设计基于延时-角度双重稀疏性的 CS 信道估计方案，同时需要考虑因大带宽带来的波束偏移现象。

• 实际中，透镜天线阵列的阵列响应与理论推导的结果仍会存在不小的差距，此时以理论推导的结果设计字典将会带来性能损失，因此可以考虑使用字典学习算法，进一步保障基于 CS 的信道估计的性能。

3. 针对毫米波大规模 MIMO 系统中混合波束赋形的未来研究方向。

• 追求大规模 MIMO 向超大规模 MIMO 的范式变换，将所提混合波束赋形方案在超大规模 MIMO 下进行推广，充分考虑波束偏移、波束色散，以及近场球面波传播模型对混合波束赋形设计的影响。

• 为了进一步降低波束赋形的计算复杂度，考虑使用先进的人工智能算法进行波束赋形设计，采用端到端训练策略，可以低复杂度实现更好的混合波束赋形性能。

4. 针对室内毫米波 XL-MIMO 系统中海量物联网接入问题的扩展。

• 需要对近场信道和信号模型进行更精确的理论分析，其中一种可行的系统建模方式是利用深度学习来模拟复杂的近场环境。

• 需要针对所建立的精确模型设计更匹配的活跃用户检测与信道估计算法，比如贝叶斯类、消息传递类，以及深度学习等方法。

• 为解决毫米波信号近场易遮挡问题，还可以引入 IRS 或者 XL-RRS，以实现信号的反射及折射 [180]，但这还需要进一步研究新的信道模型与信号传输方式。

• 可利用低成本、低功耗、易部署的无线条带天线来实现构建室内毫米波 XL-MIMO 阵列，因此，基于无线条带天线的室内海量物联网接入研究也可以更深入地开展。

5. 空天地一体化网络中基于太赫兹 UM-MIMO 的航空通信的潜在研究方向。

• 硬件设计方面，需要进一步深入研究更优的太赫兹收发机结构设计，比如对基于 Rotman 透镜的更具体的系统设计与分析，以及支持太比特每秒（Tb/s）量级超高数据速率的先进数字信号处理模块设计等。

• 物理层设计方面，需要更具体且通用的太赫兹超大规模 MIMO 信道建模，并设计远距离空-地通信方案以及大带宽和高动态环境下的低复杂度信号传输和信道跟踪方法，同时融合先进的调制和编码方案。

• 空基基站组网部署方面，需要同时考虑空基基站的位置、能耗、基站间干扰等多种约束条件下联合组网优化问题。

参考文献

[1] You X, Wang C X, Huang J, et al. Towards 6G wireless communication networks: Vision, enabling technologies, and new paradigm shifts[J]. Science China Information Sciences, 2021, 64(1): 1-74.

[2] Heath R W, Gonzalez-Prelcic N, Rangan S, et al. An overview of signal processing techniques for millimeter wave MIMO systems[J]. IEEE Journal of Selected Topics in Signal Processing, 2016,10(3): 436-453.

[3] Akyildiz I F, Jornet J M, Han C. Terahertz band: Next frontier for wireless communications[J]. Physical Communication, 2014(12) : 16-32.

[4] Akyildiz I F, Jornet J M. Realizing ultra-massive MIMO (1 024 × 1 024) communication in the (0.06∼10) terahertz band[J]. Nano Communication Networks, 2016(8): 46-54.

[5] Saeed A, Gurbuz O, Akkas M A. Terahertz communications at various atmospheric altitudes[J]. Physical Communication, 2020(41): 101113.

[6] Ai B, Molisch A F, Rupp M, et al. 5G key technologies for smart railways[J]. Proceedings of the IEEE, 2020, 108(6): 856-893.

[7] El Ayach O, Rajagopal S, Abu-Surra S, et al. Spatially sparse precoding in millimeter wave MIMO systems[J]. IEEE Transactions on Wireless Communications, 2014, 13(3): 1499-1513.

[8] Chen X, Ng D W K, Yu W, et al. Massive access for 5G and beyond[J]. IEEE Journal on Selected Areas in Communications, 2020, 39(3): 615-637.

[9] Yuan Y, Wang S, Wu Y, et al. NOMA for next-generation massive IoT: Performance potential and technology directions[J]. IEEE Communications Magazine, 2021, 59(7): 115-121.

[10] Gong S, Lu X, Hoang D T, et al. Toward smart wireless communications via intelligent reflecting surfaces: A contemporary survey[J]. IEEE Communications Surveys & Tutorials, 2020, 22(4):2283-2314.

[11] Wei L, Hu R Q, Qian Y, et al. Key elements to enable millimeter

wave communications for 5G wireless systems[J]. IEEE Wireless Communications, 2014, 21(6): 136-143.

[12] Rappaport T S, Xing Y, MacCartney G R, et al. Overview of millimeter wave communications for fifth-generation (5G) wireless networks—With a focus on propagation models[J]. IEEE Transactions on Antennas and Propagation, 2017, 65(12): 6213-6230.

[13] Rusek F, Persson D, Lau B K, et al. Scaling up MIMO: Opportunities and challenges with very large arrays[J]. IEEE Signal Processing Magazine, 2012, 30(1): 40-60.

[14] Akyildiz I F, Han C, Nie S. Combating the distance problem in the millimeter wave and terahertz frequency bands[J]. IEEE Communications Magazine, 2018, 56(6): 102-108.

[15] Hillger P, Grzyb J, Jain R, et al. Terahertz imaging and sensing applications with silicon-based technologies[J]. IEEE Transactions on Terahertz Science and Technology, 2018, 9(1): 1-19.

[16] Gao Z, Dai L, Mi D, et al. MmWave massive-MIMO-based wireless backhaul for the 5G ultra-dense network[J]. IEEE Wireless communications, 2015, 22(5): 13-21.

[17] IEEE standard for high data rate wireless multi-media networks-amendment 2:100 Gb/s wireless switched point-to-point physical layer[J]. IEEE 802 LAN/MAN Standar, 2017.

[18] Yang P, Xiao Y, Xiao M, et al. 6G wireless communications: Vision and potential techniques[J]. IEEE Network, 2019, 33(4): 70-75.

[19] Akyildiz I F, Kak A, Nie S. 6G and beyond: The future of wireless communications systems[J]. IEEE Access, 2020(8): 133995-134030.

[20] Sesia S, Toufik I, Baker M. LTE-the UMTS long term evolution: from theory to practice[M]. John Wiley & Sons, 2011.

[21] Marzetta T L. Noncooperative cellular wireless with unlimited numbers of base station antennas [J]. IEEE Transactions on Wireless Communications, 2010, 9(11): 3590-3600.

[22] Larsson E G, Edfors O, Tufvesson F, et al. Massive MIMO for next generation wireless systems[J]. IEEE Communications Magazine, 2014, 52(2): 186-195.

[23] Björnson E, Larsson E G, Marzetta T L. Massive MIMO: Ten myths

and one critical question[J]. IEEE Communications Magazine, 2016, 54(2): 114-123.

[24] Shepard C, Yu H, Anand N, et al. Practical many-antenna base stations[C]. ACM Int Conf. Mobile Computing and Networking (MobiCom), Istanbul, Turkey, 2012: 52.

[25] Manteuffel D, Martens R. Compact multimode multielement antenna for indoor UWB massive MIMO[J]. IEEE Transactions on Antennas and Propagation, 2016, 64(7): 2689-2697.

[26] Huang Y, Zhang J, Xiao M. Constant envelope hybrid precoding for directional millimeter-wave communications[J]. IEEE Journal on Selected Areas in Communications, 2018, 36(4): 845-859.

[27] Liu A, Lau V K. Impact of CSI knowledge on the codebook-based hybrid beamforming in massive MIMO[J]. IEEE Transactions on Signal Processing, 2016, 64(24): 6545-6556.

[28] Zeng Y, Zhang R. Cost-effective millimeter-wave communications with lens antenna array[J]. IEEE Wireless Communications, 2017, 24(4): 81-87.

[29] Arun V, Balakrishnan H. RFocus: Beamforming using thousands of passive antennas[C]. 17th USENIX symposium on networked systems design and implementation (NSDI 20), 2020: 1047-1061.

[30] Sarieddeen H, Alouini M S, Al-Naffouri T Y. Terahertz-band ultra-massive spatial modulation MIMO[J]. IEEE Journal on Selected Areas in Communications, 2019, 37(9): 2040-2052.

[31] Du H, Zhang J, Cheng J, et al. Millimeter wave communications with reconfigurable intelligent surfaces: Performance analysis and optimization[J]. IEEE Transactions on Communications, 2021, 69(4): 2752-2768.

[32] Liu Y, Liu X, Mu X, et al. Reconfigurable intelligent surfaces: Principles and opportunities[J]. IEEE Communications Surveys & Tutorials, 2021, 23(3): 1546-1577.

[33] Wu Q, Zhang S, Zheng B, et al. Intelligent reflecting surface-aided wireless communications: A tutorial[J]. IEEE Transactions on Communications, 2021, 69(5): 3313-3351.

[34] Cui M, Wu Z, Chen Y, et al. Demo: Low-power communications based on RIS and AI for 6G[C]. Proceedings of IEEE International Conference on Communications, Demo Session, 2022.

[35] De Carvalho E, Ali A, Amiri A, et al. Non-stationarities in extra-large-scale massive IMO[J]. IEEE Wireless Communications, 2020, 27(4): 74-80.

[36] Marinello J C, Abrão T, Amiri A, et al. Antenna selection for improving energy efficiency in XLMIMO systems[J]. IEEE Transactions on Vehicular Technology, 2020, 69(11): 13305-13318.

[37] Wireless LAN medium access control (MAC) and physical layer (PHY) specifications. Amendment 3: Enhancements for very high throughput in the 60 GHz band[J]. IEEE Standard 802.11ad, 2012.

[38] Kokshoorn M, Chen H, Wang P, et al. Millimeter wave MIMO channel estimationusing overlapped beam patterns and rate adaptation[J]. IEEE Transactions on Signal Processing, 2016, 65(3): 601-616.

[39] Xiao Z, Xia P, Xia X G. Codebook design for millimeter-wave channel estimation with hybrid precoding structure[J]. IEEE Transactions on Wireless Communications, 2016, 16(1): 141-153.

[40] Xiao Z, Xia P, Xia X G. Channel estimation and hybrid precoding for millimeter-wave MIMO systems: A low-complexity overall solution[J]. IEEE Access, 2017(5): 16100-16110.

[41] Lee J, Gil G T, Lee Y H. Channel estimation via orthogonal matching pursuit for hybrid MIMO systems in millimeter wave communications[J]. IEEE Transactions on Communications, 2016, 64 (6): 2370-2386.

[42] Wu Y, Gu Y, Wang Z. Channel estimation for mmWave MIMO with transmitter hardware impairments[J]. IEEE Communications Letters, 2017, 22(2): 320-323.

[43] Zhou Z, Fang J, Yang L, et al. Channel estimation for millimeter-wave multiuser MIMO systems via PARAFAC decomposition[J]. IEEE Transactions on Wireless Communications, 2016, 15(11): 7501-7516.

[44] Gao Z, Hu C, Dai L, et al. Channel estimation for millimeter-wave massive MIMO with hybrid precoding over frequency-selective fading channels[J]. IEEE Communications Letters, 2016, 20 (6): 1259-1262.

[45] Dong Y, Chen C, Yi N, et al. Channel estimation using low-resolution PSs for wideband mmWave systems[C]. 2017 IEEE 85th Vehicular Technology Conference (VTC Spring), IEEE, 2017: 1-5.

[46] Venugopal K, Alkhateeb A, Prelcic N G, et al. Channel estimation for hybrid architecture-based wideband millimeter wave systems[J]. IEEE Journal

on Selected Areas in Communications, 2017, 35(9): 1996-2009.

[47] Rodríguez-Fernández J, González-Prelcic N, Venugopal K, et al. Frequency-domain compressive channel estimation for frequency-selective hybrid millimeter wave MIMO systems[J]. IEEE Transactions on Wireless Communications, 2018, 17(5): 2946-2960.

[48] Ma X, Yang F, Liu S, et al. Design and optimization on training sequence for mmWave communications: A new approach for sparse channel estimation in massive MIMO[J]. IEEE Journal on Selected Areas in Communications, 2017, 35(7): 1486-1497.

[49] Zhou Z, Fang J, Yang L, et al. Low-rank tensor decomposition-aided channel estimation for millimeter wave MIMO-OFDM systems[J]. IEEE Journal on Selected Areas in Communications, 2017, 35 (7): 1524-1538.

[50] Yang L, Zeng Y, Zhang R. Channel estimation for millimeter-wave mimo communications with lens antenna arrays[J]. IEEE Transactions on Vehicular Technology, 2017, 67(4): 3239-3251.

[51] Gao X, Dai L, Han S, et al. Reliable beamspace channel estimation for millimeter-wave massive mimo systems with lens antenna array[J]. IEEE Transactions on Wireless Communications, 2017, 16(9): 6010-6021.

[52] Ma W, Qi C. Channel estimation for 3-d lens millimeter wave massive mimo system[J]. IEEE Communications Letters, 2017, 21(9): 2045-2048.

[53] He H, Wen C K, Jin S, et al. Deep learning-based channel estimation for beamspace mmwave massive mimo systems[J]. IEEE Wireless Communications Letters, 2018, 7(5): 852-855.

[54] Yang J, Wen C K, Jin S, et al. Beamspace channel estimation in mmwave systems via cosparse image reconstruction technique[J]. IEEE Transactions on Communications, 2018, 66(10): 4767-4782.

[55] Liang L, Xu W, Dong X. Low-complexity hybrid precoding in massive multiuser mimo systems [J]. IEEE Wireless Communications Letters, 2014, 3(6): 653-656.

[56] Alkhateeb A, Leus G, Heath R W. Limited feedback hybrid precoding for multi-user millimeter wave systems[J]. IEEE transactions on wireless communications, 2015, 14(11): 6481-6494.

[57] Sohrabi F, Yu W. Hybrid digital and analog beamforming design for large-scale antenna arrays[J]. IEEE Journal of Selected Topics in Signal Process-

ing, 2016, 10(3): 501-513.

[58] Ni W, Dong X. Hybrid block diagonalization for massive multiuser mimo systems[J]. IEEE transactions on communications, 2015, 64(1): 201-211.

[59] Venugopal K, Gonzάlez-Prelcic N, Heath R W. Optimal frequency-flat precoding for frequency-selective millimeter wave channels[J]. IEEE Transactions on Wireless Communications, 2019, 18 (11): 5098-5112.

[60] Alkhateeb A, Heath R W. Frequency selective hybrid precoding for limited feedback millimeter wave systems[J]. IEEE Transactions on Communications, 2016, 64(5): 1801-1818.

[61] Gonzάlez-Coma J P, Gonzάlez-Prelcic N, Castedo L, et al. Frequency selective multiuser hybrid precoding for mmwave systems with imperfect channel knowledge[C]. 2016 50th Asilomar Conference on Signals, Systems and Computers, IEEE, 2016: 291-295.

[62] Gonzάlez-Coma J P, Rodriguez-Fernandez J, Gonz ά lez-Prelcic N, et al. Channel estimation and hybrid precoding for frequency selective multiuser mmWave mimo systems[J]. IEEE Journal of Selected Topics in Signal Processing, 2018, 12(2): 353-367.

[63] Rodriguez-Fernάndez J, Gonzάlcz-Prelcic N. Low-complexity multiuser hybrid precoding and combining for frequency selective millimeter wave systems[C]. 2018 IEEE 19th International Workshop on Signal Processing Advances in Wireless Communications (SPAWC), IEEE, 2018: 1-5.

[64] Gao X, Dai L, Han S, et al. Energy-efficient hybrid analog and digital precoding for mmwave mimo systems with large antenna arrays[J]. IEEE Journal on Selected Areas in Communications, 2016, 34(4): 998-1009.

[65] Yu X, Shen J C, Zhang J, et al. Alternating minimization algorithms for hybrid precoding in millimeter wave mimo systems[J]. IEEE Journal of Selected Topics in Signal Processing, 2016, 10(3): 485-500.

[66] Park S, Alkhateeb A, Heath R W. Dynamic subarrays for hybrid precoding in wideband mmwave mimo systems[J]. IEEE Transactions on Wireless Communications, 2017, 16(5): 2907-2920.

[67] Jiang J C, Wang H M. Massive random access with sporadic short packets: Joint active user detection and channel estimation via sequential message passing[J]. IEEE Transactions on Wireless Communications, 2021, 20(7): 4541-4555.

[68] Jiang S, Yuan X, Wang X, et al. Joint user identification, channel estimation, and signal detection for grant-free NOMA[J]. IEEE Transactions on Wireless Communications,2020, 19(10): 6960-6976.

[69] Mei Y, Gao Z, Wu Y, et al. Compressive sensing based joint activity and data detection for grant-free massive IoT access[J]. IEEE Transactions on Wireless Communications, 2022, 21(3): 1851-1869.

[70] Liu L, Yu W. Massive connectivity with massive MIMO—Part Ⅰ: Device activity detection and channel estimation[J]. IEEE Transactions on Signal Processing, 2018, 66(11): 2933-2946.

[71] Li T, Wu Y, Zheng M, et al. Joint device detection, channel estimation, and data decoding with collision resolution for MIMO massive unsourced random access[J]. IEEE Journal on Selected Areas in Communications, 2022, 40(5): 1535-1555.

[72] Jiang J C, Wang H M. Grouping-based joint active user detection and channel estimation with massive MIMO[J]. IEEE Transactions on Wireless Communications, 2022, 21(4): 2305-2319.

[73] Ke M, Gao Z, Wu Y, et al. Compressive sensing-based adaptive active user detection and channel estimation: Massive access meets massive MIMO[J]. IEEE Transactions on Signal Processing, 2020(68): 764-779.

[74] Chen W, Xiao H, Sun L, et al. Joint activity detection and channel estimation in massive MIMO systems with angular domain enhancement[J]. IEEE Transactions on Wireless Communications, 2022, 21(5): 2999-3011.

[75] Zhang Y, Guo Q, Wang Z, et al. Block sparse bayesian learning based joint user activity detection and channel estimation for grant-free NOMA systems[J]. IEEE Transactions on Vehicular Technology, 2018, 67(10): 9631-9640.

[76] Wang Y, Zhu X, Lim E G, et al. Grant-free communications with adaptive period for IIoT: Sparsity and correlation based joint channel estimation and signal detection[J]. IEEE Internet of Things Journal, 2022, 9(6): 4624-4638.

[77] Du Y, Cheng C, Dong B, et al. Block-sparsity-based multiuser detection for uplink grant-free NOMA[J]. IEEE Transactions on Wireless Communications, 2018, 17(12): 7894-7909.

[78] Wu L, Sun P, Wang Z, et al. Joint user activity identification and channel estimation for grant-free NOMA: A spatial-temporal structure-enhanced approach[J]. IEEE Internet of Things Journal, 2021, 8(15): 12339-12349.

[79] Shao X, Chen X, Jia R. A dimension reduction-based joint activity detection and channel estimation algorithm for massive access[J]. IEEE Transactions on Signal Processing, 2019(68): 420-435.

[80] Djelouat H, Leinonen M, Ribeiro L, et al. Joint user identification and channel estimation via exploiting spatial channel covariance in mMTC[J]. IEEE Wireless Communications Letters, 2021, 10(4): 887-891.

[81] Qiang Y, Shao X, Chen X. A model-driven deep learning algorithm for joint activity detection and channel estimation[J]. IEEE Communications Letters, 2020, 24(11): 2508-2512.

[82] Mao Z, Liu X, Peng M, et al. Joint channel estimation and active-user detection for massive access in Internet of Things-A deep learning approach[J]. IEEE Internet of Things Journal, 2022, 9(4): 2870-2881.

[83] Ahn Y, Kim W, Shim B. Active user detection and channel estimation for massive machine-type communication: Deep learning approach[J]. IEEE Internet of Things Journal, 2022, 9(4): 11904-11917.

[84] Yang X, Cao F, Matthaiou M, et al. On the uplink transmission of extra-large scale massive MIMO systems[J]. IEEE Transactions on Vehicular Technology, 2020, 69(12): 15229-15243.

[85] González-Coma J P, López-Martínez F J, Castedo L. Low-complexity distance-based scheduling for multi-user XL-MIMO systems[J]. IEEE Wireless Communications Letters, 2021, 10(11): 2407-2411.

[86] Chen J, Zhang P, Ma N, et al. Hierarchical-block sparse Bayesian learning for spatial non-stationary massive MIMO channel estimation[J]. IEEE Wirless Communications Letters, 2022, 11(5): 888-892.

[87] Han Y, Li M, Jin S, et al. Deep learning-based FDD non-stationary massive MIMO downlink channel reconstruction[J]. IEEE Journal on Selected Areas in Communications, 2020, 38(9): 1980-1993.

[88] Hou S, Wang Y, Zeng T, et al. Sparse channel estimation for spatial non-stationary massive MIMO channels[J]. IEEE Communications Letters, 2019, 24(3): 681-684.

[89] Wei X, Dai L. Channel estimation for extremely large-scale massive MIMO: Far-field, near-field, or hybrid-field?[J]. IEEE Communications Letters, 2022, 26(1): 177-181.

[90] Cui M, Dai L. Channel estimation for extremely large-scale MIMO: Far-

field or near-field?[J]. IEEE Transactions on Communications, 2022, 70(4): 2663-2677.

[91] Gong Z, Jiang F, Li C. Angle domain channel tracking with large antenna array for high mobility V2I millimeter wave communications[J]. IEEE Journal of Selected Topics in Signal Processing, 2019, 13(5): 1077-1089.

[92] Ma J, Zhang S, Li H, et al. Sparse Bayesian learning for the time-varying massive MIMO channels: Acquisition and tracking[J]. IEEE Transactions on Communications, 2018, 67(3): 1925-1938.

[93] Li M, Zhang S, Zhao N, et al. Time-varying massive MIMO channel estimation: Capturing, recon-struction, and restoration[J]. IEEE Transactions on Communications, 2019, 67(11): 7558-7572.

[94] Qin Q, Gui L, Cheng P, et al. Time-varying channel estimation for millimeter wave multiuser MIMO systems[J]. IEEE Transactions on Vehicular Technology, 2018, 67(10): 9435-9448.

[95] Cheng L, Yue G, Xiong X, et al. Tensor decomposition-aided time-varying channel estimation for millimeter wave MIMO systems[J]. IEEE Wireless Communications Letters, 2019, 8(4): 1216-1219.

[96] Gao X, Dai L, Zhang Y, et al. Fast channel tracking for terahertz beamspace massive MIMO systems [J]. IEEE Transactions on Vehicular Technology, 2016, 66(7): 5689-5696.

[97] Peng B, Kürner T. Three-dimensional angle of arrival estimation in dynamic indoor terahertz channels using a forward-backward algorithm[J]. IEEE Transactions on Vehicular Technology, 2016, 66(5): 3798-3811.

[98] Xiao Z, He T, Xia P, et al. Hierarchical codebook design for beamforming training in millimeter-wave communication[J]. IEEE Transactions on Wireless Communications, 2016, 15(5): 3380-3392.

[99] Zhang J, Huang Y, Shi Q, et al. Codebook design for beam alignment in millimeter wave communication systems[J]. IEEE Transactions on Communications, 2017, 65(11): 4980-4995.

[100] Wang B, Gao F, Jin S, et al. Spatial-and frequency-wideband effects in millimeter-wave massive MIMO systems[J]. IEEE Transactions on Signal Processing, 2018, 66(13): 3393-3406.

[101] Tsai Y, Zheng L, Wang X. Millimeter-wave beamformed full-dimensional MIMO channel estimation based on atomic norm minimization[J].

IEEE Transactions on Communications, 2018, 66(12): 6150-6163.

[102] Hu C, Dai L, Mir T, et al. Super-resolution channel estimation for mmWave massive MIMO with hybrid precoding[J]. IEEE Transactions on Vehicular Technology, 2018, 67(9): 8954-8958.

[103] Xiao Z, Xia P, Xia X G. Enabling UAV cellular with millimeter-wave communication: Potentials and approaches[J]. IEEE Communications Magazine, 2016, 54(5): 66-73.

[104] Zhang C, Zhang W, Wang W, et al. Research challenges and opportunities of UAV millimeter-wave communications[J]. IEEE Wireless Communications, 2019, 26(1): 58-62.

[105] Yu P, Li W, Zhou F, et al. Capacity enhancement for 5G networks using mmWave aerial base stations: Self-organizing architecture and approach[J]. IEEE Wireless Communications, 2018, 25 (4): 58-64.

[106] Jaeckel S, Raschkowski L, B?rner K, et al. QuaDRiGa: A 3-D multicell channel model with time evolution for enabling virtual field trials[J]. IEEE Transactions on Antennas and Propagation, 2014, 62(6): 3242-3256.

[107] Zoltowski M D, Haardt M, Mathews C P. Closed-form 2-D angle estimation with rectangular arrays in element space or beamspace via unitary ESPRIT[J]. IEEE Transactions on Signal Processing, 1996, 44(2): 316-328.

[108] Van der Veen A J, Vanderveen M C, Paulraj A. Joint angle and delay estimation using shiftinvariance techniques[J]. IEEE Transactions on Signal Processing, 1998, 46(2): 405-418.

[109] Zhao L, Ng D W K, Yuan J. Multi-user precoding and channel estimation for hybrid millimeter wave systems[J]. IEEE Journal on Selected Areas in Communications, 2017, 35(7): 1576-1590.

[110] Gao Z, Dai L, Han S, et al. Compressive sensing techniques for next-generation wireless commu-nications[J]. IEEE Wireless Communications, 2018, 25(3): 144-153.

[111] Vanderveen M C, Van der Veen A J, Paulraj A. Estimation of multipath parameters in wireless communications[J]. IEEE Transactions on Signal Processing, 1998, 46(3): 682-690.

[112] Mao J, Gao Z, Wu Y, et al. Over-sampling codebook-based hybrid minimum sum-mean-square-error precoding for millimeter-wave 3D-MIMO[J]. IEEE Wireless Communications Letters, 2018, 7(6): 938-941.

[113] Haardt M, Nossek J A. Simultaneous Schur decomposition of several nonsymmetric matrices to achieve automatic pairing in multidimensional harmonic retrieval problems[J]. IEEE Transactions on Signal Processing, 1998, 46(1): 161-169.

[114] Donoho D L. De-noising by soft-thresholding[J]. IEEE Transactions on Information Theory, 1995, 41(3): 613-627.

[115] Golub G H, Van Loan C F. Matrix Computations[M]. The Johns Hopkins Univ. Press, 2013.

[116] Liao A, Gao Z, Wu Y, et al. 2D unitary ESPRIT based super-resolution channel estimation for millimeter-wave massive MIMO with hybrid precoding[J]. IEEE Access, 2017(5): 24747-24757.

[117] Sun Y, Gao Z, Wang H, et al. Principal component analysis-based broadband hybrid precoding for millimeter-wave massive MIMO systems[J]. IEEE Transactions on Wireless Communications, 2020, 19(10): 6331-6346.

[118] Donoho D L, Elad M. Optimally sparse representation in general (nonorthogonal) dictionaries vial_1 minimization[J]. Proceedings of the National Academy of Sciences, 2003, 100(5): 2197-2202.

[119] Candès E J, Tao T. Decoding by linear programming[J]. IEEE Transactions on Information Theory, 2005, 51(12): 4203-4215.

[120] Donoho D L. Compressed sensing[J]. IEEE Transactions on Information Theory, 2006, 52(4): 1289-1306.

[121] Candès E J, Romberg J, Tao T. Robust uncertainty principles: Exact signal reconstruction from highly incomplete frequency information[J]. IEEE Transactions on Information Theory, 2006, 52 (2): 489-509.

[122] Candès E J, Wakin M B. An introduction to compressive sampling[J]. IEEE Signal Processing Magazine, 2008, 25(2): 21-30.

[123] 焦李成, 杨淑媛, 刘芳, 等. 压缩感知回顾与展望 [J]. 电子学报, 2011, 39(7): 1651.

[124] Welch L. Lower bounds on the maximum cross correlation of signals (corresp.)[J]. IEEE Transac-tions on Information theory, 1974, 20(3): 397-399.

[125] 王强, 李佳, 沈毅. 压缩感知中确定性测量矩阵构造算法综述 [J]. 电子学报, 2013, 41(10): 2041.

[126] Zeng Y, Yang L, Zhang R. Multi-user millimeter wave mimo with full-dimensional lens antenna array[J]. IEEE Transactions on Wireless Commu-

nications, 2018, 17(4): 2800-2814.

[127] Elad M. Optimized projections for compressed sensing[J]. IEEE Transactions on Signal Processing, 2007, 55(12): 5695-5702.

[128] Zelnik-Manor L, Rosenblum K, Eldar Y C. Sensing matrix optimization for block-sparse decoding [J]. IEEE Transactions on Signal Processing, 2011, 59(9): 4300-4312.

[129] 张贤达. 矩阵分析与应用 [M]. 北京: 清华大学出版社, 2013.

[130] Choi J, Ding J, Le N P, et al. Grant-free random access in machine-type communication: Approaches and challenges[J]. IEEE Wireless Communications, 2022, 29(1): 151-158.

[131] Ma Y, Ma G, Wang N, et al. OTFS-TSMA for massive Internet of Things in high-speed railway[J]. IEEE Transactions on Wireless Communications, 2022, 21(1): 519-531.

[132] Jiao J, Wu S, Lu R, et al. Massive access in space-based Internet of Things: Challenges, opportu-nities, and future directions[J]. IEEE Wireless Communications, 2021, 28(5): 118-125.

[133] Ke M, Gao Z, Huang Y, et al. An edge computing paradigm for massive IoT connectivity over high-altitude platform networks[J]. IEEE Wireless Communications, 2021, 28(5): 102-109.

[134] Du Y, Dong B, Chen Z, et al. Efficient multi-user detection for uplink grant-free NOMA: Prior-information aided adaptive compressive sensing perspective[J]. IEEE Journal on Selected Areas in Communications, 2017, 35(12): 2812-2828.

[135] Stutzman W L, Thiele G A. Antenna theory and design[M]. John Wiley & Sons, 2012.

[136] Han Y, Jin S, Wen C K, et al. Channel estimation for extremely large-scale massive MIMO systems [J]. IEEE Wireless Communications Letters, 2020, 9(5): 633-637.

[137] Iimori H, Takahashi T, Ishibashi K, et al. Joint activity and channel estimation for extra-large MIMO systems[J]. IEEE Transactions on Wireless Communications, 2022, 21(9): 7253-7270.

[138] López O L, Kumar D, Souza R D, et al. Massive MIMO with radio stripes for indoor wireless energy transfer[J]. IEEE Transactions on Wireless Communications, 2022, 21(9): 7088-7104.

[139] Shaik Z H, Björnson E, Larsson E G. MMSE-optimal sequential processing for cell-free massive MIMO with radio stripes[J]. IEEE Transactions on Communications, 2021, 69(11): 7775-7789.

[140] Tropp J A, Gilbert A C, Strauss M J. Algorithms for simultaneous sparse approximation. Part Ⅰ: Greedy pursuit[J]. Signal processing, 2006, 86(3): 572-588.

[141] Liao A, Gao Z, Wang H, et al. Closed-loop sparse channel estimation for wideband millimeter-wave full-dimensional MIMO systems[J]. IEEE Transactions on Communications, 2019, 67(12): 8329-8345.

[142] Gao Z, Dai L, Wang Z, et al. Spatially common sparsity based adaptive channel estimation and feed-back for FDD massive MIMO[J]. IEEE Transactions on Signal Processing, 2015, 63(23): 6169-6183.

[143] Tropp J A, Wakin M B, Duarte M F, et al. Random filters for compressive sampling and reconstruction[C]. 2006 IEEE International Conference on Acoustics Speech and Signal Processing Proceed-ings: volume 3, IEEE, 2006: III872-875.

[144] Ke M, Gao Z, Wu Y, et al. Massive access in cell-free massive MIMO-based Internet of Things: Cloud computing and edge computing paradigms[J]. IEEE Journal on Selected Areas in Communications, 2020, 39(3): 756-772.

[145] Han C, Bicen A O, Akyildiz I F. Multi-ray channel modeling and wideband characterization for wireless communications in the terahertz band[J]. IEEE Transactions on Wireless Communications, 2014, 14(5): 2402-2412.

[146] Akyildiz I F, Jornet J M, Nie S. A new CubeSat design with reconfigurable multi-band radios for dynamic spectrum satellite communication networks[J]. Ad Hoc Networks, 2019(86): 166-178.

[147] Han C, Chen Y. Propagation modeling for wireless communications in the terahertz band[J]. IEEE Communications Magazine, 2018, 56(6): 96-101.

[148] Han C, Bicen A O, Akyildiz I F. Multi-wideband waveform design for distance-adaptive wireless communications in the terahertz band[J]. IEEE Transactions on Signal Processing, 2015, 64(4): 910-922.

[149] Han C, Akyildiz I F. Distance-aware bandwidth-adaptive resource allocation for wireless systems in the terahertz band[J]. IEEE Transactions on Terahertz Science and Technology, 2016, 6(4): 541-553.

[150] He X, Xu X. Physics-based prediction of atmospheric transfer charac-

teristics at terahertz frequen-cies[J]. IEEE Transactions on Antennas and Propagation, 2019, 67(4): 2136-2141.

[151] Elayan H, Amin O, Shihada B, et al. Terahertz band: The last piece of RF spectrum puzzle for communication systems[J]. IEEE Open Journal of the Communications Society, 2019(1): 1-32.

[152] Liu J, Shi Y, Fadlullah Z M, et al. Space-air-ground integrated network: A survey[J]. IEEE Communications Surveys & Tutorials, 2018, 20(4): 2714-2741.

[153] Huang X, Zhang J A, Liu R P, et al. Airplane-aided integrated networking for 6G wireless: Will it work?[J]. IEEE Vehicular Technology Magazine, 2019, 14(3): 84-91.

[154] Zhang J, Chen S, Maunder R G, et al. Regularized zero-forcing precoding-aided adaptive coding and modulation for large-scale antenna array-based air-to-air communications[J]. IEEE Journal on Selected Areas in Communications, 2018, 36(9): 2087-2103.

[155] Zhang J, Chen T, Zhong S, et al. Aeronautical Ad Hoc networking for the Internet-above-the-clouds [J]. Proceedings of the IEEE, 2019, 107(5): 868-911.

[156] Chen Z, Ma X, Zhang B, et al. A survey on terahertz communications[J]. China Communications, 2019, 16(2): 1-35.

[157] Ogbe D, Love D J, Rebholz M, et al. Efficient channel estimation for aerial wireless communications [J]. IEEE Transactions on Aerospace and Electronic Systems, 2019, 55(6): 2774-2785.

[158] Krozer V, Löffler T, Dall J, et al. Terahertz imaging systems with aperture synthesis techniques[J]. IEEE Transactions on Microwave Theory and Techniques, 2010, 58(7): 2027-2039.

[159] Chen Y, Xiong Y, Chen D, et al. Hybrid precoding for wideband millimeter wave MIMO systems in the face of beam squint[J]. IEEE Transactions on Wireless Communications, 2020, 20(3): 1847-1860.

[160] Jian M, Gao F, Tian Z, et al. Angle-domain aided UL/DL channel estimation for wideband mmWave massive MIMO systems with beam squint[J]. IEEE Transactions on Wireless Communications, 2019, 18(7): 3515-3527.

[161] Wang B, Jian M, Gao F, et al. Beam squint and channel estimation for wideband mmWave massive MIMO-OFDM systems[J]. IEEE Transactions on Signal Processing, 2019, 67(23): 5893-5908.

[162] Wang M, Gao F, Shlezinger N, et al. A block sparsity based estimator for mmWave massive MIMO channels with beam squint[J]. IEEE Transactions on Signal Processing, 2019(68): 49-64.

[163] Han C, Akyildiz I F. Three-dimensional end-to-end modeling and analysis for graphene-enabled terahertz band communications[J]. IEEE Transactions on Vehicular Technology, 2016, 66(7): 5626-5634.

[164] Jornet J M, Akyildiz I F. Channel modeling and capacity analysis for electromagnetic wireless nanonetworks in the terahertz band[J]. IEEE Transactions on Wireless Communications, 2011, 10 (10): 3211-3221.

[165] Yuan H, Yang N, Yang K, et al. Hybrid beamforming for terahertz multi-carrier systems over frequency selective fading[J]. IEEE Transactions on Communications, 2020, 68(10): 6186-6199.

[166] Hashemi H, Chu T S, Roderick J. Integrated true-time-delay-based ultra-wideband array processing [J]. IEEE Communications Magazine, 2008, 46(9): 162-172.

[167] Lin C, Li G Y, Wang L. Subarray-based coordinated beamforming training for mmWave and sub-THz communications[J]. IEEE Journal on Selected Areas in Communications, 2017, 35(9): 2115-2126.

[168] Han C, Jornet J M, Akyildiz I. Ultra-massive MIMO channel modeling for graphene-enabled terahertz-band communications[C]. 2018 IEEE 87th Vehicular Technology Conference (VTC Spring), IEEE, 2018: 1-5.

[169] Yan L, Han C, Yuan J. A dynamic array-of-subarrays architecture and hybrid precoding algorithms for terahertz wireless communications[J]. IEEE Journal on Selected Areas in Communications, 2020, 38(9): 2041-2056.

[170] Kodheli O, Lagunas E, Maturo N, et al. Satellite communications in the new space era: A survey and future challenges[J]. IEEE Communications Surveys & Tutorials, 2020, 23(1): 70-109.

[171] Rotman R, Tur M, Yaron L. True time delay in phased arrays[J]. Proceedings of the IEEE, 2016, 104(3): 504-518.

[172] Gao Y, Khaliel M, Zheng F, et al. Rotman lens based hybrid analog-digital beamforming in massive MIMO systems: Array architectures, beam selection algorithms and experiments[J]. IEEE Transactions on Vehicular Technology, 2017, 66(10): 9134-9148.

[173] Wang X, Akbarzadeh A, Zou L, et al. Flexible-resolution, arbitrary-

input, and tunable Rotman lens spectrum decomposer[J]. IEEE Transactions on Antennas and Propagation, 2018, 66(8): 3936-3947.

[174] Roy R, Kailath T. ESPRIT-estimation of signal parameters via rotational invariance techniques[J]. IEEE Transactions on Acoustics, speech, and signal processing, 1989, 37(7): 984-995.

[175] Tse D, Viswanath P. Fundamentals of wireless communication[M]. Cambridge University Press, 2005.

[176] Chuang S F, Wu W R, Liu Y T. High-resolution AoA estimation for hybrid antenna arrays[J]. IEEE Transactions on Antennas and Propagation, 2015, 63(7): 2955-2968.

[177] Kay S M. Fundamentals of statistical signal processing: Estimation theory[M]. Prentice-Hall, Inc., 1993.

[178] Stoica P, Nehorai A. MUSIC, maximum likelihood, and Cramer-Rao bound[J]. IEEE Transactions on Acoustics, speech, and signal processing, 1989, 37(5): 720-741.

[179] Wang Z, Li M, Tian X, et al. Iterative hybrid precoder and combiner design for mmWave multiuser MIMO systems[J]. IEEE Communications Letters, 2017, 21(7): 1581-1584.

[180] Mursia P, Sciancalepore V, Garcia-Saavedra A, et al. Risma: Reconfigurable intelligent surfaces enabling beamforming for IoT massive access[J]. IEEE Journal on Selected Areas in Communications, 2020, 39(4): 1072-1085.

[181] Horn R A, Johnson C R. Matrix analysis[M]. Cambridge University Press, 2012.

[182] Lin X, Wu S, Kuang L, et al. Estimation of sparse massive MIMO-OFDM channels with approximately common support[J]. IEEE Communications Letters, 2017, 21(5): 1179-1182.

[183] Liu S, Trenkler G, et al. Hadamard, Khatri-Rao, Kronecker and other matrix products[J]. International Journal of Information and Systems Sciences, 2008, 4(1): 160-177.

附录 A
公式（2–7）的推导

对式（2–3）中的时延域连续信道矩阵 $\boldsymbol{H}_q(\tau)$ 以 T_s 的采样周期进行采样，可得

$$\begin{aligned}\boldsymbol{H}_q(nT_s) &= \beta_q \sum_{l=1}^{L_q} \boldsymbol{H}_{q,l} p\left(\tau-\tau_{q,l}\right) \circledast \sum_{n=-\infty}^{\infty} \delta\left(\tau-nT_s\right) \\ &= \beta_q \sum_{n=-\infty}^{\infty} \sum_{l=1}^{L_q} \boldsymbol{H}_{q,l} p\left(nT_s-\tau_{q,l}\right)\end{aligned} \tag{A–1}$$

这里 $\delta(\cdot)$ 表示狄拉克脉冲函数。再对周期化后的离散信道矩阵 $\boldsymbol{H}_q(nT_s)$ 进行傅里叶变换后，有如下形式

$$\boldsymbol{H}_q(f) = \frac{\beta_q}{T_s} \sum_{l=1}^{L_q} \sum_{n=-\infty}^{\infty} \boldsymbol{H}_{q,l} P(f) \mathrm{e}^{-\mathrm{j}2\pi f \tau_{q,l}} \delta\left(f-nf_s\right) \tag{A–2}$$

其中，$P(f)$ 为 $p(\tau)$ 的傅里叶变换形式。显然，式（A–2）中的 $\boldsymbol{H}_q(f)$ 呈现出以 f_s 为周期的规律性。那么，在一个周期 $f \in [-f_s/2,\ f_s/2]$ 内的 $\boldsymbol{H}_q(f)$ 可进一步表示为

$$\boldsymbol{H}_q(f) = \frac{\beta_q}{T_s} \sum_{l=1}^{L_q} P(f) \boldsymbol{H}_{q,l} \mathrm{e}^{-\mathrm{j}2\pi f \tau_{q,l}} \approx \frac{\beta_q}{T_s} \sum_{l=1}^{L_q} C \boldsymbol{H}_{q,l} \mathrm{e}^{-\mathrm{j}2\pi f \tau_{q,l}} \tag{A–3}$$

由于脉冲成型滤波器 $p(\tau)$ 被设计用来实现理想通带滤波器的特性，即当满足 $f \in [-f_s/2,\ f_s/2]$ 时，$P(f) = C$；反之，当 $f \notin [-f_s/2,\ f_s/2]$ 时，则有 $P(f) \approx 0$，因此，式（A–3）中的近似是合理的。这里为了方便起见，可直接考虑 $C = T_s$。

因此，第 k（$0 \leqslant k \leqslant K-1$）个子载波上的频域信道矩阵 $\boldsymbol{H}_q[k]$ 可写作

$$\begin{aligned}\boldsymbol{H}_q[k]=\boldsymbol{H}_q\left(\frac{kf_s}{K}\right)&=\beta_q\sum_{l=1}^{L_q}\boldsymbol{H}_{q,l}\mathrm{e}^{-\mathrm{j}\frac{2\pi kf_s\tau_{q,l}}{K}}\\&=\beta_q\sum_{l=1}^{L_q}\alpha_{q,l}\boldsymbol{a}_{\mathrm{UE}}\left(\mu_{q,l}^{\mathrm{UE}},\nu_{q,l}^{\mathrm{UE}}\right)\boldsymbol{a}_{\mathrm{BS}}^{\mathrm{H}}\left(\mu_{q,l}^{\mathrm{BS}},\nu_{q,l}^{\mathrm{BS}}\right)\mathrm{e}^{-\mathrm{j}\frac{2\pi kf_s\tau_{q,l}}{K}}\end{aligned} \tag{A–4}$$

附录 B
引理 3.1 的证明

对于电磁透镜上的一点 $(0,y,z)$，$y\in\left[-D^{\mathrm{h}}/2,D^{\mathrm{h}}/2\right]$，$z\in\left[-D^{\mathrm{v}}/2,D^{\mathrm{v}}/2\right]$，令 $\varPhi(y,z)$ 表示电磁透镜在该点处为入射信号附加的相位。为了保证垂直于电磁透镜所在平面入射的信号能在电磁透镜的焦点 $(F,0,0)$ 处实现同相叠加，$\varPhi(y,z)$ 需满足

$$\varPhi(y,z)=-k_0\sqrt{F^2+y^2+z^2} \tag{B–1}$$

其中，$k_0=2\pi/(lambda)$ 为波长为 λ 的信号对应的波数。于是，入射信号从 $(0,y,z)$ 到第 m 个阵元所在位置 $p_m=(F\cos\theta_m\cos\phi_m,F\cos\theta_m\sin\phi_m,F\sin\theta_m)$ 的过程中所经历的相移 $\psi_m(y,z)$（包括电磁透镜附加的相移以及自由空间传播造成的相移）可表示为

$$\begin{aligned}\psi_m(y,z)&=\varPhi(y,z)+k_0d_m(y,z)\\&=-k_0\sqrt{F^2+y^2+z^2}+\sqrt{F^2+y^2+z^2-2yF\cos\theta_m\sin\phi_m-2zF\sin\theta_m}\\&\approx-k_0y\cos\theta_m\sin\phi_m-k_0z\sin\theta_m\end{aligned} \tag{B–2}$$

其中，$d_m(y,z)$ 为点 $(0,y,z)$ 到点 p_m 的距离，且约等式是因为在 $F\gg D^{\mathrm{h}}$ 的条件下应用一阶泰勒近似 $\sqrt{1+x}\approx1+x/2$，$x\ll1$。

设以俯仰角 θ 和方位角 ϕ 入射的参考信号在电磁透镜的点 $(0,y,z)$ 处产生的接收信号为 $s(y,z)$，则有 $s(y,z)=x_0\mathrm{e}^{-\mathrm{j}k_0(y\cos\theta\sin\phi+z\sin\theta)}$，其中，$x_0$ 为参考点处（这里设参考点即透镜中心）的接收信号。于是，第 m 个阵元处的接收信号 $r_m(\theta,\phi)$ 可计算为

$$\begin{aligned}r_m(\theta,\phi)&=C\int_{-D^{\mathrm{v}}/2}^{+D^{\mathrm{v}}/2}\int_{-D^{\mathrm{h}}/2}^{+D^{\mathrm{h}}/2}s(y,z)\,\mathrm{e}^{-\mathrm{j}\psi_m(y,z)}\mathrm{d}y\mathrm{d}z\\&\approx Cx_0\int_{-D^{\mathrm{v}}/2}^{+D^{\mathrm{v}}/2}\int_{-D^{\mathrm{h}}/2}^{+D^{\mathrm{h}}/2}\mathrm{e}^{-\mathrm{j}k_0(y\cos\theta\sin\phi+z\sin\theta)}\mathrm{e}^{\mathrm{j}(k_0y\cos\theta_m\sin\phi_m+k_0z\sin\theta_m)}\mathrm{d}y\mathrm{d}z\end{aligned}$$

$$
\begin{aligned}
&= Cx_0 \int_{-D^{\mathrm{v}}/2}^{+D^{\mathrm{v}}/2} \mathrm{e}^{-\mathrm{j}k_0 z(\sin\theta - \sin\theta_m)} \mathrm{d}y \int_{-D^{\mathrm{h}}/2}^{+D^{\mathrm{h}}/2} \mathrm{e}^{-\mathrm{j}k_0 y(\cos\theta \sin\phi - \cos\theta_m \sin\phi_m)} \mathrm{d}y \\
&= Cx_0 \mathrm{sinc}\left[\tilde{D}^{\mathrm{v}}(\sin\theta_m - \sin\theta)\right] \mathrm{sinc}\left[\tilde{D}^{\mathrm{h}}(\cos\theta_m \sin\phi_m - \cos\theta \sin\phi)\right] \quad \text{(B–3)}
\end{aligned}
$$

其中，C 是功率归一化因子。对上式进行归一化，即 $a_m(\theta,\phi) = r_m(\theta,\phi)/(Cx_0)$，即可得到所求阵列响应式（3–1）。引理 3.1 证明完成。

附录 C
定理 3.2 的证明

首先引入以下两个常用引理。

引理 C.1 (Gram 矩阵的半正定性): 任意矩阵 $\boldsymbol{X}$ 的 Gram 矩阵 $\boldsymbol{X}^{\mathrm{H}}\boldsymbol{X}$ 都是半正定矩阵，且 $\boldsymbol{X}^{\mathrm{H}}\boldsymbol{X}$ 是正定矩阵，当且仅当 $\boldsymbol{X}$ 是列满秩时，$\boldsymbol{X}$ 的所有列向量线性无关。

引理 C.2 (严格对角占优的 Hermitian 矩阵的正定性): 对于一个 Hermitian 矩阵 $\boldsymbol{X}$（即 $\boldsymbol{X}=\boldsymbol{X}^{\mathrm{H}}$），若有 $[\boldsymbol{X}]_{i,i} > \sum\limits_{j\neq i}\left|[\boldsymbol{X}]_{i,j}\right|$，$\forall i$，即 $\boldsymbol{X}$ 是一个严格对角占优的 Hermitian 矩阵，则 $\boldsymbol{X}$ 是正定矩阵。

对上述引理的证明从略，感兴趣的读者可参阅文献 [181]。

对于感知矩阵 $\boldsymbol{A}$ 及其 Gram 矩阵 $\boldsymbol{G}=\boldsymbol{A}^{\mathrm{H}}\boldsymbol{A}$，定义 $\mu_1(\boldsymbol{G})$ 为满足以下条件的最小整数 m：在矩阵 $\boldsymbol{G}$ 中存在 m 个来自同一行的非对角元素，它们的模值之和不小于 1。换言之，当在 $\boldsymbol{G}$ 的任意一行中选取任意 $\mu_1(\boldsymbol{G})-1$ 个非对角元素时，则它们的模值之和一定小于 1。把在同一行的任意 $\mu_1(\boldsymbol{G})-1$ 个非对角元素的列索引记为集合 $\mathcal{M}$，并构造一个矩阵 $\boldsymbol{G}$ 的子矩阵 $\boldsymbol{G}_{\mathrm{sub}}=\boldsymbol{G}_{\{\mathcal{M},\mathcal{M}\}}$。根据这个构造过程，并考虑到 $\boldsymbol{G}_{\mathrm{sub}}$ 的对角元素均为 1，$\boldsymbol{G}_{\mathrm{sub}}$ 显然是一个严格对角占优的 Hermitian 矩阵，根据引理 C.2 可知，$\boldsymbol{G}_{\mathrm{sub}}$ 是一个正定矩阵，再根据引理 C.1 可知，$\boldsymbol{A}$ 的子矩阵 $\boldsymbol{A}_{\mathrm{sub}}=\boldsymbol{A}_{\{:,\mathcal{M}\}}$ 中的所有列向量是线性无关的（注意 $\boldsymbol{G}_{\mathrm{sub}}=\boldsymbol{A}_{\mathrm{sub}}^{\mathrm{H}}\boldsymbol{A}_{\mathrm{sub}}$）。考虑到 $\mathcal{M}$ 的任意性，可以得到一个结论：$\boldsymbol{A}$ 的任意 $\mu_1(\boldsymbol{G})-1$ 个列向量组成的向量组是线性无关的。因此，根据 Spark 常数的定义，有 $\mathrm{Spark}(\boldsymbol{A}) > \mu_1(\boldsymbol{G})-1$，即

$$\mathrm{Spark}(\boldsymbol{A}) \geqslant \mu_1(\boldsymbol{G}) \tag{C–1}$$

进一步考虑互相关系数 $\mu(\boldsymbol{A})=\max\limits_{i\neq j}\left|[\boldsymbol{G}]_{i,j}\right|$。由于 $\boldsymbol{G}$ 中任意一个非对角元素的模值都不大于 $\mu(\boldsymbol{A})$，因此，至少要选取 $\lceil 1/\mu(\boldsymbol{A})\rceil$ 个非对角元素才能使它们的模值之和不小于 1，因此，$\mu_1(\boldsymbol{G}) \geqslant \lceil 1/\mu(\boldsymbol{A})\rceil$，结合式（C–1），就可以得到式（3–8）中的结论。证毕。

附录 D 定理 3.3 的证明

记 Gram 矩阵 $\boldsymbol{G}=\boldsymbol{A}^{\mathrm{H}}\boldsymbol{A}$ 的秩为 $R\leqslant M$，特征值为 $\{\lambda_i\}_{i=1}^{G}$。显然，$\boldsymbol{G}$ 只有 R 个非零特征值，不妨设它们为 $\{\lambda_i\}_{i=1}^{R}$。利用 Cauchy-Schwarz 不等式，可以得到

$$\operatorname{tr}^2(\boldsymbol{G})=\left(\sum_{i=1}^{R}\lambda_i\right)^2\leqslant r\sum_{i=1}^{R}\lambda_i^2\leqslant M\sum_{i=1}^{G}\lambda_i^2 \tag{D–1}$$

注意到 $\boldsymbol{G}$ 的对角元素均为 1，有

$$\|\boldsymbol{G}\|_F^2=\sum_{i=1}^{G}\sum_{j=1}^{G}\left|[\boldsymbol{G}]_{i,j}\right|^2=G+\sum_{i\neq j}\left|[\boldsymbol{G}]_{i,j}\right|^2 \tag{D–2}$$

再次注意到 $\|\boldsymbol{G}\|_F^2=\sum\limits_{i=1}^{G}\lambda_i^2$，同时考虑上面两个式子，可以得到

$$G+\sum_{i\neq j}\left|[\boldsymbol{G}]_{i,j}\right|^2\geqslant\frac{\operatorname{tr}^2(\boldsymbol{G})}{M}=\frac{G^2}{M} \tag{D–3}$$

即

$$\sum_{i\neq j}\left|[\boldsymbol{G}]_{i,j}\right|^2\geqslant\frac{G(G-M)}{M} \tag{D–4}$$

另外，一个很显然的结论是，若干个非负实数中的最大值不可能小于它们的算术平均值。将这一结论运用于 $\boldsymbol{G}$ 的 $G(G-1)$ 个非对角元素的模值，可以得到

$$\begin{aligned}\mu^2(\boldsymbol{A})=\max_{i\neq j}\left|[\boldsymbol{G}]_{i,j}\right|^2&\geqslant\frac{1}{G(G-1)}\sum_{i\neq j}\left|[\boldsymbol{G}]_{i,j}\right|^2\\&\geqslant\frac{1}{G(G-1)}\cdot\frac{G(G-M)}{M}=\frac{G-M}{M(G-1)}\end{aligned} \tag{D–5}$$

两边开方后即可得到式（3–9）。

附录 E 公式（6–4）的推导

首先，对式（6–3）中 $\{\bar{\boldsymbol{H}}_{\mathrm{DL},l}^{(t)}(\tau)\}_{n_{\mathrm{AC}},n_{\mathrm{BS}}}$ 求关于 τ 的傅里叶变换，可得其频域响应

$$\{\bar{\boldsymbol{H}}_{\mathrm{DL},l}^{(t)}(f_c)\}_{n_{\mathrm{AC}},n_{\mathrm{BS}}}=\sqrt{G_l}\alpha_l \mathrm{e}^{\mathrm{j}2\pi\psi_l t}\mathrm{e}^{-\mathrm{j}2\pi f_c\tau_l}\mathrm{e}^{-\mathrm{j}2\pi f_c\tau_l^{[n_{\mathrm{AC}}]}}\mathrm{e}^{-\mathrm{j}2\pi f_c\tau_l^{[n_{\mathrm{BS}}]}} \tag{E–1}$$

其中可根据 Friis 公式（自由空间路径损耗公式）将大尺度衰落系数 G_l 建模为 $G_l=\lambda_c^2/(4\pi D_l)^2$[135]，且 D_l 是飞机与第 l 个基站之间的通信距离。考虑到超大系统带宽 f_s 的影响，可将载波频率表示为 $f_c=f_z+f$，其中，f 表示满足 $-f_s/2\leqslant f\leqslant f_s/2$ 的基带频率，以及 f_z 是中心载波频率（其对应的波长为 λ_z）。对式（E–1）进行下变频后，可得下行空间-频域基带信道矩阵 $\boldsymbol{H}_{\mathrm{DL},l}^{(t)}(f)$ 的第 $(n_{\mathrm{AC}},n_{\mathrm{BS}})$ 项元素 [100,161,182]，也就是

$$\begin{aligned}\{\boldsymbol{H}_{\mathrm{DL},l}^{(t)}(f)\}_{n_{\mathrm{AC}},n_{\mathrm{BS}}}=&\sqrt{G_l}\alpha_l \mathrm{e}^{\mathrm{j}2\pi\psi_l t}\mathrm{e}^{-\mathrm{j}2\pi f\tau_l}\mathrm{e}^{\mathrm{j}\frac{2d}{\lambda_c}\left[(n_{\mathrm{AC}}^{\mathrm{h}}-1)\mu_l^{\mathrm{AC}}+(n_{\mathrm{AC}}^{\mathrm{v}}-1)\nu_l^{\mathrm{AC}}\right]}\times\\&\mathrm{e}^{-\mathrm{j}\frac{2d}{\lambda_c}\left[(n_{\mathrm{BS}}^{\mathrm{h}}-1)\mu_l^{\mathrm{BS}}+(n_{\mathrm{BS}}^{\mathrm{v}}-1)\nu_l^{\mathrm{BS}}\right]}\end{aligned} \tag{E–2}$$

由于太赫兹 UM-MIMO 系统的超大带宽会使得不同子载波所对应的载波频率和波长均有较大差别，故第 k 个子载波的频率相关多普勒频移可定义为 $\psi_{l,k}=\psi_{z,l}+\frac{v_l}{c}\left(\frac{k-1}{K}-\frac{1}{2}\right)f_s$，其中 $\psi_{z,l}=\underline{v}_l/\lambda_z$。令天线间距为 $d=\lambda_z/2$，那么，式（E–2）中的基带频域响应可进一步表示为第 k 个子载波上的空间-频域信道系数，即

$$\begin{aligned}\{\boldsymbol{H}_{\mathrm{DL},l}^{(t)}[k]\}_{n_{\mathrm{AC}},n_{\mathrm{BS}}}=&\sqrt{G_l}\alpha_l \mathrm{e}^{\mathrm{j}2\pi\psi_{l,k}t}\mathrm{e}^{-\mathrm{j}2\pi\left(\frac{k-1}{K}-\frac{1}{2}\right)f_s\tau_l}\left\{\boldsymbol{a}_{\mathrm{AC}}(\mu_l^{\mathrm{AC}},\nu_l^{\mathrm{AC}},k)\right\}_{n_{\mathrm{AC}}}\times\\&\left\{\boldsymbol{a}_{\mathrm{BS}}^*(\mu_l^{\mathrm{BS}},\nu_l^{\mathrm{BS}},k)\right\}_{n_{\mathrm{BS}}}\end{aligned} \tag{E–3}$$

其中，$\boldsymbol{a}_{\mathrm{AC}}(\mu_l^{\mathrm{AC}},\nu_l^{\mathrm{AC}},k)\in\mathbb{C}^{N_{\mathrm{AC}}}$ 和 $\boldsymbol{a}_{\mathrm{BS}}(\mu_l^{\mathrm{BS}},\nu_l^{\mathrm{BS}},k)\in\mathbb{C}^{N_{\mathrm{BS}}}$ 分别是飞机端和第 l 个基站端第 k 个子载波上的阵列响应向量，且 $\left\{\boldsymbol{a}_{\mathrm{AC}}(\mu_l^{\mathrm{AC}},\nu_l^{\mathrm{AC}},k)\right\}_{n_{\mathrm{AC}}}$ 和

$\{\boldsymbol{a}_{\mathrm{BS}}(\mu_l^{\mathrm{BS}},\nu_l^{\mathrm{BS}},k)\}_{n_{\mathrm{BS}}}$ 有着如下的形式

$$\begin{aligned}\{\boldsymbol{a}_{\mathrm{AC}}(\mu_l^{\mathrm{AC}},\nu_l^{\mathrm{AC}},k)\}_{n_{\mathrm{AC}}} =& \mathrm{e}^{\mathrm{j}\left[(n_{\mathrm{AC}}^{\mathrm{h}}-1)\mu_l^{\mathrm{AC}}+(n_{\mathrm{AC}}^{\mathrm{v}}-1)\nu_l^{\mathrm{AC}}\right]}\times \\ & \mathrm{e}^{\mathrm{j}\left(\frac{k-1}{K}-\frac{1}{2}\right)\frac{f_s}{f_z}\left[(n_{\mathrm{AC}}^{\mathrm{h}}-1)\mu_l^{\mathrm{AC}}+(n_{\mathrm{AC}}^{\mathrm{v}}-1)\nu_l^{\mathrm{AC}}\right]}\end{aligned} \tag{E–4}$$

$$\begin{aligned}\{\boldsymbol{a}_{\mathrm{BS}}(\mu_l^{\mathrm{BS}},\nu_l^{\mathrm{BS}},k)\}_{n_{\mathrm{BS}}} =& \mathrm{e}^{\mathrm{j}\left[(n_{\mathrm{BS}}^{\mathrm{h}}-1)\mu_l^{\mathrm{BS}}+(n_{\mathrm{BS}}^{\mathrm{v}}-1)\nu_l^{\mathrm{BS}}\right]}\times \\ & \mathrm{e}^{\mathrm{j}\left(\frac{k-1}{K}-\frac{1}{2}\right)\frac{f_s}{f_z}\left[(n_{\mathrm{BS}}^{\mathrm{h}}-1)\mu_l^{\mathrm{BS}}+(n_{\mathrm{BS}}^{\mathrm{v}}-1)\nu_l^{\mathrm{BS}}\right]}\end{aligned} \tag{E–5}$$

同时，考虑飞机和第 l 个基站上太赫兹 UM-MIMO 阵列的所有 N_{AC} 和 N_{BS} 根天线，可得第 n 个 OFDM 符号的第 k 个子载波上完整的下行空间-频域信道矩阵，也就是式（6–2）中的 $\boldsymbol{H}_{\mathrm{DL},l}^{[n]}[k]$，可表示为

$$\boldsymbol{H}_{\mathrm{DL},l}^{[n]}[k]=\sqrt{G_l}\alpha_l\mathrm{e}^{\mathrm{j}2\pi\psi_{l,k}(n-1)T_{\mathrm{sym}}}\mathrm{e}^{-\mathrm{j}2\pi\left(\frac{k-1}{K}-\frac{1}{2}\right)f_s\tau_l}\boldsymbol{A}_{\mathrm{DL},l}[k] \tag{E–6}$$

其中，$\boldsymbol{A}_{\mathrm{DL},l}[k]\in\mathbb{C}^{N_{\mathrm{AC}}\times N_{\mathrm{BS}}}$ 是与飞机端和第 l 个基站端的阵列响应向量相关的下行阵列响应矩阵，其表达如下

$$\begin{aligned}\boldsymbol{A}_{\mathrm{DL},l}[k] =& \boldsymbol{a}_{\mathrm{AC}}(\mu_l^{\mathrm{AC}},\nu_l^{\mathrm{AC}},k)\boldsymbol{a}_{\mathrm{BS}}^{\mathrm{H}}(\mu_l^{\mathrm{BS}},\nu_l^{\mathrm{BS}},k) \\ =& \left(\boldsymbol{a}_{\mathrm{AC}}(\mu_l^{\mathrm{AC}},\nu_l^{\mathrm{AC}})\circ\bar{\boldsymbol{a}}_{\mathrm{AC}}(\mu_l^{\mathrm{AC}},\nu_l^{\mathrm{AC}},k)\right)\left(\boldsymbol{a}_{\mathrm{BS}}(\mu_l^{\mathrm{BS}},\nu_l^{\mathrm{BS}})\circ\right. \\ & \left.\bar{\boldsymbol{a}}_{\mathrm{BS}}(\mu_l^{\mathrm{BS}},\nu_l^{\mathrm{BS}},k)^{\mathrm{H}}\right) \\ \overset{(\mathrm{a})}{=}& \left(\boldsymbol{a}_{\mathrm{AC}}(\mu_l^{\mathrm{AC}},\nu_l^{\mathrm{AC}})\boldsymbol{a}_{\mathrm{BS}}^{\mathrm{H}}(\mu_l^{\mathrm{BS}},\nu_l^{\mathrm{BS}})\right)\circ \\ & \left(\bar{\boldsymbol{a}}_{\mathrm{AC}}(\mu_l^{\mathrm{AC}},\nu_l^{\mathrm{AC}},k)\bar{\boldsymbol{a}}_{\mathrm{BS}}^{\mathrm{H}}(\mu_l^{\mathrm{BS}},\nu_l^{\mathrm{BS}},k)\right)\end{aligned} \tag{E–7}$$

这里在等式 (a) 中利用了恒等式 $(\boldsymbol{a}\circ\boldsymbol{b})(\boldsymbol{c}\circ\boldsymbol{d})^{\mathrm{H}}=(\boldsymbol{a}\boldsymbol{c}^{\mathrm{H}})\circ(\boldsymbol{b}\boldsymbol{d}^{\mathrm{H}})$[183]。

附录 F
引理 6.1 的证明

利用理想 TTDU 模块来补偿收发端天线传输时延后，式（6–3）中下行空间-时延域通带信道矩阵 $\bar{\boldsymbol{H}}_{\mathrm{DL},l}^{(t)}(\tau)$ 的第 $(n_{\mathrm{AC}}, n_{\mathrm{BS}})$ 项元素可记为 $\{\widetilde{\bar{\boldsymbol{H}}}_{\mathrm{DL},l}^{(t)}(\tau)\}_{n_{\mathrm{AC}},n_{\mathrm{BS}}}$，其表达式如下

$$\{\widetilde{\bar{\boldsymbol{H}}}_{\mathrm{DL},l}^{(t)}(\tau)\}_{n_{\mathrm{AC}},n_{\mathrm{BS}}} = \delta(\tau - \widetilde{\tau}_l^{[n_{\mathrm{AC}}]}) \circledast \{\bar{\boldsymbol{H}}_{\mathrm{DL},l}^{(t)}(\tau)\}_{n_{\mathrm{AC}},n_{\mathrm{BS}}} \circledast \delta(\tau - \widetilde{\tau}_l^{[n_{\mathrm{BS}}]}) \tag{F–1}$$

其中，$\widetilde{\tau}_l^{[n_{\mathrm{AC}}]}$ 和 $\widetilde{\tau}_l^{[n_{\mathrm{BS}}]}$ 分别表示飞机端和基站端由理想 TTDU 模块所产生的可补偿传输时延，即

$$\widetilde{\tau}_l^{[n_{\mathrm{AC}}]} = \left[(n_{\mathrm{AC}}^{\mathrm{h}} - 1)d\sin(\widetilde{\theta}_l^{\mathrm{AC}})\cos(\widetilde{\varphi}_l^{\mathrm{AC}}) + (n_{\mathrm{AC}}^{\mathrm{v}} - 1)d\sin(\widetilde{\varphi}_l^{\mathrm{AC}})\right]/c \tag{F–2}$$

$$\widetilde{\tau}_l^{[n_{\mathrm{BS}}]} = -\left[(n_{\mathrm{BS}}^{\mathrm{h}} - 1)d\sin(\widetilde{\theta}_l^{\mathrm{BS}})\cos(\widetilde{\varphi}_l^{\mathrm{BS}}) + (n_{\mathrm{BS}}^{\mathrm{v}} - 1)d\sin(\widetilde{\varphi}_l^{\mathrm{BS}})\right]/c \tag{F–3}$$

与式（E–2）中处理类似，在对式（F–1）进行傅里叶变换后，下变频即可得到 $\{\widetilde{\bar{\boldsymbol{H}}}_{\mathrm{DL},l}^{(t)}(\tau)\}_{n_{\mathrm{AC}},n_{\mathrm{BS}}}$ 的基带频域响应，也就是

$$\{\widetilde{\boldsymbol{H}}_{\mathrm{DL},l}^{(t)}(f)\}_{n_{\mathrm{AC}},n_{\mathrm{BS}}} = \mathrm{e}^{-\mathrm{j}2\pi f\widetilde{\tau}_l^{[n_{\mathrm{AC}}]}}\{\boldsymbol{H}_{\mathrm{DL},l}^{(t)}(f)\}_{n_{\mathrm{AC}},n_{\mathrm{BS}}}\mathrm{e}^{-\mathrm{j}2\pi f\widetilde{\tau}_l^{[n_{\mathrm{BS}}]}} \tag{F–4}$$

那么，$\{\widetilde{\bar{\boldsymbol{H}}}_{\mathrm{DL},l}^{(t)}(\tau)\}_{n_{\mathrm{AC}},n_{\mathrm{BS}}}$ 中第 k 个子载波所对应的空间-频域信道系数可进一步表示为

$$\{\widetilde{\boldsymbol{H}}_{\mathrm{DL},l}^{(t)}[k]\}_{n_{\mathrm{AC}},n_{\mathrm{BS}}} = \left\{\bar{\boldsymbol{a}}_{\mathrm{AC}}^{*}(\widetilde{\mu}_l^{\mathrm{AC}}, \widetilde{\nu}_l^{\mathrm{AC}}, k)\right\}_{n_{\mathrm{AC}}}\{\boldsymbol{H}_{\mathrm{DL},l}^{(t)}[k]\}_{n_{\mathrm{AC}},n_{\mathrm{BS}}}\left\{\bar{\boldsymbol{a}}_{\mathrm{BS}}(\widetilde{\mu}_l^{\mathrm{BS}}, \widetilde{\nu}_l^{\mathrm{BS}}, k)\right\}_{n_{\mathrm{BS}}} \tag{F–5}$$

最后，考虑飞机和第 l 个基站上太赫兹 UM-MIMO 阵列的所有 N_{AC} 和 N_{BS} 根天线，可得第 n 个 OFDM 符号的第 k 个子载波上补偿后的下行空间-频域信道矩阵，也就是式（6–12）中的 $\widetilde{\boldsymbol{H}}_{\mathrm{DL},l}^{[n]}[k]$，可表示为

$$\widetilde{\boldsymbol{H}}_{\mathrm{DL},l}^{[n]}[k] = \sqrt{G_l}\alpha_l \mathrm{e}^{\mathrm{j}2\pi\psi_{l,k}(n-1)T_{\mathrm{sym}}}\mathrm{e}^{-\mathrm{j}2\pi\left(\frac{k-1}{K}-\frac{1}{2}\right)f_s\tau_l}\widetilde{\boldsymbol{A}}_{\mathrm{DL},l}[k] \tag{F–6}$$

其中，$\widetilde{\boldsymbol{A}}_{\mathrm{DL},l}[k]$ 是补偿后的下行阵列响应矩阵，其表达式为

$$\begin{aligned}\widetilde{\boldsymbol{A}}_{\mathrm{DL},l}[k] &= \left(\boldsymbol{a}_{\mathrm{AC}}(\mu_l^{\mathrm{AC}},\nu_l^{\mathrm{AC}}) \circ \bar{\boldsymbol{a}}_{\mathrm{AC}}(\mu_l^{\mathrm{AC}},\nu_l^{\mathrm{AC}},k) \circ \bar{\boldsymbol{a}}_{\mathrm{AC}}^{*}(\widetilde{\mu}_l^{\mathrm{AC}},\widetilde{\nu}_l^{\mathrm{AC}},k)\right) \times \\ &\quad \left(\boldsymbol{a}_{\mathrm{BS}}(\mu_l^{\mathrm{BS}},\nu_l^{\mathrm{BS}}) \circ \bar{\boldsymbol{a}}_{\mathrm{BS}}(\mu_l^{\mathrm{BS}},\nu_l^{\mathrm{BS}},k) \circ \bar{\boldsymbol{a}}_{\mathrm{BS}}^{*}(\widetilde{\mu}_l^{\mathrm{BS}},\widetilde{\nu}_l^{\mathrm{BS}},k)\right)^{\mathrm{H}} \\ &= \boldsymbol{A}_{\mathrm{DL},l}[k] \circ \left(\bar{\boldsymbol{a}}_{\mathrm{AC}}^{*}(\widetilde{\mu}_l^{\mathrm{AC}},\widetilde{\nu}_l^{\mathrm{AC}},k)\bar{\boldsymbol{a}}_{\mathrm{BS}}^{\mathrm{T}}(\widetilde{\mu}_l^{\mathrm{BS}},\widetilde{\nu}_l^{\mathrm{BS}},k)\right)\end{aligned} \tag{F–7}$$

引理 6.1 证明完成。